はじめに

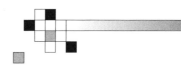

『1対1対応の演習』シリーズは，入試問題から基本的あるいは典型的で重要な意味を持っていて，得るところが大きいものを精選し，その問題を通して

入試の標準問題を確実に解ける力

をつけてもらおうというねらいで作った本です．

さらに，難関校レベルの問題を解く際の足固めをするのに最適な本になることを目指しました．

解説においては，分かりやすさを心がけました．学校で一つの単元を学習した後でなら，その単元について，本書で無理なく入試のレベルを知ることができるでしょう．

また，数学Cで扱う曲線との融合問題も多いこともあり，数学Ⅲ・Cでやや応用的なものや総合的な問題は，本シリーズ「数学C」の“いろいろな関数・曲線”，“数Ⅲ C総合問題”に掲載しました．

問題のレベルについて，もう少し具体的に述べましょう．水準以上の大学で出題される10題を易しいものから順に1，2，3，…，10として，

1～5の問題……A（基本）
6～7の問題……B（標準）
8～9の問題……C（発展）
10の問題………D（難問）

とランク分けします．

この基準で本書と，本書の前後に位置する月刊「大学への数学」の増刊号および書籍（↗）

「数学Ⅲ Cの入試基礎」（「Ⅲ C基礎」と略す）
「数学Ⅲ Cスタンダード演習」
（「Ⅲ Cスタ」と略す）
「新数学演習」（「新数演」と略す）

「Ⅲ Cスタ」は5月増刊（4月末日発売予定），
「新数演」は10月増刊（9月末日発売予定）

のレベルを示すと，次のようになります．（濃い網目の問題を主に採用）

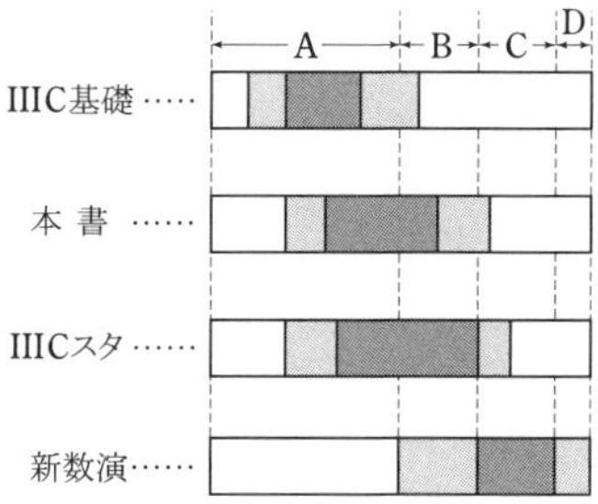

さて，本書は，入試の標準問題を確実に解ける力を，問題を精選してできるだけ少ない題数（本書で取り上げた例題は75題です）になるように心がけ，そのレベルまで，

効率よく到達してもらうこと

を目標に編集しました．

本書を活用して，数Ⅲの入試への足固めをしていってください．

皆さんの目標達成に本書がお役に立てれば幸いです．

本書の構成と利用法

坪田三千雄

本書のタイトルにある‘1対1対応’の意味から説明しましょう．

まず例題(四角で囲ってある問題)によって，例題のテーマにおいて必要になる知識や手法を確認してもらいます．その上で，例題と同じテーマで1対1に対応した演習題によって，その知識，手法を問題で適用できる程に身についたかどうかを確認しつつ，一歩一歩前進してもらおうということです．この例題と演習題，さらに各分野の要点の整理（2～4ページ）などについて，以下，もう少し詳しく説明します．

要点の整理：　その分野の問題を解くために必要な定義，用語，定理，必須事項などをコンパクトにまとめました．入試との小さくはないギャップを埋めるために，一部，教科書にない事柄についても述べていますが，ぜひとも覚えておきたい事柄のみに限定しました．

例題：　原則として，基本～標準の入試問題の中から

・これからも出題される典型問題
・一度は解いておきたい必須問題
・幅広い応用がきく汎用問題
・合否への影響が大きい決定問題

の75題を精選しました（出典のないものは新作問題，あるいは入試問題を大幅に改題した問題）．そして，どのようなテーマかがはっきり分かるように，一題ごとにタイトルをつけました（大きなタイトル／細かなタイトル の形式です）．なお，問題のテーマを明確にするため原題を変えたものがありますが，特に断っていない場合もあります．

解答の**前文**として，そのページのテーマに関する重要手法や解法などをコンパクトにまとめました．前文を読むことで，一題の例題を通して得られる理解が鮮明になります．入試直前期にこの部分を一通り読み直すと，よい復習になるでしょう．

解答は，試験場で適用できる，ごく自然なものを採用し，計算は一部の単純計算を除いては，ほとんど省略せずに目で追える程度に詳しくしました．また解答の右側には，傍注(⇦ではじまる説明）で，解答の補足や，使った定理・公式等の説明を行いました．どの部分についての説明かはっきりさせるため，原則として，解答の該当部分にアンダーライン（――）を引きました（容易に分かるような場合は省略しました）．

演習題：　例題と同じテーマの問題を選びました．例題よりは少し難し目ですが，例題の解答や解説，傍注等をじっくりと読みこなせば，解いていけるはずです．最初はうまくいかなくても，焦らずにじっくりと考えるようにしてください．また横の枠囲みをヒントにしてください．

そして，例題の解答や解説を頼りに解いた問題については，時間をおいて，今度は演習題だけを解いてみるようにすれば，一層確実な力がつくでしょう．

演習題の解答：　解答の最初に各問題のランクなどを表の形で明記しました（ランク分けについては前ページを見てください）．その表にはA*，B*°というように*や°マークもつけてあります．これは，解答を完成するまでの受験生にとっての“目標時間”であって，*は1つにつき10分，°は5分です．たとえばB*°の問題は，標準問題であって，15分以内で解答して欲しいという意味です．

ミニ講座：　例題の前文で詳しく書き切れなかった重要手法や，やや発展的な問題に対する解法などを1ページで解説したものです．

コラム：　その分野に関連する話題の紹介です．

本書で使う記号など：　上記で，問題の難易や目標時間で使う記号の説明をしました．それ以外では，
⇨注は初心者のための，➡注はすべての人のための，➡注は意欲的な人のための注意事項です．▨は関連する事項の補足説明などです．また，

∴　ゆえに
∵　なぜならば

1対1対応の演習

数学Ⅲ 三訂版

目次

極限

極限
要点の整理

1. 数列の極限

1・1 定義

数列 $\{a_n\}$ において，n を大きくするにつれ，a_n の値が一定値 α に限りなく近づくならば，数列 $\{a_n\}$ は α に収束するといい，α を数列 $\{a_n\}$ の極限値という．

数列 $\{a_n\}$ が α に収束することを

$$\lim_{n\to\infty} a_n = \alpha$$

$$a_n \to \alpha \ (n\to\infty)$$

$$n\to\infty \text{ のとき } a_n\to\alpha$$

$$a_n \underset{n\to\infty}{\longrightarrow} \alpha$$

などと書く．

数列が収束しないとき，その数列は発散するという．

$$\begin{cases} \text{収束} & \cdots\cdots \lim\limits_{n\to\infty} a_n = \alpha \\ \text{発散} \begin{cases} \text{正の無限大に発散} \cdots\cdots \lim\limits_{n\to\infty} a_n = \infty \\ \text{負の無限大に発散} \cdots\cdots \lim\limits_{n\to\infty} a_n = -\infty \\ \text{振動} \end{cases} \end{cases}$$

2. 数列の極限に関する基本定理

2・1 数列の極限

$$\lim_{n\to\infty} a_n = \alpha \iff \lim_{n\to\infty} |a_n - \alpha| = 0$$

$$\iff b_n = a_n - \alpha \text{ とおくと } \lim_{n\to\infty} b_n = 0$$

2・2 演算と極限

数列 $\{a_n\}$，$\{b_n\}$ が収束して，

$$\lim_{n\to\infty} a_n = \alpha,\ \lim_{n\to\infty} b_n = \beta$$

ならば，

$$\lim_{n\to\infty}(a_n \pm b_n) = \alpha \pm \beta \text{（複号同順）}$$

$$\lim_{n\to\infty} ka_n = k\alpha \text{（} k \text{ は定数）}$$

$$\lim_{n\to\infty} a_n b_n = \alpha\beta$$

$$\lim_{n\to\infty} \frac{a_n}{b_n} = \frac{\alpha}{\beta} \text{（ただし，} b_n \neq 0,\ \beta \neq 0\text{）}$$

2・3 大小関係と極限

$a_n \leqq b_n$ $(n=1,\ 2,\ 3,\ \cdots)$ が成り立ち（$a_n < b_n$ でもよい），数列 $\{a_n\}$，$\{b_n\}$ が収束して

$$\lim_{n\to\infty} a_n = \alpha,\ \lim_{n\to\infty} b_n = \beta \text{ ならば } \alpha \leqq \beta$$

である．（なお，☞次頁の例題(4)）

2・4 はさみうちの原理

数列 $\{a_n\}$，$\{b_n\}$，$\{c_n\}$ において，

$$b_n \leqq a_n \leqq c_n \ (n=1,\ 2,\ 3,\ \cdots)$$

が成り立ち（$b_n < a_n < c_n$ でもよい），

$$\lim_{n\to\infty} b_n = \lim_{n\to\infty} c_n = \alpha$$

ならば，数列 $\{a_n\}$ も収束して

$$\lim_{n\to\infty} a_n = \alpha$$

2・5 追い出しの原理

数列 $\{a_n\}$，$\{b_n\}$ において，

$$b_n \leqq a_n \ (n=1,\ 2,\ 3,\ \cdots)$$

$$\text{かつ } \lim_{n\to\infty} b_n = \infty$$

ならば，$\lim\limits_{n\to\infty} a_n = \infty$

3. 等比数列の極限

3・1 等比数列の収束条件とその極限

初項 a，公比 r の等比数列 $\{ar^{n-1}\}$ が収束するための条件は，

$$a=0 \text{ または } -1 < r \leqq 1$$

であり，

$$\lim_{n\to\infty} ar^{n-1} = \begin{cases} 0 & (a=0 \text{ または } -1<r<1) \\ a & (r=1) \end{cases}$$

4. 無限級数の和

4・1 無限級数

数列 $a_1,\ a_2,\ \cdots,\ a_n,\ \cdots\cdots$ のすべての項を形式的に順に ＋ で結んだ

$$a_1 + a_2 + \cdots + a_n + \cdots\cdots$$

を無限級数といい，記号 $\sum\limits_{n=1}^{\infty} a_n$ で表す．

実際には，無限個の項を加えることは不可能なので，無限級数の和を次のように定義する．

4・2 無限級数の和

無限級数 $\sum\limits_{n=1}^{\infty} a_n$ において，部分和 $S_n = \sum\limits_{k=1}^{n} a_k$ の作る

数列 $\{S_n\}$ が S に収束するとき，無限級数 $\sum_{n=1}^{\infty} a_n$ は収束するといい，S をこの無限級数の和という．このとき，$\sum_{n=1}^{\infty} a_n = S$ と表す．

数列 $\{S_n\}$ が発散するとき，無限級数 $\sum_{n=1}^{\infty} a_n$ は発散する，あるいは和をもたないという．

4・3 無限級数では，勝手にカッコをつけられない

無限級数の和は部分和の極限である．公式が存在する無限等比級数以外では，部分和 S_n を計算し，極限値 $\lim_{n\to\infty} S_n$ を求めるのが基本方針である．

このとき，無限級数に勝手にカッコをつけたりすることは禁物である．例えば，

$$1+(-1)+1+(-1)+1+\cdots\cdots \quad \cdots\cdots\cdots\cdots ①$$

では $a_n=(-1)^{n-1}$ であるが，

$$\{1+(-1)\}+\{1+(-1)\}+\cdots\cdots \quad \cdots\cdots\cdots\cdots ②$$

とカッコをつけると $a_n=1+(-1)$ と考えていることになり，全く別物になってしまう．実際，①では

$S_n=0$（n：偶数），$S_n=1$（n：奇数）

であるから，$\lim_{n\to\infty} S_n$ は存在せず，この級数は発散する．

一方②では，つねに $S_n=0$ で，$\lim_{n\to\infty} S_n=0$ と収束する．

5. 無限級数の和に関する定理

5・1 無限級数の基本定理

無限級数 $\sum_{n=1}^{\infty} a_n$，$\sum_{n=1}^{\infty} b_n$ がそれぞれ S，T に収束するとする．このとき，

1° $\sum_{n=1}^{\infty} (a_n \pm b_n) = S \pm T$（複号同順）

2° $\sum_{n=1}^{\infty} ka_n = kS$（$k$ は定数）

3° $a_n \leqq b_n$（$n=1, 2, 3, \cdots$）ならば $S \leqq T$

5・2 無限級数が収束するための必要条件

無限級数 $\sum_{n=1}^{\infty} a_n$ が収束するならば，$\lim_{n\to\infty} a_n=0$ である．

この定理の逆は成立しない．

［証明］ $\sum_{n=1}^{\infty} a_n=\beta$ とすると，

$$a_n=\sum_{k=1}^{n} a_k-\sum_{k=1}^{n-1} a_k \to \beta-\beta=0 \ (n\to\infty)$$

6. 無限等比級数

6・1 無限等比級数の和

$$\left[S_n=\sum_{k=1}^{n} ar^{k-1}=a\cdot\frac{1-r^n}{1-r} \ (r\neq 1) \text{ であるから} \right]$$

無限等比級数 $\sum_{n=1}^{\infty} ar^{n-1}$ は，$a=0$ または $-1<r<1$ の場合に限り収束し，その和 S は

$a=0$ のとき $S=0$

$-1<r<1$ のとき $S=\dfrac{a}{1-r}\left(=\dfrac{\text{初項}}{1-\text{公比}}\right)$

（例） 上を使って循環小数を分数に直せる．例えば

$$0.\dot{1}\dot{2}=\frac{12}{100}+\frac{12}{100^2}+\cdots=\frac{12}{100}\cdot\frac{1}{1-\frac{1}{100}}=\frac{12}{99}=\frac{4}{33}$$

7. 正誤判定

極限では，直感が通用しない場合がしばしばある．次の問題を考えてみよう．

例題 次の命題の各々について，正しいか誤っているかを判定し，誤っているものには反例をあげよ．

（1） $\lim_{n\to\infty} b_n=0$ ならば，$\left\{\dfrac{a_n}{b_n}\right\}$ は発散する．

（2） $\{a_n\}$，$\{b_n\}$ がともに収束し，すべての n について $b_n\neq 0$ であれば，$\left\{\dfrac{a_n}{b_n}\right\}$ は収束する．

（3） $\lim_{n\to\infty}(a_n-b_n)=0$ ならば，$\lim_{n\to\infty} a_n$，$\lim_{n\to\infty} b_n$ が存在し，それらが有限の値で等しい．

（4） $\{a_n\}$，$\{b_n\}$ がともに収束し，すべての n について $a_n<b_n$ であれば，$\lim_{n\to\infty} a_n<\lim_{n\to\infty} b_n$

（5） a_1，a_2，$\cdots$，a_n の平均を b_n とする．$\{a_n\}$ が発散するならば，$\{b_n\}$ は発散する．

（6） $\lim_{n\to\infty} a_n=0$ ならば，$\sum_{k=1}^{\infty} a_k$ は収束する．

（7） 無限等比数列 $\{a_n\}$ が収束すれば，無限等比級数 $\sum_{k=1}^{\infty} a_k$ は収束する．

（8） すべての n について $0<a_n<1$ であれば，$\lim_{k\to\infty} a_1a_2\cdots a_k=0$ （大阪教育大など）

解 (1) 誤り．反例は，$\boldsymbol{a_n=\frac{1}{n^2}}$，$\boldsymbol{b_n=\frac{1}{n}}$

(2) 誤り．反例は，$\boldsymbol{a_n=1}$，$\boldsymbol{b_n=\frac{1}{n}}$

⇨**注** $\{b_n\}$が 0 以外に収束すれば真．

(3) 誤り．反例は，$\boldsymbol{a_n=n+\frac{1}{n}}$，$\boldsymbol{b_n=n}$

⇨**注** $\lim_{n\to\infty}(a_n-b_n)=0$ かつ $\lim_{n\to\infty}a_n=\alpha$（収束）なら，$\lim_{n\to\infty}b_n=\alpha$ は正しい．$b_n=a_n-(a_n-b_n)$ として，2・2 を利用すればよい．

(4) 誤り．反例は，$\boldsymbol{a_n=1-\frac{1}{n}}$，$\boldsymbol{b_n=1+\frac{1}{n}}$

(5) 誤り．反例は，$\boldsymbol{a_n=(-1)^n}$

⇨**注** 発散が「∞ に発散」なら真．

(6) 誤り．反例は，$\boldsymbol{a_n=\log(n+1)-\log n}$

$\left(a_n=\log\left(1+\frac{1}{n}\right)\to 0,\right.$

$\left.\sum_{k=1}^{n}a_k=\log(n+1)-\log 1=\log(n+1)\to\infty\right)$

(7) 誤り．反例は，$\boldsymbol{a_n=1}$

(8) 誤り．反例は，$\boldsymbol{a_n=2^{-\frac{1}{2^n}}}$ （$0<a_n<1$ であるが，

$a_1a_2\cdots a_k=2^{-\left(\frac{1}{2}+\frac{1}{2^2}+\cdots+\frac{1}{2^k}\right)}=2^{-\left(1-\frac{1}{2^k}\right)}\to 2^{-1}$）

8. 関数の極限

8・1 定義

x が a と異なる値をとりながら a に限りなく近づくにつれて，関数 $f(x)$ の値が一定値 α に限りなく近づくならば，$x\to a$ のとき $f(x)$ は α に収束するといい，

$$\lim_{x\to a}f(x)=\alpha$$

$$x\to a \text{ のとき } f(x)\to\alpha$$

$$f(x)\xrightarrow[x\to a]{}\alpha$$

などと書き，α のことを x が a に近づいたときの $f(x)$ の極限値という．

関数の演算と極限値，大小関係と極限値について，数列の場合と同様のことが成り立つ．

9. 三角関数の極限

9・1 三角関数の基本不等式

$0<x<\frac{\pi}{2}$ ならば，$\sin x<x<\tan x$

9・2 三角関数の基本極限値

$$\lim_{x\to 0}\frac{\sin x}{x}=1$$

10. e に関する極限値

10・1 e の定義

自然対数の底 e についての定義，および以下の極限値についての相互の関係については，p.69 のミニ講座「e に関する極限と $(e^x)'=e^x$」で扱う．

10・2 e に関する極限値

1° $\lim_{n\to\infty}\left(1+\frac{1}{n}\right)^n=e$

2° $\lim_{x\to\infty}\left(1+\frac{1}{x}\right)^x=e$

3° $\lim_{x\to-\infty}\left(1+\frac{1}{x}\right)^x=e$

4° $\lim_{h\to 0}(1+h)^{\frac{1}{h}}=e$

5° $\lim_{h\to 0}\frac{\log(1+h)}{h}=1$

6° $\lim_{h\to 0}\frac{e^h-1}{h}=1$

11. 微分係数

11・1 定義

関数 $f(x)$ に対して，極限値

$$\lim_{x\to a}\frac{f(x)-f(a)}{x-a}\ \left(=\lim_{h\to 0}\frac{f(a+h)-f(a)}{h}\right)$$

が存在するとき（すなわち，この極限が有限の値に収束するとき），これを $f(x)$ の $x=a$ における微分係数といい，$f'(a)$ と書く．また，このとき，$f(x)$ は $x=a$ で微分可能であるという．

11・2 極限計算への応用

例えば，$\lim_{x\to 0}\frac{e^x-e^{-x}}{x}$ ……① を考えてみよう．

$f(x)=e^x-e^{-x}$ とおくと，$f(0)=0$ であり，

$f'(x)=e^x+e^{-x}$ であるから，

$$①=\lim_{x\to 0}\frac{f(x)-f(0)}{x-0}=f'(0)=2$$

ミニ講座・1
2^{100} と 100^2 は 26 桁違う

［この章を一通り終えたあと読んで下さい］

極限の計算では，$\dfrac{\infty}{\infty}$ や $\dfrac{0}{0}$ の形がよく出てきます．このような場合，無限大(小)の大きさの感覚を持っておくと，見通しよく計算することができます．ここでは，$x\to\infty$ のとき，∞ に発散する $f(x)$，$g(x)$ について，

$$\lim_{x\to\infty}\frac{g(x)}{f(x)}=1 \text{ のとき } f(x)\doteqdot g(x)$$

$$\lim_{x\to\infty}\frac{g(x)}{f(x)}=0 \text{ のとき } f(x)\gg g(x)$$

と表すことにします．$x\to 0$ のとき 0 に収束する $f(x)$，$g(x)$ についても，$\doteqdot$，$\gg$ を上の意味で用います．

1．無限大どうしの比較

x が十分大きいとき，x^3 と x ではもちろん x^3 のほうが大きいのですが，どれくらい大きいのでしょうか．

それには，両者の『比』をとって調べます．

$\dfrac{x^3}{x}=x^2$ だから，x に対して x^3 は，$x=100$ のとき 1 万倍，$x=10000$ のとき 1 億倍，… となり非常に大きく，逆に x は x^3 に比べると塵と化してしまいます．よって，$x\ll x^3$，$x^3+x\doteqdot x^3$ と見なして構いません．

次の 2 つの極限は有名です．

$$\lim_{x\to\infty}\frac{x^k}{a^x}=0,\ \lim_{x\to\infty}\frac{\log x}{x^k}=0 \quad (a>1,\ k>0)$$

「a^x から見た x^k，x^k からみた $\log x$ は，無視できるほど小さい」という感覚が大切です．

$$a^x\gg x^k\gg\log x$$

と，大きさを変えて書いてもいいくらい差があるのです．

つまり，指数関数 ≫ 多項式関数 ≫ 対数関数　というわけで，$2^x\gg x^2$ です．$x=100$ のときが表題の場合です．

2^{100} と 100^2 では，2^{100} のほうが遥かに大きいことにピンと来るようにしたいものです．

さて，次の極限（∞/∞ の形）は，もう簡単ですね．

例 $\displaystyle\lim_{t\to\infty}\frac{t\sqrt{1+t^2}}{t^2+\underset{\sim\sim\sim}{(1+\sqrt{1+t^2})}\log t}=\boxed{}$

分母の $\sim\sim\sim\doteqdot(1+t)\log t\doteqdot t\log t$ で，これは $t^2=t\cdot t$ に比べるとほとんど 0．よって，分母 $\doteqdot t^2$ で，分子 $\doteqdot t\cdot t$ とから，$\dfrac{t^2}{t^2}=\mathbf{1}$ が極限値です．

きちんと答案にするには，今近似した t^2 で分母分子を割れば，ともに 1 に収束し，1/1 で解決です．

また，$a>b>1$ なら，$a^n+b^n\doteqdot a^n$ です．これは $\dfrac{b^n}{a^n}=\left(\dfrac{b}{a}\right)^n\to 0$ から分かります．

2．無限小の場合

無限小（0 に限りなく近い）にも大小があります．x^2 も x^3 も $x\to 0$ のとき 0 に収束するから同じじゃないかとひとくくりにはできません．たとえば $(10^{-10})^2$ と $(10^{-10})^3$ は，どちらも 0 のようなものですが，なんと 10^{10}（$=100$ 億）倍違う！ x^2 を $x(\doteqdot 0)$ 倍した x^3 のほうがうんと小さいので，$x^3\ll x^2$，$x^2+x^3\doteqdot x^2$ です．

多項式関数に限りません．

$$\lim_{x\to 0}\frac{\sin x}{x}=1,\ \lim_{x\to 0}\frac{1-\cos x}{x^2}=\frac{1}{2}\ \cdots\cdots\cdots\cdots\text{①}$$

$$\lim_{x\to 0}\frac{e^x-1}{x}=1,\ \lim_{x\to 0}\frac{\log(1+x)}{x}=1$$

も利用できます．$x\to 0$ のとき $\sin x\doteqdot x$ だから，

$$\frac{\sin 5x}{\sin 3x}\doteqdot\frac{5x}{3x}=\frac{5}{3},\ \frac{\sin(\sin x^2)}{x\sin x}\doteqdot\frac{\sin x^2}{x\cdot x}\doteqdot\frac{x^2}{x^2}=1$$

また，①により，$x\to 0$ のとき，$\cos x$ は $1-\dfrac{1}{2}x^2$ とみなせる（$\cos x-1\doteqdot -x^2/2$）ので，

$$\frac{\cos x-\cos 3x}{x^2}\doteqdot\frac{\left(1-\frac{1}{2}x^2\right)-\left(1-\frac{1}{2}(3x)^2\right)}{x^2}=4$$

という計算で，極限値の目星がつきます．

3．無限級数で表すと

$\displaystyle\lim_{x\to 0}\frac{\sin x-x}{x^3}$ はどうでしょうか．分子 $\doteqdot x-x=0$ と見なしては，$\dfrac{0}{0}$ の形のままで失敗です．

次の結果が知られています（マクローリン展開といいます．☞p.68）．

$$\sin x=x-\frac{x^3}{3!}+\frac{x^5}{5!}-\frac{x^7}{7!}+\cdots$$

$$\cos x=1-\frac{x^2}{2!}+\frac{x^4}{4!}-\frac{x^6}{6!}+\cdots$$

これによると，$\sin x-x=-\dfrac{x^3}{6}+\dfrac{x^5}{120}-\cdots\cdots$

なので，$x\to 0$ のとき

$$\frac{\sin x-x}{x^3}=-\frac{1}{6}+\frac{x^2}{120}-\cdots\cdots\to-\mathbf{\frac{1}{6}}$$

1 分数形，$\sqrt{\quad}$ などの極限

次の極限値を求めよ．

（1） $\displaystyle\lim_{x\to\infty}\frac{x^2+x}{3x^2+2x+1}$ （国士舘大・理工）

（2） $\displaystyle\lim_{n\to\infty}(\sqrt{2n^2+n}-\sqrt{2n^2-n})$ （湘南工科大）

（3） $\displaystyle\lim_{x\to-\infty}(\sqrt{x^2+x+1}+x)$ （関東学院大）

一番強い項でくくる 例えば，$n\to\infty$ のときの $\dfrac{2n^3-10n}{n^3+n^2}$ の極限値を求めてみよう．多項式どうしでは，強さは次数で決まり，$2n^3-10n\fallingdotseq 2n^3$，$n^3+n^2\fallingdotseq n^3$．よって，答えは2と分かる．

答案にするには，『一番強い項』n^3 でくくって，$\dfrac{2n^3-10n}{n^3+n^2}=\dfrac{n^3\{2-(10/n^2)\}}{n^3\{1+(1/n)\}}=\dfrac{2-(10/n^2)}{1+(1/n)}\to 2$ とする．n^3 で約分する前は ∞/∞ の不定形であるが，「約分」することで不定形から脱出できる．

分子の有理化 （2）は「$\infty-\infty$」の不定形で，分数式ではないが，分母＝1の分数式と考えて，分子を有理化することがポイントとなる．分子を有理化すると，「約分」ができて，不定形から脱出できるようになる．

$x\to-\infty$ のときの $\sqrt{\quad}$ の極限は，$t\to+\infty$ に直す $X<0$ のとき $\sqrt{X^2}=-X$（マイナスを忘れがち）なので，$x\to-\infty$ の形の極限は間違いやすい．そこで，$x=-t$ とおいて，$t\to\infty$ に直そう．

解答

（1） $\displaystyle\frac{x^2+x}{3x^2+2x+1}=\frac{x^2\left(1+\frac{1}{x}\right)}{x^2\left(3+\frac{2}{x}+\frac{1}{x^2}\right)}=\frac{1+\frac{1}{x}}{3+\frac{2}{x}+\frac{1}{x^2}}\xrightarrow[x\to\infty]{}\frac{1+0}{3+0+0}=\mathbf{\frac{1}{3}}$

⇦『一番強い項』x^2 でくくる．分母・分子の $2x+1$，x が極限に影響しない“塵”（ちり）であることがはっきりする．左では，分母・分子を x^2 でくくった後，x^2 で約分したが，慣れてくれば，はじめから約分して，くくるという操作を省略するのもよい．

（2） $\displaystyle\sqrt{2n^2+n}-\sqrt{2n^2-n}=\frac{\sqrt{2n^2+n}-\sqrt{2n^2-n}}{1}$

$\displaystyle=\frac{(\sqrt{2n^2+n}-\sqrt{2n^2-n})(\sqrt{2n^2+n}+\sqrt{2n^2-n})}{\sqrt{2n^2+n}+\sqrt{2n^2-n}}=\frac{(2n^2+n)-(2n^2-n)}{\sqrt{2n^2+n}+\sqrt{2n^2-n}}$

$\displaystyle=\frac{2n}{\sqrt{2n^2+n}+\sqrt{2n^2-n}}=\frac{2}{\sqrt{2+\frac{1}{n}}+\sqrt{2-\frac{1}{n}}}\xrightarrow[n\to\infty]{}\frac{2}{\sqrt{2}+\sqrt{2}}=\mathbf{\frac{\sqrt{2}}{2}}$

⇦分母・分子を $n(>0)$ でくくった後，n で約分した．

（3） $x=-t$ とおくと，$x\to-\infty$ のとき $t\to\infty$ であり，

$\displaystyle\sqrt{x^2+x+1}+x=\frac{\sqrt{t^2-t+1}-t}{1}=\frac{(t^2-t+1)-t^2}{\sqrt{t^2-t+1}+t}$

$\displaystyle=\frac{-t+1}{\sqrt{t^2-t+1}+t}=\frac{-1+\frac{1}{t}}{\sqrt{1-\frac{1}{t}+\frac{1}{t^2}}+1}\xrightarrow[t\to\infty]{}\frac{-1+0}{1+1}=\mathbf{-\frac{1}{2}}$

⇦$\displaystyle\sqrt{t^2-t+1}=\sqrt{\left(t-\frac{1}{2}\right)^2+\frac{3}{4}}\fallingdotseq t-\frac{1}{2}$ から，答えの見当をつけることができる．（2）も同様の変形で見当がつけられる．

1 演習題（解答は p.24）

次の極限値を求めよ．

（1） $\displaystyle\lim_{n\to\infty}\frac{{}_{2n+2}C_{n+1}}{{}_{2n}C_n}$ （関西大・理工系）

（2） $\displaystyle\lim_{x\to-\infty}(\sqrt{x^2+5x+1}-\sqrt{x^2+1})$ （高知工科大（AO））

（1） まず ${}_{\bigcirc}C_{\triangle}$ を具体化して計算する．

2 r^n（$n\to\infty$）の極限

（1） 極限値 $\displaystyle\lim_{n\to\infty}\frac{3^{n-1}-4^{n+1}}{2^{2n+3}+3^{n+2}}$ を求めよ． （東京都市大・工，知識工）

（2） 数列 $\left\{\dfrac{r^n+3}{r^n+2}\right\}$ の極限を調べよ． （類 日本福祉大）

（一番強い項でくくる） 前問では多項式の極限を考えたが，今度は等比数列 $\{r^n\}$ の極限を考えよう．

これは，∞（$r>1$），1（$r=1$），0（$|r|<1$），±1 で振動（$r=-1$），$\pm\infty$ で振動（$r<-1$）となる．等比数列どうしの場合，$\{a^n\}$ と $\{b^n\}$ について，$|a|>|b|$ なら

$\displaystyle\lim_{n\to\infty}\frac{b^n}{a^n}=\lim_{n\to\infty}\left(\frac{b}{a}\right)^n=0\quad\left(\because\ \left|\frac{b}{a}\right|<1\right)$ であるから，b^n は a^n に比べれば塵（ちり）のようなものである．

また，（1）のように指数に $2n$，n タイプが混在しているときは，n にそろえ $2^{2n+3}=2^{2n}\cdot8=8\cdot4^n$ のようにする．すると（1）で一番強い項は，2^{2n+3} と 4^{n+1} であるから，4^n でくくる変形を行う．

（2）では，$n\to\infty$ を考える，r は定数として扱い，r の値で場合分けする．

解 答

（1） $\displaystyle\frac{3^{n-1}-4^{n+1}}{2^{2n+3}+3^{n+2}}=\frac{3^{-1}\cdot3^n-4\cdot4^n}{8\cdot4^n+9\cdot3^n}$

$$=\frac{4^n\left\{3^{-1}\cdot\left(\frac{3}{4}\right)^n-4\right\}}{4^n\left\{8+9\left(\frac{3}{4}\right)^n\right\}}=\frac{3^{-1}\cdot\left(\frac{3}{4}\right)^n-4}{8+9\left(\frac{3}{4}\right)^n}\xrightarrow[n\to\infty]{}\frac{0-4}{8+0}=-\frac{1}{2}$$

⇦$3^{n-1}=3^{-1}\cdot3^n$，$3^{n+2}=3^2\cdot3^n$ であるから，3^{n-1} と 3^n と 3^{n+2} の強さは同じ．

（2） **・$|r|<1$ のとき，**

$$\frac{r^n+3}{r^n+2}\xrightarrow[n\to\infty]{}\frac{0+3}{0+2}=\frac{3}{2}\ \text{（収束）}$$

⇦（定数）=（定数）$\cdot1^n$
r^n と 1^n の強さは，$|r|$ と 1 との大小で決まる．

・$|r|>1$ のとき，分母・分子を r^n で割って，

$$\frac{r^n+3}{r^n+2}=\frac{1+3\cdot\left(\frac{1}{r}\right)^n}{1+2\cdot\left(\frac{1}{r}\right)^n}\xrightarrow[n\to\infty]{}\frac{1+0}{1+0}=1\ \text{（収束）}$$

⇦$|r|>1$ のとき $\left|\dfrac{1}{r}\right|<1$ により $\left(\dfrac{1}{r}\right)^n\to0$（$n\to\infty$）

・$r=1$ のとき， $\dfrac{r^n+3}{r^n+2}=\dfrac{1+3}{1+2}=\dfrac{4}{3}$（収束）

・$r=-1$ のとき，r^n（$n=1,\ 2,\ \cdots$）は -1 と 1 を交互に繰り返すから，

$\dfrac{r^n+3}{r^n+2}$ は，$\dfrac{-1+3}{-1+2}=2$，$\dfrac{1+3}{1+2}=\dfrac{4}{3}$ を交互に繰り返す．

よって，**発散（振動）**する．

2 演習題（解答は p.24）

（1） 次の極限値を求めなさい．

$\displaystyle\lim_{x\to\infty}\{\log_3(3^{x-1}-2^x)-\log_3(3^{x+1}+2^x)\}$ （福岡女子大）

（2） r を正の定数とするとき，$\displaystyle\lim_{n\to\infty}\frac{r^{n-1}-3^{n+1}}{r^n+3^{n-1}}$ を求めよ． （弘前大・理工）

（2） r と 3 の大小で強い項が変わるので，この大小で場合分けをする．

3 三角関数の極限／$x\to 0$ の場合

次の極限値を求めよ．

（1） $\displaystyle\lim_{x\to 0}\frac{\sin 3x}{x}$ （南山大・理工） （2） $\displaystyle\lim_{x\to 0}\frac{\sin 2x}{\sqrt{x+1}-1}$ （東京薬大・生命）

（3） $\displaystyle\lim_{x\to 0}\frac{\tan^2 x}{1-\cos x}$ （東京薬大・生命） （4） $\displaystyle\lim_{x\to 0}\frac{1-\cos 4x}{4x\sin 3x}$ （豊橋技科大）

三角関数の極限 $\displaystyle\lim_{x\to 0}\frac{\sin x}{x}=1$ が最重要公式．$\dfrac{\sin●}{●}$ $\left(か\ \dfrac{●}{\sin●}\right)$ の形を作るのが定石である．（●には同じ式が入り，●→0のとき，これらの極限値は1） まずsinの中身●を分母にもってきて，そのあとつじつまが合うように係数などを調節する．

解 答

（1） $\dfrac{\sin 3x}{x}=\dfrac{\sin 3x}{3x}\cdot 3\xrightarrow[x\to 0]{}1\cdot 3=\mathbf{3}$

（2） $\dfrac{\sin 2x}{\sqrt{x+1}-1}=\dfrac{\sin 2x}{2x}\cdot\dfrac{2x}{\sqrt{x+1}-1}=\dfrac{\sin 2x}{2x}\cdot\dfrac{2x(\sqrt{x+1}+1)}{(x+1)-1}$

$=\dfrac{\sin 2x}{2x}\cdot 2(\sqrt{x+1}+1)\xrightarrow[x\to 0]{}1\cdot 2\cdot(1+1)=\mathbf{4}$

⇦分母を有理化．分母・分子に $\sqrt{x+1}+1$ を掛けた．

（3） $\dfrac{\tan\theta}{\theta}=\dfrac{\sin\theta}{\theta}\cdot\dfrac{1}{\cos\theta}\xrightarrow[\theta\to 0]{}1\cdot 1=1$

⇦$\displaystyle\lim_{\theta\to 0}\frac{\tan\theta}{\theta}=1$（公式）

$\dfrac{1-\cos\theta}{\theta^2}=\dfrac{(1-\cos\theta)(1+\cos\theta)}{\theta^2(1+\cos\theta)}=\left(\dfrac{\sin\theta}{\theta}\right)^2\cdot\dfrac{1}{1+\cos\theta}\xrightarrow[\theta\to 0]{}1^2\cdot\dfrac{1}{2}=\dfrac{1}{2}$

であるから，

$\dfrac{\tan^2 x}{1-\cos x}=\left(\dfrac{\tan x}{x}\right)^2\cdot\dfrac{x^2}{1-\cos x}\xrightarrow[x\to 0]{}1^2\cdot\dfrac{1}{\frac{1}{2}}=\mathbf{2}$

⇦$\displaystyle\lim_{\theta\to 0}\frac{1-\cos\theta}{\theta^2}=\frac{1}{2}$（準公式）

左では，$1-\cos\theta$ に $1+\cos\theta$ を掛けて $\sin^2\theta$ を作ったが，半角の公式 $1-\cos\theta=2\sin^2\dfrac{\theta}{2}$ を用いて導くこともできる．

$\dfrac{1-\cos\theta}{\theta^2}=\dfrac{2\sin^2\frac{\theta}{2}}{\theta^2}$

$=\left(\dfrac{\sin\frac{\theta}{2}}{\frac{\theta}{2}}\right)^2\cdot\dfrac{1}{2}\xrightarrow[\theta\to 0]{}\dfrac{1}{2}$

（4） $\dfrac{1-\cos 4x}{4x\sin 3x}=\dfrac{1-\cos 4x}{(4x)^2}\cdot\dfrac{3x}{\sin 3x}\cdot\dfrac{4}{3}\xrightarrow[x\to 0]{}\dfrac{1}{2}\cdot 1\cdot\dfrac{4}{3}=\mathbf{\dfrac{2}{3}}$

➡**注** $\displaystyle\lim_{x\to 0}\frac{\sin x}{x}=1$……① は，図形的には，

$y=\sin x$ のグラフの $x=0$ での接線の傾きが1であることを意味する．

実際，$\dfrac{\sin x}{x}=\dfrac{\sin x-\sin 0}{x-0}$ と見れば，①の左辺は $x=0$ での $y=\sin x$ の微分係数の定義式そのものである．

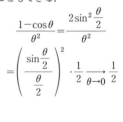

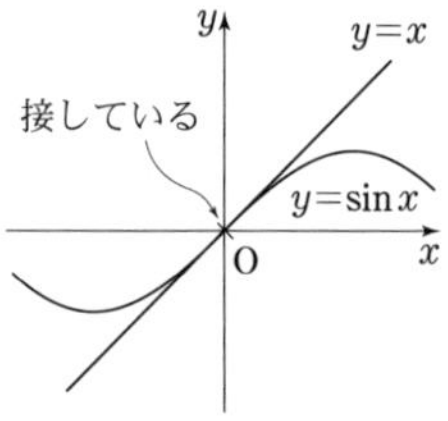

3 演習題（解答は p.24）

次の極限値を求めよ．

（1） $\displaystyle\lim_{x\to 0}\frac{x\cdot\sin 2x}{\sin 5x\cdot\sin 8x}$ （関東学院大） （2） $\displaystyle\lim_{x\to 0}\frac{3\sin 4x}{x+\sin x}$ （自治医大・医）

（3） $\displaystyle\lim_{x\to 0}\frac{1-\cos 3x}{\tan^2 x}$ （学習院大・理） （4） $\displaystyle\lim_{x\to 0}\frac{\sin x-\tan x}{x^3}$ （千歳科技大）

（4） $\tan x=\dfrac{\sin x}{\cos x}$ に直す．

4 三角関数の極限／$x\to 0$ 以外の場合

次の極限値を求めよ．

（１） $\displaystyle\lim_{x\to\infty}\frac{3x^2-1}{2x+1}\sin\frac{2}{x}$ （岩手大・理工－後）

（２） $\displaystyle\lim_{x\to\frac{\pi}{3}}\frac{\sin 3x}{\sin\left(x-\frac{\pi}{3}\right)}$ （東京都市大・工，知識工）

$\displaystyle\lim_{\theta\to 0}\frac{\sin\theta}{\theta}=1$ に結びつける 三角関数の極限の基本は，この公式に結びつけることである．そのためには，式変形をしたり，文字を置き換えたりして，●→0 となる部分を作り出すことが必要である．

（１）の場合，見かけは $x\to\infty$ であるが，sin の中身 $\dfrac{2}{x}$ は 0 に近づく．$\dfrac{2}{x}=t$ とおくと見易いだろう．

（２）の場合，$x\to\dfrac{\pi}{3}$ のとき，$x-\dfrac{\pi}{3}\to 0$ である．$x\to\dfrac{\pi}{3}$ のままでは扱いにくいので，

0 に近づく極限にするように置き換えるのが基本

である．$x-\dfrac{\pi}{3}=t$ とおけばよい．

解 答

（１） $\dfrac{2}{x}=t$ とおくと，$x\to\infty$ のとき $t\to 0$ であり，$x=\dfrac{2}{t}$ であるから，

$$\frac{3x^2-1}{2x+1}\sin\frac{2}{x}=\frac{3\left(\frac{2}{t}\right)^2-1}{2\cdot\frac{2}{t}+1}\sin t=\frac{12-t^2}{4+t}\cdot\frac{\sin t}{t}\xrightarrow[t\to 0]{}\frac{12-0^2}{4+0}\cdot 1=\mathbf{3}$$

⇦分母・分子に t^2 を掛け，さらに $\dfrac{\sin t}{t}$ を作った．

（２） $x-\dfrac{\pi}{3}=t$ とおくと，$x\to\dfrac{\pi}{3}$ のとき，$t\to 0$ であり，$x=t+\dfrac{\pi}{3}$ である．

このとき，$\sin 3x=\sin(3t+\pi)=-\sin 3t$ であるから，

$$\frac{\sin 3x}{\sin\left(x-\frac{\pi}{3}\right)}=\frac{-\sin 3t}{\sin t}=-\frac{\sin 3t}{3t}\cdot\frac{t}{\sin t}\cdot 3\xrightarrow[t\to 0]{}-1\cdot 1\cdot 3=\mathbf{-3}$$

4 演習題（解答は p.25）

次の極限値を求めよ．

（１） $\displaystyle\lim_{x\to\infty}x^2\left(1-\cos\frac{1}{x}\right)$ （茨城大・工）

（２） $\displaystyle\lim_{x\to\infty}\sqrt{x+3}\,\sin(\sqrt{x+2}-\sqrt{x+1})$ （滋賀県立大）

（３） $\displaystyle\lim_{x\to\frac{1}{4}}\frac{\tan(\pi x)-1}{4x-1}$ （立教大・理）

（２） まず sin の中身が 0 に近づくか調べる．

（３） $x-\dfrac{1}{4}=\theta$ とおく．

5 eがらみの極限

次の極限値を求めよ．

（1） $\displaystyle\lim_{x\to0}(1-x)^{\frac{1}{x}}$ （類　中部大・工）　（2） $\displaystyle\lim_{n\to\infty}\left(\frac{n+3}{n+1}\right)^n$ （東京電機大）

（3） $\displaystyle\lim_{x\to0}\frac{\log(2x+1)}{3x}$ （国士舘大・理工）　（4） $\displaystyle\lim_{x\to0}\frac{e^{3x}-1}{2x}$ （岡山理科大）

$a_n{}^{b_n}$ の極限　$n\to\infty$ のとき，$a_n\to a(>0)$，$b_n\to b$ ならば，$a_n{}^{b_n}\to a^b$ が成り立つが，$a_n\to1$，$b_n\to\infty$ のときは1とは限らず 1^∞ は不定形である．次の①～④の公式がある．

eがらみの公式　自然対数の底 $e(=2.7182\cdots)$ がらみの公式に，n は自然数として，

$$\lim_{n\to\infty}\left(1+\frac{1}{n}\right)^n=e\cdots\cdots①,\quad \lim_{x\to\infty}\left(1+\frac{1}{x}\right)^x=e\cdots\cdots\cdots②,\quad \lim_{x\to-\infty}\left(1+\frac{1}{x}\right)^x=e\cdots\cdots③$$

$$\lim_{h\to0}(1+h)^{\frac{1}{h}}=e\cdots\cdots④,\quad \lim_{h\to0}\frac{\log(1+h)}{h}=1\cdots\cdots⑤,\quad \lim_{h\to0}\frac{e^h-1}{h}=1\cdots\cdots\cdots⑥$$

がある．(☞p.69のミニ講座)

④ $\Longrightarrow$ ①,②,③ が言えることは明らかであろう．④の両辺で log をとったものが⑤である．

また，⑤は $y=\log(1+x)$ の $x=0$ における微分係数が1であることを，⑥は $y=e^x$ の $x=0$ における微分係数が1であることを意味する．⑤，⑥はこの意味付けとともに記憶しておこう．

公式の利用の仕方　$(1+■)^●$ において，$■\to0$，$●\to\infty$ ならば，①～④を利用して極限を求めることを考えよう．■と●は逆数の関係になっていないと公式は使えないので，●の方を調節する．

例えば，$\displaystyle\lim_{x\to\infty}\left(1+\frac{a}{x}\right)^x$ $(a\neq0)$ の場合，$\displaystyle\left(1+\frac{a}{x}\right)^x=\left(1+\frac{a}{x}\right)^{\frac{x}{a}\cdot a}=\left\{\left(1+\frac{a}{x}\right)^{\frac{x}{a}}\right\}^a\to e^a$ $(x\to\infty)$ とする．

解答

（1） $\displaystyle(1-x)^{\frac{1}{x}}=\left(\{1+(-x)\}^{\frac{1}{-x}}\right)^{-1}\xrightarrow[x\to0]{}e^{-1}=\boldsymbol{\frac{1}{e}}$ 　⇦④を使った．

（2） $\displaystyle\left(\frac{n+3}{n+1}\right)^n=\left(1+\frac{2}{n+1}\right)^n=\left(1+\frac{2}{n+1}\right)^{\frac{n+1}{2}\cdot2-1}$

$\displaystyle=\left\{\left(1+\frac{2}{n+1}\right)^{\frac{n+1}{2}}\right\}^2\cdot\left(1+\frac{2}{n+1}\right)^{-1}\xrightarrow[n\to\infty]{}e^2\cdot1^{-1}=\boldsymbol{e^2}$

⇦ $\dfrac{2}{n+1}$ の逆数は $\dfrac{n+1}{2}$

$\displaystyle\left(1+\frac{2}{n+1}\right)^{\frac{n+1}{2}}\to e$ $(n\to\infty)$

（3） $\displaystyle\frac{\log(2x+1)}{3x}=\frac{\log(1+2x)}{2x}\cdot\frac{2}{3}\xrightarrow[x\to0]{}1\cdot\frac{2}{3}=\boldsymbol{\frac{2}{3}}$ 　⇦⑤を使った．

（4） $\displaystyle\frac{e^{3x}-1}{2x}=\frac{e^{3x}-1}{3x}\cdot\frac{3}{2}\xrightarrow[x\to0]{}1\cdot\frac{3}{2}=\boldsymbol{\frac{3}{2}}$ 　⇦⑥を使った．

5 演習題 (解答は p.25)

次の極限値を求めよ．

（1） $\displaystyle\lim_{h\to0}\left(1-\frac{h}{2}\right)^{\frac{1}{h}}$ （防衛大／改題）

（2） $\displaystyle\log\left\{\lim_{x\to\infty}\left(\frac{x+3}{x-2}\right)^x\right\}$ （中部大・工，理工）

（3） $\displaystyle\lim_{x\to0}\frac{\sin2x}{\log_2(x+2)-1}$ （福島県医大・保健）

（4） $\displaystyle\lim_{x\to0}\frac{2^x-1}{\sin2x}$ （愛知医大・医）

（3） 底の変換公式を使う．
（4） $2=e^{\square}$ の形に直す．

6 微分係数と極限

（ア）$\displaystyle\lim_{x\to0}\frac{\sqrt{3+x}-\sqrt{3-x}}{x}$ を求めよ．（広島市立大－後）

（イ）$p>0$，$a>0$ のとき，$\displaystyle\lim_{x\to a}\frac{x^p-a^p}{\sqrt{x}-\sqrt{a}}$ を求めよ．（山梨大・教）

（ウ）関数 $f(x)$ が $x=1$ で微分可能なとき，極限値 $\displaystyle\lim_{x\to1}\frac{x^2f(1)-f(x)}{x-1}$ を $f(1)$ と $f'(1)$ を用いて表せ．（東京電機大）

微分係数の定義 極限値 $\displaystyle\lim_{x\to a}\frac{f(x)-f(a)}{x-a}\left(=\lim_{h\to0}\frac{f(a+h)-f(a)}{h}\right)$ が存在するとき，関数 $f(x)$ は $x=a$ で微分可能であるという．この極限値を $f(x)$ の $x=a$ における微分係数といい $f'(a)$ と書く．$f'(x)$ が分かるときは，この定義を“逆用”して，

$$\lim_{x\to a}\frac{f(x)-f(a)}{x-a}=f'(a)\quad\text{または}\quad\lim_{h\to0}\frac{f(a+h)-f(a)}{h}=f'(a)$$

と $f'(a)$ を利用して極限値を求めることができる．（微分係数については，次章を参照のこと）

（ア）は分子を有理化するのが普通（☞傍注）だが，微分係数と見る練習をかねて取り上げた．

分子全体を $f(x)$ とおくのも手 （ア）は，$y=\sqrt{3+x}$ と $y=\sqrt{3-x}$ の微分係数に結びつけることもできるが，$f(x)=\sqrt{3+x}-\sqrt{3-x}$ とおくと $f(0)=0$ により，求める極限が $f'(0)$ ととらえられる．

解答

（ア）$f(x)=\sqrt{3+x}-\sqrt{3-x}$ とおくと，$f(0)=0$ であり，

$$f'(x)=\frac{(3+x)'}{2\sqrt{3+x}}-\frac{(3-x)'}{2\sqrt{3-x}}=\frac{1}{2\sqrt{3+x}}+\frac{1}{2\sqrt{3-x}}\ \text{であるから，}$$

$$\text{与式}=\lim_{x\to0}\frac{f(x)-f(0)}{x-0}=f'(0)=\frac{1}{2\sqrt3}+\frac{1}{2\sqrt3}=\boldsymbol{\frac{1}{\sqrt3}}$$

⇦分子を有理化して解くと

$$\frac{\sqrt{3+x}-\sqrt{3-x}}{x}=\frac{(3+x)-(3-x)}{x(\sqrt{3+x}+\sqrt{3-x})}=\frac{2}{\sqrt{3+x}+\sqrt{3-x}}\xrightarrow[x\to0]{}\frac{1}{\sqrt3}$$

（イ）$f(x)=x^p$，$g(x)=\sqrt{x}$ とおくと，

$$\lim_{x\to a}\frac{x^p-a^p}{\sqrt{x}-\sqrt{a}}=\lim_{x\to a}\frac{f(x)-f(a)}{g(x)-g(a)}=\lim_{x\to a}\frac{\dfrac{f(x)-f(a)}{x-a}}{\dfrac{g(x)-g(a)}{x-a}}=\frac{f'(a)}{g'(a)}\ \cdots\cdots①$$

⇦分子・分母を $x-a$ で割ると，それぞれ微分係数に結びつけることができる．

$f'(x)=px^{p-1}$，$g'(x)=\dfrac{1}{2\sqrt{x}}$ により，$①=pa^{p-1}\times2\sqrt{a}=\boldsymbol{2pa^{p-\frac12}}$

（ウ）

$$\lim_{x\to1}\frac{x^2f(1)-f(x)}{x-1}=\lim_{x\to1}\left(\frac{-\{f(x)-f(1)\}+(x^2-1)f(1)}{x-1}\right)$$

$$=\lim_{x\to1}\left\{-\frac{f(x)-f(1)}{x-1}+(x+1)f(1)\right\}=\boldsymbol{-f'(1)+2f(1)}$$

⇦ $\dfrac{f(x)-f(1)}{x-1}$ が現れるように変形する．

6 演習題（解答は p.26）

（ア）極限 $\displaystyle\lim_{x\to0}\frac{\sqrt{3-2x}-\sqrt{3+2x}}{x}$ を求めよ．（愛媛大・理・医・工）

（イ）極限 $\displaystyle\lim_{x\to a}\frac{\sin x-\sin a}{\sin(x-a)}$ の値を求めなさい．（福島大・共生システム理工，食農）

（ウ）関数 $f(x)$ の微分係数 $f'(a)$ が存在するとき，$\displaystyle\lim_{h\to0}\frac{f(a+3h)-f(a-h)}{h}$ を $f'(a)$ を用いて表すと ＿＿＿ である．（芝浦工大）

（ウ）微分係数の形が現れるように工夫する．

7 極限が存在するように定数を定める

(ア) $\lim_{x\to2}\dfrac{2x^2+ax+a+1}{x^2+x-6}=b$ と書けるとき，$a=$ ☐，$b=$ ☐ である．　(中部大)

(イ) a を実数とする．$a=$ ☐ のとき，$\lim_{x\to+\infty}(\sqrt{4x^2+x}+ax)$ は有限な値 ☐ をとる．

(関西大・社会安全，理工系)

分数式の極限が存在するとき　分母→0 のとき，$\dfrac{分子}{分母}$ は分子→0 でなければ発散する．つまり，分数式の極限が存在するとき，分母→0 なら分子→0 となっていなければならない．

(分母→0 で $\dfrac{分子}{分母}$→有限 のとき，分子$=\dfrac{分子}{分母}\times$分母→有限×0=0，と説明することもできる．)

精密に調べる前に　(イ)では，“分子の有理化”をするが，変形する前に a の符号を調べておこう．$\lim_{x\to\infty}\sqrt{4x^2+x}=\infty$ なので，$a\geqq0$ のときは与式は ∞ に発散してしまう．よって $a<0$ でなければならないことがまず分かる．また，$x\to\infty$ を考えるときは $x>0$ としてよい．$\sqrt{x^2}=|x|=x$ などとすることができる．

解 答

(ア) $x\to2$ のとき，分母$=x^2+x-6\to4+2-6=0$ であるから，分数式の極限値が b のとき，分子→0 でなければならない．

よって，$2\cdot2^2+a\cdot2+a+1=0$ であるから，$a=\mathbf{-3}$　⇦$3a+9=0$

このとき，$\dfrac{2x^2+ax+a+1}{x^2+x-6}=\dfrac{2x^2-3x-2}{x^2+x-6}=\dfrac{(x-2)(2x+1)}{(x-2)(x+3)}$

$=\dfrac{2x+1}{x+3}\underset{x\to2}{\longrightarrow}\dfrac{5}{5}=1$

⇦分母・分子とも，$x=2$ のとき 0 なので，ともに $x-2$ を因数にもつ（因数定理）．$x-2$ で約分されて不定形が解消する．

∴　$b=\mathbf{1}$

(イ) $\lim_{x\to+\infty}\sqrt{4x^2+x}=+\infty$ であるから $a<0$ である．　⇦前文参照．

$\sqrt{4x^2+x}+ax=\dfrac{(4x^2+x)-(ax)^2}{\sqrt{4x^2+x}-ax}$　⇦$\dfrac{\sqrt{4x^2+x}+ax}{1}$ の分子を有理化

$=\dfrac{(4-a^2)x^2+x}{\sqrt{4x^2+x}-ax}=\dfrac{(4-a^2)x+1}{\sqrt{4+\frac{1}{x}}-a}$ ……………①

⇦分母が 0 以外の値に収束するように，分母・分子を x で割った．

$x\to\infty$ のとき，①の分母 →$2-a$ (>0) となるから，①が有限な値に収束するとき，$4-a^2=0$

⇦$4-a^2>0$ のとき，①→∞
$4-a^2<0$ のとき，①→$-\infty$

$a<0$ により $a=\mathbf{-2}$ であり，$\lim_{x\to+\infty}$①$=\dfrac{1}{\sqrt{4}-a}=\dfrac{1}{2+2}=\mathbf{\dfrac{1}{4}}$

7 演習題 (解答は p.26)

(ア) 定数 a，b が $\lim_{x\to3}\dfrac{\sqrt{4x+a}-b}{x-3}=\dfrac{2}{5}$ をみたすとき，$(a,\ b)=$ ☐ である．

(福岡大・医(医))

(イ) 定数 a，b に対して，等式 $\lim_{x\to\infty}\{\sqrt{4x^2+5x+6}-(ax+b)\}=0$ が成り立つとき，$(a,\ b)=$ ☐ である．

(関西大・理工系)

(ア) 分子→0 から a，b の関係式を求めた後は，微分係数の利用も考えられる．

8 数列の極限／漸化式

$-\pi<\theta<\pi$ とするとき，次の条件によって定められる数列 $\{a_n\}$ がある．

$$a_1=\cos\frac{\theta}{2},\ a_{n+1}=\sqrt{\frac{1+a_n}{2}}\quad(n=1,\ 2,\ 3,\ \cdots\cdots)$$

（1） $a_n=\cos\dfrac{\theta}{2^n}$ が成り立つことを示せ．

（2） $2^n\times\sin\dfrac{\theta}{2^n}\times\cos\dfrac{\theta}{2}\times\cos\dfrac{\theta}{2^2}\times\cos\dfrac{\theta}{2^3}\times\cdots\cdots\times\cos\dfrac{\theta}{2^n}=\sin\theta\quad(n=1,\ 2,\ 3,\ \cdots\cdots)$

が成り立つことを証明せよ．

（3） $b_n=a_1\times a_2\times a_3\times\cdots\cdots\times a_n$ $(n=1,\ 2,\ 3,\ \cdots\cdots)$ とおく．$\theta\neq0$ のとき，$\lim\limits_{n\to\infty}b_n$ を θ を用いて表せ．

（新潟大・理，医，歯）

半角の公式を連想する 本問は三角関数がらみである．そこで与えられた漸化式を三角関数の公式と関連させて眺めよう．すると，$\cos\dfrac{\theta}{2}=\sqrt{\dfrac{1+\cos\theta}{2}}$ の公式を連想するのは難しくはないだろう．

解答

（1） 数学的帰納法で示す．$n=1$ のとき成り立つ．

$n=k$ で成り立つとすると，

$$a_{k+1}=\sqrt{\frac{1}{2}(1+a_k)}=\sqrt{\frac{1}{2}\left(1+\cos\frac{\theta}{2^k}\right)}=\sqrt{\cos^2\frac{\theta}{2^{k+1}}}$$

⇦ $\dfrac{1}{2}(1+\cos\alpha)=\cos^2\dfrac{\alpha}{2}$

$-\dfrac{\pi}{4}<\dfrac{\theta}{2^{k+1}}<\dfrac{\pi}{4}$ であるから，$\cos\dfrac{\theta}{2^{k+1}}>0$ $\quad\therefore\ a_{k+1}=\cos\dfrac{\theta}{2^{k+1}}$

⇦ $\sqrt{X^2}=|X|$ に注意して $\sqrt{\ }$ を外す．

よって，$n=k+1$ でも成り立つから，数学的帰納法により証明された．

（2） 与式の左辺を c_n とおくと，

⇦（2）も数学的帰納法で示すことができる．

$$c_{n+1}=2^n\times\left(2\sin\frac{\theta}{2^{n+1}}\cos\frac{\theta}{2^{n+1}}\right)\times\cos\frac{\theta}{2}\times\cos\frac{\theta}{2^2}\times\cdots\cdots\times\cos\frac{\theta}{2^n}$$

$$=2^n\times\sin\frac{\theta}{2^n}\times\cos\frac{\theta}{2}\times\cos\frac{\theta}{2^2}\times\cdots\cdots\times\cos\frac{\theta}{2^n}=c_n$$

⇦ $2\sin\dfrac{\theta}{2^{n+1}}\cos\dfrac{\theta}{2^{n+1}}=\sin\dfrac{\theta}{2^n}$
$(2\sin\alpha\cos\alpha=\sin2\alpha)$

c_n は一定で，$c_n=c_1=2\sin\dfrac{\theta}{2}\cos\dfrac{\theta}{2}=\sin\theta$

（3） $c_n=2^n\sin\dfrac{\theta}{2^n}a_1a_2\cdots\cdots a_n\qquad\therefore\ \sin\theta=2^n\sin\dfrac{\theta}{2^n}b_n$

$$\lim_{n\to\infty}b_n=\lim_{n\to\infty}\frac{\theta/2^n}{\sin(\theta/2^n)}\cdot\frac{\sin\theta}{\theta}=\boldsymbol{\frac{\sin\theta}{\theta}}$$

⇦ $\dfrac{\theta}{2^n}\to0\ (n\to\infty)$

8 演習題（解答は p.27）

（1） $0\leqq\theta_n\leqq\dfrac{\pi}{2}$ である数列 $\{\theta_n\}$ が $\theta_1=\dfrac{\pi}{2}$，$\sin\theta_{n+1}=\dfrac{\sqrt{1-\sqrt{1-\sin^2\theta_n}}}{\sqrt{2}}$

$(n=1,\ 2,\ \cdots\cdots)$ を満たすとき，数列 $\{\theta_n\}$ の極限 $\lim\limits_{n\to\infty}\theta_n$ を求めよ．

（2） a を正の実数とする．（1）の数列 $\{\theta_n\}$ を用いて，数列 $\{x_n\}$ を $x_n=\dfrac{\sin\theta_n}{a^n}$ と定める．数列 $\{x_n\}$ が0でない実数 k に収束するとき，a と k の値を求めよ．（大阪教大）

（1） 漸化式と結びつく三角関数の公式は？
（2） まず，0でない値に収束する項をつくる．

9 はさみうちの原理

数列 $\{a_n\}$ は，$a_1=2$，$a_{n+1}=\sqrt{4a_n-3}$ $(n=1,\ 2,\ 3,\ \cdots)$ で定義されている．次の(1)，(2)では，問題文の不等式が，すべての自然数 n について成り立つことを証明しなさい．

(1) $2\leqq a_n\leqq 3$　(2) $|a_{n+1}-3|\leqq\dfrac{4}{5}|a_n-3|$　(3) 極限 $\lim\limits_{n\to\infty}a_n$ を求めなさい．

（信州大・教）

解けない2項間漸化式と極限　簡単には一般項を求めることができない2項間の漸化式 $a_{n+1}=f(a_n)$ で定まる数列の極限値を求める定石として，以下の方法がある．

1°　a_n の極限が存在して，その値が α ならば，$\lim\limits_{n\to\infty}a_n=\alpha$，$\lim\limits_{n\to\infty}a_{n+1}=\alpha$ であるから，α は $\alpha=f(\alpha)$ を満たす．これから α の値を予想する．

2°　与えられた漸化式 $a_{n+1}=f(a_n)$ と $\alpha=f(\alpha)$ の辺々を引くと，$a_{n+1}-\alpha=f(a_n)-f(\alpha)$ となるが，これから，　$|a_{n+1}-\alpha|\leqq r|a_n-\alpha|$，$r$ は $0\leqq r<1$ である定数 ……………………☆

の形の不等式を導く．すると，$|a_n-\alpha|\leqq r|a_{n-1}-\alpha|\leqq r^2|a_{n-2}-\alpha|\leqq\cdots\leqq r^{n-1}|a_1-\alpha|$

$$\therefore\ 0\leqq|a_n-\alpha|\leqq r^{n-1}|a_1-\alpha|$$

$\lim\limits_{n\to\infty}r^{n-1}|a_1-\alpha|=0$ であるから，はさみうちの原理により，$|a_n-\alpha|\to 0$　$\therefore$ $a_n\to\alpha$ $(n\to\infty)$

（なお，要点の整理・例題(8) ☞p.7）から，☆の r は定数でないと，$a_n\to\alpha$ とは結論できない）

解答

(1) n に関する数学的帰納法で示す．$n=1$ のときは成立する．

$n=k$ での成立，つまり $2\leqq a_k\leqq 3$ が成り立つとすると，a_{k+1} について，

$$\sqrt{4\cdot 2-3}\leqq a_{k+1}\leqq\sqrt{4\cdot 3-3}\qquad\therefore\ \sqrt{5}\leqq a_{k+1}\leqq 3\qquad\therefore\ 2\leqq a_{k+1}\leqq 3$$

よって $n=k+1$ のときも成立するから，数学的帰納法により示された．

⇦ $2\leqq a_k\leqq 3$ のとき，$4\cdot 2-3\leqq 4a_k-3\leqq 4\cdot 3-3$

(2) 漸化式から，

$$a_{n+1}-3=\sqrt{4a_n-3}-3=\frac{(4a_n-3)-3^2}{\sqrt{4a_n-3}+3}=\frac{4(a_n-3)}{\sqrt{4a_n-3}+3}=\frac{4}{a_{n+1}+3}(a_n-3)$$

(1)により，$a_{n+1}\geqq 2$ であるから，$\dfrac{4}{a_{n+1}+3}\leqq\dfrac{4}{2+3}=\dfrac{4}{5}$

⇦ $\dfrac{\sqrt{4a_n-3}-3}{1}$ と見て，分子を有理化すると，$\boxed{}\times(a_n-3)$ の形になる．

したがって，$|a_{n+1}-3|=\dfrac{4}{a_{n+1}+3}|a_n-3|\leqq\dfrac{4}{5}|a_n-3|$

(3) $|a_{n+1}-3|\leqq\dfrac{4}{5}|a_n-3|$ を繰り返し用いることにより，

$$0\leqq|a_n-3|\leqq\frac{4}{5}|a_{n-1}-3|\leqq\left(\frac{4}{5}\right)^2|a_{n-2}-3|\leqq\cdots\leqq\left(\frac{4}{5}\right)^{n-1}|a_1-3|=\left(\frac{4}{5}\right)^{n-1}$$

$\left(\dfrac{4}{5}\right)^{n-1}\to 0$ により，はさみうちの原理から $\lim\limits_{n\to\infty}|a_n-3|=0$　$\therefore$ $\boldsymbol{\lim\limits_{n\to\infty}a_n=3}$

▨本問の場合，求める極限値を α として，前文の1°を使うと，
$\alpha=\sqrt{4\alpha-3}$
$\therefore$ $\alpha^2=4\alpha-3$　$\therefore$ $\alpha=1,\ 3$
これから α の値が予想できる．

9 演習題（解答は p.27）

数列 $\{a_n\}$ が $0<a_1\leqq\dfrac{1}{3}$，$a_{n+1}=\dfrac{3}{2}a_n(1-a_n)$ $(n=1,\ 2,\ 3,\ \cdots)$ を満たすとする．

(1) $a_2\geqq a_1$ を示せ．　(2) $0<a_n\leqq\dfrac{1}{3}$，$a_{n+1}\geqq a_n$ を示せ．

(3) $\dfrac{1}{3}-a_{n+1}\leqq\left(1-\dfrac{3}{2}a_1\right)\left(\dfrac{1}{3}-a_n\right)$ を示せ．　(4) $\lim\limits_{n\to\infty}a_n$ を求めよ．

（甲南大・理工，知能情報）

(2)(3)もにらんで，$\dfrac{1}{3}-a_{k+1}$ を a_k で表して因数分解する．
(4) $1-\dfrac{3}{2}a_1=r$ とおき，$0<r<1$ を示しておく．

10 無限級数の基本／無限等比級数など

（１） 無限級数 $\sum_{n=1}^{\infty}\frac{1}{(n+3)(n+4)}$ の和を求めよ．（秋田県立大）

（２） $\sum_{n=1}^{\infty}\frac{2\cdot3^n-4}{3\cdot5^n}=\boxed{}$ （東京薬大・生命）

（３） 無限級数 $x+\frac{x}{1+x}+\frac{x}{(1+x)^2}+\frac{x}{(1+x)^3}+\cdots\cdots$ $(x\neq-1)$ が収束するような実数 x の範囲を求め，無限級数の和 $f(x)$ を求めよ．（岡山理科大）

無限級数は部分和が基本 無限級数 $\sum_{k=1}^{\infty}a_k\cdots\cdots$① の和とは，$S_n=\sum_{k=1}^{n}a_k$ で定められる数列 $\{S_n\}$ の極限のことである．（S_n を①の第 n 部分和という）

無限等比級数の公式 等比数列の無限和の場合は公式がある．

無限等比級数 $a+ar+ar^2+\cdots=\sum_{k=1}^{\infty}ar^{k-1}$ は，「$a=0$ または $|r|<1$」のときのみ収束して，

$$\sum_{k=1}^{\infty}ar^{k-1}=\begin{cases}0 & (a=0\text{ のとき．}r\text{ は何でもよいことに注意}) \\ a\cdot\frac{1}{1-r} & (|r|<1\text{ のとき})\end{cases}$$

解答

（１） $\sum_{n=1}^{N}\frac{1}{(n+3)(n+4)}=\sum_{n=1}^{N}\left(\frac{1}{n+3}-\frac{1}{n+4}\right)=\sum_{n=1}^{N}\frac{1}{n+3}-\sum_{n=1}^{N}\frac{1}{n+4}$

$=\left(\frac{1}{4}+\frac{1}{5}+\frac{1}{6}+\cdots\frac{1}{N+3}\right)-\left(\frac{1}{5}+\frac{1}{6}+\cdots\frac{1}{N+3}+\frac{1}{N+4}\right)=\frac{1}{4}-\frac{1}{N+4}$

よって，$\sum_{n=1}^{\infty}\frac{1}{(n+3)(n+4)}=\lim_{N\to\infty}\sum_{n=1}^{N}\frac{1}{(n+3)(n+4)}=\lim_{N\to\infty}\left(\frac{1}{4}-\frac{1}{N+4}\right)=\mathbf{\frac{1}{4}}$ 　⇦ $\sum_{n=1}^{\infty}=\lim_{N\to\infty}\sum_{n=1}^{N}$

（２） $\sum_{n=1}^{N}\frac{2\cdot3^n-4}{3\cdot5^n}=\underbrace{\sum_{n=1}^{N}\frac{2}{3}\left(\frac{3}{5}\right)^n}_{①}-\underbrace{\sum_{n=1}^{N}\frac{4}{3}\left(\frac{1}{5}\right)^n}_{②}$

$N\to\infty$ のとき，①は初項 $\frac{2}{5}$，公比 $\frac{3}{5}$ の，②は初項 $\frac{4}{15}$，公比 $\frac{1}{5}$ の無限等比級数の和を表すから，答えは，$\frac{2}{5}\cdot\frac{1}{1-\frac{3}{5}}-\frac{4}{15}\cdot\frac{1}{1-\frac{1}{5}}=1-\frac{1}{3}=\mathbf{\frac{2}{3}}$ 　⇦①の初項は $\frac{2}{3}\cdot\frac{3}{5}=\frac{2}{5}$

（３） $\sum_{n=1}^{\infty}x\left(\frac{1}{1+x}\right)^{n-1}$ が収束する条件は，$x=0$ または $\left|\frac{1}{1+x}\right|<1$ 　初項 x，公比 $\frac{1}{1+x}$ の無限等比級 ⇦数が収束する条件．

∴ $x=0$ または $x<-2$ または $0<x$ 　⇦ $|1+x|>1$ のとき，$1+x<-1$ または $1<1+x$

$\boldsymbol{x=0}$ **のとき**，無限級数の和 $f(x)$ は，$\boldsymbol{f(x)=0}$

$\boldsymbol{x<-2}$ **または** $\boldsymbol{0<x}$ **のとき**，$\boldsymbol{f(x)}=x\cdot\frac{1}{1-\frac{1}{1+x}}=\boldsymbol{1+x}$

10 演習題（解答は p.28）

（１） $\sum_{k=1}^{\infty}\frac{1}{k(k+2)}$ を求めよ．（類　神奈川大・理工）

（２） a を実数とする．無限級数 $\sum_{n=1}^{\infty}(-1)^n\left(\frac{a-1}{3}\right)^{2n+1}$ が収束する a の範囲を求め，その和を a で表せ．（東京都市大・理工，建築，情）

（１） まず部分和を求める．
（２） この無限級数をシグマではなく具体的に書き並べて表してみよう．

11 無限級数／$\sum nr^n$

n は自然数とし，$t>0$ とする．次の問に答えよ．

（1） 次の不等式を示せ．$(1+t)^n \geqq 1+nt+\dfrac{n(n-1)}{2}t^2$

（2） $0<r<1$ とする．次の極限値を求めよ．$\displaystyle\lim_{n\to\infty}\frac{n}{(1+t)^n}$，$\displaystyle\lim_{n\to\infty} nr^n$

（3） $0<x<1$ のとき，$A(x)=1-2x+3x^2+\cdots+(-1)^{n-1}nx^{n-1}+\cdots$ とおく．$A(x)$ を求めよ．

（大阪教大－後／一部省略）

$\displaystyle\lim_{n\to\infty} nr^n=0$ $(0<r<1)$ これは $\infty\times 0$ の不定形であるが，n の1次式が ∞ に発散するより指数関数が0に収束するスピードの方がはやくて，$nr^n\to 0$ になる，ということである（一般に多項式の発散より指数関数が0に収束するスピードの方がはやい）．指数関数を評価する（大小を比較する不等式を作る）ときは，二項定理を用いて（途中でちょん切って）多項式で評価することが基本的手法である．

（2）は（1）とはさみうちの原理を使う．

解答

（1） $n\geqq 2$ のとき，二項定理により，

$$(1+t)^n={}_nC_0+{}_nC_1t+{}_nC_2t^2+\cdots\cdots+{}_nC_nt^n$$

$$\geqq {}_nC_0+{}_nC_1t+{}_nC_2t^2=1+nt+\frac{n(n-1)}{2}t^2 \quad (\because t>0)$$

が成り立ち，$n=1$ のときもこの結果は正しい（等号が成立する）．

⇦左辺－右辺を $f(t)$ とおいて，微分を使って（2回微分する）示すこともできる．

（2） （1）から，$0<\dfrac{n}{(1+t)^n}\leqq\dfrac{n}{1+nt+\dfrac{n(n-1)}{2}t^2}=\dfrac{1}{\dfrac{1}{n}+t+\dfrac{n-1}{2}t^2}$ ……①

⇦ここでは，分母・分子を n で割ると分子が定数になることに着目した．分母・分子を n^2 で割ってもよい．

①→0 $(n\to\infty)$ により，はさみうちの原理から，$\displaystyle\lim_{n\to\infty}\frac{n}{(1+t)^n}=0$ ……………②

$\dfrac{1}{1+t}=r$ とおくと，$0<r<1$ のとき $t>0$ であるから，②から，$\displaystyle\lim_{n\to\infty} nr^n=0$

⇦$t=\dfrac{1}{r}-1$

（3） $A(x)$ の第 n 部分和を S_n とする．

$$S_n=1-2x+3x^2-4x^3+\cdots\cdots\cdots\cdots+(-1)^{n-1}nx^{n-1}$$

$$-)\ -xS_n=\ -x+2x^2-3x^3+\cdots\cdots+(-1)^{n-1}(n-1)x^{n-1}+(-1)^nnx^n$$

$$(1+x)S_n=1-x+x^2-x^3+\cdots\cdots\cdots\cdots+(-1)^{n-1}x^{n-1}-(-1)^nnx^n$$

$$=\frac{1-(-x)^n}{1-(-x)}-(-1)^nnx^n \xrightarrow[n\to\infty]{} \frac{1}{1+x}-0$$

⇦$(-1)^{n-1}nx^{n-1}=n(-x)^{n-1}$ により，$S_n=\displaystyle\sum_{k=1}^{n}k(-x)^{k-1}$

$(\because$ $0<x<1$ により，$(-x)^n\to 0$，$|(-1)^nnx^n|=nx^n\to 0)$

⇦$\displaystyle\lim_{n\to\infty}|(-1)^nnx^n|=0$ により，$\displaystyle\lim_{n\to\infty}(-1)^nnx^n=0$

$\therefore$ $\displaystyle\lim_{n\to\infty}(1+x)S_n=\frac{1}{1+x}$ 　　$\therefore$ $\displaystyle\lim_{n\to\infty}S_n=\frac{1}{(1+x)^2}$

11 演習題 （解答は p.28）

数列 $\{a_n\}$ の第 n 項を $a_n=\dfrac{n}{2^n}$ とする．

（1） $n\geqq 3$ に対して，$\dfrac{a_n}{a_{n-1}}\leqq\dfrac{3}{4}$ であることを示せ．　（2） $\displaystyle\lim_{n\to\infty}a_n$ を求めよ．

（3） $S_n=\dfrac{1}{2}+\dfrac{2}{2^2}+\cdots\cdots+\dfrac{n}{2^n}$ とするとき，$\displaystyle\lim_{n\to\infty}S_n$ を求めよ．

（津田塾大・学芸）

a_n を等比数列で評価して $\displaystyle\lim_{n\to\infty}\frac{n}{2^n}$ を求める誘導がついている．

12 無限級数／部分和で場合分けが必要な問題

数列 $\{a_n\}$ の第 n 項を $a_n=\left(\frac{1}{3}\right)^n\sin\frac{n}{2}\pi$，和を $S_n=a_1+a_2+a_3+\cdots+a_n$ としたとき，$\lim_{n\to\infty}S_n$ を求めよ．（中部大）

$S_{2m}\to\alpha$ だけでは，$S_n\to\alpha$ とは言えない 例えば n の奇偶で S_n の式が異なる場合，

$S_n\to\alpha$ となる条件は，$S_{2m}\to\alpha$ かつ $S_{2m+1}\to\alpha$ が成り立つこと

である．よって，$\lim_{m\to\infty}S_{2m}$ と $\lim_{m\to\infty}S_{2m+1}$ が同じ値に収束しなければ，$\{S_n\}$ は発散することになる．

部分和で場合分けがあるとき $S_N=\sum_{k=1}^{N}x_k$ について，例えば，$N=3m$，$3m+1$，$3m+2$ によって S_N の式が別の形で表される場合でも，$\lim_{n\to\infty}x_n=0$ の場合は，$\lim_{m\to\infty}S_{3m}$，$\lim_{m\to\infty}S_{3m+1}$，$\lim_{m\to\infty}S_{3m+2}$ ………☆

のうちの一番求め易いものを計算すれば用は足りる．

なぜなら，例えば S_{3m+1} が求め易くて $\lim_{m\to\infty}S_{3m+1}=\alpha$ となる場合，$\lim_{n\to\infty}x_n=0$ であれば

$$S_{3m}=S_{3m+1}-x_{3m+1},\quad S_{3m+2}=S_{3m+1}+x_{3m+2}$$

により，これらの極限も α になり，$\lim_{N\to\infty}S_N=\alpha$ となるからである（S_{3m+1} が発散すれば S_N も発散）．

なお，$x_n\to 0$ でないなら，☆が3つとも同じ値に収束することはないので発散する．

解答

$\sin\frac{n}{2}\pi$ は，$n=1,\ 2,\ 3,\ 4,\ \cdots$ に対して $1,\ 0,\ -1,\ 0$ を周期 4 で繰り返す．

したがって，

$$S_{4m}=\underbrace{\left(\frac{1}{3}\right)^1-\left(\frac{1}{3}\right)^3}+\underbrace{\left(\frac{1}{3}\right)^5-\left(\frac{1}{3}\right)^7}+\cdots+\underbrace{\left(\frac{1}{3}\right)^{4m-3}-\left(\frac{1}{3}\right)^{4m-1}}$$

$$=\left\{\left(\frac{1}{3}\right)^1-\left(\frac{1}{3}\right)^3\right\}\left\{1+\frac{1}{3^4}+\left(\frac{1}{3^4}\right)^2+\cdots+\left(\frac{1}{3^4}\right)^{m-1}\right\}$$

$$=\frac{8}{27}\cdot\frac{1-\left(\frac{1}{3^4}\right)^m}{1-\frac{1}{3^4}}\ \xrightarrow[m\to\infty]{}\ \frac{8}{27}\cdot\frac{1}{1-\frac{1}{3^4}}=\frac{8}{27}\cdot\frac{81}{80}=\frac{3}{10}\ \cdots\cdots\cdots\cdots①$$

⇦ $\left(\frac{1}{3}\right)^5-\left(\frac{1}{3}\right)^7=\text{〰}\times\frac{1}{3^4}$

$\left(\frac{1}{3}\right)^9-\left(\frac{1}{3}\right)^{11}=\text{〰}\times\left(\frac{1}{3^4}\right)^2$

〰$=S_4$ であるから，S_{4m} は初項 S_4，公比 $\frac{1}{3^4}$ の等比数列の第 m 項までの和である．

また，$S_{4m+1}=S_{4m}+\left(\frac{1}{3}\right)^{4m+1}$，$S_{4m+2}=S_{4m}+\left(\frac{1}{3}\right)^{4m+1}$，

$S_{4m+3}=S_{4m}+\left(\frac{1}{3}\right)^{4m+1}-\left(\frac{1}{3}\right)^{4m+3}$ である．

$\left(\frac{1}{3}\right)^{4m+1}\to 0$，$\left(\frac{1}{3}\right)^{4m+3}\to 0$（$m\to\infty$）であるから，$m\to\infty$ のとき S_{4m}，S_{4m+1}，

S_{4m+2}，S_{4m+3} はすべて①に収束し，$\lim_{n\to\infty}S_n=①=\mathbf{\frac{3}{10}}$

12 演習題（解答は p.29）

（ア） $\sum_{n=1}^{\infty}\frac{1}{2^n}$ と $\sum_{n=1}^{\infty}\frac{1}{2^n}\cos\frac{n\pi}{2}$ を求めよ．（関西学院大・理工）

（イ） 自然数 n に対し，$S_n=\sum_{k=1}^{n}\frac{1}{2^k}\sin\frac{k^2\pi}{4}$ と定める．

（１） S_4 を求めよ．　（２） n が奇数ならば，$S_{n+1}=S_n$ が成り立つことを示せ．

（３） $\lim_{n\to\infty}S_n$ を求めよ．（津田塾大）

（ア）の後半と（イ）は，最初の方を書き出してみよう．

13 無限級数と図形／相似タイプ

AB＝4，BC＝6，$\angle ABC=90^\circ$ の直角三角形 ABC の内部に，図のように正方形 S_1，S_2，……，S_n，…… がある．

（1） S_1 の1辺の長さを求めよ．

（2） S_n の面積を a_n $(n=1,\ 2,\ 3,\ \cdots\cdots)$ とする．a_n を n の式で表せ．

（3） $\displaystyle\lim_{n\to\infty}\sum_{k=1}^{n}a_k$ の値を求めよ．（芝浦工大）

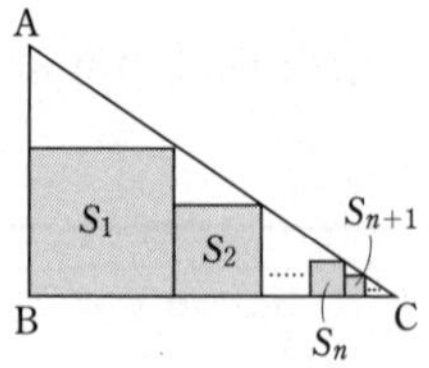

同じ操作の繰り返しは等比数列が現れる 本問の場合，S_1 の右側の辺を A_1B_1 などとすると，$\triangle ABC$ と $\triangle A_1B_1C$ は相似である．その相似比を $1:\alpha$ とすると，S_1 と S_2 の相似比も $1:\alpha$ であり，$\triangle A_1B_1C$ から $\triangle A_2B_2C$ が作られる際も，同じ相似比 $1:\alpha$ になっている．S_n と S_{n+1} の相似比も $1:\alpha$ であるから，この相似比を求めることがポイントである．これは $AB:A_1B_1$ に等しく，(1)の結果から分かる．なお，本問の類題として，本シリーズ「数B」p.64 の例題がある．

解答

（1） S_1 の1辺の長さを x とし，右図のように A_1，B_1 を定める．$B_1C=6-x$ である．

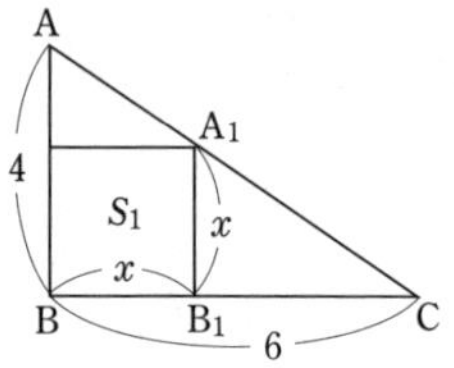

$\triangle ABC \backsim \triangle A_1B_1C$ であるから，

$$\frac{AB}{BC}=\frac{A_1B_1}{B_1C} \qquad \therefore\ \frac{4}{6}=\frac{x}{6-x}$$

$$\therefore\ 4(6-x)=6x \qquad \therefore\ x=\mathbf{\frac{12}{5}}$$

（2） S_1 と S_2 の相似比は，$\triangle ABC$ と $\triangle A_1B_1C$ の相似比に等しい．この相似比は，$AB:A_1B_1=4:x=5:3$ であり，S_n と S_{n+1} の相似比でもある．よって，

$$a_n:a_{n+1}=5^2:3^2 \qquad \therefore\ a_{n+1}=\frac{9}{25}a_n$$

$\{a_n\}$ は，初項 $a_1=x^2=\dfrac{144}{25}$，公比 $\dfrac{9}{25}$ ……① の等比数列であるから，

$$a_n=\frac{144}{25}\left(\frac{9}{25}\right)^{n-1}=\mathbf{16\left(\frac{9}{25}\right)^n}$$

（3） ①の無限等比級数の和であるから，$\dfrac{144}{25}\cdot\dfrac{1}{1-\dfrac{9}{25}}=\mathbf{9}$

|公比|<1 なので収束する．

なお，$\dfrac{1}{\triangle ABC}\displaystyle\lim_{n\to\infty}\sum_{k=1}^{n}a_k$ …②

は，$\dfrac{a_1}{\square A_1B_1BA}$ に等しいはず．

$\triangle ABC=12$，$a_1=\dfrac{12^2}{25}$

$\square A_1B_1BA=\dfrac{(x+4)x}{2}$

$=\dfrac{16\cdot 12}{25}$

により，$\dfrac{a_1}{\square A_1B_1BA}=\dfrac{12}{16}=\dfrac{3}{4}$

(3)の答えのとき，確かに

⇦②＝$\dfrac{3}{4}$ になっている．

13 演習題（解答は p.29）

C_1 を半径1の円とし，T_1 を C_1 に内接する正12角形とする．C_2 を T_1 に内接する円とし，T_2 を C_2 に内接する正12角形とする．これを繰り返して正12角形 T_1，T_2，T_3，…を定める．このとき，次の問いに答えよ．

（1） S_1，S_2，S_3，…をそれぞれ T_1，T_2，T_3，…の面積とするとき，和 $\displaystyle\sum_{n=1}^{\infty}S_n$ を求めよ．

（2） l_1，l_2，l_3，…をそれぞれ T_1，T_2，T_3，…の周の長さとするとき，和 $\displaystyle\sum_{n=1}^{\infty}l_n$ を求めよ．

（富山大・理－後）

C_2 の半径から，相似比が分かる．

14 無限級数と図形／折れ線など

座標平面において，点 P_0 を原点として，点 P_1，P_2，P_3，… を図のようにとっていく（点線は x 軸と平行）．ただし，

$P_{n-1}P_n=\dfrac{1}{2^{n-1}}$ $(n\geqq 1)$，$0<\theta<\dfrac{\pi}{2}$ とする．

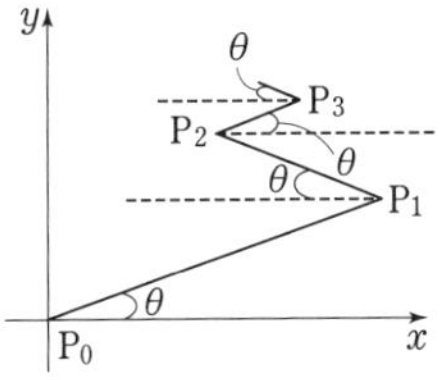

（１） $P_0P_1+P_1P_2+\cdots+P_{n-1}P_n+\cdots$ を求めよ．

（２） P_n の座標を n と θ を用いて表せ．

（３） n を限りなく大きくするとき，点 P_n はどのような点に近づくか．その点の座標を求めよ．

（高知大・理，医）

点の座標はベクトルを活用 $\overrightarrow{P_0P_n}=\overrightarrow{P_0P_1}+\overrightarrow{P_1P_2}+\cdots+\overrightarrow{P_{n-1}P_n}$ ととらえる．$\overrightarrow{P_kP_{k+1}}$ の各成分は P_kP_{k+1} の長さと θ を用いて表すことができる．その際，x 成分の符号は交互に変わる．

交互に変わる符号は $(-1)^n$ を活用 $(-1)^n$ を掛けることで，符号が交互に変わるようにできる．

漸化式的なとらえ方も大切 $\overrightarrow{P_{k-1}P_k}$ と $\overrightarrow{P_kP_{k+1}}$ の関係（各成分の関係など）を調べる方法もある．

解答

（１） $\{P_{n-1}P_n\}$ は初項 1，公比 $\dfrac{1}{2}$ の等比数列であるから，

$$P_0P_1+P_1P_2+\cdots+P_{n-1}P_n+\cdots=1\cdot\frac{1}{1-\frac{1}{2}}=\mathbf{2}$$

（２） $\overrightarrow{P_{n-1}P_n}=(x_n,\ y_n)$ とする．直線 $P_{n-1}P_n$ と x 軸のなす角が θ であり，図から $y_n>0$ であるから，$y_n=P_{n-1}P_n\sin\theta$

$\{x_n\}$ の符号は交互に変わることに注意して，$x_n=(-1)^{n-1}P_{n-1}P_n\cos\theta$

$P_{n-1}P_n=\dfrac{1}{2^{n-1}}$ により，$\overrightarrow{P_{n-1}P_n}=\left(\left(-\dfrac{1}{2}\right)^{n-1}\cos\theta,\ \left(\dfrac{1}{2}\right)^{n-1}\sin\theta\right)$

$$\overrightarrow{P_0P_n}=\overrightarrow{P_0P_1}+\overrightarrow{P_1P_2}+\cdots+\overrightarrow{P_{n-1}P_n}$$

$$=\left(\frac{1-\left(-\frac{1}{2}\right)^n}{1-\left(-\frac{1}{2}\right)}\cos\theta,\ \frac{1-\left(\frac{1}{2}\right)^n}{1-\frac{1}{2}}\sin\theta\right)$$

$$\therefore\ \mathbf{P}_n\left(\frac{2}{3}\left\{1-\left(-\frac{1}{2}\right)^n\right\}\cos\theta,\ 2\left\{1-\left(\frac{1}{2}\right)^n\right\}\sin\theta\right)$$

（３） $\left(-\dfrac{1}{2}\right)^n\to 0$，$\left(\dfrac{1}{2}\right)^n\to 0$ であるから，$\left(\dfrac{2}{3}\cos\theta,\ 2\sin\theta\right)$

▨（２）について：漸化式的にとらえると，$y_{k+1}=\dfrac{1}{2}y_k$

$x_{k+1}=-\dfrac{1}{2}x_k$

⇦図から，n が奇数のとき
$x_n=P_{n-1}P_n\cos\theta$
n が偶数のとき
$x_n=-P_{n-1}P_n\cos\theta$

⇦x 成分は，初項 $\cos\theta$，公比 $-\dfrac{1}{2}$，項数 n の等比数列の和．

⇦P_0 は原点，P_n の各座標は $\overrightarrow{P_0P_n}$ の各成分に等しい．

14 演習題（解答は p.30）

座標平面上の点が原点 O を出発して，図のように反時計回りに 90° ずつ向きを変えながら $P_0=O$，P_1，P_2，P_3，… と進むとする．ただし，$OP_1=1$ で，$n=1$，2，3，… に対して，P_nP_{n+1} は $P_{n-1}P_n$ の r 倍とする．

$0<r<1$ のとき，点 P_n は n を限りなく大きくすると，点（□，□）に近づく．

（東京農大／一部省略）

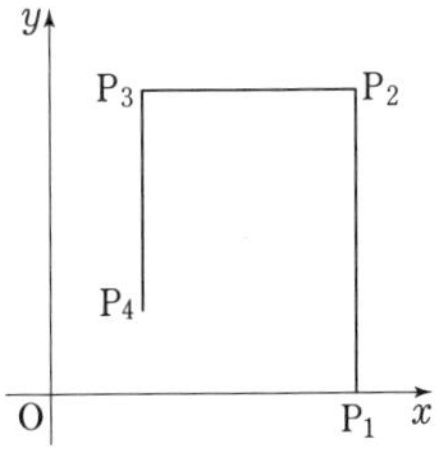

x 軸に平行な線分と，y 軸に平行な線分から作られている．

極限 演習題の解答

1…A*	**2**…A*○	**3**…B**
4…B*○	**5**…A*○	**6**…B*○
7…B**	**8**…B**	**9**…B***
10…A**	**11**…B**	**12**…B*○B**
13…B***	**14**…B**	

1 （２） $x=-t$ とおき，（ ）を有理化する．

解 （１） $\dfrac{{}_{2n+2}\mathrm{C}_{n+1}}{{}_{2n}\mathrm{C}_n}=\dfrac{(2n+2)!}{(n+1)!(n+1)!}\cdot\dfrac{n!n!}{(2n)!}$

$$=\frac{(2n+2)(2n+1)}{(n+1)(n+1)}=2\cdot\frac{2n+1}{n+1}$$

（分母・分子を n で割って）

$$=2\cdot\frac{2+\frac{1}{n}}{1+\frac{1}{n}}\xrightarrow[n\to\infty]{}2\cdot\frac{2+0}{1+0}=\mathbf{4}$$

（２） $x=-t$ とおくと，$x\to-\infty$ のとき $t\to\infty$ であり

$$\sqrt{x^2+5x+1}-\sqrt{x^2+1}$$
$$=\sqrt{t^2-5t+1}-\sqrt{t^2+1}$$
$$=\frac{(t^2-5t+1)-(t^2+1)}{\sqrt{t^2-5t+1}+\sqrt{t^2+1}}=\frac{-5t}{\sqrt{t^2-5t+1}+\sqrt{t^2+1}}$$
$$=\frac{-5}{\sqrt{1-\frac{5}{t}+\frac{1}{t^2}}+\sqrt{1+\frac{1}{t^2}}}\xrightarrow[t\to\infty]{}\frac{-5}{1+1}=-\frac{\mathbf{5}}{\mathbf{2}}$$

2 （１） まず $\log_3$ を１つにまとめる．

（２） $r(>0)$ と３の大小で場合分けする．

解 （１） $\log_3(3^{x-1}-2^x)-\log_3(3^{x+1}+2^x)$

$$=\log_3\frac{3^{x-1}-2^x}{3^{x+1}+2^x}\qquad［分母・分子を 3^x でくくって］$$

$$=\log_3\frac{3^x\left\{3^{-1}-\left(\frac{2}{3}\right)^x\right\}}{3^x\left\{3+\left(\frac{2}{3}\right)^x\right\}}=\log_3\frac{3^{-1}-\left(\frac{2}{3}\right)^x}{3+\left(\frac{2}{3}\right)^x}$$

$$\xrightarrow[x\to\infty]{}\log_3\frac{3^{-1}-0}{3+0}=\log_3 3^{-2}=\mathbf{-2}$$

（２） $\mathbf{0<r<3}$ **のとき**，分母・分子を 3^n でくくって，

$$\frac{r^{n-1}-3^{n+1}}{r^n+3^{n-1}}=\frac{3^n\left\{\frac{1}{3}\left(\frac{r}{3}\right)^{n-1}-3\right\}}{3^n\left\{\left(\frac{r}{3}\right)^n+\frac{1}{3}\right\}}$$

$$=\frac{\frac{1}{3}\left(\frac{r}{3}\right)^{n-1}-3}{\left(\frac{r}{3}\right)^n+\frac{1}{3}}\xrightarrow[n\to\infty]{}\frac{0-3}{0+\frac{1}{3}}=\mathbf{-9}$$

$\mathbf{r=3}$ **のとき**，

$$\frac{r^{n-1}-3^{n+1}}{r^n+3^{n-1}}=\frac{3^{n-1}-3^{n+1}}{3^n+3^{n-1}}=\frac{3^{n-1}(1-9)}{3^{n-1}(3+1)}=\mathbf{-2}$$

$\mathbf{r>3}$ **のとき**，分母・分子を r^n でくくって，

$$\frac{r^{n-1}-3^{n+1}}{r^n+3^{n-1}}=\frac{r^n\left\{\frac{1}{r}-3\left(\frac{3}{r}\right)^n\right\}}{r^n\left\{1+\frac{1}{r}\left(\frac{3}{r}\right)^{n-1}\right\}}$$

$$=\frac{\frac{1}{r}-3\left(\frac{3}{r}\right)^n}{1+\frac{1}{r}\left(\frac{3}{r}\right)^{n-1}}\xrightarrow[n\to\infty]{}\frac{\frac{1}{r}-0}{1+0}=\frac{\mathbf{1}}{\boldsymbol{r}}$$

3 （３） ここでは，まず $\displaystyle\lim_{\theta\to0}\frac{1-\cos\theta}{\theta^2}=\frac{1}{2}$ を用意しておく．（４）でもこれを使うことにする．

解 （１） $\dfrac{x\cdot\sin2x}{\sin5x\cdot\sin8x}$

$$=x\cdot\left(\frac{\sin2x}{2x}\cdot2x\right)\cdot\left(\frac{5x}{\sin5x}\cdot\frac{1}{5x}\right)\cdot\left(\frac{8x}{\sin8x}\cdot\frac{1}{8x}\right)$$
$$=\frac{\sin2x}{2x}\cdot\frac{5x}{\sin5x}\cdot\frac{8x}{\sin8x}\cdot\frac{2}{5\cdot8}$$
$$\xrightarrow[x\to0]{}1\cdot1\cdot1\cdot\frac{2}{5\cdot8}=\frac{\mathbf{1}}{\mathbf{20}}$$

（２） 分母・分子を x で割ると，

$$\frac{3\sin4x}{x+\sin x}=\frac{\frac{3\sin4x}{x}}{\frac{x+\sin x}{x}}=\frac{3\cdot\frac{\sin4x}{4x}\cdot4}{1+\frac{\sin x}{x}}$$
$$\xrightarrow[x\to0]{}\frac{3\cdot1\cdot4}{1+1}=\mathbf{6}$$

（３） $\dfrac{1-\cos\theta}{\theta^2}=\dfrac{(1-\cos\theta)(1+\cos\theta)}{\theta^2(1+\cos\theta)}$

$$=\left(\frac{\sin\theta}{\theta}\right)^2\cdot\frac{1}{1+\cos\theta}\to\frac{1}{2}\ (\theta\to0)$$

であるから，

$$\frac{1-\cos3x}{\tan^2x}=\frac{1-\cos3x}{(3x)^2}\cdot\left(\frac{x}{\tan x}\right)^2\cdot9$$
$$\xrightarrow[x\to0]{}\frac{1}{2}\cdot1^2\cdot9=\frac{\mathbf{9}}{\mathbf{2}}$$

（４） $\dfrac{\sin x-\tan x}{x^3}=\dfrac{1}{x^3}\left(\sin x-\dfrac{\sin x}{\cos x}\right)$

$$=\frac{1}{x^3}\cdot\sin x\cdot\frac{\cos x-1}{\cos x}$$

$$=\frac{\sin x}{x}\cdot\frac{1-\cos x}{x^2}\cdot\frac{-1}{\cos x}\underset{x\to 0}{\longrightarrow}1\cdot\frac{1}{2}\cdot(-1)=-\boldsymbol{\frac{1}{2}}$$

4 （2） $\sqrt{x+2}-\sqrt{x+1}$ の極限は，“分子を有理化”する．

（3） ○6 で解説する方法，つまり微分係数に結びつけることもできる（☞別解）．

解 （1） $\frac{1}{x}=t$ とおくと，$x\to\infty$ のとき $t\to 0$ であり，$x=\frac{1}{t}$ であるから，

$$x^2\left(1-\cos\frac{1}{x}\right)=\frac{1-\cos t}{t^2}$$

$$=\frac{(1-\cos t)(1+\cos t)}{t^2(1+\cos t)}$$

$$=\left(\frac{\sin t}{t}\right)^2\cdot\frac{1}{1+\cos t}\underset{t\to 0}{\longrightarrow}\boldsymbol{\frac{1}{2}}$$

（2） $\sqrt{x+2}-\sqrt{x+1}=\frac{(x+2)-(x+1)}{\sqrt{x+2}+\sqrt{x+1}}$

$$=\frac{1}{\sqrt{x+2}+\sqrt{x+1}}\underset{x\to\infty}{\longrightarrow}0$$

であることに注意して，変形する．

$$\sqrt{x+3}\sin(\sqrt{x+2}-\sqrt{x+1})$$

$$=\sqrt{x+3}\sin\frac{1}{\sqrt{x+2}+\sqrt{x+1}}$$

$$=\frac{\sin\frac{1}{\sqrt{x+2}+\sqrt{x+1}}}{\frac{1}{\sqrt{x+2}+\sqrt{x+1}}}\cdot\frac{\sqrt{x+3}}{\sqrt{x+2}+\sqrt{x+1}}\quad\cdots\cdots①$$

ここで，

$$\frac{\sqrt{x+3}}{\sqrt{x+2}+\sqrt{x+1}}=\frac{\sqrt{1+\frac{3}{x}}}{\sqrt{1+\frac{2}{x}}+\sqrt{1+\frac{1}{x}}}$$

$$\underset{x\to\infty}{\longrightarrow}\frac{\sqrt{1}}{\sqrt{1}+\sqrt{1}}=\frac{1}{2}$$

したがって，$\lim_{x\to\infty}①=1\cdot\frac{1}{2}=\boldsymbol{\frac{1}{2}}$

（3） $x-\frac{1}{4}=\theta$ とおくと，$x\to\frac{1}{4}$ のとき $\theta\to 0$ であり，

$4x-1=4\theta$，$\pi x=\pi\left(\theta+\frac{1}{4}\right)=\pi\theta+\frac{\pi}{4}$ であるから，

$$\tan\pi x=\tan\left(\pi\theta+\frac{\pi}{4}\right)=\frac{\tan\pi\theta+\tan\frac{\pi}{4}}{1-\tan\pi\theta\tan\frac{\pi}{4}}$$

$$=\frac{\tan\pi\theta+1}{1-\tan\pi\theta}$$

$$\therefore\quad \tan\pi x-1=\frac{2\tan\pi\theta}{1-\tan\pi\theta}$$

$$\frac{\tan\pi x-1}{4x-1}=\frac{\tan\pi\theta}{2\theta(1-\tan\pi\theta)}$$

$$=\frac{\sin\pi\theta}{\pi\theta}\cdot\frac{1}{\cos\pi\theta}\cdot\frac{\pi}{2}\cdot\frac{1}{1-\tan\pi\theta}\underset{\theta\to 0}{\longrightarrow}\boldsymbol{\frac{\pi}{2}}$$

別解 $f(x)=\tan\pi x$ とおくと，$f\left(\frac{1}{4}\right)=1$，

$f'(x)=\frac{1}{\cos^2\pi x}\cdot\pi$ であるから，

$$\frac{\tan\pi x-1}{4x-1}=\frac{1}{4}\cdot\frac{f(x)-f\left(\frac{1}{4}\right)}{x-\frac{1}{4}}$$

$$\underset{x\to\frac{1}{4}}{\longrightarrow}\frac{1}{4}\cdot f'\left(\frac{1}{4}\right)=\frac{1}{4}\cdot(\sqrt{2})^2\cdot\pi=\boldsymbol{\frac{\pi}{2}}$$

5 （3） log の底を e に直す．

また，$\lim_{h\to 0}\frac{\log(1+h)}{h}=1\left(\lim_{h\to 0}\frac{h}{\log(1+h)}=1\right)$ を使う．

（4） $2=e^{\log 2}$ と見る．

解 （1） $\left(1-\frac{h}{2}\right)^{\frac{1}{h}}=\left\{1+\left(-\frac{h}{2}\right)\right\}^{-\frac{2}{h}\cdot\left(-\frac{1}{2}\right)}$

$$=\left(\left\{1+\left(-\frac{h}{2}\right)\right\}^{-\frac{2}{h}}\right)^{-\frac{1}{2}}\underset{h\to 0}{\longrightarrow}e^{-\frac{1}{2}}=\boldsymbol{\frac{1}{\sqrt{e}}}$$

（2） $\left(\frac{x+3}{x-2}\right)^x=\left(1+\frac{5}{x-2}\right)^x$

$$=\left(1+\frac{5}{x-2}\right)^{\frac{x-2}{5}\cdot 5+2}=\left\{\left(1+\frac{1}{\frac{x-2}{5}}\right)^{\frac{x-2}{5}}\right\}^5\cdot\left(1+\frac{5}{x-2}\right)^2$$

$$\underset{x\to\infty}{\longrightarrow}e^5\cdot(1+0)^2=e^5$$

$$\therefore\quad \log\left\{\lim_{x\to\infty}\left(\frac{x+3}{x-2}\right)^x\right\}=\log e^5=\boldsymbol{5}$$

（3） $\log_2(x+2)-1=\log_2(x+2)-\log_2 2$

$$=\log_2\frac{x+2}{2}=\log_2\left(1+\frac{x}{2}\right)=\frac{\log\left(1+\frac{x}{2}\right)}{\log 2}$$

であるから，

$$\frac{\sin 2x}{\log_2(x+2)-1}=\frac{\sin 2x}{\log\left(1+\frac{x}{2}\right)}\cdot\log 2$$

$$=\frac{\sin 2x}{2x}\cdot\frac{\frac{x}{2}}{\log\left(1+\frac{x}{2}\right)}\cdot 4\log 2$$

$$\xrightarrow[x\to 0]{} 1\cdot 1\cdot 4\log 2=\mathbf{4\log 2}$$

(4) $\dfrac{2^x-1}{\sin 2x}=\dfrac{(e^{\log 2})^x-1}{\sin 2x}$

$$=\frac{e^{(\log 2)x}-1}{(\log 2)x}\cdot\frac{2x}{\sin 2x}\cdot\frac{\log 2}{2}\xrightarrow[x\to 0]{}1\cdot 1\cdot\frac{\log 2}{2}=\frac{\mathbf{\log 2}}{\mathbf{2}}$$

6 (イ) ここでは，$\sin x$ の $x=a$ のときの微分係数が現れるように変形して解いてみる．

(ウ) $f(a)$ をはさみこんで変形する．

解 (ア) $f(x)=\sqrt{3-2x}-\sqrt{3+2x}$ とおくと，

$f(0)=0$ であり，

$$f'(x)=\frac{(3-2x)'}{2\sqrt{3-2x}}-\frac{(3+2x)'}{2\sqrt{3+2x}}$$

$$=-\frac{1}{\sqrt{3-2x}}-\frac{1}{\sqrt{3+2x}}$$

であるから，

$$\lim_{x\to 0}\frac{\sqrt{3-2x}-\sqrt{3+2x}}{x}=\lim_{x\to 0}\frac{f(x)-f(0)}{x-0}$$

$$=f'(0)=-\frac{1}{\sqrt{3}}-\frac{1}{\sqrt{3}}=-\frac{\mathbf{2}}{\mathbf{\sqrt{3}}}$$

(イ) $f(x)=\sin x$ とおくと，$f'(x)=\cos x$ であり，

$$\frac{\sin x-\sin a}{\sin(x-a)}=\frac{\sin x-\sin a}{x-a}\cdot\frac{x-a}{\sin(x-a)}$$

$$=\frac{f(x)-f(a)}{x-a}\cdot\frac{x-a}{\sin(x-a)}\xrightarrow[x\to a]{}f'(a)\cdot 1=\mathbf{\cos a}$$

(ウ) $\dfrac{f(a+3h)-f(a-h)}{h}$

$$=\frac{f(a+3h)-f(a)-\{f(a-h)-f(a)\}}{h}$$

$$=\frac{f(a+3h)-f(a)}{3h}\cdot 3+\frac{f(a-h)-f(a)}{-h}$$

$$\xrightarrow[h\to 0]{}3f'(a)+f'(a)=\mathbf{4f'(a)}$$

⇒**注** 同様にして，p，q を定数とするとき，

$$\lim_{h\to 0}\frac{f(a+ph)-f(a+qh)}{h}=(p-q)f'(a)$$

7 (ア) 分子→0 から，b を a で表すことができる．その後は，分子を有理化すればよい．また，注のように，微分係数に結びつけることもできる．

(イ) まず，a の符号を調べておこう．

解 (ア) $\dfrac{\sqrt{4x+a}-b}{x-3}$ ……………………①

について，$x\to 3$ とき分母→0 であるから，①が収束するとき分子→0 でなければならない．よって，

$\sqrt{4\cdot 3+a}-b=0$ ∴ $b=\sqrt{12+a}$ …………②

このとき，

$$①=\frac{\sqrt{4x+a}-b}{x-3}=\frac{\sqrt{4x+a}-\sqrt{12+a}}{x-3}$$

$$=\frac{(\sqrt{4x+a}-\sqrt{12+a})(\sqrt{4x+a}+\sqrt{12+a})}{(x-3)(\sqrt{4x+a}+\sqrt{12+a})}$$

$$=\frac{(4x+a)-(12+a)}{(x-3)(\sqrt{4x+a}+\sqrt{12+a})}$$

$$=\frac{4(x-3)}{(x-3)(\sqrt{4x+a}+\sqrt{12+a})}$$

$$=\frac{4}{\sqrt{4x+a}+\sqrt{12+a}}$$

$$\xrightarrow[x\to 3]{}\frac{4}{\sqrt{12+a}+\sqrt{12+a}}=\frac{2}{\sqrt{12+a}}$$

これが $\dfrac{2}{5}$ であるから，$\sqrt{12+a}=5$

∴ $\mathbf{a=13}$，$\mathbf{b}=\sqrt{12+a}=\mathbf{5}$

⇒**注** [②以降，次のように解いてもよい]

このとき，$\displaystyle\lim_{x\to 3}①=\frac{\sqrt{4x+a}-\sqrt{12+a}}{x-3}$ ……………③

ここで，$f(x)=\sqrt{4x+a}$ とおくと，

$$f(3)=\sqrt{12+a},\ f'(x)=\frac{(4x+a)'}{2\sqrt{4x+a}}=\frac{2}{\sqrt{4x+a}}$$

であるから，

$$③=\lim_{x\to 3}\frac{f(x)-f(3)}{x-3}=f'(3)=\frac{2}{\sqrt{12+a}}$$

(以下略)

(イ) $\displaystyle\lim_{x\to\infty}\{\sqrt{4x^2+5x+6}-(ax+b)\}=0$

のとき，$a>0$ である．

$x>0$ のとき，

$$\sqrt{4x^2+5x+6}-(ax+b)$$

$$=\frac{(4x^2+5x+6)-(ax+b)^2}{\sqrt{4x^2+5x+6}+(ax+b)}$$

$$=\frac{(4-a^2)x^2+(5-2ab)x+6-b^2}{\sqrt{4x^2+5x+6}+ax+b}$$

$$=\frac{(4-a^2)x+(5-2ab)+\dfrac{6-b^2}{x}}{\sqrt{4+\dfrac{5}{x}+\dfrac{6}{x^2}}+a+\dfrac{b}{x}}\quad\cdots\cdots①$$

$x\to\infty$ のとき，上式の分母→$\sqrt{4}+a$ (>0) となる．

①が 0 に収束するとき，$4-a^2=0$ でなければならない．

$a>0$ により，$\mathbf{a=2}$ であり，このとき，

$$\lim_{x\to\infty}①=\frac{5-4b+0}{\sqrt{4}+2+0}=\frac{5-4b}{4}$$

これが 0 であるから，$\mathbf{b=\dfrac{5}{4}}$

⇨注　$\sqrt{4x^2+5x+6}$

$$=\sqrt{4\left(x+\frac{5}{8}\right)^2+\frac{71}{16}}\fallingdotseq 2\left(x+\frac{5}{8}\right)\quad (x>0)$$

から，答えの見当がつく．

⇨注　本問は，$y=\sqrt{4x^2+5x+6}$（双曲線の一部）の漸近線 $y=ax+b$ を求めよ，という主旨の問題である．漸近線に気づけばp.36の3・5を利用して a, b を求めることもできる．

8　(1)　$\sin\frac{\theta}{2}=\sqrt{\frac{1-\cos\theta}{2}}$ の公式を連想する．

(2)　$\frac{\sin\theta_n}{a^n}$ で $n\to\infty$ としたとき，まず未知数 a を含まずに0でない値に収束する部分をつくっておいて，残りの項の収束条件（$\lim_{n\to\infty} r^n$ タイプ）に帰着させることがポイントである．

解　(1)　$0\leqq\theta_n\leqq\frac{\pi}{2}$（$n=1, 2, 3, \cdots\cdots$）……①

であるから，$\sqrt{1-\sin^2\theta_n}=\cos\theta_n$

$$\therefore\quad \sin\theta_{n+1}=\frac{\sqrt{1-\sqrt{1-\sin^2\theta_n}}}{\sqrt{2}}=\frac{\sqrt{1-\cos\theta_n}}{\sqrt{2}}$$

$$=\sqrt{\frac{1-\cos\theta_n}{2}}=\sin\frac{\theta_n}{2}$$

①により，$\theta_{n+1}=\frac{\theta_n}{2}$．よって，$\{\theta_n\}$ は公比 $\frac{1}{2}$ の等比数列であるから，

$$\theta_n=\theta_1\cdot\left(\frac{1}{2}\right)^{n-1}=\frac{\pi}{2}\cdot\frac{1}{2^{n-1}}=\frac{\pi}{2^n}\to\mathbf{0}\ (n\to\infty)$$

(2)　$x_n=\frac{\sin\theta_n}{a^n}=\frac{\sin\theta_n}{\theta_n}\cdot\frac{\theta_n}{a^n}=\frac{\sin\theta_n}{\theta_n}\cdot\frac{\pi}{(2a)^n}$ ……②

$n\to\infty$ のとき $\theta_n\to 0$ であるから，$\frac{\sin\theta_n}{\theta_n}\to 1$

$2a>1$ のとき，$(2a)^n\to\infty$

$(0<)2a<1$ のとき，$(2a)^n\to 0$

$2a=1$ のとき，$(2a)^n\to 1$ ……………………………③

よって，答えは③のときで，②→π とから，

$$\boldsymbol{a=\frac{1}{2},\ k=\pi}$$

9　(2)　数学的帰納法で示す．$\frac{1}{3}-a_{k+1}$ を a_k で表し，(3)の式を見ながら因数分解する．

解　$0<a_1\leqq\frac{1}{3}$ ……①，$a_{n+1}=\frac{3}{2}a_n(1-a_n)$ ……②

(1)　$a_2-a_1=\frac{3}{2}a_1(1-a_1)-a_1=\frac{1}{2}a_1(1-3a_1)$ ……③

①により，③$\geqq 0$ であるから，$a_2\geqq a_1$

(2)　［③で，a_2⇨a_{n+1}，a_1⇨a_n とした式も成り立つから，$0<a_n\leqq\frac{1}{3}$ のとき，$a_{n+1}\geqq a_n$ が成り立つ］

まず，　$0<a_n\leqq\frac{1}{3}$ ……………………………(*)

であることを n に関する数学的帰納法で示す．

$n=1$ のときは成立する．

$n=k$ での成立，つまり $0<a_k\leqq\frac{1}{3}$ ……………………④

が成り立つとすると，②により，

$$a_{k+1}=\frac{3}{2}a_k(1-a_k)>0\quad(\because\ ④)$$

$$\frac{1}{3}-a_{k+1}=\frac{1}{3}-\frac{3}{2}a_k(1-a_k)=\frac{1}{3}-\frac{3}{2}a_k+\frac{3}{2}{a_k}^2$$

$$=\left(1-\frac{3}{2}a_k\right)\left(\frac{1}{3}-a_k\right)\ \cdots\cdots⑤$$

$$\geqq 0\quad(\because\ ④)$$

よって $0<a_{k+1}\leqq\frac{1}{3}$ となり，$n=k+1$ のときも(*)が成立するから，数学的帰納法により，(*)が示された．

③で，a_2 を a_{n+1}，a_1 を a_n にした式が成り立つから，(1)と同様にして，$a_{n+1}\geqq a_n$ ……⑥　が成り立つ．

(3)　⑤で，k を n にした式が成り立つから，

$$\frac{1}{3}-a_{n+1}=\left(1-\frac{3}{2}a_n\right)\left(\frac{1}{3}-a_n\right)\ \cdots\cdots⑦$$

⑥により，$a_n\geqq a_{n-1}\geqq\cdots\geqq a_2\geqq a_1$　であるから，

$$1-\frac{3}{2}a_n\leqq 1-\frac{3}{2}a_1\ \cdots\cdots⑧$$

(*)により，$\frac{1}{3}-a_n\geqq 0$ であるから，⑦，⑧により

$$\frac{1}{3}-a_{n+1}\leqq\left(1-\frac{3}{2}a_1\right)\left(\frac{1}{3}-a_n\right)\ \cdots\cdots⑨$$

(4)　$r=1-\frac{3}{2}a_1$ とおくと，①により $\frac{1}{2}\leqq r<1$ ……⑩

であるから，⑨を繰り返し用いた不等式と(*)により，

$$0\leqq\frac{1}{3}-a_n\leqq r^{n-1}\left(\frac{1}{3}-a_1\right)$$

⑩により $r^{n-1}\left(\frac{1}{3}-a_1\right)\to 0\ (n\to\infty)$ であるから，はさみうちの原理により，

$$\lim_{n\to\infty}\left(\frac{1}{3}-a_n\right)=0\qquad\therefore\quad \boldsymbol{\lim_{n\to\infty}a_n=\frac{1}{3}}$$

■研究　$f(x)=\frac{3}{2}x(1-x)$

とおくと，$a_{n+1}=f(a_n)$ となる．この漸化式で定まる

a_n を作図してみよう．

まず，曲線 $y=f(x)$ と直線 $y=x$ を描く．次に x 軸上に a_1 $\left(0<a_1\leqq\dfrac{1}{3}\right)$ をとり，y 軸方向に曲線がぶつかるまで進み（この y 座標は $f(a_1)$ で a_2 に等しい），その後 x 軸方向に $y=x$ にぶつかるまで進む．この点は $(a_2,\ a_2)$ であり，x 軸に下ろした垂線の足が a_2 である．以下，同様にして a_3，a_4，…が作図できる．上図から，本問の $\{a_n\}$ は，$y=f(x)$ と $y=x$ の交点の x 座標 $\dfrac{1}{3}$ に収束することが視覚的に分かる．

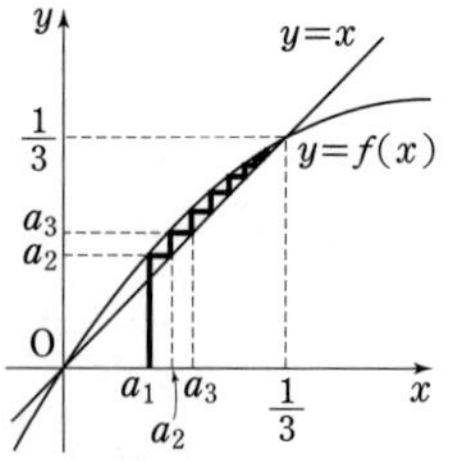

10（1） 部分和の極限を求める．

（2） この無限級数をズラズラ書き並べて表し，初項，公比をとらえよう．

解（1） $\dfrac{1}{k(k+2)}=\left(\dfrac{1}{k}-\dfrac{1}{k+2}\right)\times\dfrac{1}{2}$ であるから，

$$\sum_{k=1}^{n}\frac{1}{k(k+2)}=\frac{1}{2}\left\{\sum_{k=1}^{n}\left(\frac{1}{k}-\frac{1}{k+2}\right)\right\}$$

$$=\frac{1}{2}\left(\sum_{k=1}^{n}\frac{1}{k}-\sum_{k=1}^{n}\frac{1}{k+2}\right)$$

$$=\frac{1}{2}\left\{\left(\frac{1}{1}+\frac{1}{2}+\frac{1}{3}+\cdots+\frac{1}{n-1}+\frac{1}{n}\right)\right.$$

$$\left.-\left(\frac{1}{3}+\frac{1}{4}+\cdots+\frac{1}{n-1}+\frac{1}{n}+\frac{1}{n+1}+\frac{1}{n+2}\right)\right\}$$

$$=\frac{1}{2}\left(1+\frac{1}{2}-\frac{1}{n+1}-\frac{1}{n+2}\right)$$

$$\therefore\ \sum_{k=1}^{\infty}\frac{1}{k(k+2)}=\lim_{n\to\infty}\sum_{k=1}^{n}\frac{1}{k(k+2)}$$

$$=\frac{1}{2}\left(1+\frac{1}{2}\right)=\boldsymbol{\frac{3}{4}}$$

（2） $\displaystyle\sum_{n=1}^{\infty}(-1)^n\left(\frac{a-1}{3}\right)^{2n+1}$

$$=-\left(\frac{a-1}{3}\right)^3+\left(\frac{a-1}{3}\right)^5-\left(\frac{a-1}{3}\right)^7+\cdots\cdots$$

は，初項 $-\left(\dfrac{a-1}{3}\right)^3$，公比 $-\left(\dfrac{a-1}{3}\right)^2$ の無限等比級数であるから，その和が収束するための条件は，

$$-\left(\frac{a-1}{3}\right)^3=0\ \cdots\cdots①\quad または$$

$$\left|-\left(\frac{a-1}{3}\right)^2\right|<1\ \cdots\cdots②$$

（ア） ①のとき．$a=1$ であり，求める和は 0 である．

（イ） ②のとき．

$$\left(\frac{a-1}{3}\right)^2<1\qquad\therefore\ -1<\frac{a-1}{3}<1$$

$$\therefore\ -3<a-1<3$$

$$\therefore\ \boldsymbol{-2<a<4}\quad（（ア）の場合も含まれている）$$

このとき，求める和は，

$$\frac{-\left(\dfrac{a-1}{3}\right)^3}{1+\left(\dfrac{a-1}{3}\right)^2}=-\boldsymbol{\frac{(a-1)^3}{3(a^2-2a+10)}}$$

（$a=1$ のときもこれでよい）

11（1） 分数式は，分子を分母より低次にするのが定石である．

解 $a_n=\dfrac{n}{2^n}>0$（$n=1,\ 2,\ \cdots$）である．

（1） $\dfrac{a_n}{a_{n-1}}=a_n\times\dfrac{1}{a_{n-1}}=\dfrac{n}{2^n}\times\dfrac{2^{n-1}}{n-1}$

$$=\frac{1}{2}\cdot\frac{n}{n-1}=\frac{1}{2}\left(1+\frac{1}{n-1}\right)$$

よって，$n\geqq3$ のとき，

$$\frac{a_n}{a_{n-1}}=\frac{1}{2}\left(1+\frac{1}{n-1}\right)\leqq\frac{1}{2}\left(1+\frac{1}{3-1}\right)=\frac{3}{4}$$

（2） （1）により，$a_n\leqq\dfrac{3}{4}a_{n-1}$（$n\geqq3$）

これを繰り返し用いて，

$$a_n\leqq\frac{3}{4}a_{n-1}\leqq\left(\frac{3}{4}\right)^2a_{n-2}\leqq\cdots\leqq\left(\frac{3}{4}\right)^{n-2}a_2$$

$$\therefore\ 0<a_n\leqq\left(\frac{3}{4}\right)^{n-2}a_2$$

$\displaystyle\lim_{n\to\infty}\left(\frac{3}{4}\right)^{n-2}a_2=0$ であるから，はさみうちの原理により，　　$\boldsymbol{\displaystyle\lim_{n\to\infty}a_n=0}$

（3） $S_n=\dfrac{1}{2}+\dfrac{2}{2^2}+\dfrac{3}{2^3}+\cdots\cdots+\dfrac{n}{2^n}$

$$-)\ \frac{1}{2}S_n=\qquad\frac{1}{2^2}+\frac{2}{2^3}+\cdots\cdots+\frac{n-1}{2^n}+\frac{n}{2^{n+1}}$$

$$\frac{1}{2}S_n=\frac{1}{2}+\frac{1}{2^2}+\frac{1}{2^3}+\cdots\cdots+\frac{1}{2^n}-\frac{n}{2^{n+1}}$$

$$=\frac{1}{2}\cdot\frac{1-\left(\dfrac{1}{2}\right)^n}{1-\dfrac{1}{2}}-\frac{n}{2^{n+1}}$$

$$\therefore\ S_n=2\left\{1-\left(\frac{1}{2}\right)^n\right\}-\frac{n}{2^n}$$

$\left(\dfrac{1}{2}\right)^n\to0$，$\dfrac{n}{2^n}=a_n\to0$ であるから，$\boldsymbol{\displaystyle\lim_{n\to\infty}S_n=2}$

(12) (ア) 後半は，例題とほぼ同様である．
(イ)(3) (2)の過程から，k が偶数の項は 0 である．

解 (ア) $\displaystyle\sum_{n=1}^{\infty}\frac{1}{2^n}=\sum_{n=1}^{\infty}\left(\frac{1}{2}\right)^n$ は初項 $\frac{1}{2}$，公比 $\frac{1}{2}$ の無限等比級数であるから，

$$\sum_{n=1}^{\infty}\frac{1}{2^n}=\frac{1}{2}\cdot\frac{1}{1-\frac{1}{2}}=\mathbf{1}$$

次に，$\displaystyle S_N=\sum_{n=1}^{N}\frac{1}{2^n}\cos\frac{n\pi}{2}$ とおく．

$\cos\frac{n\pi}{2}$ は，$n=1,\ 2,\ \cdots\cdots$ に対して，0, −1, 0, 1 を周期 4 で繰り返す．したがって，

$$S_{4m}=\underbrace{-\frac{1}{2^2}+\frac{1}{2^4}}-\underbrace{\frac{1}{2^6}+\frac{1}{2^8}}-\frac{1}{2^{10}}+\cdots\underbrace{-\frac{1}{2^{4m-2}}+\frac{1}{2^{4m}}}$$

$$=\left(-\frac{1}{2^2}+\frac{1}{2^4}\right)\left\{1+\frac{1}{2^4}+\left(\frac{1}{2^4}\right)^2+\cdots+\left(\frac{1}{2^4}\right)^{m-1}\right\}$$

$$=-\frac{3}{16}\cdot\frac{1-\left(\frac{1}{2^4}\right)^m}{1-\frac{1}{2^4}}\underset{m\to\infty}{\longrightarrow}-\frac{3}{16}\cdot\frac{1}{\frac{15}{16}}=-\frac{1}{5}$$

また，$S_{4m+1}=S_{4m}$，$S_{4m+2}=S_{4m}-\frac{1}{2^{4m+2}}$，

$$S_{4m+3}=S_{4m}-\frac{1}{2^{4m+2}}$$

$\frac{1}{2^{4m+2}}\to 0$ $(m\to\infty)$ であるから，

$m\to\infty$ のとき S_{4m}，S_{4m+1}，S_{4m+2}，S_{4m+3} はすべて $-\frac{1}{5}$ に収束する．よって，$\displaystyle\sum_{n=1}^{\infty}\frac{1}{2^n}\cos\frac{n\pi}{2}=\mathbf{-\frac{1}{5}}$

(イ) (1) $\displaystyle S_n=\sum_{k=1}^{n}\frac{1}{2^k}\sin\frac{k^2\pi}{4}$ ……① のとき，

$$S_4=\frac{1}{2}\sin\frac{\pi}{4}+\frac{1}{2^2}\sin\pi+\frac{1}{2^3}\sin\frac{9\pi}{4}+\frac{1}{2^4}\sin 4\pi$$

$$=\frac{1}{2}\cdot\frac{\sqrt{2}}{2}+0+\frac{1}{8}\cdot\frac{\sqrt{2}}{2}+0=\mathbf{\frac{5\sqrt{2}}{16}}$$

(2) ①により，$S_{n+1}=S_n+\frac{1}{2^{n+1}}\sin\frac{(n+1)^2\pi}{4}$ ……②

n が奇数のとき $n+1$ は偶数であり，$n+1=2l$ (l は自然数) とおくと，

$$\sin\frac{(n+1)^2\pi}{4}=\sin\frac{(2l)^2\pi}{4}=\sin l^2\pi=0$$

したがって，n が奇数のとき，②より，$S_{n+1}=S_n$

(3) $$S_{2m}=\frac{1}{2}\sin\frac{\pi}{4}+\frac{1}{2^3}\sin\frac{9\pi}{4}+\frac{1}{2^5}\sin\frac{25\pi}{4}+\cdots\cdots+\frac{1}{2^{2m-1}}\sin\frac{(2m-1)^2\pi}{4}$$

ここで，$$\sin\frac{(2k-1)^2\pi}{4}=\sin\left\{(k^2-k)+\frac{1}{4}\right\}\pi=\sin\left\{k(k-1)+\frac{1}{4}\right\}\pi\ \cdots\cdots②$$

$k(k-1)$ は連続する整数の積で偶数であるから，

$$②=\sin\frac{\pi}{4}=\frac{\sqrt{2}}{2}$$

$$\therefore\ S_{2m}=\frac{\sqrt{2}}{2}\left(\frac{1}{2}+\frac{1}{2^3}+\frac{1}{2^5}+\cdots+\frac{1}{2^{2m-1}}\right)$$

$$=\frac{\sqrt{2}}{4}\left\{1+\frac{1}{2^2}+\left(\frac{1}{2^2}\right)^2+\cdots+\left(\frac{1}{2^2}\right)^{m-1}\right\}$$

$$=\frac{\sqrt{2}}{4}\cdot\frac{1-\left(\frac{1}{2^2}\right)^m}{1-\frac{1}{2^2}}\underset{m\to\infty}{\longrightarrow}\frac{\sqrt{2}}{4}\cdot\frac{1}{\frac{3}{4}}=\frac{\sqrt{2}}{3}$$

$S_{2m-1}=S_{2m}$ であるから，S_{2m}，S_{2m-1} はともに $\frac{\sqrt{2}}{3}$ に収束し，$\displaystyle\mathbf{\lim_{n\to\infty}S_n=\frac{\sqrt{2}}{3}}$

(13) 円 → 正 12 角形 → 円 → 正 12 角形 …… というように順次内接させていくので，$C_1:C_2=T_1:T_2$，$C_1:C_2=C_2:C_3=\cdots\cdots$，$T_1:T_2=T_2:T_3=\cdots\cdots$ が成り立つ．この相似比に着目しよう．

解 (1) 右図の実線の円を C_1 とする．この円に内接する正 12 角形が T_1 であり，この正 12 角形に内接する破線の円が C_2 である．図のよう θ，A，B，M を求める．

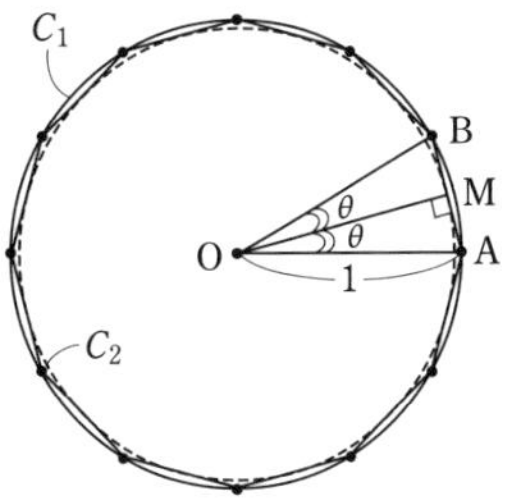

相似比について，

$$C_1:C_2=T_1:T_2=C_2:C_3=T_2:T_3=\cdots\cdots$$

が成り立つから，

$$T_n:T_{n+1}=C_1:C_2=\mathrm{OA}:\mathrm{OM}$$

$$\therefore\ T_n:T_{n+1}=1:\cos\theta\ \cdots\cdots①$$

また，面積比について，$S_n:S_{n+1}=1:\cos^2\theta$

よって，$\{S_n\}$ は公比 $\cos^2\theta$ の等比数列 ……②

ここで，

$$S_1=12\times\triangle\mathrm{OAB}=12\times\frac{1}{2}\cdot 1^2\cdot\sin 2\theta$$

$$=6\sin 2\theta=12\sin\theta\cos\theta$$

$0<\cos^2\theta<1$ であるから，②により，

$$\sum_{n=1}^{\infty}S_n=\frac{S_1}{1-\cos^2\theta}=\frac{12\sin\theta\cos\theta}{\sin^2\theta}=\frac{12\cos\theta}{\sin\theta}\ \cdots\cdots③$$

ここで，$\theta=\dfrac{\pi}{12}=\dfrac{\pi}{4}-\dfrac{\pi}{6}$ であるから，加法定理により

(tan でもよいが，実は(2)で $\cos\theta$ が必要になるので)

$$\cos\theta=\cos\frac{\pi}{4}\cos\frac{\pi}{6}+\sin\frac{\pi}{4}\sin\frac{\pi}{6}=\frac{\sqrt{3}+1}{2\sqrt{2}}$$

$$\sin\theta=\sin\frac{\pi}{4}\cos\frac{\pi}{6}-\cos\frac{\pi}{4}\sin\frac{\pi}{6}=\frac{\sqrt{3}-1}{2\sqrt{2}}$$

よって，③$=12\cdot\dfrac{\sqrt{3}+1}{\sqrt{3}-1}=6(\sqrt{3}+1)^2=\boldsymbol{24+12\sqrt{3}}$

(2) ①により，$l_n:l_{n+1}=1:\cos\theta$ であるから，$\{l_n\}$ は公比 $\cos\theta$ の等比数列……………………………④

ここで，$l_1=12\mathrm{AB}=24\mathrm{AM}=24\sin\theta$

$0<\cos\theta<1$ であるから，④により

$$\sum_{n=1}^{\infty}l_n=\frac{l_1}{1-\cos\theta}=\frac{24\sin\theta}{1-\cos\theta}\ \cdots\cdots⑤$$

$$=24\cdot\frac{\dfrac{\sqrt{3}-1}{2\sqrt{2}}}{1-\dfrac{\sqrt{3}+1}{2\sqrt{2}}}=24\cdot\frac{\sqrt{3}-1}{2\sqrt{2}-(\sqrt{3}+1)}$$

$$=24\cdot\frac{(\sqrt{3}-1)\{2\sqrt{2}+(\sqrt{3}+1)\}}{\{2\sqrt{2}-(\sqrt{3}+1)\}\{2\sqrt{2}+(\sqrt{3}+1)\}}$$

$$=24\cdot\frac{2\sqrt{6}-2\sqrt{2}+2}{8-(4+2\sqrt{3})}=24\cdot\frac{\sqrt{6}-\sqrt{2}+1}{2-\sqrt{3}}$$

$$=24\cdot\frac{(\sqrt{6}-\sqrt{2}+1)(2+\sqrt{3})}{(2-\sqrt{3})(2+\sqrt{3})}$$

$$=24(2\sqrt{6}+3\sqrt{2}-2\sqrt{2}-\sqrt{6}+2+\sqrt{3})$$

$$=\boldsymbol{24(\sqrt{6}+\sqrt{2}+\sqrt{3}+2)}$$

⇨注 ⑤の分母・分子に $1+\cos\theta$ を掛けて，

$$⑤=\frac{24\sin\theta(1+\cos\theta)}{(1-\cos\theta)(1+\cos\theta)}=\frac{24\sin\theta(1+\cos\theta)}{\sin^2\theta}$$

$$=24\left(\frac{1}{\sin\theta}+\frac{\cos\theta}{\sin\theta}\right)=\frac{24}{\sin\theta}+2\cdot\frac{12\cos\theta}{\sin\theta}$$

とすると，③の結果が利用できて計算が楽になる．

(14) $\overrightarrow{\mathrm{P}_{2n-2}\mathrm{P}_{2n-1}}$ は x 軸に平行で，$\overrightarrow{\mathrm{P}_{2n-1}\mathrm{P}_{2n}}$ は y 軸に平行であることに着目してみる．なお，複素数平面を活用する方法もある（☞別解）．

解 $\{\mathrm{P}_{n-1}\mathrm{P}_n\}$ は，初項 $\mathrm{P}_0\mathrm{P}_1=1$，公比 r の等比数列であるから，

$$\mathrm{P}_{n-1}\mathrm{P}_n=r^{n-1}$$

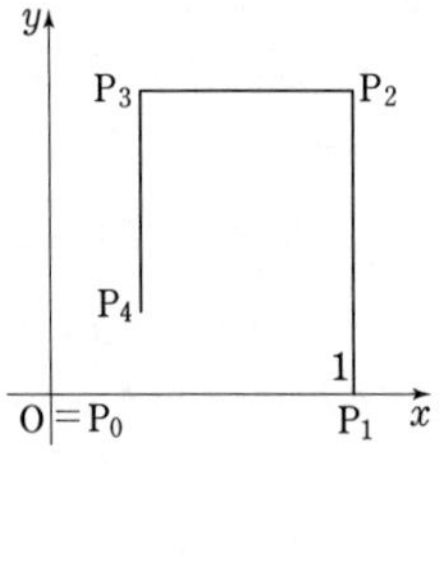

$\overrightarrow{\mathrm{P}_{2n-2}\mathrm{P}_{2n-1}}$ は x 軸に平行であり，向きが交互に変わるから（$\overrightarrow{\mathrm{P}_0\mathrm{P}_1}$ の x 成分が正に注意して），

$$\overrightarrow{\mathrm{P}_{2n-2}\mathrm{P}_{2n-1}}=(-1)^{n-1}r^{2n-2}\begin{pmatrix}1\\0\end{pmatrix}\ \cdots\cdots①$$

$\overrightarrow{\mathrm{P}_{2n-1}\mathrm{P}_{2n}}$ は y 軸に平行であるから，同様に考えて，

$$\overrightarrow{\mathrm{P}_{2n-1}\mathrm{P}_{2n}}=(-1)^{n-1}r^{2n-1}\begin{pmatrix}0\\1\end{pmatrix}$$

これらを足すことにより，

$$\overrightarrow{\mathrm{P}_{2n-2}\mathrm{P}_{2n}}=\overrightarrow{\mathrm{P}_{2n-2}\mathrm{P}_{2n-1}}+\overrightarrow{\mathrm{P}_{2n-1}\mathrm{P}_{2n}}$$

$$=(-1)^{n-1}r^{2n-2}\begin{pmatrix}1\\r\end{pmatrix}=(-r^2)^{n-1}\begin{pmatrix}1\\r\end{pmatrix}$$

よって，

$$\overrightarrow{\mathrm{OP}_{2n}}=\overrightarrow{\mathrm{P}_0\mathrm{P}_2}+\overrightarrow{\mathrm{P}_2\mathrm{P}_4}+\cdots+\overrightarrow{\mathrm{P}_{2n-2}\mathrm{P}_{2n}}$$

$$=\{1+(-r^2)+(-r^2)^2+\cdots+(-r^2)^{n-1}\}\begin{pmatrix}1\\r\end{pmatrix}$$

$$=\frac{1-(-r^2)^n}{1-(-r^2)}\begin{pmatrix}1\\r\end{pmatrix}=\frac{1-(-r^2)^n}{1+r^2}\begin{pmatrix}1\\r\end{pmatrix}$$

$0<r<1$ のとき，$|-r^2|<1$ であるから，

$$\lim_{n\to\infty}\overrightarrow{\mathrm{OP}_{2n}}=\frac{1}{1+r^2}\begin{pmatrix}1\\r\end{pmatrix}\ \cdots\cdots②$$

また，①により，$\overrightarrow{\mathrm{P}_{2n-2}\mathrm{P}_{2n-1}}\to\vec{0}$ $(n\to\infty)$，つまり，$\overrightarrow{\mathrm{P}_{2n}\mathrm{P}_{2n+1}}\to\vec{0}$ であるから，$n\to\infty$ のとき，$\overrightarrow{\mathrm{OP}_{2n+1}}=\overrightarrow{\mathrm{OP}_{2n}}+\overrightarrow{\mathrm{P}_{2n}\mathrm{P}_{2n+1}}$ も②に収束する．

よって，求める極限点は，$\boldsymbol{\left(\dfrac{1}{1+r^2},\ \dfrac{r}{1+r^2}\right)}$

別解 x 軸を実軸，y 軸を虚軸とする複素数平面を考える．点 P_n に対応する複素数を z_n とする．

$\overrightarrow{\mathrm{P}_{n-1}\mathrm{P}_n}$ を 90° 回転して r 倍したものが $\overrightarrow{\mathrm{P}_n\mathrm{P}_{n+1}}$ であるから，

$$z_{n+1}-z_n=ri(z_n-z_{n-1})$$

よって，$\{z_n-z_{n-1}\}$ は，初項 $z_1-z_0=1$，公比 ri の等比数列であるから，

$$z_{n+1}-z_n=(ri)^n$$

$$\therefore\quad z_n=z_0+\sum_{k=0}^{n-1}(z_{k+1}-z_k)=\sum_{k=0}^{n-1}(ri)^k$$

$$=\frac{1-(ri)^n}{1-(ri)}$$

$|ri|=|r|<1$ により，$(ri)^n\to0$ $(n\to\infty)$ であるから，

$$\lim_{n\to\infty}z_n=\frac{1}{1-ri}=\frac{1+ri}{(1-ri)(1+ri)}=\frac{1+ri}{1+r^2}$$

よって，答えは，$\boldsymbol{\left(\dfrac{1}{1+r^2},\ \dfrac{r}{1+r^2}\right)}$

ミニ講座・2 ド・モアブルの定理の活用

○12 の例題は，複素数を用いて等比数列の和に持ち込むうまい方法があります．それを紹介しましょう．なお，数Cの複素数平面の知識を用います．

> **○12**　数列 $\{a_n\}$ の第 n 項を $a_n=\left(\dfrac{1}{3}\right)^n\sin\dfrac{\pi}{2}n$，和を $S_n=a_1+a_2+a_3+\cdots+a_n$ としたとき，$\lim\limits_{n\to\infty}S_n$ を求めよ．

a_n の形を見て

$$\left(\frac{1}{3}\right)^n\left(\cos\frac{\pi}{2}n+i\sin\frac{\pi}{2}n\right)\cdots\cdots\text{㋐}$$

を考えます．ド・モアブルの定理を反対向きに使うと，

$$\text{㋐}=\left(\frac{1}{3}\right)^n\left(\cos\frac{\pi}{2}+i\sin\frac{\pi}{2}\right)^n$$
$$=\left\{\frac{1}{3}\left(\cos\frac{\pi}{2}+i\sin\frac{\pi}{2}\right)\right\}^n\left(=\left(\frac{i}{3}\right)^n\right)$$

となります．これに着目します．

解　$z=\dfrac{1}{3}\left(\cos\dfrac{\pi}{2}+i\sin\dfrac{\pi}{2}\right)\left(=\dfrac{i}{3}\right)$　（i は虚数単位）

とおく．ド・モアブルの定理により，

$$z^n=\left(\frac{1}{3}\right)^n\left(\cos\frac{\pi}{2}+i\sin\frac{\pi}{2}\right)^n$$
$$=\left(\frac{1}{3}\right)^n\left(\cos\frac{\pi}{2}n+i\sin\frac{\pi}{2}n\right)$$
$$=\left(\frac{1}{3}\right)^n\cos\frac{\pi}{2}n+i\cdot\left(\frac{1}{3}\right)^n\sin\frac{\pi}{2}n$$

よって，z^n の虚部が a_n であるから，$\sum\limits_{k=1}^{n}z^k$ の虚部が S_n であり，$\lim\limits_{n\to\infty}S_n$ は $\lim\limits_{n\to\infty}\sum\limits_{k=1}^{n}z^k$ の虚部である．

ここで，$\sum\limits_{k=1}^{n}z^k=z\cdot\dfrac{1-z^n}{1-z}$

$|z^n|=|z|^n=\left(\dfrac{1}{3}\right)^n\xrightarrow[n\to\infty]{}0$ により，$\lim\limits_{n\to\infty}z^n=0$

であるから，

$$\lim_{n\to\infty}\sum_{k=1}^{n}z^k=z\cdot\frac{1}{1-z}=\frac{i}{3}\cdot\frac{1}{1-\frac{i}{3}}=\frac{i}{3-i}$$
$$=\frac{i(3+i)}{(3-i)(3+i)}=-\frac{1}{10}+\frac{3}{10}i$$

したがって，$\lim\limits_{n\to\infty}S_n=\mathbf{\dfrac{3}{10}}$

＊　　　＊

同様に，演習題（ア）の $\sum\limits_{n=1}^{\infty}\dfrac{1}{2^n}\cos\dfrac{n\pi}{2}$ も求められます．

解　$z=\dfrac{1}{2}\left(\cos\dfrac{\pi}{2}+i\sin\dfrac{\pi}{2}\right)\left(=\dfrac{i}{2}\right)$　（i は虚数単位）

とおく．ド・モアブルの定理により，

$$z^n=\left(\frac{1}{2}\right)^n\left(\cos\frac{\pi}{2}+i\sin\frac{\pi}{2}\right)^n$$
$$=\frac{1}{2^n}\left(\cos\frac{n\pi}{2}+i\sin\frac{n\pi}{2}\right)$$
$$=\frac{1}{2^n}\cos\frac{n\pi}{2}+i\cdot\frac{1}{2^n}\sin\frac{n\pi}{2}$$

よって，$\sum\limits_{n=1}^{N}\dfrac{1}{2^n}\cos\dfrac{n\pi}{2}$ は，$\sum\limits_{n=1}^{N}z^n$ の実部である．

ここで，$\sum\limits_{n=1}^{N}z^n=z\cdot\dfrac{1-z^N}{1-z}$

$|z^N|=|z|^N=\left(\dfrac{1}{2}\right)^N\xrightarrow[N\to\infty]{}0$ により，$\lim\limits_{N\to\infty}z^N=0$

であるから，

$$\lim_{N\to\infty}\sum_{n=1}^{N}z^n=z\cdot\frac{1}{1-z}=\frac{i}{2}\cdot\frac{1}{1-\frac{i}{2}}=\frac{i}{2-i}$$
$$=\frac{i(2+i)}{(2-i)(2+i)}=-\frac{1}{5}+\frac{2}{5}i$$

したがって，$\sum\limits_{n=1}^{\infty}\dfrac{1}{2^n}\cos\dfrac{n\pi}{2}=\mathbf{-\dfrac{1}{5}}$

微分法とその応用

微分法とその応用
要点の整理

1．関数の連続性と微分可能性

1・1　連続と微分可能の定義

関数 $f(x)$ が $x=a$ で連続であるとは，

$$\lim_{x\to a} f(x)=f(a)$$

が成り立つことと定義される．

関数 $f(x)$ が $x=a$ で微分可能であるとは，極限値

$$\lim_{x\to a}\frac{f(x)-f(a)}{x-a}\left(=\lim_{h\to 0}\frac{f(a+h)-f(a)}{h}\right)$$

が存在することと定義され，この極限値を $f(x)$ の $x=a$ における微分係数と呼んで $f'(a)$ と書く．

1・2　左側微分係数と右側微分係数

$$\lim_{x\to a-0}\frac{f(x)-f(a)}{x-a}\cdots①,\quad \lim_{x\to a+0}\frac{f(x)-f(a)}{x-a}\cdots②$$

が存在するとき，この極限値をそれぞれ，$f(x)$ の $x=a$ における左側微分係数，右側微分係数という．

$f(x)$ が $x=a$ で微分可能であるための条件は，①と②が存在して，①=②となることである．

この片側微分係数の定義を利用するのは，微分可能でないことを示すときぐらいだと思ってよい．

（例）　$f(x)=|x|$ は，

$$\lim_{x\to -0}\frac{f(x)-f(0)}{x}=\lim_{x\to -0}\frac{-x}{x}=-1$$

$$\lim_{x\to +0}\frac{f(x)-f(0)}{x}=\lim_{x\to +0}\frac{x}{x}=1$$

により，$x=0$ における左側，右側微分係数はともに存在する．しかし，それらの値は等しくないから，$f(x)=|x|$ は $x=0$ で微分可能でない．

1・3　連続性・微分可能性とグラフ

連続⇨グラフがつながっている
微分可能⇨グラフがつながっていてなめらかである

上の例の，$f(x)=|x|$ のグラフは，図1のようで $x=0$ でとがっていて，ここで微分可能でない．

図 1

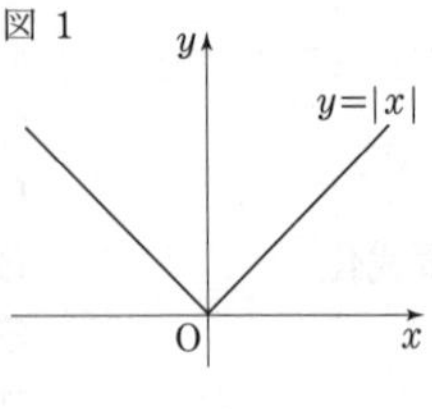

図 2

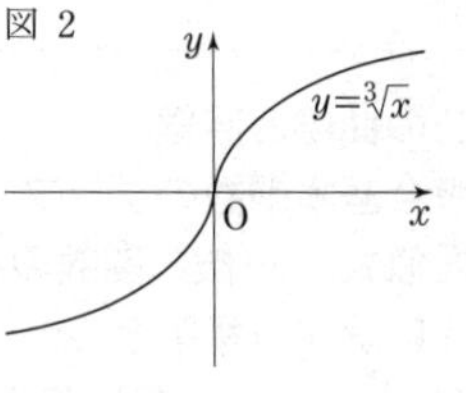

なお，グラフが“なめらか”でも微分可能でない次の例がある（図2参照）．

（例）　$f(x)=\sqrt[3]{x}$ のとき，$f'(x)=\dfrac{1}{3}x^{-\frac{2}{3}}=\dfrac{1}{3\sqrt[3]{x^2}}$

であり，$x=0$ で微分可能ではない．しかし，$x=0$ で連続であり，グラフもなめらかである．

（接線が y 軸に平行なとき，このようなことになる）

1・4　導関数

$y=f(x)$ がある区間の各点で微分可能であるとき，その区間で微分可能であるという．このとき，微分係数 $f'(a)$ を，a をその区間の変数と見て，x と書くと，新しい関数 $f'(x)$ を得る．これを $f(x)$ の導関数といい y'，$f'(x)$，$\dfrac{dy}{dx}$，$\dfrac{d}{dx}f(x)$ などと表す．$f(x)$ の導関数を求めることを，$f(x)$ を微分するという．

2．微分法

2・1　微分法の基本公式

（1）　$\{kf(x)\}'=kf'(x)$　（k は定数）

（2）　$\{f(x)+g(x)\}'=f'(x)+g'(x)$

（3）　$\{\boldsymbol{f(x)g(x)}\}'=\boldsymbol{f'(x)g(x)+f(x)g'(x)}$

（積の微分法）

（4）　$\left\{\dfrac{\boldsymbol{f(x)}}{\boldsymbol{g(x)}}\right\}'=\dfrac{\boldsymbol{f'(x)g(x)-f(x)g'(x)}}{\{\boldsymbol{g(x)}\}^2}$

（商の微分法）

2・2　基本的な関数の導関数

（1）　$(x^{\alpha})'=\alpha x^{\alpha-1}$（$\alpha$ は実数の定数）

（2）　$(\sin x)'=\cos x$，$(\cos x)'=-\sin x$

（3）　$(e^x)'=e^x$

（4）　$(\log x)'=\dfrac{1}{x}$

▨以下の公式は，上の基本的な関数の導関数と2・1と2・3の公式とから導かれるものだが，基本的な関数と同じようにすぐに使えるようにしておこう．

（i）　$(\tan x)'=\dfrac{1}{\cos^2 x}$（$=1+\tan^2 x$）

(ⅱ)　$(\sqrt{x}\,)'=\dfrac{1}{2\sqrt{x}}$，$\left(\dfrac{1}{x^n}\right)'=-\dfrac{n}{x^{n+1}}$

(ⅲ)　$(\log|x|)'=\dfrac{1}{x}$　（右辺では｜　｜はつかない）

(ⅳ)　$(a^x)'=a^x\cdot\log a$

➡**注**　$a=e^{\log a}$（両辺の log をとると確認できる）であるから，$a^x=(e^{\log a})^x=e^{x\log a}$

よって，$(a^x)'=e^{x\log a}\cdot(x\log a)'$（2・3 を使った）

$=e^{x\log a}\cdot\log a=a^x\cdot\log a$

2・3　合成関数の微分法

$y=f(u)$，$u=g(x)$ のとき

$$\frac{dy}{dx}=\frac{dy}{du}\cdot\frac{du}{dx}\quad\cdots\cdots\text{㋐}$$

すなわち，$\{\boldsymbol{f(g(x))}\}'=\boldsymbol{f'(g(x))g'(x)}$

➡**注**　$f'(g(x))$ は，$f(u)$ を u で微分し，その u に $g(x)$ を代入したものであり，$\{f(g(x))\}'$ とは違うことに注意しよう．

2・4　媒介変数表示の場合の微分

$x=f(t)$，$y=g(t)$ のとき

$$\frac{dy}{dx}=\frac{\dfrac{dy}{dt}}{\dfrac{dx}{dt}}=\frac{g'(t)}{f'(t)}\quad\cdots\cdots\text{㋑}$$

▨㋐，㋑のように，$\dfrac{dy}{dx}$ は，dy，dx を 1 つの数として，分数のように扱ってよい．

$x=\sin y$ のとき，y を x で表しにくいが，dy/dx は，次のように求められる．

$$\frac{dy}{dx}=\frac{1}{\dfrac{dx}{dy}}=\frac{1}{\cos y}$$

2・5　高次導関数

第 2 次導関数　$y''=f''(x)=(f'(x))'$

……

第 n 次導関数　$y^{(n)}=f^{(n)}(x)=(f^{(n-1)}(x))'$

高次導関数によって，例えば次のようなことが分かる．

$f''(x)$ の符号から，曲線 $y=f(x)$ の凹凸が分かる．

x が時刻を表し，$f(x)$ が数直線上の動点の位置を表していれば，$f''(x)$ は加速度を表す．

3. 関数の増減とグラフ

3・1　関数の増減

区間 I に属する任意の異なる 2 つの値 x_1，x_2 $(x_1<x_2)$ について，

(ⅰ)　$f(x_1)<f(x_2)$ ならば，$f(x)$ は I で増加
（区間 I で増加関数）

(ⅱ)　$f(x_1)>f(x_2)$ ならば，$f(x)$ は I で減少
（区間 I で減少関数）

するという．$f(x)$ が微分可能であるときは，(ⅰ)の増加，(ⅱ)の減少は次のように表せる．

(ⅰ)′　区間 I において，つねに $f'(x)\geqq0$

(ⅱ)′　区間 I において，つねに $f'(x)\leqq0$

［ただし，$f'(x)=0$ となる x はポツ，ポツ存在するだけである．］

(例)　$f(x)=x^3$ は $(-\infty,\ \infty)$（実数全体の集合を 1 つの区間と考えて，$(-\infty,\ \infty)$ で表す）で連続かつ微分可能であり，$(-\infty,\ \infty)$ で $f'(x)\geqq0$

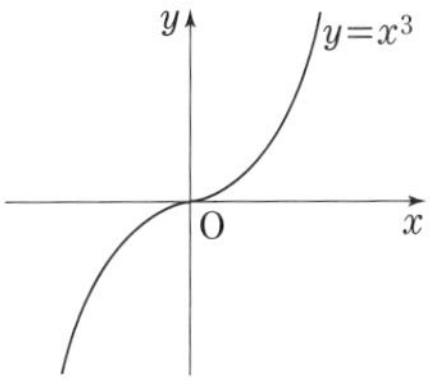

$(f'(0)=0$ であるが，$x\neq0$ のすべての x で $f'(x)>0)$ であるから，$f(x)$ は増加する．

3・2　極大・極小

$f(x)$ を連続な関数とする．

$x=a$ を含む十分小さい開区間において，

$f(a)>f(x)$　$(x\neq a)$

が成り立つとき，$x=a$ で $f(x)$ は極大であるといい，$f(a)$ を極大値という．

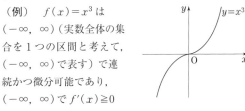

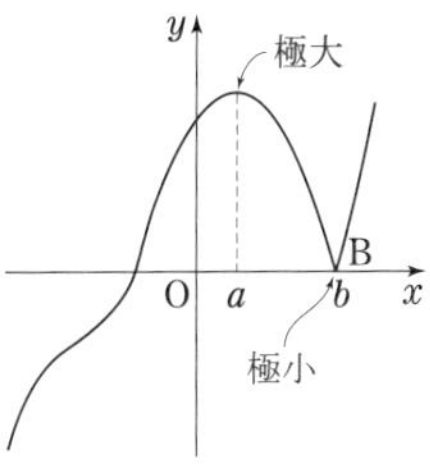

極小，極小値も同様に定 i され，極大値と極小値を合わせて極値という．

$f'(a)$ が存在するとき，$f(x)$ が $x=a$ で極値をもつならば，$f'(a)=0$ である．

▨逆は成り立たない．先程の例の $f(x)=x^3$ において，$f'(0)=0$ であるが，$x=0$ で極値をとらない．

▨上図の点 B のように，$f(x)$ が $x=b$ で微分可能ではないが，$x=b$ で $f(x)$ は極小になることがある．

3・3 曲線の凹凸

区間 I における曲線 $y=f(x)$ 上の任意の2点A，Bに対して，弧ABが（両端を除いて）線分ABの下側にあるとき，曲線 $y=f(x)$ は区間 I で下に凸であるといい，上側にあるとき，上に凸であるという．

図 1

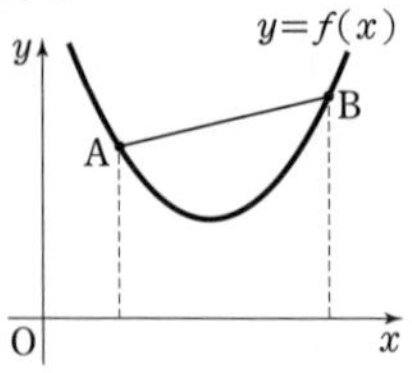

図 2

下に凸であるとき，曲線の概形は図1のようで，$f(x)$ が微分可能ならば，図2のように，区間 I で $y=f(x)$ の接線の傾きは増加する．したがって，$f''(x)$ が存在するとき，下に凸であることや上に凸であることは次のように表せる．

（i） 区間 I で，つねに $f''(x) \geqq 0$ ならば，区間 I で曲線 $y=f(x)$ は下に凸である．

（ii） 区間 I で，つねに $f''(x) \leqq 0$ ならば，区間 I で曲線 $y=f(x)$ は上に凸である．

［ただし，$f''(x)=0$ となる x はポツ，ポツ存在するだけである．］

3・4 変曲点

曲線の凹凸の境目を変曲点という．

$f''(x)$ が存在するとき，$f''(a)=0$ でかつ $x=a$ の前後で $f''(x)$ の符号が変わるならば，点 $(a,\ f(a))$ は曲線 $y=f(x)$ の変曲点である．

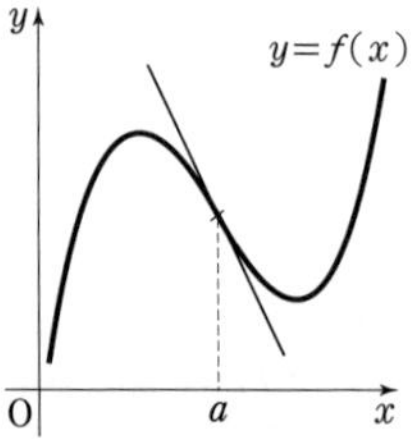

3・5 漸近線

曲線 $y=f(x)$ 上の点Pと定直線 l との距離を h とする．点Pを $x\to\pm\infty$ または $y\to\pm\infty$ となるように動かすとき，h が0に近づくならば，その直線 l をこの曲線の漸近線という．

つまり「曲線が次第に近づく直線」のことである．

（1） y 軸に平行でない漸近線

$$\lim_{x\to\infty}\{f(x)-(ax+b)\}=0$$

または
$$\lim_{x\to-\infty}\{f(x)-(ax+b)\}=0$$

ならば，$y=ax+b$ は漸近線である．

特に，$\displaystyle\lim_{x\to\infty}f(x)=0$ または $\displaystyle\lim_{x\to-\infty}f(x)=0$ ならば，x 軸は漸近線である．

▨ a，b は，一般に，$x\to\infty$ の場合，

$$a=\lim_{x\to\infty}\frac{f(x)}{x} \quad\cdots\cdots(*),\quad b=\lim_{x\to\infty}\{f(x)-ax\}$$

から求めることができる（$x\to-\infty$ の場合も同様）．

なお，$(*)$は，$\displaystyle\lim_{x\to\infty}\{f(x)-(ax+b)\}=0$ ならば，

$$\lim_{x\to\infty}\frac{f(x)-(ax+b)}{x}=0 \qquad \therefore\ \lim_{x\to\infty}\left\{\frac{f(x)}{x}-a\right\}=0$$

から得られる．（このようにすれば b が消去できる）

➡**注** 上の公式を使わなくても，もっと簡単に求まる場合が多い（☞ ○5）．

（2） y 軸に平行な漸近線

$$\lim_{x\to p+0}f(x)=\pm\infty$$

または
$$\lim_{x\to p-0}f(x)=\pm\infty$$

ならば，直線 $x=p$ は漸近線である．

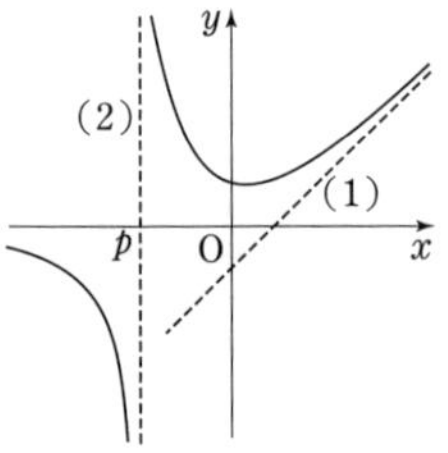

3・6 奇関数・偶関数

任意の x に対して，

$$f(-x)=-f(x)$$

が成り立つ関数を奇関数という．そのグラフは原点に関して対称である．

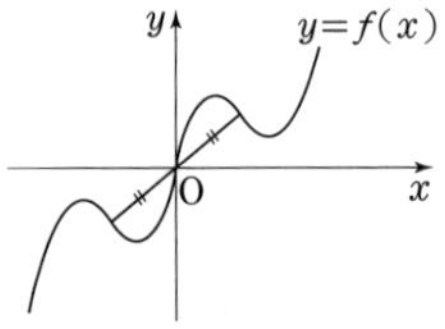

任意の x に対して，

$$f(-x)=f(x)$$

が成り立つ関数を偶関数という．そのグラフは y 軸に関して対称である．

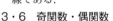

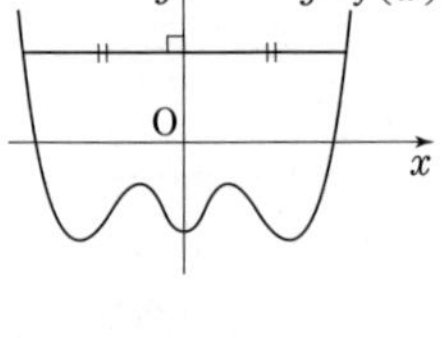

3・7 周期関数

任意の x に対して，$f(x+p)=f(x)$

（p は0でない定数）

が成り立つ関数を，p を周期とする周期関数という．

普通，周期といえば，そのうちの正で最小のものを意味する．

3・8　点対称・線対称なグラフ

$y=f(x)$ のグラフが，点 $(p,\ f(p))$ に関して対称である条件は，任意の x に対して，

$$\frac{f(p-x)+f(p+x)}{2}=f(p)$$

が成り立つことである．

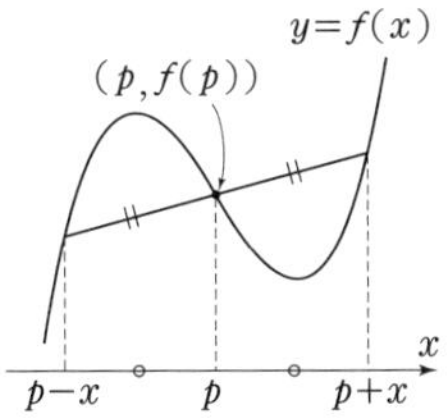

$y=f(x)$ のグラフが，直線 $x=p$ に関して対称である条件は，任意の x に対して，

$$f(p-x)=f(p+x)$$

が成り立つことである．

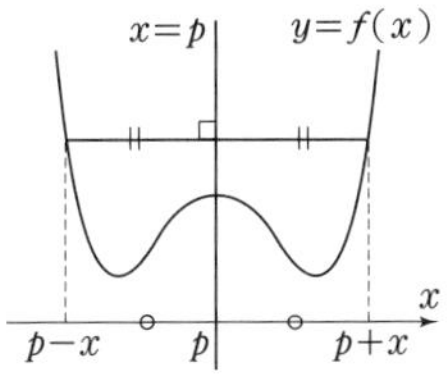

4. グラフを描く

微分法の重要な応用の1つにグラフを描くことがある．目的に応じて，グラフをどこまで精密に描くかが違ってくる．一般的には，次を調べて描く．

1° 定義域を押さえる．分数関数の分母 $\neq 0$，ルートの中身 $\geqq 0$，log の中身 >0 などに注意する．

2° 対称性，周期性があればそれを利用する．（一目では分かりにくいものも多く，増減を調べてから気づいても遅くはないが，早めに分かっていた方が手間を減らせる．）

3° 分母が0になる点の近くで $y\to\infty$，$y\to-\infty$ になるか，定義域の端が a ならば x が a に近づくとき y' がどうなるか，定義域が $(-\infty,\ \infty)$ ならば $x\to\infty$，$x\to-\infty$ で y がどうなるかを調べる．

4° 増減・極値を求める．

5° 問題文に凹凸，変曲点を求めよ，とあるか，y'' が簡単に求められるのであれば y'' を調べる．

6° 漸近線があれば求める．

7° 座標軸との交点が簡単に分かれば求める．

問題を考えるために自分でちょっと描いてみる場合は，とりあえず1°～3°から大ざっぱに手早く描こう．

5. 平均値の定理など

5・1　中間値の定理

関数 $f(x)$ が閉区間 $[a,\ b]$（すなわち $a\leqq x\leqq b$）において連続で，$f(a)\neq f(b)$ ならば，$f(a)$ と $f(b)$ の間の任意の m に対して，

$$f(c)=m$$

となる実数 c が a と b の間に少なくとも1つ存在する．

▨上のことから，次が成り立つ．

$f(x)$ が $a\leqq x\leqq b$ で連続で $f(a)f(b)<0$ ならば，$f(x)=0$ の解が $a<x<b$ に少なくとも1つ存在する．

5・2　平均値の定理

関数 $f(x)$ が閉区間 $[a,\ b]$ で連続で，開区間 $(a,\ b)$（すなわち $a<x<b$）で微分可能ならば，

$$\frac{f(b)-f(a)}{b-a}=f'(c),\ a<c<b$$

を満たす c が少なくとも1つ存在する．

▨上の平均値の定理は，$b=a+h$ とおくと，

$$f(a+h)=f(a)+hf'(a+\theta h),\ 0<\theta<1$$

を満たす θ が存在する，とも表せる．

▨平均値の定理の図形的意味は，右図の点A，Bに対して，弧AB上の点で，その点における接線がABに平行となるものが少なくとも1つは存在するということである．

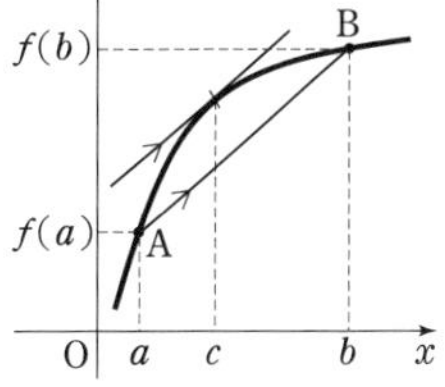

▨平均値の定理は，$f(b)-f(a)$ から $b-a$ を取り出す定理であるという見方もできる．

（例）　$A=\dfrac{\sin y-\sin x}{\sqrt{y}-\sqrt{x}}$ のとき，$\displaystyle\lim_{y\to x}A$ を求めよう．

$(\sin x)'=\cos x$ であるから，平均値の定理により，

$\sin y-\sin x=(y-x)\cos c$（$c$ は x と y の間）

となる c が存在する．よって，

$$A=\frac{\sin y-\sin x}{\sqrt{y}-\sqrt{x}}=(\sqrt{y}+\sqrt{x})\cos c$$

$y\to x$ のとき，$c\to x$ であるから，$\displaystyle\lim_{y\to x}A=2\sqrt{x}\cos x$

1 微分の計算／基本公式

次の関数を微分せよ．

（1） $y=(\sqrt[3]{x^2})^{-1}\ (x>0)$ （東京薬大・生命）　（2） $y=\sqrt{2x-1}$ （神奈川工大）

（3） $y=xe^{2x}$ （甲南大・理工）　（4） $y=\sin x\tan x$ （宮崎大・工）

（5） $y=\dfrac{3x+2}{x^2+1}$ （甲南大・理工）　（6） $y=\log\dfrac{x}{x+5}\ (x>0)$ （九州歯大）

$\sqrt[3]{x^4}$ は $x^{\frac{4}{3}}$ にしてから微分　ルート表示を指数表示にして微分するのが基本．$(\sqrt{x})'=\dfrac{1}{2\sqrt{x}}$ となる（$x^{\frac{1}{2}}$ を微分して確認しておこう）が，これはよく現れるので使えるようにしておこう．

合成関数の微分法　$\{f(g(x))\}'=f'(g(x))g'(x)$（☞p.35，2・3），つまり，

$\{f(●)\}'=f'(●)\cdot●'$　例えば，$●=\sin x$ として，$(\sin^3 x)'=(●^3)'=3●^2\cdot●'$

（$3●^2$：$●^3$ を●で微分，$●'$：●を x で微分）

●′ を掛ける（かたまりの微分を掛ける）のを忘れないように．

とくに●が1次式 $ax+b$ のときは，$\{f(ax+b)\}'=f'(ax+b)\cdot\underline{(ax+b)'}=f'(ax+b)\cdot a$ となる．

$\{(x+b)^n\}'=n(x+b)^{n-1}$ の公式と混同して，――を忘れてしまう人が多いので要注意!!

積の微分法　$\{f(x)g(x)\}'=f'(x)g(x)+f(x)g'(x)$

商の微分法　$\left\{\dfrac{f(x)}{g(x)}\right\}'=\dfrac{f'(x)g(x)-f(x)g'(x)}{\{g(x)\}^2}$，$\left\{\dfrac{1}{g(x)}\right\}'=-\dfrac{g'(x)}{\{g(x)\}^2}$

解答

（1） $y'=\left(x^{-\frac{2}{3}}\right)'=-\dfrac{2}{3}x^{-\frac{5}{3}}=\boldsymbol{-\dfrac{2}{3}\cdot\dfrac{1}{\sqrt[3]{x^5}}}$

（2） $y'=\dfrac{(2x-1)'}{2\sqrt{2x-1}}=\boldsymbol{\dfrac{1}{\sqrt{2x-1}}}$

⇦ $\{\sqrt{f(x)}\}'=\dfrac{f'(x)}{2\sqrt{f(x)}}$
上式も公式と同じようにすぐ使えるようにしよう．よく現れる．

（3） $y'=(x)'e^{2x}+x(e^{2x})'=1\cdot e^{2x}+x\cdot e^{2x}(2x)'$

$=e^{2x}+2xe^{2x}=\boldsymbol{(1+2x)e^{2x}}$

⇦ $(e^{2x})'=e^{2x}(2x)'=e^{2x}\cdot 2$
$(e^{2x})'$ では，$\boxed{2x}$ をかたまりと見る（$f(x)=e^x$，$g(x)=2x$ として合成関数の微分法を使う）．

（4） $y'=(\sin x)'\tan x+\sin x(\tan x)'$

$=\cos x\cdot\dfrac{\sin x}{\cos x}+\sin x\cdot\dfrac{1}{\cos^2 x}=\boldsymbol{\sin x\left(1+\dfrac{1}{\cos^2 x}\right)}$

⇦ $(\tan x)'=\dfrac{1}{\cos^2 x}$

（5） $y'=\dfrac{(3x+2)'(x^2+1)-(3x+2)(x^2+1)'}{(x^2+1)^2}$

$=\dfrac{3(x^2+1)-(3x+2)\cdot 2x}{(x^2+1)^2}=\boldsymbol{\dfrac{-3x^2-4x+3}{(x^2+1)^2}}$

（6） $y=\log x-\log(x+5)$ であるから，$y'=\boldsymbol{\dfrac{1}{x}-\dfrac{1}{x+5}}\left(=\boldsymbol{\dfrac{5}{x(x+5)}}\right)$

⇦ $(\log|f(x)|)'=\dfrac{f'(x)}{f(x)}$

1 演習題（解答は p.56）

次の関数を微分せよ．

（1） $y=(5x^2+2)^3$ （北海学園大・工）　（2） $y=x\sqrt{1+x^2}$ （宮崎大・工）

（3） $y=e^{-x}\tan x$ （東京都市大）　（4） $y=\cos(\log(1+\sqrt{x}))$ （広島市大）

（5） $y=\dfrac{\cos x}{1-\sin x}$ （広島市大）　（6） $y=\log\left(\dfrac{1}{1-\sin 2x}\right)$ （甲南大・理工）

（7） $y=2^{\tan x}$ （類　愛媛大・理，工－後）　（8） $y=\dfrac{\log_3 x}{3^x}$ （東京理科大・工）

（7） $(a^x)'=a^x\log a$ （a は定数）

2 微分の計算／対数微分法，媒介変数表示，陰関数

（ア） 関数 $y=x^{2x^2}$ $(x>0)$ を微分せよ． （北海学園大・工）

（イ） 媒介変数表示 $x=1-\cos\theta$，$y=\theta-\sin\theta$ によって定められる x と y について，$\dfrac{dy}{dx}$，$\dfrac{d^2y}{dx^2}$ を θ で表しなさい． （東京理科大・工）

（ウ） 曲線 $2x^2-2xy+y^2=5$ 上の点 $(1,\ 3)$ における接線の方程式を求めよ． （東京理科大・工）

対数微分法 $(x^x)'=x\cdot x^{x-1}$ などと間違えないこと．指数に変数がある $f(x)=p(x)^{q(x)}$ $(p(x)>0)$ の形の場合，両辺の対数をとって微分するのが定石である．例えば $f(x)=a^x$ のとき，両辺の対数をとって，$\log f(x)=x\log a$．両辺を微分して，$\dfrac{f'(x)}{f(x)}=\log a$

よって，$f'(x)=f(x)\log a=a^x\log a$ となり，$(a^x)'=a^x\log a$ の公式が導かれる（なお，☞p.35）．

媒介変数表示の関数の $\dfrac{d^2y}{dx^2}$ は要注意!! $x=f(t)$，$y=g(t)$ のとき，$\dfrac{dy}{dx}=\dfrac{dy/dt}{dx/dt}=\dfrac{g'(t)}{f'(t)}$

（分数のように扱える）である．しかし，$\dfrac{d^2y}{dx^2}=\dfrac{g''(t)}{f''(t)}$ ではない!!（正しくは☞解答）

陰関数の微分 $f(x,\ y)=0$ の形で，x と y の関係が与えられているとき，これを陰関数という．例えば，$x^2-xy+y^2-1=0$ ……① のとき，y は x の陰関数である．y' を求めるのに，①を $y=\dfrac{x\pm\sqrt{4-3x^2}}{2}$ の形に直してから微分するのは，計算が大変になり面倒である．$y=$…… の形に直す必要はない．y として（y のかたまりと見る）合成関数の微分法を用いて，①のままで両辺を x で微分すればよい．$(xy)'=y+xy'$，$(y^2)'=2yy'$ となるから，$2x-(y+xy')+2yy'=0$ となり y' が求まる．y を $f(x)$ のように思うとよい．

解答

（ア） $y=x^{2x^2}$ $(x>0)$ の両辺の対数をとって，$\log y=2x^2\log x$

⇦ $\log x^{2x^2}=2x^2\log x$

両辺を x で微分して，$\dfrac{y'}{y}=2\left(2x\cdot\log x+x^2\cdot\dfrac{1}{x}\right)=2x(2\log x+1)$

⇦ y を $f(x)$ とおくと $\left(f(x)=x^{2x^2}\right)$ $\{\log f(x)\}'=\dfrac{f'(x)}{f(x)}$

$\therefore$ $y'=y\cdot 2x(2\log x+1)=\boldsymbol{2x^{2x^2+1}(2\log x+1)}$

（イ） $\dfrac{dx}{d\theta}=\sin\theta$，$\dfrac{dy}{d\theta}=1-\cos\theta$ により，$\boldsymbol{\dfrac{dy}{dx}}=\dfrac{dy/d\theta}{dx/d\theta}=\boldsymbol{\dfrac{1-\cos\theta}{\sin\theta}}$

$$\boldsymbol{\frac{d^2y}{dx^2}}=\frac{d}{dx}\left(\frac{dy}{dx}\right)=\frac{d\theta}{dx}\cdot\frac{d}{d\theta}\left(\frac{dy}{dx}\right)=\frac{1}{\sin\theta}\cdot\frac{d}{d\theta}\left(\frac{1-\cos\theta}{\sin\theta}\right)$$

⇦ $\dfrac{d\theta}{dx}$ は $\dfrac{dx}{d\theta}(=\sin\theta)$ の逆数

$$=\frac{1}{\sin\theta}\cdot\frac{\sin\theta\cdot\sin\theta-(1-\cos\theta)\cos\theta}{\sin^2\theta}=\boldsymbol{\frac{1-\cos\theta}{\sin^3\theta}}$$

⇦ $\sin\theta\cdot\sin\theta-(1-\cos\theta)\cos\theta$ $=(\sin^2\theta+\cos^2\theta)-\cos\theta$ $=1-\cos\theta$

（ウ） 両辺を x で微分して，$4x-2(y+xy')+2yy'=0$

$\therefore$ $(2y-2x)y'=2y-4x$ $x=1$，$y=3$ を代入して，$y'=1/2$

求める接線の方程式は，$y=\dfrac{1}{2}(x-1)+3$ $\therefore$ $\boldsymbol{y=\dfrac{1}{2}x+\dfrac{5}{2}}$

2 演習題（解答は p.56）

（ア） 関数 $y=x^{\sqrt{x}}$ $(x>0)$ の導関数を求めよ． （富山大・理）

（イ） x と y が，t を媒介変数として $x=2-\sin t$，$y=t-\cos t$ で表されるとき，

$\dfrac{dx}{dt}=$ □，$\dfrac{dy}{dx}=$ □，$\dfrac{d^2y}{dx^2}=$ □ である． （日本工大）

（ウ） 曲線 $x^2+3xy-y^2=3$ 上の点 $(1,\ 2)$ における接線の方程式を求めよ． （防衛医大）

対数微分法などの数Ⅲ特有の微分法の練習問題．

3 定義，公式の証明

（1） 関数 $f(x)$ の $x=a$ における微分係数の定義を述べよ．

（2） 関数 $f(x)$，$g(x)$ が微分可能であるとする．積の微分公式

$\{f(x)g(x)\}'=f'(x)g(x)+f(x)g'(x)$ を証明せよ．

（3） $f(x)=x^n$ $(n=1,\ 2,\ 3,\ \cdots\cdots)$ に対し，$f'(x)=nx^{n-1}$ であることを，数学的帰納法により示せ．

（上智大・理工）

定義をしっかり押さえておく 「連続」「微分可能」の定義をしっかり押さえておこう（☞p.34）．

連続とはグラフがつながっている，微分可能とはグラフがなめらか，というグラフのイメージをきちんと定式化したものである．なお，$x=a$ で微分可能であれば，$x=a$ で連続である．これは，

$$\lim_{h\to0}\{f(a+h)-f(a)\}=\lim_{h\to0}\frac{f(a+h)-f(a)}{h}\cdot h=f'(a)\cdot0=0 \qquad \therefore\ \lim_{h\to0}f(a+h)=f(a)$$

と示すことができる．逆は成り立たない（反例は，$f(x)=|x-a|$）．

公式を証明できるようにしておく 教科書に載っている公式を証明せよ，という意表をついた出題もある．定義から微分の公式を証明させる問題が多いので，教科書で確認しておこう．

解 答

（1） **極限値 $\displaystyle\lim_{h\to0}\frac{f(a+h)-f(a)}{h}$ が存在するとき，この値を関数 $f(x)$ の $x=a$ における微分係数といい，$f'(a)$ と書く．**

⇦この極限値が存在するとき，関数 $f(x)$ は $x=a$ で微分可能であるという．

（2） $f(x+h)g(x+h)-f(x)g(x)$ ……………………①

$=f(x+h)g(x+h)-f(x+h)g(x)+f(x+h)g(x)-f(x)g(x)$

$=f(x+h)\{g(x+h)-g(x)\}+\{f(x+h)-f(x)\}g(x)$

$$\therefore\ \frac{①}{h}=f(x+h)\frac{g(x+h)-g(x)}{h}+\frac{f(x+h)-f(x)}{h}g(x)$$

$h\to0$ として，$\{f(x)g(x)\}'=f(x)g'(x)+f'(x)g(x)$

（3） $(x^n)'=nx^{n-1}$ ……Ⓐ であることを数学的帰納法によって示す．

$n=1$ のとき，$f(x)=x$ に対して，

$$\lim_{h\to0}\frac{f(x+h)-f(x)}{h}=\lim_{h\to0}\frac{(x+h)-x}{h}=1 \text{ であるから，} f'(x)=1$$

よって，$(x)'=1$ であるから，Ⓐは $n=1$ のときに成り立つ．

$n=k$ のときⒶが成り立つ，つまり $(x^k)'=kx^{k-1}$ であるとすると，

$(x^{k+1})'=(x\cdot x^k)'=(x)'x^k+x(x^k)'$

$=1\cdot x^k+x\cdot kx^{k-1}=(k+1)x^k$

⇦$x^{k+1}=x\cdot x^k$ として，積の微分法を使って微分．

よって，$n=k+1$ のときもⒶは成り立つ．

以上により，数学的帰納法によって，Ⓐが示された．

3 演習題（解答は p.57）

（ア） 関数 $f(x)=|x|$ は，$x=0$ において微分可能でないことを示せ．

（愛媛大・理，工－後）

（イ） 導関数の定義にしたがって，関数 $\cos x$ の導関数が $-\sin x$ であることを示せ．ただし，必要があれば，$\displaystyle\lim_{x\to0}\frac{\sin x}{x}=1$ であることを証明なしに用いてよい．（愛知教大）

（ウ） すべての実数 x に対し $4x-x^2\leqq g(x)\leqq 2+x^2$ を満たす関数 $g(x)$ は，$x=1$ において微分可能であることを示せ．（岩手大・教）

（ア）（ウ） 左側微分係数と右側微分係数が一致するかどうかを調べる．

4 1点で微分可能にする

関数 $f(x)=\begin{cases}\log x & (x\geqq 1)\\ \dfrac{ax+b}{x+1} & (x<1)\end{cases}$ が $x=1$ で微分可能であるような a，b の値を求めよ．

（防衛大）

$f(x)=\begin{cases}g(x) & (x<a)\\ h(x) & (a\leqq x)\end{cases}$ ……Ⓐ　が $x=a$ で微分可能な条件……☆　を考えよう．

定義域を広げておく　Ⓐの $g(x)$ の定義域を $x<a$ と考える必要はない．例えば $g(x)=\sin x$ であれば全実数で定義されていると考えてよい．いまは，『$g(x)$，$h(x)$ が全実数で定義されている微分可能な関数』……◇　と定義域が広げられるとしよう．$g(a)$，$g'(a)$，$h'(a)$ を考えられるようになる．

グラフをつなげる　微分可能ならば，当然つなぎ目でグラフはつながり，連続である．定義から，

$x=a$ で連続 $\iff \displaystyle\lim_{x\to a-0}f(x)=\lim_{x\to a+0}f(x)=f(a)$ ……①　が成り立つ

である．Ⓐの場合，①は $\displaystyle\lim_{x\to a-0}g(x)=h(a)$ と同値で，◇により，$g(a)=h(a)$ となる．

次に，微分可能にする　Ⓐについて $g(a)=h(a)[=f(a)]$ とする．定義から，次が成り立つ．

$x=a$ で微分可能 $\iff \displaystyle\lim_{x\to a-0}\frac{f(x)-f(a)}{x-a}$ と $\displaystyle\lim_{x\to a+0}\frac{f(x)-f(a)}{x-a}$ が同じ値に収束

ここで，◇のとき，$\displaystyle\lim_{x\to a-0}\frac{f(x)-f(a)}{x-a}=\lim_{x\to a-0}\frac{g(x)-g(a)}{x-a}=g'(a)$，

$$\lim_{x\to a+0}\frac{f(x)-f(a)}{x-a}=\lim_{x\to a+0}\frac{h(x)-h(a)}{x-a}=h'(a)$$

であるから，◇のとき，Ⓐが $x=a$ で微分可能な条件は，$x=a$ で連続かつ微分係数が一致すること，つまり，　$g(a)=h(a)$ かつ $g'(a)=h'(a)$

解答

$g(x)=\log x\ (x>0)$，$h(x)=\dfrac{ax+b}{x+1}\ (x\neq -1)$ とおく．$g'(x)=\dfrac{1}{x}$

⇦$g(x)$，$h(x)$ は，$g'(1)$ や $h(1)$ が使えるように定義域を広げて定めておく．

$f(x)=\begin{cases}g(x) & (x\geqq 1)\\ h(x) & (x<1)\end{cases}$ が $x=1$ で微分可能であるから，$x=1$ で連続．

よって，$\displaystyle\lim_{x\to 1+0}f(x)=\lim_{x\to 1-0}f(x)=f(1)(=g(1))$　　$\therefore\ g(1)=h(1)$

⇦ $\displaystyle\lim_{x\to 1+0}f(x)=\lim_{x\to 1+0}g(x)=g(1)$

$\displaystyle\lim_{x\to 1-0}f(x)=\lim_{x\to 1-0}h(x)=h(1)$

なお，$f(x)$ が $x=1$ で連続である条件は $g(1)=h(1)$ である，とすぐ言っても構わないだろう．

$g(1)=0$，$h(1)=\dfrac{a+b}{2}$ により，$0=\dfrac{a+b}{2}$　　$\therefore\ b=-a$

このとき，$h(x)=a\cdot\dfrac{x-1}{x+1}$，$h'(x)=a\cdot\dfrac{1\cdot(x+1)-(x-1)\cdot 1}{(x+1)^2}=\dfrac{2a}{(x+1)^2}$

$f(x)$ が $x=1$ で微分可能であるから，

$$\lim_{x\to 1+0}\frac{f(x)-f(1)}{x-1}=\lim_{x\to 1-0}\frac{f(x)-f(1)}{x-1}$$

$$\therefore\ \lim_{x\to 1+0}\frac{g(x)-g(1)}{x-1}=\lim_{x\to 1-0}\frac{h(x)-h(1)}{x-1}\qquad\therefore\ g'(1)=h'(1)$$

よって，$1=\dfrac{a}{2}$　　$\therefore\ \boldsymbol{a=2,\ b=-a=-2}$

4 演習題（解答は p.57）

a，b を実数の定数とする．関数 $y=\begin{cases}\sqrt{x^2-2}+3 & (x\geqq 2)\\ ax^2+bx & (x<2)\end{cases}$ が微分可能になるような a，b の値を求めよ．

（関西大・理工系）

まず $x=2$ において連続となるようにする．

5 グラフ／分数関数

関数 $f(x)=\dfrac{x^3}{x^2-1}$ の増減，極値，グラフの凹凸，漸近線を調べ，$y=f(x)$ のグラフの概形をかけ．

（島根大・医／大問の(１)；(２)は ○11 の演習題）

（グラフの描き方） p.37 の要点の整理でまとめておいた．本問の $f(x)$ は分母が偶関数で，分子が奇関数であるから，$f(x)$ は奇関数であり，グラフは原点に関して対称である．

（漸近線の求め方） 1° y 軸に平行な漸近線：log の中を 0 にする x の値，tan の中を $\pi/2$ などにする x の値，分数関数で分母を 0 にする x の値（これらを p とする）に x が近づくとき，値が $\pm\infty$ に発散すれば直線 $x=p$ は漸近線である．例えば $x\to p+0$ のとき，$f(x)\to-\infty$ ならば，直線 $x=p$ は漸近線．

2° y 軸に平行でない漸近線：$\lim_{x\to\infty}\{f(x)-(ax+b)\}=0$ あるいは $\lim_{x\to-\infty}\{f(x)-(ax+b)\}=0$ ならば，直線 $y=ax+b$ が漸近線である．a，b は次のようにして求められる．例えば $x\to\infty$ の場合，

$a=\lim_{x\to\infty}\dfrac{f(x)}{x}$，この a に対して，$b=\lim_{x\to\infty}\{f(x)-ax\}$（$x\to-\infty$ の場合も同様．詳しくは☞ p.36）

（分数関数の漸近線） 上の a，b を求める公式を使うまでもない．分数式は，分子を分母より低次の形にするのが定石（☞本シリーズ，数Ⅱ p.14）．つまり，分数式＝多項式＋(分子が分母より低次)の形に変形する．$x\to\pm\infty$ のとき，〰〰の分数式 →0 であるから，“多項式”の部分が 1 次以下なら，それが漸近線と分かる．また，分母が 0 になるとき，そこから y 軸に平行な漸近線が現れる．

解 答

$f(x)=\dfrac{x^3}{x^2-1}$ は奇関数なので，そのグラフは原点に関して対称である．

⇦よって，とりあえず $x\geqq0$ の範囲で考えればよい．

$$f'(x)=\frac{3x^2(x^2-1)-x^3\cdot2x}{(x^2-1)^2}=\frac{x^4-3x^2}{(x^2-1)^2}\left(=\frac{x^2(x^2-3)}{(x^2-1)^2}\right)$$

$$f''(x)=\frac{(4x^3-6x)(x^2-1)^2-(x^4-3x^2)\cdot2(x^2-1)\cdot2x}{(x^2-1)^4}$$

$$=\frac{2x(x^2+3)}{(x^2-1)^3}$$

⇦分子を (x^2-1) で割ると，$(4x^3-6x)(x^2-1)-4(x^4-3x^2)x=2x^3+6x$

よって，$x\geqq0$ における $y=f(x)$ の増減・凹凸は右表のようになる．また，

x	0	$\cdots$	1	$\cdots$	$\sqrt{3}$	$\cdots$
$f'(x)$	0	$-$	×	$-$	0	$+$
$f''(x)$	0	$-$	×	$+$	$+$	$+$
$f(x)$		↘	×	↘		↗

$$\lim_{x\to1\pm0}f(x)=\lim_{x\to1\pm0}\frac{x^3}{x^2-1}=\pm\infty\quad(\text{複号同順})$$

さらに，$f(x)=\dfrac{x(x^2-1)+x}{x^2-1}=x+\dfrac{x}{x^2-1}$

により，$\lim_{x\to\infty}\{f(x)-x\}=\lim_{x\to\infty}\dfrac{x}{x^2-1}=0$

よって**漸近線は，$x=1$，$x=-1$，$y=x$** であり，グラフの概形は右図のようになる．

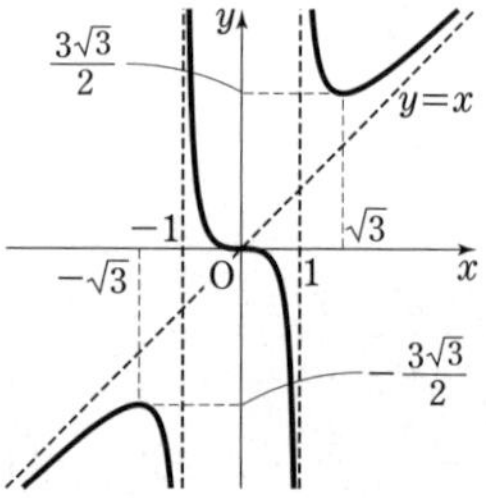

前文の 2° を使うと：

⇦$a=\lim_{x\to\infty}\dfrac{f(x)}{x}=\lim_{x\to\infty}\dfrac{x^2}{x^2-1}=1$

$b=\lim_{x\to\infty}\{f(x)-x\}$

$=\lim_{x\to\infty}\dfrac{x}{x^2-1}=0$

から $y=ax+b=x$ が漸近線．

5 演習題（解答は p.57）

関数 $f(x)=\dfrac{x^3-x}{x^2-4}$ について

（１） $y=f(x)$ の極値を与える x 座標を求めよ．

（２） $y=f(x)$ の漸近線を求め，グラフの概形をかけ．

（九州大・工）

（１） $f'(x)$ の符号は，その分子のグラフを使ってとらえよう．
（２） 凹凸は調べなくてよいだろう．

6 グラフ／指数・対数がらみ

$x>1$ において $f(x)=\sqrt{x}-\log x$, $g(x)=\dfrac{x}{\log x}$ とするとき，次の問いに答えよ．

(1) $f(x)>0$ を示せ．　　(2) $g(x)>\sqrt{x}$ を示せ．これを用いて $\lim_{x\to\infty} g(x)=\infty$ を示せ．

(3) $g'(x)$, $g''(x)$ を計算し，$g(x)$ の極値，変曲点の座標を求めよ．

(4) 関数 $y=g(x)$ のグラフをかけ．　　（佐賀大・理工）

$\lim_{x\to\infty}\dfrac{x^k}{a^x}=0$, $\lim_{x\to\infty}\dfrac{\log x}{x^k}=0$ $(a>1,\ k>0)$　「a^x から見た x^k, x^k から見た $\log x$ は，無視できるほど小さい」という感覚が大切で，証明を要求されていないときは，表題の極限値は既知として扱ってよいだろう．次のイメージをもっておこう．$(1<a<e<b$ とする)

……, $\log x$, ……, $\sqrt{x}$, x, x^2, ……, a^x, e^x, b^x, ……

弱…………………………………………………………強　　$(x\to\infty)$

解答

(1) $f'(x)=\dfrac{1}{2\sqrt{x}}-\dfrac{1}{x}=\dfrac{\sqrt{x}-2}{2x}$

x	1	…	4	…
$f'(x)$		−	0	+
$f(x)$		↘		↗

⇦最小値>0 を示せばよい．

よって，増減は右のようで $f(x)$ は $x=4$ で最小となり，

$f(x)\geqq f(4)=2-\log 4=2(1-\log 2)>0$　$(\because\ \ 2<e)$

⇦$\log 2<\log e=1$

(2) $g(x)>\sqrt{x}$ を変形する．$\dfrac{x}{\log x}>\sqrt{x}$ により，$\sqrt{x}-\log x>0$ …………①

と同値で，①を示せばよいが，これは(1)により成り立つ．

$g(x)>\sqrt{x}$ で，$\sqrt{x}\to\infty$ $(x\to\infty)$ であるから，$\lim_{x\to\infty} g(x)=\infty$

⇦$g(x)=\dfrac{x}{\log x}>\sqrt{x}\to\infty$

(3)(4) $g(x)=\dfrac{x}{\log x}$ のとき，$\boldsymbol{g'(x)}=\dfrac{1\cdot\log x-x\cdot\dfrac{1}{x}}{(\log x)^2}=\boldsymbol{\dfrac{\log x-1}{(\log x)^2}}$

$$\boldsymbol{g''(x)}=\frac{\dfrac{1}{x}(\log x)^2-(\log x-1)\cdot 2(\log x)\cdot\dfrac{1}{x}}{(\log x)^4}$$

$$=\frac{\log x-2(\log x-1)}{x(\log x)^3}=\boldsymbol{\frac{2-\log x}{x(\log x)^3}}$$

よって，$y=g(x)$ の増減・凹凸は下表のようになり，$\lim_{x\to 1+0} g(x)=\infty$, $\lim_{x\to\infty} g(x)=\infty$ と合わせ，グラフは右のようになる．**極値は** $g(e)=\boldsymbol{e}$.

x	1	…	e	…	e^2	…
$g'(x)$	×	−	0	+	+	+
$g''(x)$	×	+	+	+	0	−
$g(x)$	×	↘		↗		↗

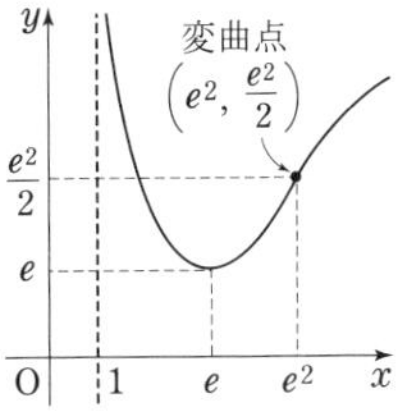

⇦変曲点の座標はグラフに描いた．

6 演習題（解答は p.58）

関数 $f(x)=(3-x)e^x$ について，関数の増減，極値，グラフの凹凸を調べ，$y=f(x)$ のグラフの概形をかけ．ただし，$\lim_{x\to\infty}\dfrac{x}{e^x}=0$ は証明なしで用いてよい．

（横浜国大・理工，都市科学）

$\lim_{x\to\infty} f(x)$, $\lim_{x\to-\infty} f(x)$ も調べる．

7 最大・最小

座標平面において，4点 A$(-1,\ 1)$，B$(-1,\ 0)$，C$(1,\ 0)$，D$(2,\ 2)$ と直線 $y=mx$ の距離をそれぞれ a，b，c，d とし，$I=a^2+b^2+c^2+d^2$ とする．I を m で表し，I の最大値と最小値を求めよ．

（近畿大・薬，工，生物理工）

一般には極値で最大・最小になるとは限らない　本問の場合，m は実数全体を動くので，最大値・最小値があるとすればそれは極大値・極小値しか考えられないが，$\lim_{m\to\infty} f(m)$，$\lim_{m\to-\infty} f(m)$ と比べて，確かに極値で最大・最小となることを答案にはっきり書くようにしよう．

分数関数の極値を求めるとっておきの方法　次のⒶはささいなことだが，意外にも効果が大きい．

$f(x)=\dfrac{g(x)}{h(x)}$ が $x=\alpha$ で極値をとり $h'(\alpha)\neq 0$ ならば，$\boldsymbol{f(\alpha)=\dfrac{g'(\alpha)}{h'(\alpha)}}$ である．…………………Ⓐ

［証明］　$f'(x)=\dfrac{g'(x)h(x)-g(x)h'(x)}{\{h(x)\}^2}$ が $x=\alpha$ で 0 になるから，$g'(\alpha)h(\alpha)=g(\alpha)h'(\alpha)$

$\therefore\ \dfrac{g(\alpha)}{h(\alpha)}=\dfrac{g'(\alpha)}{h'(\alpha)}$　　$\therefore\ f(\alpha)=\dfrac{g(\alpha)}{h(\alpha)}=\dfrac{g'(\alpha)}{h'(\alpha)}$

解答

$a=\dfrac{|-m-1|}{\sqrt{m^2+1}}$，$b=\dfrac{|-m|}{\sqrt{m^2+1}}$，$c=\dfrac{|m|}{\sqrt{m^2+1}}$，$d=\dfrac{|2m-2|}{\sqrt{m^2+1}}$ であるから，

⇦4点 A～D と直線 $mx-y=0$ との距離を計算．点 $(p,\ q)$ とこの直線の距離は，公式から $\dfrac{|mp-q|}{\sqrt{m^2+1}}$

$I=a^2+b^2+c^2+d^2=\boldsymbol{\dfrac{7m^2-6m+5}{m^2+1}}$　（$=f(m)$ とおく）

$f'(m)=\dfrac{(14m-6)(m^2+1)-(7m^2-6m+5)\cdot 2m}{(m^2+1)^2}$ ……………………………①

$=\dfrac{6m^2+4m-6}{(m^2+1)^2}=\dfrac{2(3m^2+2m-3)}{(m^2+1)^2}$

$3m^2+2m-3=0$ の2解は $\dfrac{-1\pm\sqrt{10}}{3}$ であり，α，β $(\alpha<\beta)$ とおく．

$f(m)$ は右のように増減し，$\lim_{m\to\pm\infty} f(m)=7$ なので，$m=\alpha$ で最大，$m=\beta$ で最小になる．

m	…	α	…	β	…
$f'(m)$	+	0	−	0	+
$f(m)$	↗		↘		↗

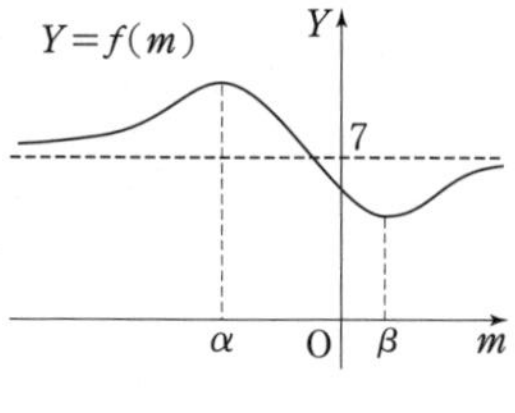

ここで，$m=\alpha$ が①の分子を 0 にするから，

$(14\alpha-6)(\alpha^2+1)=(7\alpha^2-6\alpha+5)\cdot 2\alpha$

$\therefore\ f(\alpha)=\dfrac{7\alpha^2-6\alpha+5}{\alpha^2+1}=\dfrac{14\alpha-6}{2\alpha}=7-\dfrac{3}{\alpha}=7+\dfrac{9}{\sqrt{10}+1}=7+(\sqrt{10}-1)$

⇦前文のⒶを使っている．

同様に $f(\beta)$ を求め，**最大値は** $f(\alpha)=\boldsymbol{6+\sqrt{10}}$，**最小値は** $f(\beta)=\boldsymbol{6-\sqrt{10}}$

⇦$f(\beta)=7-\dfrac{3}{\beta}=7-\dfrac{9}{\sqrt{10}-1}$

7 演習題（解答は p.58）

$f(x)=\dfrac{x+1}{x^2+ax+b}$（$a$，$b$ は実数）とし，$x^2+ax+b>0$ がすべての実数 x について成り立つとする．$f(x)$ の最大値を M，最小値を m とする．

（1）　a と b に関する条件，$f'(x)$，$\lim_{x\to\infty} f(x)$，$\lim_{x\to-\infty} f(x)$ をそれぞれ求めよ．

（2）　方程式 $f'(x)=0$ が異なる2つの実数解を持つことを示せ．

（3）　方程式 $f'(x)=0$ の2解を s，t $(s>t)$ とするとき，$2s+a\neq 0$，$2t+a\neq 0$ であり，$f(s)=\dfrac{1}{2s+a}$，$f(t)=\dfrac{1}{2t+a}$ であることを示せ．

（4）　$M=1$，$m=-1$ であるとき，a と b の値を求めよ．　　（京都産大・理，情報理工）

（3）　例題の前文のⒶを証明せよ，ということである．

8 最大・最小／三角関数がらみ

関数 $y=x-(\sin x+\sqrt{3}\cos x)$ の，区間 $-\pi \leqq x \leqq \pi$ における最大値，最小値と，それらを与える x の値を求めよ．

（学習院大・理）

三角関数のどの公式を使うか 三角関数は公式が多い．目的に応じてうまく活用しよう．

• 合成すれば，三角関数が2か所から1か所に減る．（例題）

• $=0$ の形の方程式を解くには，和を積にする変形が有効．（演習題）

• 場合によっては，置き換えも有効．（$\sin x=t$ とおいたり，あるいは，☞本シリーズ数Ⅱp.63）

閉区間の最大・最小 連続関数は，閉区間において必ず最大値と最小値をもつ．その最大値・最小値は，「区間の端点での値」または「極値」のいずれかである．極値と端点での値を比べて，最大値・最小値を求める．

解 答

$f(x)=x-(\sin x+\sqrt{3}\cos x)$ とおくと，

$f'(x)=1-(\cos x-\sqrt{3}\sin x)=1+(\sqrt{3}\sin x-\cos x)$

$=1+2\left(\sin x\cdot\frac{\sqrt{3}}{2}-\cos x\cdot\frac{1}{2}\right)=1+2\sin\left(x-\frac{\pi}{6}\right)$ ⇦合成した．

$f'(x)=0$ を解く．$-\pi \leqq x \leqq \pi$ のとき $-\frac{7}{6}\pi \leqq x-\frac{\pi}{6} \leqq \frac{5}{6}\pi$ により， ⇦$\sin\left(x-\frac{\pi}{6}\right)=-\frac{1}{2}$

$x-\frac{\pi}{6}=-\frac{5}{6}\pi,\ -\frac{\pi}{6}$

$\therefore\ x=-\frac{2}{3}\pi,\ 0$

$f(x)$ は右のように増減する．

x	$-\pi$	$\cdots$	$-\frac{2}{3}\pi$	$\cdots$	0	$\cdots$	π
$f'(x)$		$+$	0	$-$	0	$+$	
$f(x)$		↗		↘		↗	

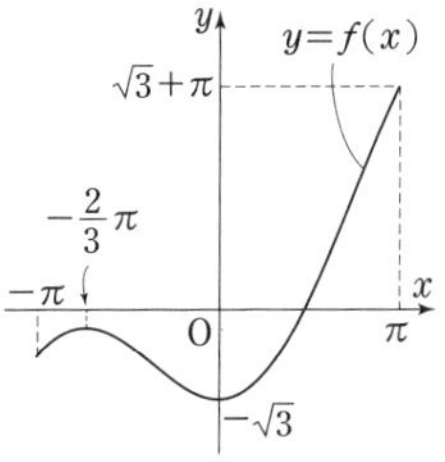

よって，最大値は，$f\left(-\frac{2}{3}\pi\right)$ と $f(\pi)$ のうちの大きい方

最小値は，$f(0)$ と $f(-\pi)$ のうちの小さい方

である．

$f\left(-\frac{2}{3}\pi\right)=\sqrt{3}-\frac{2}{3}\pi$，$f(\pi)=\sqrt{3}+\pi$，$f(\pi)>f\left(-\frac{2}{3}\pi\right)$

$f(0)=-\sqrt{3}$，$f(-\pi)=\sqrt{3}-\pi$，$f(-\pi)-f(0)=2\sqrt{3}-\pi>0$ ⇦$2\sqrt{3}>2\times1.7=3.4>\pi$

以上により，**$x=\pi$ で最大値 $\sqrt{3}+\pi$，$x=0$ で最小値 $-\sqrt{3}$** をとる．

8 演習題 （解答は p.59）

実数 a $\left(0<a\leqq\frac{\pi}{3}\right)$ に対し $f(x)=3\sin\left(\frac{x}{3}\right)+\sin(a-x)$ $(0\leqq x\leqq\pi)$ とする．

（1） $4\sin\frac{\pi}{12}$ の値を求めよ．また，$4\sin\frac{\pi}{12}$ と $\sqrt{3}$ のどちらが大きいかを判定せよ．

（2） $f'(x)=0$ となる x $(0<x<\pi)$ を求めよ．

（3） $f(x)$ $(0\leqq x\leqq\pi)$ の最大値 $M(a)$ と最小値 $m(a)$ を求めよ．

（4） $M(a)$ と $m(a)$ $\left(0<a\leqq\frac{\pi}{3}\right)$ のそれぞれについて取り得る値の範囲を求めよ．

（同志社大・理工）

（2）（3） $f'(x)$ の符号もとらえるため，和→積の公式を使う．

9 最大・最小／図形への応用

（ア） 平面を動く点Pがあり，x 軸上では速さ2で，x 軸以外では速さ1で動く．Pが点A(0, 1)から点B(2, 0)に最短時間で行くための経路を求めよ． （長岡技科大）

（イ） 円 C : $x^2+(y-1)^2=1/4$ 上の点Pと曲線 $y=\log x$ 上の点Qを結ぶ線分PQの長さの最小値を求めよ． （旭川医大）

図形的な考察も 円などの凸図形や対称図形の場合，計算する前に図形的な考察をするようにしよう．例えば，円がらみの線分長の最大・最小を考えるときは，円の中心を持ち出すのが定石である．

$f'(x)$ の符号変化が分かる答案を作る 増減表を書くとき，$f'(x)=0$ となる x の値はもちろん必要だが，その前後の符号も必要である．例えば，$f'(x)=x\log x-e^2x^{-1}$ の場合，$x=e$ のとき $f'(x)=0$ となることを見つけただけでは増減表は完成できない．この場合，次のようにする．

log が単独になるようにおく $f'(x)$ の符号を調べるため，$f'(x)$ の符号を決めている部分を $g(x)$ とおいて微分などして調べる．$f'(x)=x\log x-e^2x^{-1}=x(\underset{\sim\sim\sim}{\log x-e^2x^{-2}})$ の場合は，$f'(x)$ そのものよりも，$x>0$ に注意して〰〰を $g(x)$ とおくのがよい．$x\log x$ を微分しても log はなくならないが，$\log x$ を微分すると log がなくなり，分数関数になるからである．

解答

（ア） A(0, 1)からX(x, 0)まで直進し，そこからB(2, 0)まで直進するとしてよい．また，$x<0$ のときは $x=0$ のときより移動距離が長く，$x>2$ のときは $x=2$ のときより移動距離が長いから $0\leqq x\leqq 2$ で考えればよい．

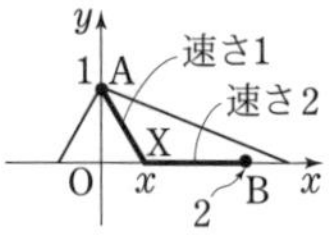

⇦まずは大ざっぱに範囲を限定．

所要時間を $f(x)$ とすると，$f(x)=\dfrac{\mathrm{AX}}{1}+\dfrac{\mathrm{BX}}{2}=\sqrt{x^2+1}+\dfrac{2-x}{2}$

$$\therefore\quad f'(x)=\frac{2x}{2\sqrt{x^2+1}}-\frac{1}{2}=\frac{2x-\sqrt{x^2+1}}{2\sqrt{x^2+1}}\quad\cdots\cdots①$$

x	0	…	$\frac{1}{\sqrt{3}}$	…	2
$f'(x)$		$-$	0	$+$	
$f(x)$		↘		↗	

よって，$f'(x)$ は，$(2x)^2-(\sqrt{x^2+1})^2=3x^2-1$ と同符号である．

⇦①の分子の有理化と同じこと．

増減表から，**(0, 1)⇨(1/$\sqrt{3}$, 0)⇨(2, 0)と折れ線状に進む経路が最短.**

（イ） 円 C の中心(0, 1)をAとし，Q(x, $\log x$) ($x>0$)とおく．

$\mathrm{AQ}=\sqrt{x^2+(\log x-1)^2}$ であり，$f(x)=x^2+(\log x-1)^2$ ($x>0$)とおくと，

$$f'(x)=2x+2(\log x-1)\cdot\frac{1}{x}=\frac{2}{x}(\underset{\sim\sim\sim}{x^2+\log x-1})$$

下図で，Qを固定したとき，AP+PQ≧AQ，AP=1/2

⇦∴ PQ≧AQ−1/2（一定）（等号はP=$\mathrm{P_0}$ のとき）であるから，AQの最小値を考えればよい．

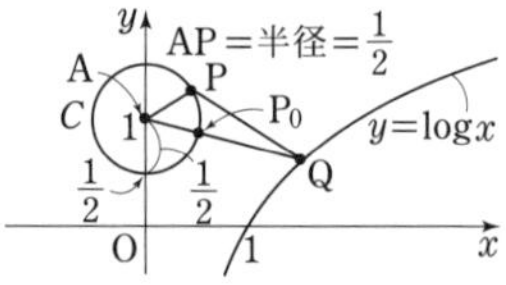

$f'(x)$ と〰〰は同符号であり，〰〰$=g(x)$ とおくと，x が大きくなるとき，x^2，$\log x$ はともに増加するから $g(x)$ も増加する．$g(1)=0$ とから，$g(x)$ の符号は，$0<x<1$ のとき負，$1<x$ のとき正である．

x	0	…	1	…
$f'(x)$	×	$-$	0	$+$
$f(x)$	×	↘		↗

よって，$f(x)$ の増減表は右のようになるから，AQの最小値は $\sqrt{f(1)}=\sqrt{2}$（>半径=1/2）．この線分AQ上にPがあるときPQは最小で，最小値は，$\mathrm{PQ}=\mathrm{AQ}-$半径$=\boldsymbol{\sqrt{2}-\dfrac{1}{2}}$

⇦$y=g(x)$ の大ざっぱなグラフは右．

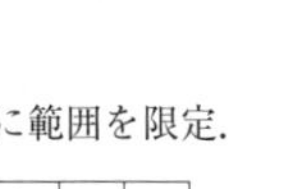

9 演習題 （解答は p.59）

（ア） c を正の定数とする．平面上の原点O(0, 0)および3点A(0, 1)，B(0, −1)，C(c, 0)について，点Qが線分OC上を動くとき，3点からの距離の和AQ+BQ+CQの最小値とそのときのQの座標を求めなさい． （長岡技科大）

（イ） ∠B=2∠Aであるような三角形ABCのなかで面積が最大となるときのABの長さを求めよ．ただしBCの長さは1とする． （信州大・工）

（イ） ∠A=θ とおいて，ABを θ で表す．面積も θ で表す．

10 極値をもつ条件

関数 $A(x)=x^2e^{-x}$ について，次の問いに答えよ．

（1） $A(x)$ の増減を調べ，極値を求めよ．

（2） 関数 $B(x)$ が $B'(x)=A(x)$ を満たすとする．a を実数とし，$x>0$ において，関数 $f(x)=B(x)-ax$ が極値をもつとき，a のとりうる値の範囲を求めよ．

（大阪工大・推薦／改題）

問題文の $f(x)$ が極値をもつとき $f'(x)=0$ であることのみに注目してはいけない．$f'(x)=0$ の解の前後で $f'(x)$ が符号変化しなければ極値をもたない．

極値をもたない条件は，$f'(x)$ が符号変化をおこさない（つねに0以上，またはつねに0以下）ことである．

文字定数を分離してとらえる場合 $f'(x)$ の符号が $g(x)-a$ の符号と同じになるとき，$f'(x)$ の符号は，曲線 $y=g(x)$ と直線 $y=a$ の上下関係で判断することができる．$y=g(x)$ が $y=a$ の上側にあれば常に $f'(x)>0$，下側にあれば常に $f'(x)<0$ である．このように，文字定数 a が分離できれば，定曲線 $y=g(x)$ と，x 軸に平行な直線 $y=a$ との上下関係を調べればよいので，とらえやすい．

解答

（1） $A'(x)=2xe^{-x}+x^2\cdot(-e^{-x})=x(2-x)e^{-x}$

$A(x)$ の増減は，右表のようになる．

x	$\cdots$	0	$\cdots$	2	$\cdots$
$A'(x)$	$-$	0	$+$	0	$-$
$A(x)$	↘		↗		↘

極大値は $A(2)=\boldsymbol{\dfrac{4}{e^2}}$，**極小値は** $A(0)=\mathbf{0}$

（2） $f'(x)=B'(x)-a=A(x)-a$

$x>0$ において $f(x)$ が極値をもつ条件は，

$f'(x)$ が $x>0$ で符号変化すること

である．

$$\left.\begin{array}{l}\text{常に } f'(x)>0 \iff y=A(x) \text{ が } y=a \text{ の上側}\\ \text{常に } f'(x)<0 \iff y=A(x) \text{ が } y=a \text{ の下側}\end{array}\right\}\text{①}$$

である．（1）の過程，および $x>0$ のとき $A(x)>0$ とから，$y=A(x)$ のグラフは右図の太線のようになる．よって，①により，求める範囲は

$$\boldsymbol{0<a<\frac{4}{e^2}}$$

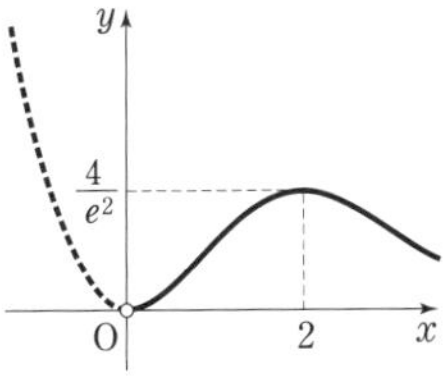

$0<a<\dfrac{4}{e^2}$ のとき，直線と曲線は $0<x<2$ で交わり，$f'(x)$ は負から正へと変化するので，ここで極小値をとる．$\displaystyle\lim_{x\to\infty}A(x)=0$（☞左下の注）であるから $x>2$ でも必ず交わり，ここで極大値をとる．

⇨注 $\displaystyle\lim_{x\to\infty}\frac{x^2}{e^x}=0$……※ であるから，$\displaystyle\lim_{x\to\infty}A(x)=0$ が成り立つ．

※を証明しておこう．$x=2s$ とおくと，$\dfrac{x^2}{e^x}=\dfrac{(2s)^2}{e^{2s}}=\dfrac{(2s)^2}{(e^s)^2}=4\left(\dfrac{s}{e^s}\right)^2$ であるから，$\displaystyle\lim_{s\to\infty}\frac{s}{e^s}=0$ を示せばよい．$e^s=t$ とおくと，$\dfrac{s}{e^s}=\dfrac{\log t}{t}$ となり，○6(2)から $\displaystyle\lim_{x\to\infty}\frac{\log x}{x}=0$ であるから $\displaystyle\lim_{s\to\infty}\frac{s}{e^s}=0$ である．

⇦○6の前文を参照．

⇦※は，$x>0$ のとき，$e^x>1+x+\dfrac{x^2}{2}+\dfrac{x^3}{6}$ を導いて示すこともできる．

10 演習題 （解答は p.60）

a を実数とする．関数 $f(x)=ax+\cos x+\dfrac{1}{2}\sin 2x$ が極値をもたないように，a の値の範囲を定めよ．

（神戸大・理系）

例題と同様に a を分離してとらえよう．

11 実数解の個数

方程式 $e^{-x}=k(x^2-2)$ が異なる 0 以上の実数解を 2 個もつとき，定数 k のとりうる値の範囲を求めよ．

（福岡大・理，工／改題）

実数解はグラフの交点で　方程式の実数解の個数をとらえるにはグラフを利用しよう．本問の場合，その実数解は，$y=e^{-x}$ と $y=k(x^2-2)$ の共有点の x 座標に等しいが，このようにとらえるのはうまくない．というのは，2 つとも曲線を表し，交点の様子をとらえにくいからである．一方を直線にするのが肝要で，例えば「$y=e^{-x}-k(x^2-2)$ と $y=0$（x 軸）の共有点の x 座標に等しい」とすれば一方が直線（x 軸）となる．ただし，いつも一方を x 軸にする必要はない．

文字定数について解く　$e^{-x}=k(x^2-2)$ のとき，$k=\dfrac{e^{-x}}{x^2-2}$ と変形して，

$y=k$ ……①　と $y=\dfrac{e^{-x}}{x^2-2}$ ……②　のグラフを考えるのがうまい．というのは，②は定まった曲線であり，①は x 軸に平行な直線なので，①と②の交点がとらえやすいからである．

解答

$e^{-x}=k(x^2-2)$ のとき $x^2\neq 2$ で，$k=\dfrac{e^{-x}}{x^2-2}$．$f(x)=\dfrac{e^{-x}}{x^2-2}$ とおくと，方程式の実数解は，曲線 $y=f(x)$ と直線 $y=k$ の共有点の x 座標に等しい．

⇦$e^{-x}=k(x^2-2)$ のとき，左辺 $\neq 0$ であるから，$x^2\neq 2$

よって，異なる 0 以上の実数解を 2 個もつ条件は，$y=f(x)$（$x\geqq 0$）と $y=k$ が異なる 2 交点をもつ条件に等しい．

$$f'(x)=\frac{-e^{-x}(x^2-2)-e^{-x}\cdot 2x}{(x^2-2)^2}=\frac{-e^{-x}(x^2+2x-2)}{(x^2-2)^2}$$

$x^2+2x-2=0$ の解は $x=-1\pm\sqrt{3}$ であり，$\alpha=-1+\sqrt{3}$ とおくと，$x\geqq 0$ での $f(x)$ の増減は右表のようになる．

x	0	…	α	…	$\sqrt{2}$	…
$f'(x)$		+	0	−	╳	−
$f(x)$		↗		↘	╳	↘

$\displaystyle\lim_{x\to\sqrt{2}-0}f(x)=-\infty$，$\displaystyle\lim_{x\to\sqrt{2}+0}f(x)=\infty$，$\displaystyle\lim_{x\to\infty}f(x)=0$

$f(0)=-\dfrac{1}{2}$

$$f(\alpha)=\frac{e^{1-\sqrt{3}}}{(4-2\sqrt{3})-2}=\frac{e^{1-\sqrt{3}}}{-2(\sqrt{3}-1)}$$
$$=-\frac{\sqrt{3}+1}{4}e^{1-\sqrt{3}}\ （=\beta とおく）$$

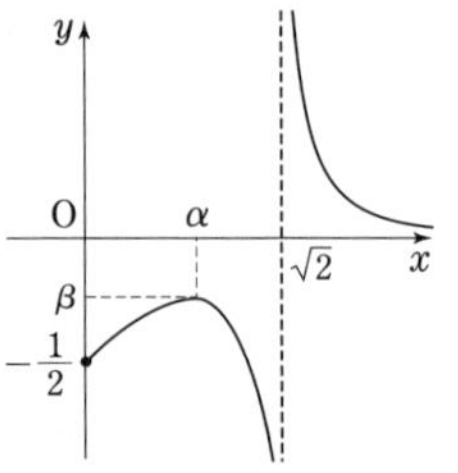

よって，$y=f(x)$（$x\geqq 0$）のグラフは右図のようになるから，求める k の範囲は，

$$\boldsymbol{-\frac{1}{2}\leqq k<-\frac{\sqrt{3}+1}{4}e^{1-\sqrt{3}}}$$

▨ $\dfrac{1}{k}=e^x(x^2-2)$ に着目し，この右辺を $g(x)$ とおくと，
$g'(x)=e^x(x^2+2x-2)$
$y=g(x)$ のグラフは下図のようになり，
$g(\alpha)<\dfrac{1}{k}\leqq -2$
から答えを出すこともできる．

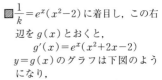

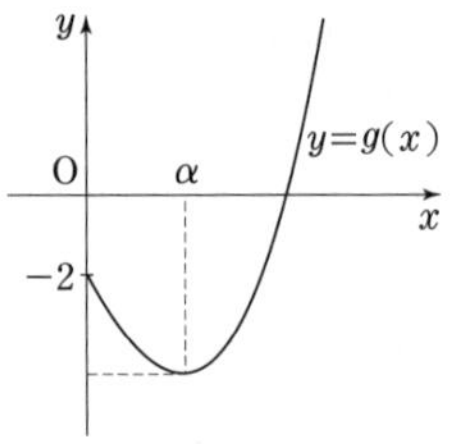

11 演習題（解答は p.61）

（1）　○5 の例題

（2）　k を定数とするとき，方程式 $x^3-kx^2+k=0$ の異なる実数解の個数を調べよ．

（島根大・医）

（2）　文字定数 k について解く．

12 接線の本数

（1） 関数 $y=(x-1)e^x$ の増減，極値，グラフの凹凸および変曲点を調べて，グラフをかけ．ただし，$\lim_{x\to-\infty}(x-1)e^x=0$ を使ってよい．

（2） 関数 $y=-e^x$ のグラフ上の点 $(a,\ -e^a)$ における接線が点 $(0,\ b)$ を通るとき，a，b の関係式を求めよ．

（3） 点 $(0,\ b)$ を通る，関数 $y=-e^x$ のグラフの接線の本数を調べよ． （東京電機大）

曲線上にない点からの接線　点 $(a,\ b)$ から曲線 $y=f(x)$ に接線を引くことを考えよう．曲線が放物線なら，点 $(a,\ b)$ を通る直線を $y=m(x-a)+b$ とおいて，これが放物線に接するための条件（重解条件，$D=0$）を考えればよいが，“数Ⅲの関数”の場合は重解条件でとらえることはできない．

この場合は‘接点からスタートする’のがポイントである．すなわち

「曲線上の点である接点を $(t,\ f(t))$ と設定すると，接線の方程式は

$y=f'(t)(x-t)+f(t)$ であり，これが点 $(a,\ b)$ を通る条件を考える」

のである．この条件は t の方程式で表されるが，その異なる実数解の個数が接点の個数，すなわち点 $(a,\ b)$ から引くことのできる接線の本数に他ならない．

（ただし，曲線に2点以上で接する直線（☞右図）が存在しないときの話）

下図の場合は，
（接線の本数）
≠（接点の個数）

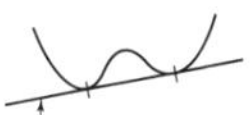

複接線という

解 答

（1） $f(x)=(x-1)e^x$ とおくと，

$f'(x)=e^x+(x-1)e^x=xe^x$

$f''(x)=e^x+xe^x=(x+1)e^x$

により，増減・凹凸は右のようになる．

x	$\cdots$	-1	$\cdots$	0	$\cdots$
$f'(x)$	$-$	$-$	$-$	0	$+$
$f''(x)$	$-$	0	$+$	$+$	$+$
$f(x)$	↘		↘		↗

これと，$f(0)=-1$，$f(-1)=-2e^{-1}$

$\lim_{x\to-\infty}f(x)=0$，$\lim_{x\to\infty}f(x)=\infty$

により，$y=f(x)$ のグラフは図のようになる．

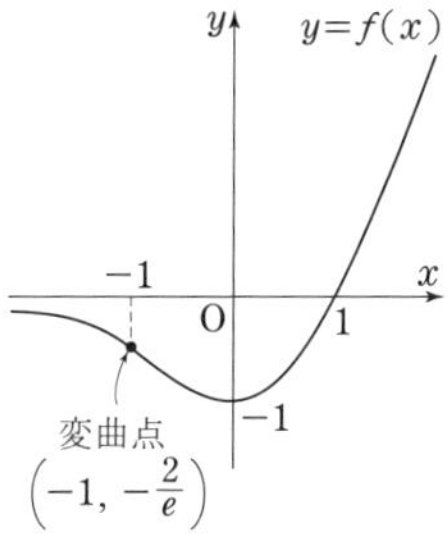

（2） $y=-e^x$ のとき，$y'=-e^x$ であるから，$(a,\ -e^a)$ における接線の方程式は，

$y=-e^a(x-a)-e^a$

これが点 $(0,\ b)$ を通るとき，$b=-e^a(0-a)-e^a$

$\therefore\ \boldsymbol{b=(a-1)e^a}$

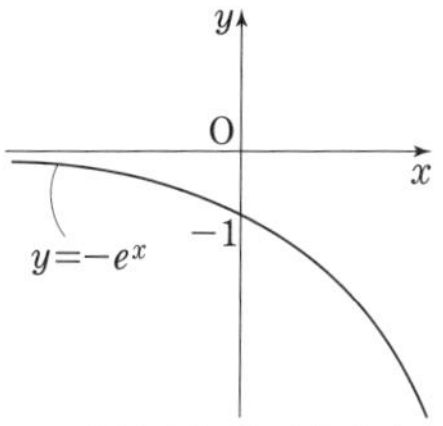

（3） 点 $(0,\ b)$ から $y=-e^x$ に引ける接線の本数は，$b=(a-1)e^a$ ……①

を a の方程式と見たときの相異なる実数解の個数に等しい．①で a⇨x にすると，それは直線 $y=b$ と曲線 $y=f(x)$ の異なる共有点の個数に等しい．

⇦$y=-e^x$ は上に凸であるから，このグラフに2点以上で接する直線は存在しない．よって，『接点が異なれば接線も異なる』が成り立つ．

（1）のグラフにより，その個数は，

b	$b<-1$	$b=-1$	$-1<b<0$	$0\leqq b$
個数	**0**	**1**	**2**	**1**

12 演習題（解答は p.61）

点 $(a,\ 0)$ を通り，曲線 $y=e^{-x}-e^{-2x}$ に接する直線が存在するような定数 a の値の範囲を求めよ． （九州大・理系）

文字定数を分離しよう

13 2曲線が接する条件・共通接線

（ア） 2つの曲線 $y=e^x$ と $y=\sqrt{x+a}$ はともにある点Pを通り，しかも点Pにおいて共通の接線をもっている．このとき，a の値を求めよ．（香川大・教／一部省略）

（イ） 2つの曲線 $y=2\log x$ と $y=\log(2x)$ の共通接線 l の方程式を求めよ．

2曲線が接する条件＝共有点で共通の接線をもつ条件 図1のとき，2曲線 $y=f(x)$ と $y=g(x)$ が $x=s$ の点で接するという．この条件は，$x=s$ の点を共有し，ここにおける接線の傾きが等しいこと，すなわち，　$f(s)=g(s)$ かつ $f'(s)=g'(s)$

共通接線 図1のタイプ以外に図2のタイプもある．接点の x 座標をそれぞれ t, u とおいて，接線が一致する条件を考える．

　つまり，$y=f'(t)(x-t)+f(t)$, $y=g'(u)(x-u)+g(u)$ が一致する条件（傾きと y 切片が一致）を考える．［$t=u$ の場合が図1のタイプ］

図 1

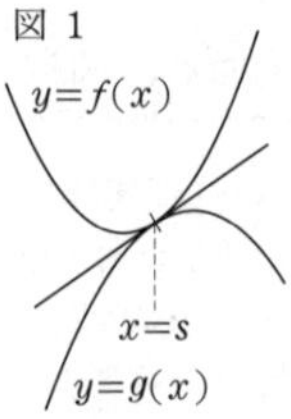

図 2

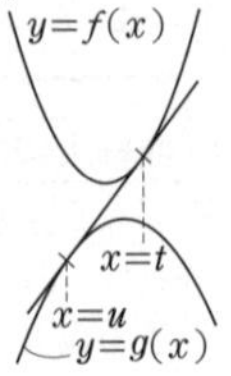

　なお，一方（$y=g(x)$ とする）が放物線のときは，放物線と直線 $y=f'(t)(x-t)+f(t)$ が接するととらえ，これを重解条件（判別式 $D=0$）でとらえるのがよいだろう．

解 答

（ア） $y=e^x$ のとき，$y'=e^x$ であり，$y=\sqrt{x+a}$ のとき $y'=\dfrac{1}{2\sqrt{x+a}}$

　よって，2曲線が $x=s$ に対応する点Pで接する条件は，

$$e^s=\sqrt{s+a}\ \cdots\cdots①\quad かつ\quad e^s=\frac{1}{2\sqrt{s+a}}\ \cdots\cdots②\quad が成り立つこと．$$

　①×②により，$e^{2s}=\dfrac{1}{2}$　　$\therefore\ s=\dfrac{1}{2}\log\dfrac{1}{2}=-\dfrac{1}{2}\log 2$

　①から，$s+a=e^{2s}=\dfrac{1}{2}$　　$\therefore\ a=\dfrac{1}{2}-s=\boldsymbol{\dfrac{1}{2}+\dfrac{1}{2}\log 2}$

（イ） l と2曲線の接点の x 座標をそれぞれ t, u とする．

　$y=2\log x$ のとき $y'=\dfrac{2}{x}$, $y=\log(2x)=\log 2+\log x$ のとき $y'=\dfrac{1}{x}$

であるから，l は，$y=\dfrac{2}{t}(x-t)+2\log t$, $y=\dfrac{1}{u}(x-u)+\log(2u)$

の2通りに表される．これらが一致するための条件は，

$$\frac{2}{t}=\frac{1}{u}\ \cdots\cdots①\quad かつ\quad -2+2\log t=-1+\log(2u)\ \cdots\cdots②$$

　①により，$u=\dfrac{t}{2}$ であり，②に代入し整理して，$\log t=1$

よって，$t=e$ であり，l の傾きと y 切片はそれぞれ①，②に等しいから l の方程式は，　　$\boldsymbol{y=\dfrac{2}{e}x}$

▨原題には接線の方程式を求めよ，という設問もついていた．

$e^{2s}=\dfrac{1}{2}$ により $e^s=\dfrac{1}{\sqrt{2}}$

$\mathrm{P}(s,\ e^s)$ は $\left(-\dfrac{1}{2}\log 2,\ \dfrac{1}{\sqrt{2}}\right)$

接線の傾きは e^s なので，接線は

$$y=\frac{1}{\sqrt{2}}\left(x+\frac{\log 2}{2}\right)+\frac{1}{\sqrt{2}}$$

（ア）の図

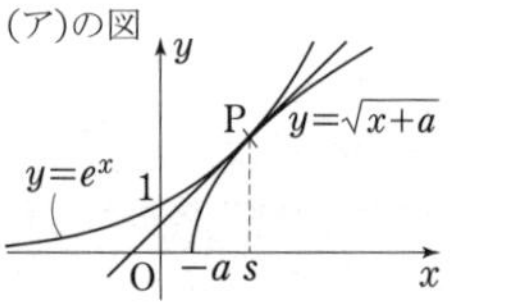

⇦ x の係数（傾き）と定数項（y 切片）が等しい．

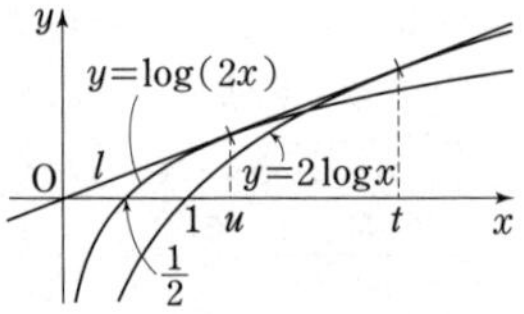

13 演習題（解答は p.61）

　$y=x^2$ で表される放物線を C，正の数 a に対して $y=ae^x$ で表される曲線を C_a とする．

（1） C と C_a の両方に接する直線の本数 N を調べよ．ただし，必要ならば $\displaystyle\lim_{t\to\infty}\frac{t}{e^t}=0$ であることを用いてもよい．

（2） （1）の N が1のとき，C と C_a の共有点がちょうど2点となることを示せ．

（お茶の水女子大・理）

（1） 文字定数を分離．
（2） 調べる関数を工夫して，1回微分すれば済むようにしよう．

14 法線と曲率／曲がり具合

xy 平面上の曲線 $C: y=e^x$ について，次の問いに答えよ．

（1） 点 $(a,\ e^a)$ における C の接線の方程式を求めよ．また，点 $(a,\ e^a)$ における C の法線 l_a の方程式を求めよ．

（2） $a \neq 1$ とする．点 $(1,\ e)$ における C の法線 l_1 と，点 $(a,\ e^a)$ における C の法線 l_a との交点の x 座標を a の式で表せ．

（3） （2）で求めた a の式を $h(a)$ とするとき，$\lim_{a\to1} h(a)$ を求めよ．　（京都産大・理系）

法線の方程式　傾き m，m'（$m\neq0$，$m'\neq0$）の2直線が直交する条件は，$mm'=-1$ である．

曲線 $y=f(x)$ 上の点 $(t,\ f(t))$ における法線は，傾き $-\dfrac{1}{f'(t)}$ で $(t,\ f(t))$ を通る直線だから

$$y=-\frac{1}{f'(t)}(x-t)+f(t)$$　（ただし $f'(t)\neq0$ のとき．$f'(t)=0$ のときは，法線は $x=t$）

分母を払った形「$f'(t)\{y-f(t)\}=-(x-t)$ ……Ⓐ」は，$f'(t)=0$ のときも通用する．

なお，曲率については，右下の研究を見よ．

解答

（1） $y=e^x$ のとき，$y'=e^x$ であるから，$\mathrm{A}(a,\ e^a)$ における接線は，

$$y=e^a(x-a)+e^a \qquad \therefore\ \boldsymbol{y=e^a x-(a-1)e^a}$$

法線は，$y=-\dfrac{1}{e^a}(x-a)+e^a \qquad \therefore\ \boldsymbol{l_a : y=-\dfrac{1}{e^a}x+e^a+\dfrac{a}{e^a}}$ ……………①

（2） ①で $a=1$ として，$l_1 : y=-\dfrac{1}{e}x+e+\dfrac{1}{e}$ ……………②

①，②を連立させ，y を消去して，$\left(\dfrac{1}{e}-\dfrac{1}{e^a}\right)x=\left(e+\dfrac{1}{e}\right)-\left(e^a+\dfrac{a}{e^a}\right)$

両辺を e^a 倍して，$(e^{a-1}-1)x=e^{a+1}+e^{a-1}-e^{2a}-a$

$$\therefore\ x=\boldsymbol{\frac{e^{a+1}+e^{a-1}-e^{2a}-a}{e^{a-1}-1}}$$

（3） $f(a)=e^{a+1}+e^{a-1}-e^{2a}-a$，$g(a)=e^{a-1}-1$ とおくと，
$f'(a)=e^{a+1}+e^{a-1}-2e^{2a}-1$，$g'(a)=e^{a-1}$，$f(1)=0$，$g(1)=0$ であるから

$$h(a)=\frac{f(a)}{g(a)}=\frac{\dfrac{f(a)-f(1)}{a-1}}{\dfrac{g(a)-g(1)}{a-1}}$$

$$\underset{a\to1}{\longrightarrow}\ \frac{f'(1)}{g'(1)}=\frac{-e^2}{1}=\boldsymbol{-e^2} \ ………③$$

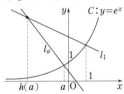

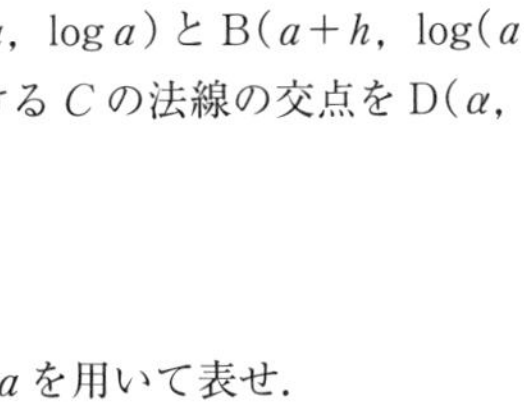

⇦微分係数の定義を活用．

■研究　l_1 と l_a の交点 R_a は②上にあるから，$a\to1$ としたとき，③から，$\left(-e^2,\ 2e+\dfrac{1}{e}\right)$ に近づく．この点を R_1 とする．

曲線 C 上の点 $\mathrm{P}(1,\ e)$ の近くに2点 Q，Q′ をとって3点 P，Q，Q′ を通る円を考える．この円の Q→P，Q′→P としたときの極限状態の円を，「点 P における C の曲率円」という．

上で求めた R_1 はこの曲率円の中心である．

曲線上の点 P の付近を円で近似したものが曲率円なので，この円の半径が小さいほど曲がり具合がきつい．

14 演習題（解答は p.62）

xy 平面において，曲線 $C: y=\log x$ 上に2点 $\mathrm{A}(a,\ \log a)$ と $\mathrm{B}(a+h,\ \log(a+h))$ $(h\neq0)$ をとる．点 A における C の法線と点 B における C の法線の交点を $\mathrm{D}(\alpha,\ \beta)$ とする．

（1） 点 A における法線の方程式を求めよ．

（2） α と β をそれぞれ a と h を用いて表せ．

（3） $p=\lim_{h\to0}\alpha$ と $q=\lim_{h\to0}\beta$ とする．p と q をそれぞれ a を用いて表せ．

（4） 点 E の座標を $(p,\ q)$ とする．線分 AE の長さを最小にする a の値と，そのときの線分 AE の長さを求めよ．　（同志社大・理工）

（4） $y=\log x$ の曲がり具合が一番きついのは $x=1$ あたりだが，実際はどうなのか？

15 不等式への応用／関数の増減の活用

(ア) $x>0$ のとき，不等式 $\log(1+x)<x-\dfrac{x^2}{2}+\dfrac{x^3}{3}$ を証明せよ．　　（長崎大）

(イ) 関数 $f(x)=\dfrac{\log x}{x}$ $(x>0)$ の増減を調べ，e^{π} と π^{e} の大小を比較せよ．

（筑波大，類　鳥取大・工－後）

$A(x)>B(x) \iff f(x)=A(x)-B(x)>0$　(ア)のような証明問題では，両辺の差をとり変数 x を集めて，$f(x)>0$ を示せばよい．必要なら $f'(x)$ の符号変化がはっきり分かるまで，$f'(x)$ の符号を決めている部分を取り出し $g(x)$ として，$g(x)$ を微分していくことを繰り返すのが基本である．

関数の値に結びつける　(イ)の誘導の発想を探ってみよう．p^q と q^p の大小を調べたいとき，そのままでは両辺に p，q が入り乱れて比較しにくい．そこで，両辺の log をとり，

［A と B の大小が C と D の大小に等しいことを，$A \gtreqless B \iff C \gtreqless D$ と表すことにすると］

$$p^q \gtreqless q^p \iff q\log p \gtreqless p\log q \iff \frac{\log p}{p} \gtreqless \frac{\log q}{q}\quad(\gtreqless \text{ は同順})$$

と乱れをなくせば，$f(x)=\dfrac{\log x}{x}$ の増減を調べることに帰着される．

解答

(ア) 右辺－左辺を $f(x)$ とおくと，

$$f'(x)=1-x+x^2-\frac{1}{1+x}=\frac{(1+x^3)-1}{1+x}=\frac{x^3}{1+x}$$

⇦ $(1-x+x^2)(1+x)=1+x^3$

よって，$x>0$ のとき，$f'(x)>0$ であるから $f(x)$ は増加し，

$f(x)>f(0)=0$ であるから，$\log(1+x)<x-\dfrac{x^2}{2}+\dfrac{x^3}{3}$ $(x>0)$

⇦ マクローリン展開（☞p.68）から出て来た不等式である．

(イ) $f'(x)=\dfrac{\dfrac{1}{x}\cdot x-(\log x)\cdot 1}{x^2}=\dfrac{1-\log x}{x^2}$

x	(0)	…	e	…
$f'(x)$	×	＋	0	－
$f(x)$	×	↗		↘

により，$f(x)$ の増減は右のようになる．

次に，$e^{\pi} \gtreqless \pi^{e} \iff \log e^{\pi} \gtreqless \log \pi^{e}$

$$\iff \pi\log e \gtreqless e\log\pi \iff \frac{\log e}{e} \gtreqless \frac{\log \pi}{\pi} \iff f(e) \gtreqless f(\pi)$$

ここで，$e<\pi$ ($e=2.7\cdots$，$\pi=3.14\cdots$) であり，$x \geqq e$ のとき $f(x)$ は減少するから，$f(e)>f(\pi)$ である．よって，$\boldsymbol{e^{\pi}>\pi^{e}}$ である．

➡注　上と同様にして，$99^{100}>100^{99}$ も分かる．なお，$f(x)$ は $x=e$ のとき最大となるから $f(e)>f(\pi)$ としても，もちろんよい．

［(イ)の $f(x)$ のグラフ］

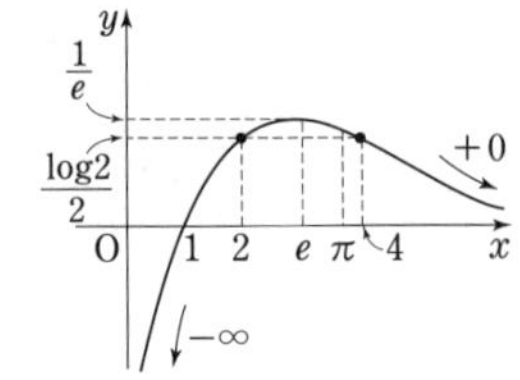

■**研究**　$f(p)=f(q)$，$p<q$ を満たす自然数 p，q は，上図から $(p,\ q)=(2,\ 4)$ しかない．
$f(p)=f(q) \iff p^q=q^p$ …①
であるから，①を満たす自然数 p，q の組も (2, 4) のみである．

15 演習題（解答は p.63）

(ア) すべての $x \geqq 0$ について，$x-\dfrac{x^3}{6} \leqq \sin x \leqq x-\dfrac{x^3}{6}+\dfrac{x^5}{120}$ が成り立つことを証明せよ．　　（福島県医大・医）

(イ) (1) $f(x)=(1+x)^{\frac{1}{x}}$ $(x>0)$ とする．$0<x_1<x_2$ をみたす実数 x_1，x_2 に対して，$f(x_1)>f(x_2)$ であることを証明せよ．

(2) $\left(\dfrac{101}{100}\right)^{101}$ と $\left(\dfrac{100}{99}\right)^{99}$ の大小を比較せよ．　　（富山大・理，工，薬／一部略）

(ア) マクローリン展開（☞p.68）から出て来た不等式である．
(イ) (1) $f(x)$ が $f'(x)<0$ を満たすことを示せばよい．

16 不等式への応用／凸性の活用

（ア） 不等式 $\cos x \leqq 1-\dfrac{4}{\pi^2}x^2$ が $-\dfrac{\pi}{2} \leqq x \leqq \dfrac{\pi}{2}$ を満たすすべての x について成り立つことを示せ．

（滋賀県大－後）

（イ） $0<a<b$，$a \leqq x \leqq b$ のとき，$\log x \geqq \log a+\dfrac{x-a}{b-a}(\log b-\log a)$ を示せ．ただし，$\log x$ を自然対数とし，等号成立条件に言及しなくてよい．

（滋賀医大／一部）

グラフの凸性と不等式

$y=f(x)$ のグラフが下に凸とする．このとき，
1° 弦 AB は弧 AB の上側
2° 接線は曲線の下側
の上下関係が成り立つ．

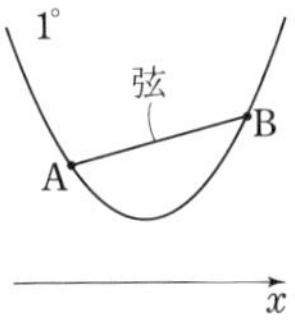

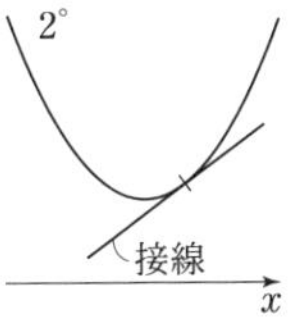

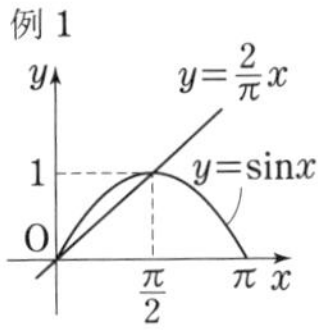

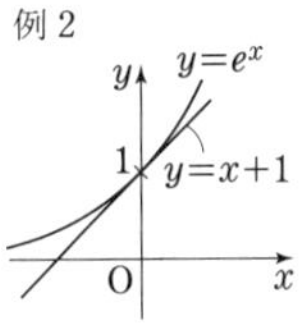

（例 1） $y=\sin x$ は $0 \leqq x \leqq \pi$ で上に凸であるから，上図から，$\sin x \geqq \dfrac{2}{\pi}x \quad \left(0 \leqq x \leqq \dfrac{\pi}{2}\right)$

（例 2） $y=e^x$ は下に凸で，$x=0$ における接線は $y=x+1$ であるから，$e^x \geqq x+1$

解 答

（ア） $f(x)=1-\dfrac{4}{\pi^2}x^2-\cos x$ とおくと，$f(x)$ は偶関数であるから，

$0 \leqq x \leqq \dfrac{\pi}{2}$ ……① で $f(x) \geqq 0$ を示せばよい．$f'(x)=-\dfrac{8}{\pi^2}x+\sin x$ ……②

$g(x)=\dfrac{8}{\pi^2}x$ とおくと，$y=g(x)$ のグラフは直線であり，①において $y=\sin x$ は上に凸である．

$y=\sin x$ の O における接線が $y=x$ であることと $0<\dfrac{8}{\pi^2}<1$，$g\left(\dfrac{\pi}{2}\right)=\dfrac{4}{\pi}>1$ により，右図のように $0<x<\pi/2$ でこれらのグラフは 1 回だけ交わる．その交点の x 座標を α とおくと，$f(x)$ の増減は右のようになる．

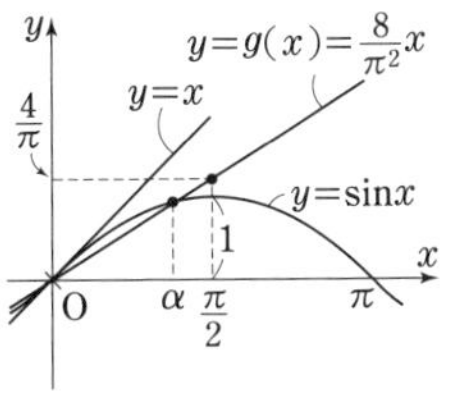

x	0	…	α	…	$\frac{\pi}{2}$
$f'(x)$		+	0	−	
$f(x)$		↗		↘	

$f(0)=0$，$f(\pi/2)=0$ を合わせて，①において $f(x) \geqq 0$ が成り立つことが示された．

（イ） 示すべき式の右辺を $f(x)$ とおくと，$f(x)$ は 1 次式であり，$f(a)=\log a$，$f(b)=\log b$ なので，$y=f(x)$ は $\mathrm{A}(a,\ \log a)$，$\mathrm{B}(b,\ \log b)$ を通る直線の方程式である．$y=\log x$ のグラフは上に凸なので，弧 AB は線分 AB の上側にあるから，$a \leqq x \leqq b$ のとき，$\log x \geqq f(x)$ が成り立つ．

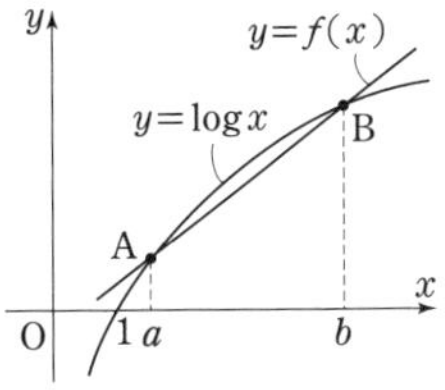

▨ 2 回微分する方法については，演習題の解答を参照．

⇦ $f'(x)$ の符号は，$y=\dfrac{8}{\pi^2}x$ と $y=\sin x$ の上下関係を調べれば分かる．（なお，微分をせず，2 倍角の公式を使う方法もある．☞ ○17 の演習題の解答の最後）

⇦ $y=\dfrac{8}{\pi^2}x$ の傾きは，接線の傾きより小さい．

⇦ $f'(x)=\sin x-g(x)$ であり，グラフから，例えば $0<x<\alpha$ のとき $\sin x>g(x)$ ∴ $f'(x)>0$

左辺－右辺を $g(x)$ とおくと，
⇦ $g'(x)$ は減少関数であり，$g(a)=g(b)=0$ とから，$g'(x)=0$ となる x が a と b の間にただ一つ存在し（c とする），増減は右のようになる．

x	a	…	c	…	b
$g'(x)$		+	0	−	
$g(x)$	0	↗		↘	0

16 演習題（解答は p.63）

$0 \leqq x \leqq \dfrac{\pi}{3}$ において，以下の不等式を証明せよ．対数は e を底とする自然対数である．

$$\frac{x^2}{2} \leqq \log\left(\frac{1}{\cos x}\right) \leqq x^2$$

（高知女子大）

導関数の符号を調べるとき，$\tan x$ の凸性が利用できる．

17 不等式への応用／文字定数入り

n を自然数とするとき，すべての正の数 x に対して $\log x+\dfrac{a}{x^n}>0$ が成り立つための実数 a の範囲を n を用いて表せ．　　（大阪府大・工一中）

文字定数を分離　○11の方程式と同様に，不等式の場合も，文字定数を分離するのが有効なことが多い．本問の場合，$a>f(x)$ の形になる．もしも $f(x)$ が最大値 M をもつならば，$a>f(x)$ がつねに成り立つ条件は，$a>M$ である．（もしも $f(x)$ が最大値をもたず，その値域が $f(x)<M$ となるなら，$a>f(x)$ がつねに成り立つ条件は，$a\geqq M$ である．）

文字定数 a を含む部分が ax^k などの場合　両辺の差を $g(x)$ とおいて，微分していく普通の解法も有効である（上の解法より簡単なことも多い）．文字定数を分離する解法だと，扱い易い ax^k のかわりに，$x^{-k}h(x)$ の形の関数を扱うことになってしまうからである．

解答

（文字定数を分離する方針）

$\log x+\dfrac{a}{x^n}>0$ を a について解くと，$a>-x^n\log x$（$=f(x)$ とおく）

⇦グラフだと，直線 $y=a$ と曲線 $y=f(x)$ の上下関係を考える．

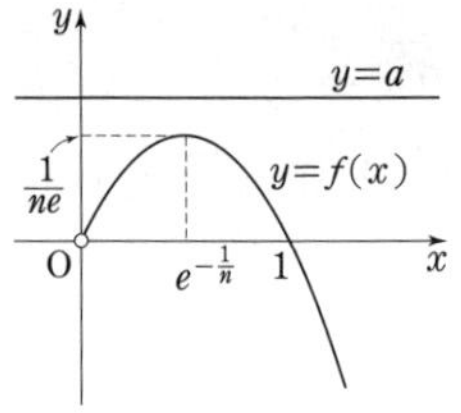

$f'(x)=-nx^{n-1}\log x-x^n\cdot\dfrac{1}{x}=-x^{n-1}(n\log x+1)$

x	0	…	$e^{-\frac{1}{n}}$	…
$f'(x)$	×	+	0	−
$f(x)$	×	↗		↘

であるから，$f(x)$ の増減は右表のようになり，

$x=e^{-\frac{1}{n}}$ で最大値 $f\left(e^{-\frac{1}{n}}\right)=-e^{-1}\left(-\dfrac{1}{n}\right)=\dfrac{1}{ne}$

をとる．よって，$a>f(x)$ がつねに成り立つ a の範囲は，$\boldsymbol{a>\dfrac{1}{ne}}$

【別解】（両辺の差を微分していく方針）

$g(x)=\log x+\dfrac{a}{x^n}$（$=\log x+ax^{-n}$）とおく．$x>0$ でつねに $g(x)>0$ ………①

となる a の条件を求めればよい．

$a\leqq 0$ のときは不適であるから，$a>0$ とする．

⇦$a<0$ のとき，$\displaystyle\lim_{x\to+0}g(x)=-\infty$ となるから．なお，$g(1)=a$ に気づけば，これからも $a>0$ が分かる．

ここで，$g'(x)=\dfrac{1}{x}-anx^{-n-1}=\dfrac{x^n-an}{x^{n+1}}$

x	0	…	$(an)^{\frac{1}{n}}$	…
$g'(x)$	×	−	0	+
$g(x)$	×	↘		↗

であるから，$g(x)$ の増減は右表のようになる．

$g(x)$ の最小値は，$g\left((an)^{\frac{1}{n}}\right)=\dfrac{1}{n}\log(an)+\dfrac{a}{an}=\dfrac{\log(an)+1}{n}$ …………②

①となる条件は，②>0 と同値で，$\log(an)+1>0$

$\therefore\ \log(an)>-1\qquad\therefore\ an>e^{-1}=\dfrac{1}{e}\qquad\therefore\ \boldsymbol{a>\dfrac{1}{ne}}$

17 演習題（解答は p.64）

（ア）α，β を正の実数の定数とする．このとき，$x>1$ を満たすすべての実数 x について，$(\log x)^\alpha\leqq Cx^\beta$ が成り立つような定数 C の最小値を α，β を用いて表せ．

（兵庫県大・社会情報科・中／改題）

（イ）不等式 $\cos 2x+cx^2\geqq 1$ がすべての実数 x について成り立つような定数 c の値の範囲を求めよ．

（北海道大）

（イ）は両辺の差を微分していく方針の方が楽である．

18 2文字が主役の式

次の不等式が成り立つことを示せ．ただし，log は自然対数とする．

$0<a<b$ のとき　$\log\dfrac{b}{a}<\dfrac{1}{2}(b-a)\left(\dfrac{1}{a}+\dfrac{1}{b}\right)$　（筑波大／一部）

（関数と見る）　不等式を証明する際，ある文字についての関数と見れば，微分法が使える．本問の場合，b を x として，右辺－左辺 を x の関数と見ればよい．

（2変数を扱うときの原則は1文字固定法）　本シリーズ「数Ⅰ」p.47 に述べたように，本格的な2変数関数を扱うときの原則は，「とりあえず，2変数のうちの1変数を固定しよう」という考え方である．x，y ではなく，$x+y$ というかたまりを固定することもある（演習題）．

解　答

a を固定し，b を変数と見て x とおく．与えられた不等式の 右辺－左辺 を

$$f(x)=\frac{1}{2}(x-a)\left(\frac{1}{a}+\frac{1}{x}\right)-\log\frac{x}{a}$$

$$=\frac{1}{2}\cdot\left(\frac{x}{a}-\frac{a}{x}\right)-(\log x-\log a)$$

とおいて，$x>a$ (>0) のとき $f(x)>0$ が成り立つことを示せばよい．

$$f'(x)=\frac{1}{2}\left(\frac{1}{a}+\frac{a}{x^2}\right)-\frac{1}{x}=\frac{x^2+a^2-2ax}{2ax^2}=\frac{(x-a)^2}{2ax^2}$$

よって，$x>a$ のとき $f'(x)>0$ であるからこのとき $f(x)$ は増加関数であり，$f(a)=0$ であるから，$x>a$ のとき $f(x)>0$ が成り立つ．

⇨注　与えられた不等式の右辺は，$\dfrac{(b-a)(b+a)}{2ba}$……①　に等しく，分母・分子は次数が同じ（ともに2次式）である．このとき，$\dfrac{b}{a}=t$ とおけば，①は t だけで表せる．実際，①の分母・分子を a^2 で割ることにより，

①$=\dfrac{(t-1)(t+1)}{2t}=\dfrac{1}{2}\left(t-\dfrac{1}{t}\right)$ となる．よって，$t>1$ のとき

$\log t<\dfrac{1}{2}\left(t-\dfrac{1}{t}\right)$ を示せばよいことになる．

⇦一般に，分母と分子が a，b の同じ次数の式の場合，$\dfrac{b}{a}=t$ とおくと，この分数は t だけで表せる．

⇨注　与えられた不等式は，$\dfrac{\log b-\log a}{b-a}<\dfrac{1}{2}\left(\dfrac{1}{a}+\dfrac{1}{b}\right)$ と変形できる．

この左辺に平均値の定理を用いると，左辺$=\dfrac{1}{c}$ となる c が $a<c<b$ に存在する．$\dfrac{1}{b}<\dfrac{1}{c}<\dfrac{1}{a}$ なので，$\dfrac{1}{b}<\dfrac{\log b-\log a}{b-a}<\dfrac{1}{a}$ は導けるが，本問の不等式を導くにはうまくいかない．

⇦$(\log x)'=\dfrac{1}{x}$

18 演習題（解答は p.65）

a を正の実数とする．

（1）　平面上の点 $(x,\ y)$ は $x+y=a$，$x>0$，$y>0$ の範囲を動くものとする．このとき，$x\log x+y\log y$ の最小値を求めよ．

（2）　空間上の点 $(x,\ y,\ z)$ は $x+y+z=a$，$x>0$，$y>0$，$z>0$ の範囲を動くものとする．このとき，$x\log x+y\log y+z\log z$ の最小値を求めよ．　（お茶の水女子大・理）

（1）　y を消去する．
（2）　z を固定して，（1）を使う．

微分法とその応用 演習題の解答

1…A***	**2**…B***	**3**…A*A*B*
4…B**	**5**…B**	**6**…A*○
7…C***	**8**…B***	**9**…B**B***
10…B*○	**11**…B**	**12**…B**
13…B**	**14**…B***	**15**…A*○B**
16…B***	**17**…B**C***	**18**…B***

1 (6) $\log\frac{1}{A}=-\log A$

(7)(8) $(a^x)'=a^x\log a$ (公式) である.

(8) まず $\log_3$ を $\log_e(=\log)$ に直す.

解 (1) $y=(5x^2+2)^3$ のとき,

$$y'=3(5x^2+2)^2\cdot(5x^2+2)'=3(5x^2+2)^2\cdot 10x$$
$$=\boldsymbol{30x(5x^2+2)^2}$$

(2) $y=x\sqrt{1+x^2}$ のとき,

$$y'=(x)'\sqrt{1+x^2}+x(\sqrt{1+x^2})'$$
$$=1\cdot\sqrt{1+x^2}+x\cdot\frac{(1+x^2)'}{2\sqrt{1+x^2}}$$
$$=\sqrt{1+x^2}+x\cdot\frac{x}{\sqrt{1+x^2}}$$
$$=\frac{(1+x^2)+x^2}{\sqrt{1+x^2}}=\boldsymbol{\frac{1+2x^2}{\sqrt{1+x^2}}}$$

(3) $y=e^{-x}\tan x$ のとき,

$$y'=(e^{-x})'\tan x+e^{-x}(\tan x)'$$
$$=e^{-x}(-x)'\tan x+e^{-x}\cdot\frac{1}{\cos^2 x}$$
$$=\boldsymbol{e^{-x}\left(-\tan x+\frac{1}{\cos^2 x}\right)}$$

(4) $y=\cos(\log(1+\sqrt{x}))$ のとき,

$$y'=-\sin(\log(1+\sqrt{x}))\cdot(\log(1+\sqrt{x}))'$$
$$=-\sin(\log(1+\sqrt{x}))\cdot\frac{(1+\sqrt{x})'}{1+\sqrt{x}}$$
$$=-\sin(\log(1+\sqrt{x}))\cdot\frac{1}{1+\sqrt{x}}\cdot\frac{1}{2\sqrt{x}}$$
$$=\boldsymbol{-\frac{\sin(\log(1+\sqrt{x}))}{2(\sqrt{x}+x)}}$$

(5) $y=\frac{\cos x}{1-\sin x}$ のとき,

$$y'=\frac{(\cos x)'(1-\sin x)-\cos x(1-\sin x)'}{(1-\sin x)^2}$$
$$=\frac{-\sin x(1-\sin x)-\cos x(-\cos x)}{(1-\sin x)^2}$$
$$=\frac{\sin^2 x+\cos^2 x-\sin x}{(1-\sin x)^2}=\frac{1-\sin x}{(1-\sin x)^2}=\boldsymbol{\frac{1}{1-\sin x}}$$

(6) $y=\log\left(\frac{1}{1-\sin 2x}\right)=-\log(1-\sin 2x)$ のとき,

$$y'=-\frac{(1-\sin 2x)'}{1-\sin 2x}=-\frac{-\cos 2x\cdot(2x)'}{1-\sin 2x}$$
$$=\boldsymbol{\frac{2\cos 2x}{1-\sin 2x}}$$

(7) $y=2^{\tan x}$ のとき,

$$y'=2^{\tan x}\log 2\cdot(\tan x)'=\boldsymbol{(\log 2)2^{\tan x}\cdot\frac{1}{\cos^2 x}}$$

(8) 底の変換をして,

$$y=\frac{\log_3 x}{3^x}=\frac{\log x}{\log 3}\cdot\frac{1}{3^x}=\frac{1}{\log 3}\cdot\frac{\log x}{3^x}$$
$$\therefore\ y'=\frac{1}{\log 3}\cdot\frac{\frac{1}{x}\cdot 3^x-(\log x)\cdot 3^x\log 3}{(3^x)^2}$$
$$=\boldsymbol{\frac{1-(\log 3)x\log x}{(\log 3)x\cdot 3^x}}$$

2 $(x^{\sqrt{x}})'=\sqrt{x}\times x^{\sqrt{x}-1}$ とか,

$\frac{d^2y}{dx^2}=\frac{d^2y/dt^2}{d^2x/dt^2}$ とか間違えないように.

解 (ア) $y=x^{\sqrt{x}}$ $(x>0)$ の両辺の対数をとって,

$$\log y=\sqrt{x}\log x$$

両辺を x で微分して,

$$\frac{y'}{y}=\frac{1}{2\sqrt{x}}\cdot\log x+(\sqrt{x})\cdot\frac{1}{x}=\frac{\log x+2}{2\sqrt{x}}$$
$$\therefore\ y'=y\cdot\frac{\log x+2}{2\sqrt{x}}=x^{\sqrt{x}}\cdot\frac{\log x+2}{2x^{\frac{1}{2}}}$$
$$=\boldsymbol{\frac{1}{2}x^{\sqrt{x}-\frac{1}{2}}(\log x+2)}$$

(イ) $x=2-\sin t$, $y=t-\cos t$ のとき,

$$\frac{dx}{dt}=\boldsymbol{-\cos t},\ \frac{dy}{dt}=1+\sin t$$
$$\therefore\ \frac{dy}{dx}=\frac{dy/dt}{dx/dt}=\boldsymbol{-\frac{1+\sin t}{\cos t}}$$
$$\frac{d^2y}{dx^2}=\frac{d}{dx}\left(\frac{dy}{dx}\right)=\frac{dt}{dx}\cdot\frac{d}{dt}\left(\frac{dy}{dx}\right)$$
$$=-\frac{1}{\cos t}\cdot\frac{d}{dt}\left(-\frac{1+\sin t}{\cos t}\right)=\frac{1}{\cos t}\cdot\frac{d}{dt}\left(\frac{1+\sin t}{\cos t}\right)$$
$$=\frac{1}{\cos t}\cdot\frac{\cos t\cdot\cos t-(1+\sin t)(-\sin t)}{\cos^2 t}$$
$$=\frac{\cos^2 t+\sin^2+\sin t}{\cos^3 t}=\boldsymbol{\frac{1+\sin t}{\cos^3 t}}$$

$\left(=\dfrac{1+\sin t}{\cos t\cdot\cos^2 t}=\dfrac{1+\sin t}{\cos t(1-\sin^2 t)}=\dfrac{\mathbf{1}}{\mathbf{\cos t(1-\sin t)}}\right)$

（ウ）　$x^2+3xy-y^2=3$ の両辺を x で微分して,

$$2x+3(y+xy')-2yy'=0$$

$$\therefore\ (2y-3x)y'=2x+3y$$

$x=1$, $y=2$ を代入して, $y'=8$

求める接線の方程式は,

$$y=8(x-1)+2\qquad\therefore\ \boldsymbol{y=8x-6}$$

3　（ア）　教科書にも出てくる例である.

（イ）　$\displaystyle\lim_{x\to0}\frac{\sin x}{x}=1$ の導出など, 教科書で見ておこう.

$\displaystyle\lim_{h\to0}\frac{\cos(x+h)-\cos x}{h}$ を計算する. $\cos(x+h)$ を展開してもよいが, ここでは差を積に直す変形をしてみる.

解　（ア）　$\displaystyle\lim_{h\to0}\frac{f(0+h)-f(0)}{h}$ ……① が存在しないことを示せばよい.

$f(x)=|x|$ のとき,

$$\lim_{h\to+0}\frac{f(0+h)-f(0)}{h}=\lim_{h\to+0}\frac{h-0}{h}=1$$

$$\lim_{h\to-0}\frac{f(0+h)-f(0)}{h}=\lim_{h\to-0}\frac{(-h)-0}{h}=-1$$

であるから, ①は存在しない.

よって, $f(x)$ は $x=0$ で微分可能でない.

（イ）　$\cos(x+h)-\cos x$

$$=\cos\left\{\left(x+\frac{h}{2}\right)+\frac{h}{2}\right\}-\cos\left\{\left(x+\frac{h}{2}\right)-\frac{h}{2}\right\}$$

$$=-2\sin\left(x+\frac{h}{2}\right)\sin\frac{h}{2}$$

であるから,

$$\frac{\cos(x+h)-\cos x}{h}=-\frac{\sin\frac{h}{2}}{\frac{h}{2}}\cdot\sin\left(x+\frac{h}{2}\right)$$

$$\to-1\cdot\sin x\ (h\to0)$$

よって, $(\cos x)'=-\sin x$

⇨**注**　$\cos(x+h)$ を展開したときは, $\dfrac{\cos h-1}{h}\to0\ (h\to0)$ を使う. (これは p.12 の(3)と同様の変形から導くことができる).

（ウ）　$4x-x^2\leqq g(x)\leqq2+x^2$ ……①

$x=1$ で微分可能であることを示す. ①で $x=1$ として,

$$3\leqq g(1)\leqq3\qquad\therefore\ g(1)=3$$

①の各辺から $3(=g(1))$ を引くと,

$$-(x^2-4x+3)\leqq g(x)-g(1)\leqq x^2-1$$

$$\therefore\ -(x-1)(x-3)\leqq g(x)-g(1)\leqq(x-1)(x+1)$$

$x>1$ のとき, $-(x-3)\leqq\dfrac{g(x)-g(1)}{x-1}\leqq x+1$

$x\to1+0$ とすると, $-(x-3)\to2$, $x+1\to2$ であるから, はさみうちの原理により, $\displaystyle\lim_{x\to1+0}\frac{g(x)-g(1)}{x-1}=2$

$x<1$ のとき, $-(x-3)\geqq\dfrac{g(x)-g(1)}{x-1}\geqq x+1$

$x\to1-0$ とすると, $-(x-3)\to2$, $x+1\to2$ であるから, はさみうちの原理により, $\displaystyle\lim_{x\to1-0}\frac{g(x)-g(1)}{x-1}=2$

以上により, $\displaystyle\lim_{x\to1}\frac{g(x)-g(1)}{x-1}=2$ であるから, $g(x)$ は $x=1$ で微分可能 ($g'(1)=2$) である.

4　まず $x=2$ において連続になるようにして, そのもとで $x=2$ で微分可能にする.

解　$g(x)=\sqrt{x^2-2}+3\ (x>\sqrt{2})$

$h(x)=ax^2+bx$

とおくと, $g(x)$, $h(x)$ は微分可能であるから,

$$f(x)=\begin{cases}g(x)\ (x\geqq2)\\h(x)\ (x<2)\end{cases}$$

が $x=2$ で微分可能になる a, b の値を求めればよい.

このとき, $x=2$ で連続であるから,

$$\lim_{x\to2+0}f(x)=\lim_{x\to2-0}f(x)=f(2)$$

$\therefore\ g(2)=h(2)\qquad\therefore\ \sqrt{2}+3=4a+2b$ ……①

$f(x)$ が $x=2$ で微分可能であるから,

$$\lim_{x\to2+0}\frac{f(x)-f(2)}{x-2}=\lim_{x\to2-0}\frac{f(x)-f(2)}{x-2}$$

$$\therefore\ \lim_{x\to2+0}\frac{g(x)-g(2)}{x-2}=\lim_{x\to2-0}\frac{h(x)-h(2)}{x-2}$$

$$\therefore\ g'(2)=h'(2)$$

$g'(x)=\dfrac{(x^2-2)'}{2\sqrt{x^2-2}}=\dfrac{x}{\sqrt{x^2-2}}$, $h'(x)=2ax+b$

であるから, $\sqrt{2}=4a+b$ ……②

①, ②を解いて, $\boldsymbol{b=3}$, $\boldsymbol{a}=\dfrac{\sqrt{2}-b}{4}=\dfrac{\boldsymbol{\sqrt{2}-3}}{\boldsymbol{4}}$

5　$f(x)=\dfrac{x^3-x}{x^2-4}=\dfrac{(\text{奇関数})}{(\text{偶関数})}=(\text{奇関数})$ であるから, 例題と同様に, とりあえず $x\geqq0$ の範囲で考えればよい. 問題文に『凹凸を調べよ」とは書いてないので, $f''(x)$ の考察はしなくて構わないだろう.

解 $f(x)=\dfrac{x^3-x}{x^2-4}$ は奇関数であるから，そのグラフは原点に関して対称である．（まず $x\geqq 0$ で考える．）

（1） $f'(x)=\dfrac{(3x^2-1)(x^2-4)-(x^3-x)\cdot 2x}{(x^2-4)^2}$

$$=\frac{x^4-11x^2+4}{(x^2-4)^2}$$

$f'(x)$ は $x\neq\pm 2$ のとき，$g(x)=x^4-11x^2+4$ と同符号である．$g(x)=0$ のとき，

$$x^2=\frac{11\pm\sqrt{11^2-4^2}}{2}=\frac{22\pm 2\sqrt{15\cdot 7}}{4}=\left(\frac{\sqrt{15}\pm\sqrt{7}}{2}\right)^2$$

$\alpha=\dfrac{\sqrt{15}-\sqrt{7}}{2}$，$\beta=\dfrac{\sqrt{15}+\sqrt{7}}{2}$ とおく．$y=g(x)$ のグラフは左下のようになる．$f(x)$ は奇関数であり，$x\geqq 0$ における増減は，右下の表のようになる．

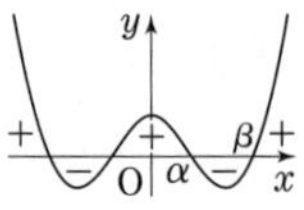

x	0	…	α	…	2	…	β	…
$f'(x)$		+	0	−	×	−	0	+
$f(x)$		↗		↘	×	↘		↗

よって，$\boldsymbol{x=\pm\dfrac{\sqrt{15}\pm\sqrt{7}}{2}}$ **（複号任意）**で極値をとる．

（2） $f(x)=\dfrac{x(x^2-4)+3x}{x^2-4}=x+\dfrac{3x}{x^2-4}$

により，$\displaystyle\lim_{x\to\infty}\{f(x)-x\}=\lim_{x\to\infty}\frac{3x}{x^2-4}=0$

および，

$$\lim_{x\to 2-0}f(x)=-\infty$$

$$\lim_{x\to 2+0}f(x)=\infty$$

により，漸近線は

$\boldsymbol{y=x}$ **と** $\boldsymbol{x=\pm 2}$

である．グラフの概形は右図のようになる．

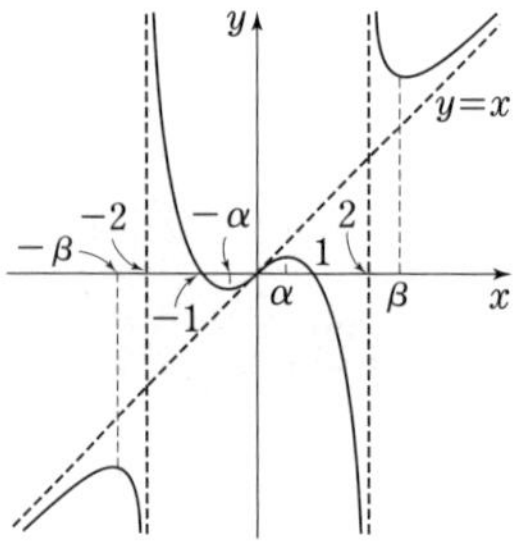

6 $\displaystyle\lim_{x\to-\infty}f(x)$ を調べるときは，$x=-t$ とおこう．

解 $f(x)=(3-x)e^x$ のとき

$$f'(x)=-e^x+(3-x)e^x=(2-x)e^x$$

$$f''(x)=-e^x+(2-x)e^x=(1-x)e^x$$

よって，$y=f(x)$ の増減・凹凸は右表のようになる．ここで，

x	…	1	…	2	…
$f'(x)$	+	+	+	0	−
$f''(x)$	+	0	−	−	−
$f(x)$	↗		↗		↘

極大値は $\boldsymbol{f(2)=e^2}$，

変曲点は（1，2e）

また，$\displaystyle\lim_{x\to\infty}f(x)=\lim_{x\to\infty}(3-x)e^x=-\infty$

$x=-t$ とおくと，$x\to-\infty$ のとき $t\to\infty$ であり，

$\displaystyle\lim_{t\to\infty}\frac{t}{e^t}=0$ に注意すると，

$$\lim_{x\to-\infty}f(x)=\lim_{t\to\infty}(3+t)e^{-t}$$

$$=\lim_{t\to\infty}\left(\frac{3}{e^t}+\frac{t}{e^t}\right)=0$$

グラフの概形は右図のようになる．

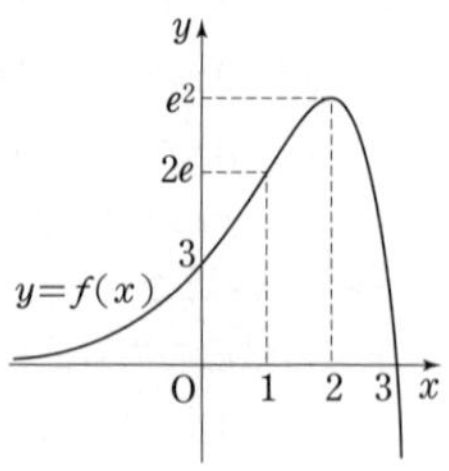

➡**注** x 軸は漸近線である．

➡**注** $\displaystyle\lim_{t\to\infty}\frac{t}{e^t}=0$ を証明しておこう．例題の解答の過程から，$x>1$ のとき $0<\dfrac{\log x}{x}<\dfrac{1}{\sqrt{x}}$

$\displaystyle\lim_{x\to\infty}\frac{1}{\sqrt{x}}=0$ であるから，はさみうちの原理により，

$\displaystyle\lim_{x\to\infty}\frac{\log x}{x}=0$．$x=e^t$ とおくと $\log x=t$，

$x\to\infty$ のとき $t\to\infty$ であることから示せる．

7 （4） 解と係数の関係を使う．

解 （1） $x^2+ax+b>0$ がすべての実数 x について成り立つ条件は，2 次方程式 $x^2+ax+b=0$ が実数解を持たないことであるから，判別式を D_1 とすると，

$D_1<0$ である．よって，$\boldsymbol{a^2-4b<0}$ ……………………①

$f(x)=\dfrac{x+1}{x^2+ax+b}$ のとき，

$f'(x)=\dfrac{1\cdot(x^2+ax+b)-(x+1)(2x+a)}{(x^2+ax+b)^2}$ ……②

$$=-\frac{\boldsymbol{x^2+2x+a-b}}{\boldsymbol{(x^2+ax+b)^2}}$$

$\displaystyle\lim_{x\to\pm\infty}f(x)=\lim_{x\to\pm\infty}\frac{1+(1/x)}{x+a+(b/x)}=\boldsymbol{0}$

（2） $f'(x)=0$ は，$x^2+2x+a-b=0$ ………………③

と同値であり，この 2 次方程式の判別式を D_2 とすると，

$$D_2/4=1^2-(a-b)=b-a+1$$

①により，$b>\dfrac{a^2}{4}$ であるから，

$$\frac{D_2}{4}>\frac{a^2}{4}-a+1=\frac{1}{4}(a-2)^2\geqq 0 \qquad \therefore\ D_2>0$$

よって，$f'(x)=0$ は異なる 2 つの実数解を持つ．

（3） $f'(s)=0$ であるから，②により，

$$1\cdot(s^2+as+b)-(s+1)(2s+a)=0$$

$\therefore\ (s+1)(2s+a)=s^2+as+b$ ………………④

$x^2+ax+b>0$ がすべての x について成り立つ．よって④の右辺は正であるから，$2s+a\neq 0$ であり，④から，

$$f(s)=\frac{s+1}{s^2+as+b}=\frac{1}{2s+a}$$

同様に，$2t+a\neq 0$ であり，$f(t)=\dfrac{1}{2t+a}$ である．

（4） $f'(x)$ は，$-(x-t)(x-s)$ と同符号であるから，$f(x)$ は右のように増減し $\lim_{x\to\pm\infty} f(x)=0$ であるから $x=s$ で最大，$x=t$ で最小になる．$M=1$，$m=-1$ のとき，$f(s)=1$，$f(t)=-1$

x	$\cdots$	t	$\cdots$	s	$\cdots$
$f'(x)$	$-$	0	$+$	0	$-$
$f(x)$	↘		↗		↘

$$\therefore\quad \frac{1}{2s+a}=1,\ \frac{1}{2t+a}=-1\quad (\because\ (3))$$

$$\therefore\quad s=\frac{1-a}{2},\ t=\frac{-1-a}{2}\ \cdots\cdots⑤$$

いま，③の解と係数の関係により，

$$s+t=-2,\ st=a-b$$

これに⑤を代入して，

$$-a=-2,\ \frac{a^2-1}{4}=a-b\qquad \therefore\quad \boldsymbol{a=2,\ b=\frac{5}{4}}$$

8 （1） $15°=45°-30°$：$\dfrac{\pi}{12}=\dfrac{\pi}{4}-\dfrac{\pi}{6}$ に着目．

（2）（3） $f'(x)$ を三角関数の積の形にすると，$f'(x)$ の符号変化もとらえられる．

解 （1） $4\sin\dfrac{\pi}{12}=4\sin\left(\dfrac{\pi}{4}-\dfrac{\pi}{6}\right)$

$$=4\left(\sin\frac{\pi}{4}\cos\frac{\pi}{6}-\cos\frac{\pi}{4}\sin\frac{\pi}{6}\right)$$

$$=4\left(\frac{\sqrt{2}}{2}\cdot\frac{\sqrt{3}}{2}-\frac{\sqrt{2}}{2}\cdot\frac{1}{2}\right)=\boldsymbol{\sqrt{6}-\sqrt{2}}$$

$=2.44\cdots-1.41\cdots=1.0\cdots$ （☞注）

$<\sqrt{3}$

よって $\boldsymbol{\sqrt{3}}$ **の方が大きい．**

（2） $f(x)=3\sin\dfrac{x}{3}+\sin(a-x)$ のとき，

$$f'(x)=\cos\frac{x}{3}-\cos(a-x)$$

$$\left[\cos A-\cos B=-2\sin\frac{A+B}{2}\sin\frac{A-B}{2}\ \text{から}\right]$$

$$=-2\sin\left(\frac{a}{2}-\frac{x}{3}\right)\sin\left(\frac{2x}{3}-\frac{a}{2}\right)\ \cdots\cdots①$$

$0<a\leqq\dfrac{\pi}{3}$，$0<x<\pi$ のとき，

$$-\frac{\pi}{3}<\frac{a}{2}-\frac{x}{3}<\frac{\pi}{6},\ -\frac{\pi}{6}<\frac{2x}{3}-\frac{a}{2}<\frac{2\pi}{3}$$

であるから，$f'(x)=0$ $(0<x<\pi)$ のとき，

$$\frac{a}{2}-\frac{x}{3}=0\ \text{or}\ \frac{2x}{3}-\frac{a}{2}=0\qquad \therefore\quad \boldsymbol{x=\frac{3}{2}a\ \text{or}\ \frac{3}{4}a}$$

（3） ①により，$f(x)$ の増減は下表のようになる．

x	0	$\cdots$	$\frac{3}{4}a$	$\cdots$	$\frac{3}{2}a$	$\cdots$	π
$f'(x)$		$+$	0	$-$	0	$+$	
$f(x)$		↗		↘		↗	

最大値について： $f\left(\dfrac{3}{4}a\right)=4\sin\dfrac{a}{4}$ を $p(a)$，

$f(\pi)=3\sin\dfrac{\pi}{3}+\sin(a-\pi)=\dfrac{3\sqrt{3}}{2}-\sin a$ を $q(a)$

とおく．$0<a\leqq\dfrac{\pi}{3}$ で，$p(a)$ は増加関数，$q(a)$ は減少関数である．

$$p(a)\leqq p\left(\frac{\pi}{3}\right)=4\sin\frac{\pi}{12}<\sqrt{3}=q\left(\frac{\pi}{3}\right)\leqq q(a)$$

であるから，$f(x)$ は $x=\pi$ で最大になる．

$$\boldsymbol{M(a)=\frac{3\sqrt{3}}{2}-\sin a}$$

最小値について： $f(0)=\sin a$

$$f\left(\frac{3}{2}a\right)=3\sin\frac{a}{2}+\sin\left(-\frac{a}{2}\right)=2\sin\frac{a}{2}$$

$$f(0)=2\sin\frac{a}{2}\cos\frac{a}{2}<2\sin\frac{a}{2}=f\left(\frac{3}{2}a\right)$$

であるから，$\boldsymbol{m(a)=\sin a}$

（4） （3）により，$0<a\leqq\pi/3$ のとき，$M(a)$，$m(a)$ の取り得る値の範囲は，それぞれ

$$\boldsymbol{\sqrt{3}\leqq M(a)<\frac{3\sqrt{3}}{2},\ 0<m(a)\leqq\frac{\sqrt{3}}{2}}$$

⇨注 解答では，$\sqrt{6}-\sqrt{2}$ を小数第一位まで正確に求めて，$\sqrt{6}-\sqrt{2}<\sqrt{3}$ を示した．不等式を利用してもよい．$\sqrt{6}<2.5$，$\sqrt{2}>1$ であるから，

$$\sqrt{6}-\sqrt{2}<2.5-1=1.5<\sqrt{3}$$

9 （ア） 極値を与える x が $0\leqq x\leqq c$ にあるかどうかで場合分けが生じる．

（イ） $\angle A=\theta$ とおいて，AB と面積 S を θ で表す．AB を θ で表すには，正弦定理を用いる．

解 （ア） $Q(x,\ 0)$ とおくと，Q は線分 OC 上を動くから，$0\leqq x\leqq c$

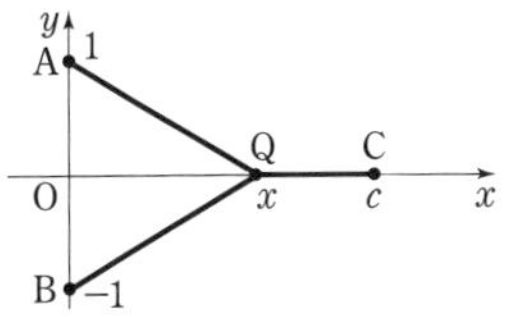

$$\text{AQ}+\text{BQ}+\text{CQ}$$

$$=2\sqrt{x^2+1}+c-x$$

$$=f(x)$$

とおく．

$$f'(x)=2\cdot\frac{2x}{2\sqrt{x^2+1}}-1=\frac{2x-\sqrt{x^2+1}}{\sqrt{x^2+1}}$$

であるから，$f'(x)$は

$$(2x)^2-(\sqrt{x^2+1})^2=3x^2-1$$

と同符号である．

x	0	…	$\frac{1}{\sqrt{3}}$	…	c
$f'(x)$		$-$	0	$+$	
$f(x)$		↘		↗	

• $\frac{1}{\sqrt{3}}<c$ のとき，

$f(x)$の増減は右表のようになり，$x=\frac{1}{\sqrt{3}}$ で最小になる．$f\left(\frac{1}{\sqrt{3}}\right)=\sqrt{3}+c$

• $0<c\leqq\frac{1}{\sqrt{3}}$ のとき，$0\leqq x\leqq c\leqq\frac{1}{\sqrt{3}}$ により

$3x^2-1\leqq0$ であり，$f'(x)\leqq0$

$f(x)$は減少関数であるから，$x=c$ で最小になる．

以上により，最小値とそのときのQの座標は，

$0<c\leqq\frac{\sqrt{3}}{3}$ のとき，$2\sqrt{c^2+1}$，Q$(c,\ 0)$

$\frac{\sqrt{3}}{3}<c$ のとき，$c+\sqrt{3}$，Q$\left(\frac{\sqrt{3}}{3},\ 0\right)$

(イ)　$\angle A=\theta$ とおくと，$\angle B=2\theta$，$\angle C=\pi-3\theta$ であり，これらが正であることから，$0<\theta<\frac{\pi}{3}$ ……………①

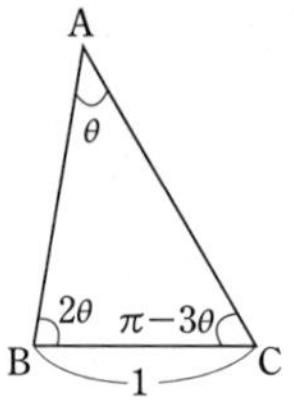

右図で，正弦定理を用いて，

$$\frac{AB}{\sin(\pi-3\theta)}=\frac{1}{\sin\theta}$$

$$\therefore\quad AB=\frac{\sin3\theta}{\sin\theta}=\frac{3\sin\theta-4\sin^3\theta}{\sin\theta}=3-4\sin^2\theta$$

したがって，△ABC の面積 S を $f(\theta)$ とおくと，

$$f(\theta)=\frac{1}{2}AB\cdot BC\sin2\theta=\frac{1}{2}(3-4\sin^2\theta)\sin2\theta$$

［次数が低い方が扱いやすいので，次数下げして，］

$$=\frac{1}{2}\{3-2(1-\cos2\theta)\}\sin2\theta$$

$$=\frac{1}{2}\underset{\sim\sim\sim\sim}{(1+2\cos2\theta)}\sin2\theta=\frac{1}{2}(\sin2\theta+\sin4\theta)$$

$$\therefore\quad f'(\theta)=\cos2\theta+2\cos4\theta$$
$$=\cos2\theta+2(2\cos^2 2\theta-1)$$ （角度を 2θ に統一）
$$=4\cos^2 2\theta+\cos2\theta-2$$
$$=4t^2+t-2$$ ……② （$t=\cos2\theta$ とおいた）

②$=0$ のとき，$t=\frac{-1\pm\sqrt{33}}{8}$

①により，$0<2\theta<\frac{2}{3}\pi$ であるから，$t=\cos2\theta$ の範囲は，

$-\frac{1}{2}<t<1$ である．この範囲で，

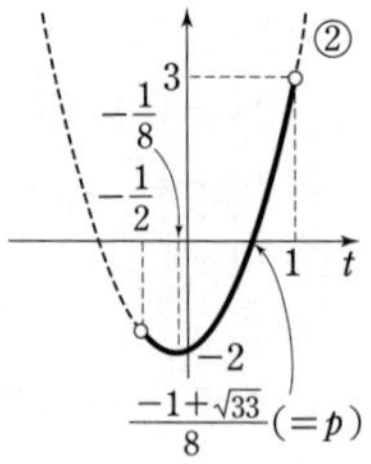

②のグラフは図のようになる．

$\frac{-1+\sqrt{33}}{8}=p$ とおき，$\cos2\theta=p$ を満たす θ を α とおく．θ が増加すると，t が減少することに注意して，②のグラフとから，$f(\theta)$の増減表は右のようになる．

θ	0	…	α	…	$\pi/3$
t	1	…	p	…	$-1/2$
$f'(\theta)$（②の符号）		$+$	0	$-$	
$f(\theta)$		↗		↘	

よって S は $\theta=\alpha$ のとき最大となる．

$\cos2\alpha=p$ であり，AB=～～～ であるから，求める AB の長さは，$AB=1+2\cos2\alpha=1+2p=\mathbf{\frac{3+\sqrt{33}}{4}}$

⇨**注**　$AB=\frac{\sin3\theta}{\sin\theta}$ ……③　において，3倍角の公式を用いると，分子が $\sin\theta$ で約分できるのが見えることを解答では使った．なお，③のまま S を計算し，2倍角の公式を用いると

$$f(\theta)=\frac{1}{2}\cdot\frac{\sin3\theta}{\sin\theta}\cdot1\cdot\sin2\theta=\sin3\theta\cos\theta$$

となる．これを微分するときも，積→和の公式を使い $f(\theta)=\frac{1}{2}(\sin4\theta+\sin2\theta)$ としておくところである．

以下，解答と同様である．AB の計算では，

$$③=\frac{\sin(2\theta+\theta)}{\sin\theta}=\frac{\sin2\theta\cos\theta+\cos2\theta\sin\theta}{\sin\theta}$$
$$=2\cos^2\theta+\cos2\theta=(\cos2\theta+1)+\cos2\theta$$

とする．

▨本問の出題後，京大で，AB ではなく $\cos\angle B$ を求めよ，という問題が出された．答えは，

$$\cos\angle B=\cos2\alpha=p=\frac{-1+\sqrt{33}}{8}$$

(10)　a を分離してとらえる．例題の $A(x)$ に相当する部分の値域が分かればよいので，必ずしもグラフをかく必要はない．

解　$f(x)=ax+\cos x+\frac{1}{2}\sin2x$ のとき，

$$f'(x)=a-\sin x+\cos2x=a-(\sin x-\cos2x)$$

$f(x)$が極値をもたない条件は，

$f'(x)$がつねに0以上か，
$f'(x)$がつねに0以下であること ……①

である．

$g(x)=\sin x-\cos2x$ とおくと，

$$g(x)=\sin x-(1-2\sin^2x)$$
$$=2\left(\sin x+\frac{1}{4}\right)^2-\frac{9}{8}$$

$-1\leqq\sin x\leqq1$ であり，$\sin x=1$ のとき $g(x)$ は最大と

なり，このとき $g(x)=1-(1-2)=2$ であるから，$g(x)$ の取り得る値の範囲は，

$$-\frac{9}{8}\leqq g(x)\leqq 2$$

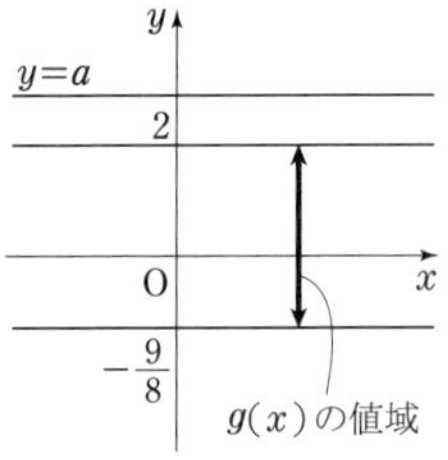

$f'(x)=a-g(x)$ であるから，①となる a の範囲は

$$\boldsymbol{a\leqq -\frac{9}{8}}\ \textbf{または}\ \boldsymbol{2\leqq a}$$

11 （２） k を分離すると，（１）のグラフが使える．

解 （１） ○5 の例題の解答．

（２） $x^3-kx^2+k=0$

のとき，$k(x^2-1)=x^3$ …①

$x=\pm1$ は上式を満たさないから，①のとき $x\neq\pm1$ で，

$$k=\frac{x^3}{x^2-1}\qquad \therefore\quad k=f(x)$$

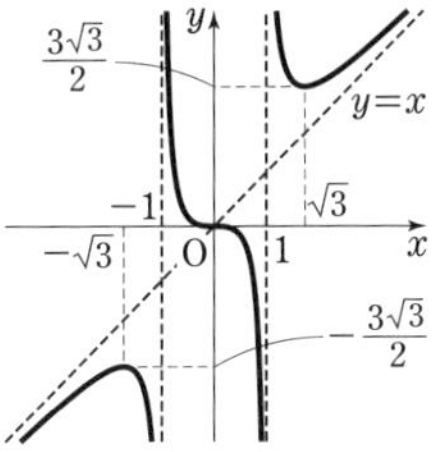

よって，求める個数は，$y=f(x)$ のグラフと直線 $y=k$ の異なる共有点の個数に等しい．上図により，

$$\boldsymbol{k<-\frac{3\sqrt{3}}{2}}\ \textbf{または}\ \boldsymbol{\frac{3\sqrt{3}}{2}<k}\ \textbf{のとき 3 個}$$

$$\boldsymbol{k=\pm\frac{3\sqrt{3}}{2}}\ \textbf{のとき 2 個}$$

$$\boldsymbol{-\frac{3\sqrt{3}}{2}<k<\frac{3\sqrt{3}}{2}}\ \textbf{のとき 1 個}$$

12 定石通り，$x=t$ における接線が点 $(a,\ 0)$ を通るとして式を立て，それを満たす t が存在するための a の範囲を求めればよい．

解 $y=e^{-x}-e^{-2x}$……① のとき，$y'=-e^{-x}+2e^{-2x}$ であるから，①の $x=t$ における接線の方程式は，

$$y=(-e^{-t}+2e^{-2t})(x-t)+e^{-t}-e^{-2t}$$

これが点 $(a,\ 0)$ を通るとき，

$$0=(-e^{-t}+2e^{-2t})(a-t)+e^{-t}-e^{-2t}$$
$$=e^{-2t}(-e^t+2)(a-t)+e^{-2t}(e^t-1)$$

$$\therefore\quad (-e^t+2)(a-t)=-(e^t-1)\ \cdots\cdots\cdots\cdots\cdots\cdots ②$$

$e^t=2$ のとき②は成り立たないから $e^t-2\neq0$ に注意して，②の両辺を $-e^t+2$ で割って t を移項すると，

$$a=t+\frac{e^t-1}{e^t-2}$$

これを満たす実数 t が存在するための a の値の範囲を求めればよい．$f(t)=t+\dfrac{e^t-1}{e^t-2}$ とおくと，

$$f'(t)=1+\frac{e^t(e^t-2)-(e^t-1)e^t}{(e^t-2)^2}=1-\frac{e^t}{(e^t-2)^2}$$
$$=\frac{(e^t)^2-5e^t+4}{(e^t-2)^2}=\frac{(e^t-1)(e^t-4)}{(e^t-2)^2}$$

$e^t=4$ のとき，$t=\log 4=2\log 2$ に注意して，増減は下表のようになる．

t	…	0	…	$\log 2$	…	$2\log 2$	…
$f'(t)$	＋	0	−	╳	−	0	＋
$f(t)$	↗		↘	╳	↘		↗

これと，$\displaystyle\lim_{t\to\pm\infty}f(t)=\lim_{t\to\pm\infty}\left(t+\frac{1-e^{-t}}{1-2e^{-t}}\right)=\pm\infty$

$$\lim_{t\to\log 2\pm0}f(t)=\lim_{t\to\log 2\pm0}\left(t+\frac{e^t-1}{e^t-2}\right)$$
$$=\pm\infty$$

（以上，複号同順）

$f(0)=0$

$f(2\log 2)=2\log 2+\dfrac{3}{2}$

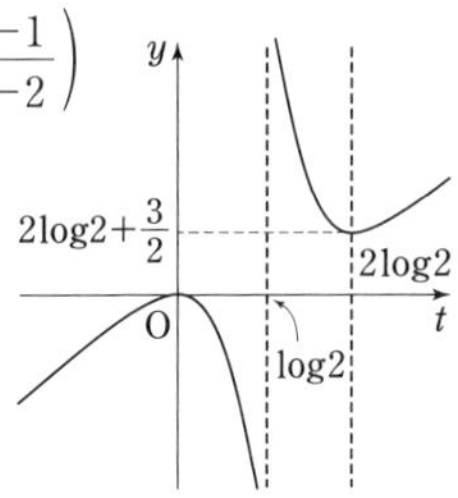

であることから，グラフは右図のようになる．直線 $y=a$ と曲線 $y=f(t)$ が共有点をもつ a の値の範囲から，答えは，

$$\boldsymbol{a\leqq 0}\ \textbf{または}\ \boldsymbol{2\log 2+\frac{3}{2}\leqq a}$$

⇨**注** $2\log 2+\dfrac{3}{2}$ は，$y=e^{-x}-e^{-2x}$ の変曲点における接線と x 軸の交点の x 座標である．右図と $y=e^{-x}-e^{-2x}$ の凹凸を考えれば，点 $(a,\ 0)$ が太線部にあるとき接線が引けることは納得できる結果である．

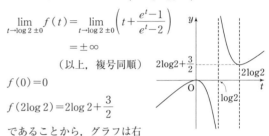

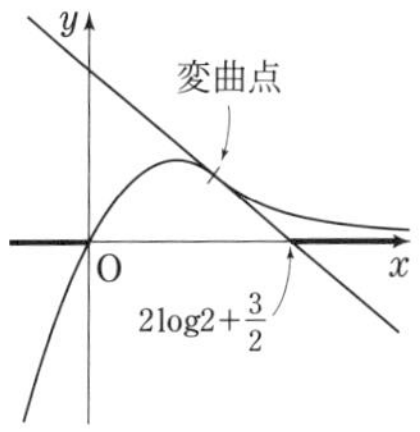

13 （１） C と接する条件は，判別式を使おう．また N を調べるときは，a を分離しよう．

（２） 方程式の実数解の個数に帰着させる．

解 （１） $y=ae^x$ のとき，$y'=ae^x$ であるから，

C_a：$y=ae^x$ の $x=t$ における接線の方程式は，

$$y=ae^t(x-t)+ae^t\cdots\cdots\cdots\cdots\cdots\cdots\cdots\cdots\cdots ①$$

C：$y=x^2$ と連立させて，

$$x^2=ae^t(x-t)+ae^t$$

$$\therefore\quad x^2-ae^tx+ae^t(t-1)=0\cdots\cdots\cdots\cdots\cdots\cdots ②$$

C と①が接するとき，x の 2 次方程式②が重解をもつから，判別式を D とすると $D=0$ である．よって，

$$D=a^2(e^t)^2-4ae^t(t-1)=0$$

$a>0$, $e^t>0$ であるから, $ae^t-4(t-1)=0$

$$\therefore\ a=4(t-1)e^{-t}$$

$f(t)=4(t-1)e^{-t}$ とおくと,

$$f'(t)=4\{e^{-t}+(t-1)\cdot(-e^{-t})\}=-4(t-2)e^{-t}$$

$f(t)$ の増減は右表のようになり,

$$\lim_{t\to\infty}f(t)=4\left(1-\frac{1}{t}\right)\cdot\frac{t}{e^t}=0$$

$$\lim_{t\to-\infty}f(t)=-\infty$$

$$f(2)=4e^{-2}$$

t	$\cdots$	2	$\cdots$
$f'(t)$	$+$	0	$-$
$f(t)$	↗		↘

により, $y=f(t)$ のグラフは右図のようになる.

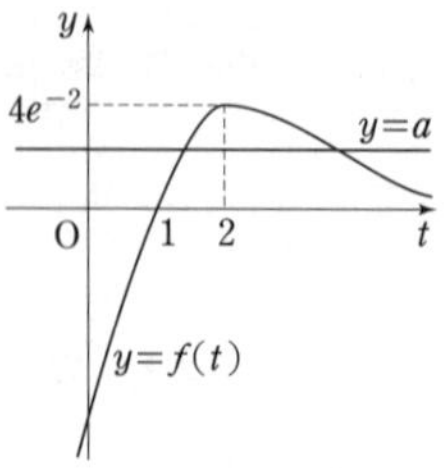

直線 $y=a$ と曲線 $y=f(t)$ の共有点の個数が N であるから, $a>0$ に注意して,

$0<a<4e^{-2}$ のとき $N=2$,

$a=4e^{-2}$ のとき $N=1$,

$4e^{-2}<a$ のとき $N=0$

(2) $a=4e^{-2}$ のとき C_a は $y=4e^{x-2}$ で, C と連立させて,

$$x^2=4e^{x-2}\quad\cdots\cdots③$$

この方程式が実数解を2個もつことを示せばよい.

[$g(x)=x^2-4e^{x-2}$ とおくと, 1回微分しても解決しない. ③の一方のグラフが直線を表すように変形すれば, 1回微分すれば解決する可能性が高まる. $x=0$ は不適なことに着目して, log をとると,

$2\log|x|=\log 4+x-2$ となり, この左辺−右辺を考えてもよい. ここでは ③の両辺に e^{-x} を掛けて (☞p.70)]

$$\therefore\ x^2e^{-x}=4e^{-2}$$

$g(x)=x^2e^{-x}$ とおくと,

$$g'(x)=2xe^{-x}+x^2\cdot(-e^{-x})=x(2-x)e^{-x}$$

$g(x)$ の増減は右表のようになり,

$$\lim_{x\to-\infty}g(x)=\infty$$

x	$\cdots$	0	$\cdots$	2	$\cdots$
$g'(x)$	$-$	0	$+$	0	$-$
$g(x)$	↘		↗		↘

であるから, 曲線 $y=g(x)$ は右図のようになる. ③の実数解の個数は, 曲線 $y=g(x)$ と直線 $y=4e^{-2}$ の共有点の個数に等しく, 右図によりこの個数は2個であるから, 証明された.

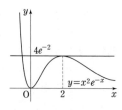

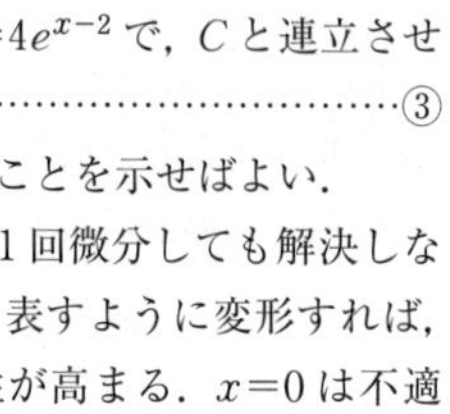

14 (3) 微分係数の定義が利用できる形である.
(4) AE^2 を考えればよい (ルートを回避できる).
a^2 がかたまりで現れるので, それを t とおこう.

解 (1) $f(x)=\log x$ とおくと, $f'(x)=\dfrac{1}{x}$

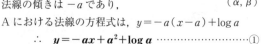

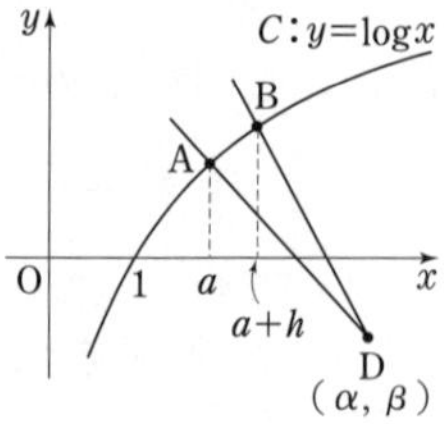

A$(a,\ \log a)$ における接線の傾きは $\dfrac{1}{a}$ であるから, 法線の傾きは $-a$ であり,

A における法線の方程式は, $y=-a(x-a)+\log a$

$$\therefore\ \boldsymbol{y=-ax+a^2+\log a}\quad\cdots\cdots①$$

(2) B における法線の方程式は, ①で a ⇨ $a+h$ としたものであるから,

$$y=-(a+h)x+(a+h)^2+\log(a+h)\quad\cdots\cdots②$$

①, ②を連立させた方程式を解く. ②−①により,

$$0=-hx+2ah+h^2+\log(a+h)-\log a$$

$$\therefore\ x=\boldsymbol{2a+h+\frac{\log(a+h)-\log a}{h}}\ (=\alpha)$$

これを①に代入して,

$$y=\boldsymbol{-a^2-ah+\log a-\frac{a\{\log(a+h)-\log a\}}{h}}\ (=\beta)$$

(3) $$\boldsymbol{p}=\lim_{h\to0}\alpha=\lim_{h\to0}\left\{2a+h+\frac{\log(a+h)-\log a}{h}\right\}$$

$$=\lim_{h\to0}\left\{2a+h+\frac{f(a+h)-f(a)}{h}\right\}$$

$$=2a+f'(a)=\boldsymbol{2a+\frac{1}{a}}$$

D$(\alpha,\ \beta)$ は①上にあるから,

$$\boldsymbol{q}=\lim_{h\to0}\beta=\lim_{h\to0}(-a\alpha+a^2+\log a)$$

$$=-ap+a^2+\log a$$

$$=\boldsymbol{-a^2-1+\log a}$$

(4) $\overrightarrow{AE}=\left(a+\dfrac{1}{a},\ -a^2-1\right)=\dfrac{a^2+1}{a}(1,\ -a)$

であるから,

$$AE^2=\left(\frac{a^2+1}{a}\right)^2(1+a^2)=\frac{(a^2+1)^3}{a^2}$$

$a^2=t$ とおくと, $AE^2=\dfrac{(t+1)^3}{t}$ $(=g(t)$ とおく$)$

$$g'(t)=\frac{3(t+1)^2\cdot t-(t+1)^3\cdot1}{t^2}=\frac{(t+1)^2(2t-1)}{t^2}$$

AE が最小 ⟺ AE^2 が最小であり, AE^2 は $t=\dfrac{1}{2}$, つまり, $\boldsymbol{a=\dfrac{1}{\sqrt{2}}}$ のとき最小.

t	0	$\cdots$	$\frac{1}{2}$	$\cdots$
$g'(t)$	×	$-$	0	$+$
$g(t)$	×	↘		↗

AE の最小値は, $\sqrt{g\left(\dfrac{1}{2}\right)}=\sqrt{\left(\dfrac{3}{2}\right)^3\cdot2}=\boldsymbol{\dfrac{3\sqrt{3}}{2}}$

15 （ア） 中辺－左辺を $f(x)$，右辺－中辺を $g(x)$ とおいて，符号が分かるまで微分していく．
$g(x)$ については，$f(x)$ の符号が利用できる．
（イ） （1） $f'(x)<0$ を示せばよい．対数微分法を用いる．
（2） $1+x$ が $\dfrac{101}{100}$ と $\dfrac{100}{99}$ になる x を利用する．

解 （ア） $f(x)=\sin x-\left(x-\dfrac{x^3}{6}\right)$ とおくと，

$$f'(x)=\cos x-\left(1-\frac{x^2}{2}\right),\quad f''(x)=-\sin x+x$$

$$f'''(x)=-\cos x+1\ (\geqq 0)$$

よって，$f''(x)$ は増加関数であり，$f''(0)=0$ とから，$x>0$ のとき，$f''(x)>0$
したがって，$x>0$ のとき $f'(x)$ は増加関数であり，$f'(0)=0$ とから，$x>0$ のとき $f'(x)>0$
よって，$x>0$ のとき $f(x)$ は増加関数であり，
$f(0)=0$ とから，$x>0$ のとき $f(x)>0$ ……………①

$$g(x)=\left(x-\frac{x^3}{6}+\frac{x^5}{120}\right)-\sin x \text{ とおくと，}$$

$$g'(x)=1-\frac{x^2}{2}+\frac{x^4}{24}-\cos x$$

$$g''(x)=-x+\frac{x^3}{6}+\sin x=f(x)$$

よって，①により，$x>0$ のとき，$g''(x)>0$ であるから $g'(x)$ は増加関数であり，$g'(0)=0$ とから，$x>0$ のとき $g'(x)>0$
したがって，$x>0$ のとき $g(x)$ は増加関数であり，
$g(0)=0$ とから，$x>0$ のとき $g(x)>0$ ……………②
①，②と $f(0)=g(0)=0$ により，$x\geqq 0$ のとき，

$$x-\frac{x^3}{6}\leqq \sin x\leqq x-\frac{x^3}{6}+\frac{x^5}{120}$$

（イ） （1） $f(x)=(1+x)^{\frac{1}{x}}$ $(x>0)$ のとき，

$$\log f(x)=\frac{1}{x}\log(1+x)=\frac{\log(1+x)}{x}$$

であるから，この両辺を x で微分すると，

$$\frac{f'(x)}{f(x)}=\frac{\dfrac{1}{1+x}\cdot x-\log(1+x)\cdot 1}{x^2}$$

$$\therefore\ f'(x)=\frac{1}{x^2}\left\{\frac{x}{1+x}-\log(1+x)\right\}f(x) \quad \cdots\cdots①$$

ここで，$g(x)=\dfrac{x}{1+x}-\log(1+x)$ とおくと，

$$g'(x)=\frac{1\cdot(1+x)-x\cdot 1}{(1+x)^2}-\frac{1}{1+x}=\frac{-x}{(1+x)^2}$$

よって，$x>0$ のとき $g'(x)<0$ であるから，$g(x)$ は減少関数であり，$g(0)=0$ とから，

$x>0$ のとき，$g(x)<0$

これと，①および $f(x)=(1+x)^{\frac{1}{x}}>0$ により，$x>0$ のとき $f'(x)<0$ であるから，$f(x)$ は減少関数である．
したがって，$0<x_1<x_2$ をみたす実数 x_1，x_2 に対して，$f(x_1)>f(x_2)$ である．
（2） （1）により，［$x_1=1/100$，$x_2=1/99$ として］

$$f\left(\frac{1}{100}\right)>f\left(\frac{1}{99}\right) \qquad \therefore\ \left(\frac{101}{100}\right)^{100}>\left(\frac{100}{99}\right)^{99}$$

であるから，$\left(\dfrac{101}{100}\right)^{101}>\left(\dfrac{101}{100}\right)^{100}$ と合わせて，

$$\boldsymbol{\left(\frac{101}{100}\right)^{101}>\left(\frac{100}{99}\right)^{99}}$$

16 2回微分してもよいが（☞注2），1回微分して得られる式の符号が $\tan x$ の凸性を使って調べられる．

解 $\log\dfrac{1}{\cos x}=-\log\cos x$ であることに注意する．

$f(x)=$ 右辺－中辺 $=x^2+\log\cos x$ とおくと，

$$f'(x)=2x+\frac{-\sin x}{\cos x}=2x-\tan x$$

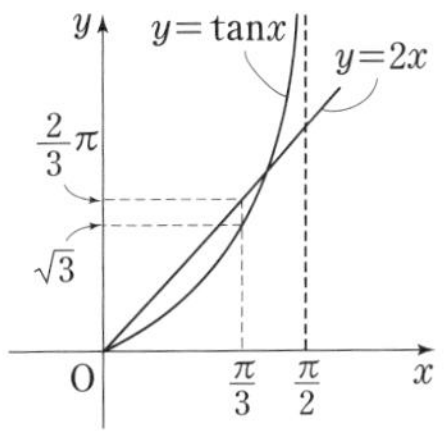

$y=\tan x$ $(0\leqq x\leqq\pi/3)$ のグラフは下に凸である．
直線 $y=2x$ との上下関係を調べる．

$$\tan\frac{\pi}{3}=\sqrt{3}<2\cdot\frac{\pi}{3}$$

であるから，右図のようになり，$0<x<\pi/3$ では，$y=2x$ が $y=\tan x$ の上側にある．よって，$f'(x)>0$ $(0<x<\pi/3)$ である．これと $f(0)=0$ から，$f(x)\geqq 0$ $(0\leqq x\leqq\pi/3)$

$$g(x)=\text{中辺}-\text{左辺}=-\log\cos x-\frac{x^2}{2} \text{ とおくと，}$$

$$g'(x)=-\frac{-\sin x}{\cos x}-x=\tan x-x$$

$y=\tan x$ のとき，$y'=\dfrac{1}{\cos^2 x}$ であるから，$x=0$ のとき $y'=1$ で $y=\tan x$ の原点Oにおける接線は $y=x$ である．
$y=\tan x$ $(0\leqq x\leqq\pi/3)$ は下に凸であるから，$0<x\leqq\pi/3$ のとき $y=x$ の上側にある．
よって，$g'(x)=\tan x-x>0$ $(0<x\leqq\pi/3)$（☞注1）
これと $g(0)=0$ から，$g(x)\geqq 0$ $(0\leqq x\leqq\pi/3)$

以上により，$\dfrac{x^2}{2}\leqq\log\dfrac{1}{\cos x}\leqq x^2$ $\left(0\leqq x\leqq\dfrac{\pi}{3}\right)$

➡注1 $\displaystyle\lim_{x\to 0}\frac{\sin x}{x}=1$ を導くときに現れる不等式

$\sin x < x < \tan x$ $(0 < x < \pi/2)$ は，証明せずに使って構わないだろう．ここでは，説明を加えておいた．

⇨**注 2**　$f'(x)$ を $h(x)$ とおくと，

$$h'(x) = 2 - \frac{1}{\cos^2 x} = \frac{2\cos^2 x - 1}{\cos^2 x}$$

$h(x)$ の増減は右表のようになり，

$h(0) = 0$，

$h\left(\frac{\pi}{3}\right) = \frac{2}{3}\pi - \sqrt{3} > 0$

x	0	$\cdots$	$\frac{\pi}{4}$	$\cdots$	$\frac{\pi}{3}$
$h'(x)$		$+$	0	$-$	
$h(x)$		↗		↘	

であるから，$h(x) \geqq 0$ $(0 \leqq x \leqq \pi/3)$

17　(ア)　「文字定数を分離」が効果的．

(イ)　左辺－右辺を $f(x)$ とおいて考えよう．$f(x)$ は偶関数であることに注意．なお，文字定数を分離する方針の場合は，☞別解．

解　(ア)　$x > 1$ のとき，$(\log x)^\alpha \leqq Cx^\beta$ を C について解くと，

$$C \geqq \frac{(\log x)^\alpha}{x^\beta} \quad (= f(x) \text{ とおく})$$

$$f'(x) = \frac{\alpha(\log x)^{\alpha-1} \cdot \frac{1}{x} \cdot x^\beta - (\log x)^\alpha \cdot \beta x^{\beta-1}}{(x^\beta)^2}$$

$$= \frac{(\log x)^{\alpha-1}(\alpha - \beta \log x)}{x^{\beta+1}}$$

$\alpha > 0$，$\beta > 0$ であるから，$f(x)$ の増減は右表のようになり，$f(x)$ の最大値は

$$f\left(e^{\frac{\alpha}{\beta}}\right) = \left(\frac{\alpha}{\beta}\right)^\alpha \cdot \frac{1}{e^\alpha}$$

x	(1)	$\cdots$	$e^{\frac{\alpha}{\beta}}$	$\cdots$
$f'(x)$		$+$	0	$-$
$f(x)$		↗		↘

よって，$x > 1$ を満たすすべての実数 x について，$C \geqq f(x)$ が成り立つ条件は $C \geqq \left(\frac{\alpha}{\beta}\right)^\alpha \cdot \frac{1}{e^\alpha}$ であるから，

求める C の最小値は，$\boldsymbol{\left(\frac{\alpha}{\beta}\right)^\alpha \cdot \frac{1}{e^\alpha}}$

(イ)　$f(x) = \cos 2x + cx^2 - 1$ とおく．$f(x)$ は偶関数であるから，すべての $x \geqq 0$ に対して $f(x) \geqq 0$ が成り立つような c の範囲を求めればよい．［$\cos 2x = 0$ となる x に着目して］$f\left(\frac{\pi}{4}\right) = \frac{\pi^2}{16}c - 1 \geqq 0$ により，$c \leqq 0$ のときは不適である．以下 $c > 0$ とする．さて，

$$f'(x) = -2\sin 2x + 2cx = 2(cx - \sin 2x) \quad \cdots\cdots\cdots ①$$

①を $g(x)$ とおくと，$g'(x) = 2(c - 2\cos 2x)$ である．$-1 \leqq \cos 2x \leqq 1$ に注意すると，

1°　$c \geqq 2$ のとき：　$g'(x) \geqq 0$ により，$x \geqq 0$ で

$g(x) \geqq g(0) = 0$　　∴　$f'(x) \geqq 0$ $(x \geqq 0)$

よって，$x \geqq 0$ で $f(x)$ は増加し，$f(x) \geqq f(0) = 0$ となり，題意を満たす．

2°　$(0<)\,c < 2$ のとき：

右図のように $g'(\alpha) = 0$ $\left(0 < \alpha < \frac{\pi}{2}\right)$ を満たす α が存在して，$0 < x < \alpha$ で $g'(x) < 0$ により，

$g(x) < g(0) = 0$

∴　$f'(x) < 0$ $(0 < x < \alpha)$

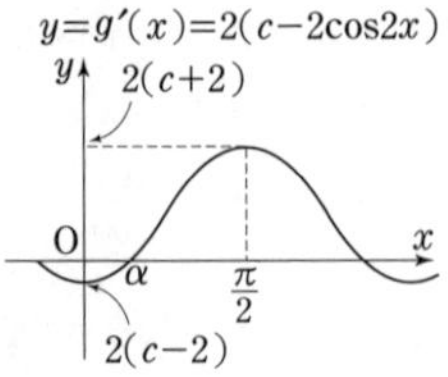

よって，$0 < x < \alpha$ で $f(x)$ は減少し，$f(x) < f(0) = 0$ となり，題意を満たさない．

以上，1°，2° により，求める c の範囲は，$\boldsymbol{c \geqq 2}$

別解　［文字定数 c を分離する方針だと］

$\cos 2x + cx^2 \geqq 1$

つまり $\cos 2x \geqq 1 - cx^2$ ····①

は $x = 0$ のとき，つねに成立．

また①の両辺は偶関数であること，および右のグラフから，

$0 < x \leqq \frac{\pi}{2}$ で考えればよい．

さて，$0 < x \leqq \frac{\pi}{2}$ で，①は，

$$c \geqq \frac{1 - \cos 2x}{x^2} \quad \cdots\cdots\cdots\cdots\cdots ②$$

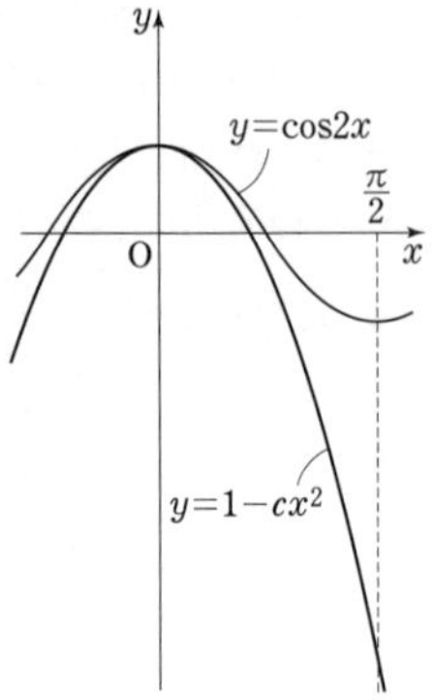

と同値である．この右辺を $p(x)$ とおくと，

$$p'(x) = \frac{(2\sin 2x) \cdot x^2 - (1 - \cos 2x) \cdot 2x}{x^4}$$

$$= \frac{2(x\sin 2x + \cos 2x - 1)}{x^3}$$

$q(x) = x\sin 2x + \cos 2x - 1$ とおくと，

$q'(x) = \sin 2x + x \cdot 2\cos 2x - 2\sin 2x$

$= 2x\cos 2x - \sin 2x$ $(= r(x)$ とおく$)$

$r'(x) = 2\cos 2x + 2x \cdot (-2\sin 2x) - 2\cos 2x$

$= -4x\sin 2x < 0$ $(0 < x < \pi/2$ のとき$)$

よって，$0 < x < \frac{\pi}{2}$ のとき，$r(x)$ は減少し，

$r(x) < r(0) = 0$　　∴　$q'(x) < 0$

∴　$q(x) < q(0) = 0$　　∴　$p'(x) < 0$

したがって，$p(x)$ は $0 < x < \frac{\pi}{2}$ で減少するから，

$$p(x) \leqq \lim_{x \to +0} p(x) = \lim_{x \to +0} \frac{1 - \cos 2x}{x^2}$$

$$= \lim_{x \to +0} 2\left(\frac{\sin x}{x}\right)^2 = 2$$

よって，求める c の範囲は，$\boldsymbol{c \geqq 2}$

⇨**注**　2倍角の公式を活用すると：

②は，$c \geqq 2\left(\dfrac{\sin x}{x}\right)^2$ と変形できる．

$h(x)=\dfrac{\sin x}{x}$ とおくと，$0<x<\dfrac{\pi}{2}$ のとき，

$h'(x)=\dfrac{(\cos x)x-\sin x}{x^2}=\dfrac{\cos x(x-\tan x)}{x^2}<0$

（$\because$　$x<\tan x$）

として，②の右辺の増減を調べることもできる．

＊　　　＊

○16 の例題(ア)も同様の工夫ができる．

$x=2\theta$ とおくと，$0\leqq\theta\leqq\dfrac{\pi}{4}$ で $\cos 2\theta\leqq 1-\dfrac{16}{\pi^2}\theta^2$

を示せばよい．$\dfrac{16}{\pi^2}\theta^2\leqq 1-\cos 2\theta=2\sin^2\theta$

$\therefore$　$\left(\dfrac{2\sqrt{2}}{\pi}\theta\right)^2\leqq\sin^2\theta$

と変形できるから，

$\dfrac{2\sqrt{2}}{\pi}\theta\leqq\sin\theta$

を示せばよい．これは右図により成り立つ．

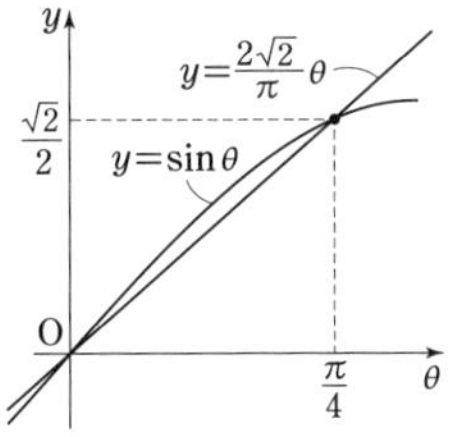

18　$\log A-\log B$ の符号は $A-B$ の符号に一致する．

解　(1)　$x+y=a$ により，$y=a-x$

$x>0$，$y>0$ とから，x の範囲は，$0<x<a$

$x\log x+y\log y=x\log x+(a-x)\log(a-x)$

この右辺を $f(x)$ とおくと（$0<x<a$），

$f'(x)=\log x+x\cdot\dfrac{1}{x}-\log(a-x)+(a-x)\cdot\dfrac{-1}{a-x}$

$=\log x-\log(a-x)$

この符号は，

$x-(a-x)=2x-a$

の符号に等しいから，右表により $f(x)$ は

x	(0)	$\cdots$	$\frac{a}{2}$	$\cdots$	(a)
$f'(x)$		$-$	0	$+$	
$f(x)$		↘		↗	

$x=\dfrac{a}{2}$（このとき $y=\dfrac{a}{2}$）で**最小値** $\boldsymbol{a\log\dfrac{a}{2}}$ をとる．

(2)　まず z を $0<z<a$ で固定する．

x，y を $x+y=a-z$ を満たして動かす（(1)で a を $a-z$ と考える）と，$x\log x+y\log y$ の最小値は

$(a-z)\log\dfrac{a-z}{2}$ であるから，$x\log x+y\log y+z\log z$

は，$x=y=\dfrac{a-z}{2}$ のときに最小値

$(a-z)\log\dfrac{a-z}{2}+z\log z$（$=g(z)$ とおく）

をとる．

$g(z)=(a-z)\{\log(a-z)-\log 2\}+z\log z$ により，

$g'(z)=-\{\log(a-z)-\log 2\}+(a-z)\cdot\dfrac{-1}{a-z}$

$+\log z+z\cdot\dfrac{1}{z}$

$=\log z-\log(a-z)+\log 2=\log 2z-\log(a-z)$

よって，$g'(z)$ の符号は，$2z-(a-z)=3z-a$ の符号に等しいから，$g(z)$ の増減は，右表のようになり，$z=\dfrac{a}{3}$ で最小になる．このとき，

z	(0)	$\cdots$	$\frac{a}{3}$	$\cdots$	(a)
$g'(z)$		$-$	0	$+$	
$g(z)$		↘		↗	

$x=y=\dfrac{a-z}{2}=\dfrac{a}{3}$ であり，$x\log x+y\log y+z\log z$ の最小値は，

$3\times\dfrac{a}{3}\log\dfrac{a}{3}=\boldsymbol{a\log\dfrac{a}{3}}$

ミニ講座・3
凸の曲線と直線

基本関数に関する不等式は，凸性がらみのことが多いです．○16 で少し取り上げましたが，以下の不等式はグラフとともに頭の中に入れておきましょう．

・$\boldsymbol{y=e^x}$ に関して

$\boldsymbol{e^x \geqq x+1}$

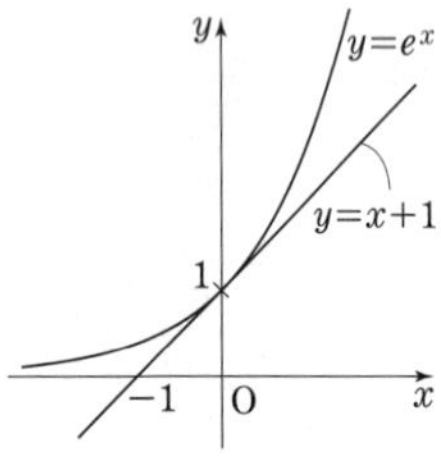

$\boldsymbol{e^x \geqq ex}$

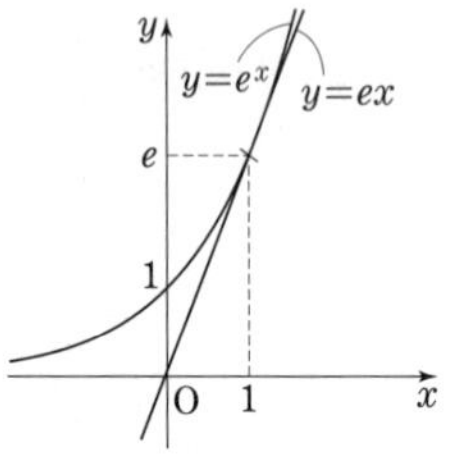

上の逆関数バージョンが次です．

・$\boldsymbol{y=\log x}$ に関して

$\boldsymbol{\log x \leqq x-1}$

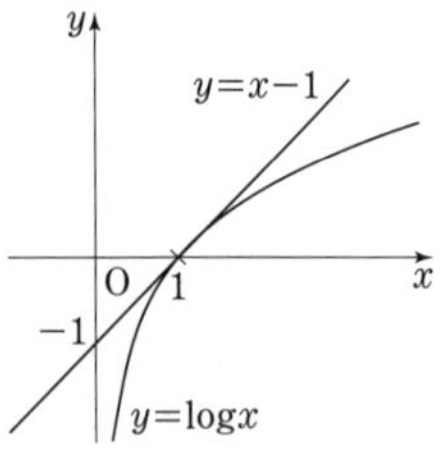

$\boldsymbol{\log x \leqq \frac{1}{e}x}$

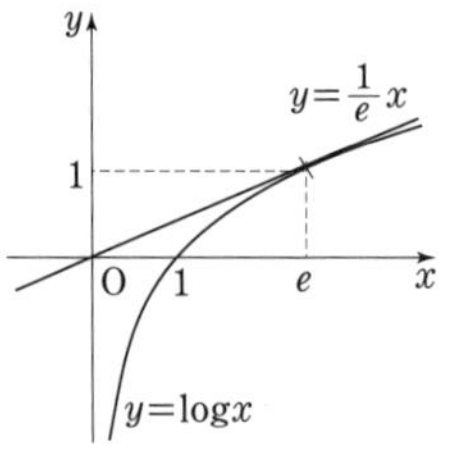

次に，三角関数について．

$\boldsymbol{0<x<\frac{\pi}{2}}$ のとき　（これは接線ではなく弦との上下関係）

⇩

$\boldsymbol{\sin x<x<\tan x}$

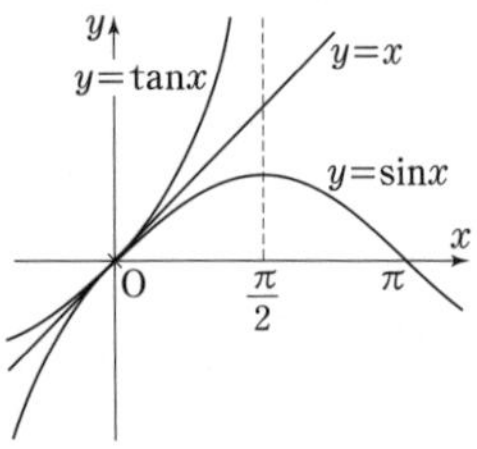

$\boldsymbol{\sin x>\frac{2}{\pi}x}$

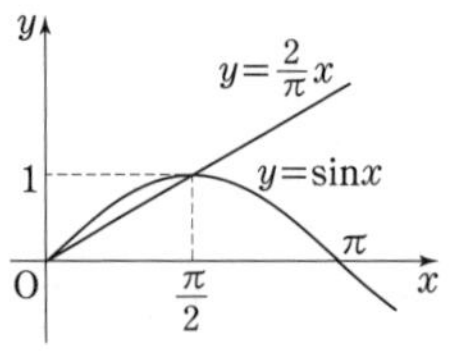

以上の不等式は，凸性からすぐに導かれます．しかし，凸性から導かれることは，不等式だけではありません．

凸性と傾きを組み合わせることにより，例えば次のことが分かります．

（例）　$f(x)=\dfrac{\sin x}{x}$（$0<x\leqq\pi$）は減少関数である．

（理由）　$Y=\sin X$ ……㋐（$0<X\leqq\pi$）は，上に凸であり，

$$f(x)=\frac{\sin x-\sin 0}{x-0}$$

は，原点Oと，㋐上の点 $\mathrm{P}(x,\ \sin x)$ を結ぶ線分の傾きを表す．

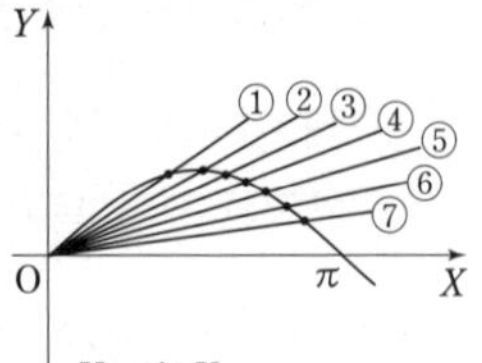

$Y=\sin X$
（$0\leqq X\leqq\pi$ で上に凸）

Pを X 座標が小さい方から大きい方へ動かしていくと，上図のように

①→②→…→⑦

の順にOPの傾きは減少する．

よって，$f(x)$（$0<x\leqq\pi$）は，微分しなくても減少関数であることが分かる．

積分がらみの極限の問題で，積分を実行しにくいときは，"はさみうち"が有効です．積分が簡単にできる多項式で評価します．

例題　$\displaystyle\lim_{n\to\infty}\int_0^{\frac{\pi}{4}}\tan^n x\,dx$ を求めよ．

【解説】　$0\leqq x<\dfrac{\pi}{4}$ のとき，$0\leqq\tan x<1$ であるから，$\tan^n x\to 0$（$n\to\infty$）である．よって，答えは0と予想できる．

これを，はさみうちの原理によって示そう．

$\tan x$ を大き目に評価するには，$y=\tan x$ のグラフが下に凸であるから，弦を利用する．右図より，

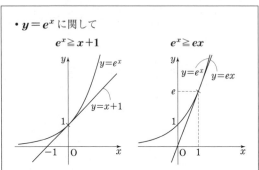

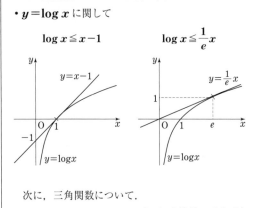

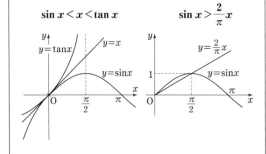

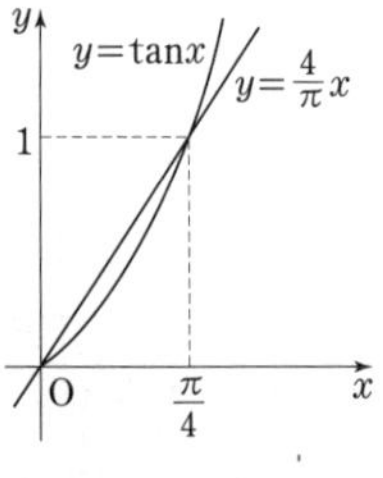

$0\leqq x\leqq\dfrac{\pi}{4}$ のとき，$0\leqq\tan x\leqq\dfrac{4}{\pi}x$ であるから，

$$0\leqq\int_0^{\frac{\pi}{4}}\tan^n x\,dx\leqq\int_0^{\frac{\pi}{4}}\left(\frac{4}{\pi}x\right)^n dx=\left[\left(\frac{4}{\pi}\right)^n\cdot\frac{x^{n+1}}{n+1}\right]_0^{\frac{\pi}{4}}$$

$$=\frac{1}{n+1}\cdot\frac{\pi}{4}\to 0\ (n\to\infty)$$

よって，はさみうちの原理により，答えは **0** である．

ミニ講座・4
複合基本関数のグラフ

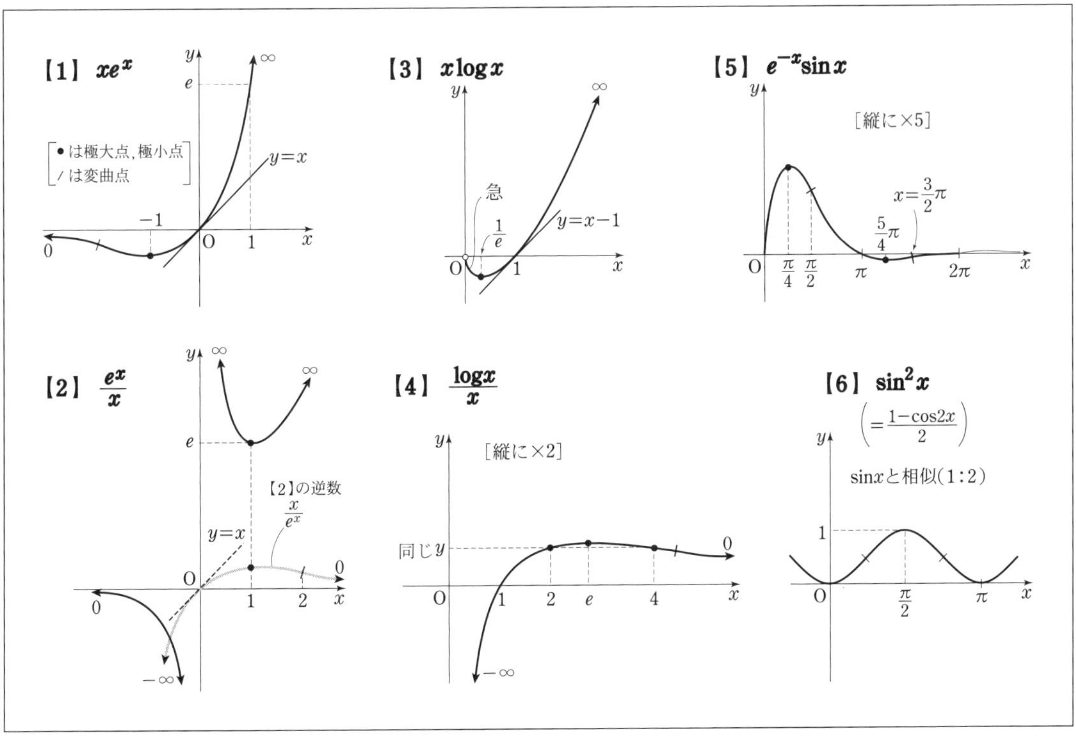

◆百聞は一見にしかず

数Ⅲの微積分の問題は，ボリュームのあるものが普通です．ひたすら計算をすることによって解決する場合でも，その問題の関数のグラフを描き，

状況を視覚化

することによって，計算量を大幅に減少させる効果が期待できます．

しかし，グラフを描くために時間がかかりすぎると，その効果も半減してしまいます．そこで，問題によく登場する数Ⅲにおける基本関数（e^x，$\log x$，$\sin x$，x^a など）および xe^x のように基本関数を複合させたもののグラフとその特徴は，頭からさっと取り出すことができるようにしておきたいものです．

基本関数単独のものは，前頁で紹介しました．ここでは複合形のものを**厳選**（特徴も**厳選**）しました．

◆上の各図について

［1］と［2］は密接につながっています．つまり，［1］を原点に関して対称移動をすると，$-(-x)e^{-x}=xe^{-x}$ となり，これは［2］の逆数です（☞p.112，114）．［1］のタイプは p.49 にあります．

［3］は，本書では適用例はありませんが，発展的な問題としてよく見うけられます．原点付近では急勾配であることに注意して下さい．

［4］のグラフは，p.52 の傍注の研究（超有名問題）で大活躍します．

［5］は減衰曲線とよばれているもので，p.118 の例題と演習題で題材になっています．$0\leqq x\leqq\pi$ では極値の点が左寄りであることに注意（変曲点は中点）．p.118 の傍注で述べたことがポイントです．

［6］は意外性のある事実で，ここの一員にしました．

ミニ講座・5
近似式
一般の関数の多項式化

ある関数の値の近似値を求めるには，近似式として，まず1次式を採用します．例えば $f(x)$ の $x=0$ の近くの近似値を求める場合は，曲線 $y=f(x)$ の $x=0$ における接線の式を利用します．

例題 1. 関数 $f(x)=\tan\left(\dfrac{x}{2}-\dfrac{\pi}{4}\right)$ について，$|x|$ が十分小さいとき，$f(x)$ の近似式を求めよ．
（信州大・繊維）

の場合，$x=0$ における接線の方程式を求めて，答えは

$$f(x)\fallingdotseq \boldsymbol{-1+x}$$

となります．

グラフが下に凸なら，グラフを接線で近似すると，下から評価できることになります．次の問題は，東大で出された問題のメインテーマを抜き出したものです．

例題 2. $e^{\pi}>21$ を示せ．ただし，$\pi=3.14\cdots$ は円周率，$e=2.71\cdots$ は自然対数の底である．

$y=e^x$ の接線を利用します．$\pi\fallingdotseq 3$ ですから，$x=3$ における接線を利用しましょう．

解 曲線 $y=e^x$ の $x=3$ における接線は，

$$y=e^3(x-3)+e^3$$
$$\therefore\quad y=e^3(x-2)$$

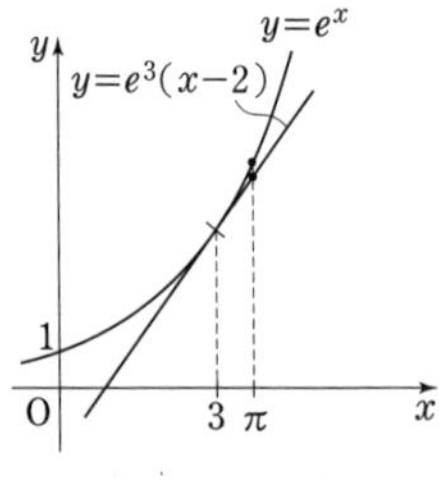

曲線 $y=e^x$ は下に凸であるから，$x\neq 3$ のとき

$$e^x>e^3(x-2)$$

$x=\pi$ を代入して，$e^{\pi}>e^3(\pi-2)$

ここで，$e^3(\pi-2)>2.7^3\times(3.1-2)=2.7^3\times 1.1$
$=19.683\times 1.1=21.6513$

したがって，$e^{\pi}>21$ が成り立つ．

＊　　　　　＊

以上は1次近似の話です．

さて，実は次のことが知られています．

（マクローリンの定理）　0を含むある区間において，$f(x)$ が何回でも微分可能とすると，この区間の任意の x に対して，次式を満たす0と x の間の数 c が存在する（c は各 x に応じて定まる）．

$$f(x)=f(0)+\frac{f'(0)}{1!}x+\frac{f''(0)}{2!}x^2+\cdots\cdots$$
$$+\frac{f^{(n)}(0)}{n!}x^n+\underset{\sim\sim\sim\sim\sim\sim}{\frac{f^{(n+1)}(c)}{(n+1)!}x^{n+1}}$$
…Ⓐ

$n=1$ の場合，$f(x)=f(0)+f'(0)x+\underline{\dfrac{f''(c)}{2}x^2}$

となります．これは，x が0の近くのとき，$f(x)$ が $f(0)+f'(0)x$ で近似でき，誤差が——ということです．

同様に $f(x)$ を，Ⓐで〰〰を無視した n 次式で近似すれば，〰〰が誤差ということです．

p.52 の演習題(ア)の両側に現れる式は，上の定理で $f(x)=\sin x$ としたときの，5次近似式と3次近似式です．（以下の3° も参照）

ほとんどの場合，誤差〰〰は n が大きいほど小さくなるので，1次式よりも2次式，2次式よりも3次式，…の方が精度のよい近似式になります．つまり n を大きくすると近似の精度が上がります．

n が大きいとき，$(n+1)!\gg x^n$ であり，誤差〰〰は $n\to\infty$ のとき，たいてい0に収束します．

Ⓐにおいて，$f(x)=e^x$, $\log(1+x)$, $\sin x$, $\cos x$ とし，$n\to\infty$ とすれば，

1°　$e^x=1+\dfrac{x}{1!}+\dfrac{x^2}{2!}+\dfrac{x^3}{3!}+\cdots+\dfrac{x^n}{n!}+\cdots\cdots$

2°　$\log(1+x)=x-\dfrac{x^2}{2}+\dfrac{x^3}{3}+\cdots+\dfrac{(-1)^{n-1}}{n}x^n+\cdots\cdots$
（ただし，$-1<x\leqq 1$）

3°　$\sin x=x-\dfrac{x^3}{3!}+\dfrac{x^5}{5!}-\cdots+\dfrac{(-1)^n}{(2n+1)!}x^{2n+1}+\cdots\cdots$

4°　$\cos x=1-\dfrac{x^2}{2!}+\dfrac{x^4}{4!}-\cdots+\dfrac{(-1)^n}{(2n)!}x^{2n}+\cdots\cdots$

が成り立ちます．（マクローリン展開といいます）

1°, 2° で $x=1$ とすれば，

$$e=1+\frac{1}{1!}+\frac{1}{2!}+\frac{1}{3!}+\frac{1}{4!}+\cdots\cdots$$

$$\log 2=1-\frac{1}{2}+\frac{1}{3}-\frac{1}{4}+\cdots\cdots$$ （☞p.95）

という“不思議な”式が得られます．無理数である e や $\log 2$ が，各項が簡単な分数である級数の極限で表される，というのは面白いですね．

ミニ講座・6
e に関する極限と $(e^x)'=e^x$

数列 $\left\{\left(1+\frac{1}{n}\right)^n\right\}$：$(1+1)^1$，$\left(1+\frac{1}{2}\right)^2$，…

は収束します（ただし，この数列が収束することの厳密な証明は高校数学の範囲外になります）．

ここではこの数列の極限値を e と定義します．つまり，

$$\lim_{n\to\infty}\left(1+\frac{1}{n}\right)^n=e \cdots\cdots ①$$

$e=2.71828\cdots$（フナ一鉢二鉢 …）は無理数であって，大数学者 Euler（オイラー）の頭文字をとったと言われています．

①により，$$\lim_{x\to\infty}\left(1+\frac{1}{x}\right)^x=e \cdots\cdots ①'$$

が次のように導かれます（①は数列の極限値，つまり n が 1，2，3，… と飛び飛びの値をとりながら限りなく大きくなるときの極限値，①′は関数の極限値，つまり x が連続的に限りなく大きくなるときの極限値です）．

任意の実数 x に対して，$n\leqq x<n+1$ を満たす整数 n が一通りに定まり，$x\to\infty \iff n\to\infty$

$\left(1+\frac{1}{n+1}\right)^n<\left(1+\frac{1}{x}\right)^x<\left(1+\frac{1}{n}\right)^{n+1}$ を変形して

$$\left(1+\frac{1}{n+1}\right)^{n+1}\left(1+\frac{1}{n+1}\right)^{-1}<\left(1+\frac{1}{x}\right)^x<\left(1+\frac{1}{n}\right)^n\left(1+\frac{1}{n}\right)$$

$n\to\infty$ のとき，$\left(1+\frac{1}{n+1}\right)^{n+1}\left(1+\frac{1}{n+1}\right)^{-1}\to e\times 1$

$$\left(1+\frac{1}{n}\right)^n\left(1+\frac{1}{n}\right)\to e\times 1$$

であるから，はさみうちの原理により①′が得られます．

①′により，$$\lim_{x\to-\infty}\left(1+\frac{1}{x}\right)^x=e \cdots\cdots ②$$

が，以下のようにして導かれます．

$y=-x$ とおくと，$x\to-\infty \iff y\to\infty$

$$\lim_{x\to-\infty}\left(1+\frac{1}{x}\right)^x=\lim_{y\to\infty}\left(1-\frac{1}{y}\right)^{-y}=\lim_{y\to\infty}\left(\frac{y-1}{y}\right)^{-y}$$

$$=\lim_{y\to\infty}\left(\frac{y}{y-1}\right)^y=\lim_{y\to\infty}\left(1+\frac{1}{y-1}\right)^{y-1}\left(1+\frac{1}{y-1}\right)=e$$

次に，①′，②で，$x=\frac{1}{h}$ とおくと，

$$x\to\infty \iff h\to+0,\quad x\to-\infty \iff h\to-0$$

であるから，$$\lim_{h\to 0}(1+h)^{\frac{1}{h}}=e \cdots\cdots ③$$

以上，①→①′→②→③と導かれるのを見てきましたが，これらは①と形が“似ていて”すんなり導かれる公式と思われることでしょう．

では，次の極限値はどうでしょうか？

$$\lim_{x\to\infty}\left(1+\frac{a}{x}\right)^x=e^a \cdots\cdots ④,\quad \lim_{h\to 0}(1+ah)^{\frac{1}{h}}=e^a \cdots\cdots ⑤$$

たとえば④は次のようにして導かれます．

$a=0$ の場合は明らか．

$a\neq 0$ の場合，$\frac{x}{a}=y$ とおくと，$x=ay$ で

$\left(1+\frac{a}{x}\right)^x=\left(1+\frac{1}{y}\right)^{ay}=\left\{\left(1+\frac{1}{y}\right)^y\right\}^a$ により，

$a>0$ のとき，$x\to\infty \iff y\to\infty$ だから，①′を使い，
$a<0$ のとき，$x\to\infty \iff y\to-\infty$ だから，②を使い，
④が導かれます．同様にして，⑤も③から導かれます．各自試みて下さい．④などは入試でも時々出題され，盲点になりがちなので注意して下さい．

さらに，①とは形が似ても似つかない次の２式も導かれます．

$$\lim_{h\to 0}\frac{\log(1+h)}{h}=1 \cdots\cdots ⑥,\quad \lim_{h\to 0}\frac{e^h-1}{h}=1 \cdots\cdots ⑦$$

⑥は，③から次のようにして導かれます．

$$\lim_{h\to 0}\frac{\log(1+h)}{h}=\lim_{h\to 0}\log(1+h)^{\frac{1}{h}}=\log e=1$$

⑦は，⑥において，$\log(1+h)=y$ とおくと，$h=e^y-1$ であり，$h\to 0 \iff y\to 0$ により，

$$\lim_{y\to 0}\frac{y}{e^y-1}=1$$

となることから出て来ます．

＊　　　＊

極限の主要な目的は“微分”にあります．そういう意味で⑦の結論は非常に重要です．というのは，⑦から

$$(e^x)'=\lim_{h\to 0}\frac{e^{x+h}-e^x}{h}=e^x\cdot\lim_{h\to 0}\frac{e^h-1}{h}=e^x$$

が得られるからです．

ところで，

「$(a^x)'=a^x$，すなわち，$\lim_{h\to 0}\frac{a^h-1}{h}=1$

を満たす a を e とする」によって e を定義する立場もあります．これを e の定義とすれば，逆に⑦→⑥→③→①の順序で，はじめの定義が結論されることになります．

＊　　　＊

以上，①～⑦の極限値の関係を見て来ましたが，これらは，$\lim_{x\to 0}\frac{\sin x}{x}=1$ とともに，微積の極限値の基礎をなすものです．

ミニ講座・7
$\lim_{x\to\infty}\frac{x^k}{e^x}=0$ の証明に関連して

$P(x)$ を多項式で表される関数とします．

一般に x が大きいとき，

e^x は $P(x)$ よりはるかに大きい ……………※

（○6の前文参照）ことから，

$$\lim_{x\to\infty}\frac{x^k}{e^x}=0 \quad (k\text{は自然数の定数})$$

が成り立ちます．この証明を考えてみましょう．

いろいろなアプローチが考えられますが，ここでは※により，

$x\geqq 0$ のとき，$e^x\geqq\frac{1}{M}x^{k+1}$ ……………①

が成り立つような正の定数 M が存在するはず，と見当をつけてみます．

もしも①が言えれば，

$x\geqq 0$ のとき，$0\leqq\frac{x^k}{e^x}\leqq\frac{M}{x}$ ……………②

となり，$x\to\infty$ のとき右辺→0 となるので，はさみうちの原理により，$\lim_{x\to\infty}\frac{x^k}{e^x}=0$ となるからです．

そこで，以下①を導いてみましょう．

①を M について解けば，一方の辺に変数 x を集めることができ，その辺には文字定数 M が入っていないので扱いやすくなります．しかも現れる関数は

$$e^{ax}P(x) \quad (a\text{は定数})$$

という形で，これを微分すると

$$e^{ax}P_1(x) \quad (P_1(x)\text{は多項式})$$

の形になります．この符号は $P_1(x)$ の符号に等しいので，多項式関数の符号を調べることに帰着され，やり易いことが多いです．

この方針でやってみましょう．

①のとき，$M\geqq\frac{x^{k+1}}{e^x}=x^{k+1}e^{-x}$

$f(x)=x^{k+1}e^{-x}$ とおくと，$x\geqq 0$ における $f(x)$ の最大値を M にすればよいことが分かります．

$$f'(x)=(k+1)x^k\cdot e^{-x}+x^{k+1}\cdot e^{-x}\cdot(-1)$$
$$=x^ke^{-x}(k+1-x)$$

x	0		$k+1$	
$f'(x)$		$+$	0	$-$
$f(x)$		↗		↘

したがって，$f(x)$ の増減は右表のようになりますから，$x=k+1$ のとき最大値 $f(k+1)=(k+1)^{k+1}e^{-(k+1)}$ をとります．

したがって，$M=(k+1)^{k+1}e^{-(k+1)}$ として，①，②が成り立つので，$\lim_{x\to\infty}\frac{x^k}{e^x}=0$ が証明されるわけです．

＊　　　＊

ところで，

一方の辺に変数 x を $e^{ax}P(x)$ の形で集める ……☆

ことができれば，この変形は効果的なことが多いです．

13番の演習題(2)の解答で $g(x)$ を持ち出したのは☆をしていることになります．

☆が効果的な例を他にも紹介します．次の例です．

> n を自然数とする．$x\geqq 0$ のとき
>
> $e^x\geqq 1+x+\frac{x^2}{2!}+\cdots+\frac{x^n}{n!}$ ……………◇
>
> であることを示せ．

$g_n(x)=e^x-\left(1+x+\frac{x^2}{2!}+\cdots+\frac{x^n}{n!}\right)$ とおいて，$g_n(x)\geqq 0$ であることを数学的帰納法で示してもよいのですが，次のように解くことができます．

解 示すべき式の両辺に e^{-x} (>0) を掛けると

$$1\geqq\left(1+x+\frac{x^2}{2!}+\cdots+\frac{x^n}{n!}\right)e^{-x}$$

$$f(x)=\left(1+x+\frac{x^2}{2!}+\frac{x^3}{3!}+\cdots+\frac{x^n}{n!}\right)e^{-x}$$

とおくと，$x\geqq 0$ のとき $f(x)\leqq 1$ を示せばよい．

$$f'(x)=\left(1+x+\frac{x^2}{2!}+\cdots+\frac{x^{n-1}}{(n-1)!}\right)e^{-x}$$
$$-\left(1+x+\frac{x^2}{2!}+\cdots+\frac{x^n}{n!}\right)e^{-x}$$
$$=-\left(\frac{x^n}{n!}\right)e^{-x}$$

よって，$x>0$ のとき $f'(x)<0$ であるから $f(x)$ は減少し，$f(0)=1$ とから，$x\geqq 0$ のとき $f(x)\leqq 1$ が成り立つことが示された．

＊　　　＊

なお，◇により，$x\geqq 0$ のとき，$e^x\geqq\frac{1}{(k+1)!}x^{k+1}$ が成り立ち，①に相当する不等式を導くことができます．

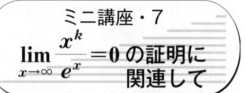

ミニ講座・8
p^q と q^p の大小とその周辺

$p>0$, $q>0$ とします．p^q と q^p の大小については，○15 の前文で述べたように，

$$p^q \gtreqless q^p \iff q\log p \gtreqless p\log q \iff \frac{\log p}{p} \gtreqless \frac{\log q}{q}$$

ですから，$f(x)=\dfrac{\log x}{x}$ を調べることに帰着されました．

$y=f(x)$ のグラフは右図のようになり，

$x \geqq e$ で減少するので，

$e \leqq p < q$

のとき

$f(p)>f(q)$

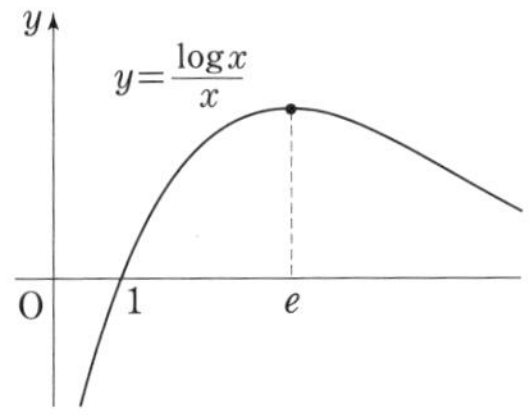

すなわち，$p^q>q^p$ が成り立つことが分かります．

このタイプの問題は，見た目の形から興味をそそられますが，ここでやや難し目の類題を紹介することにしましょう．

$f(x)=\dfrac{\log x}{x^x}$ $(x>0)$ とおく．

（1） $f(x)$ を微分せよ．

（2） $f(x)$ が $x=a$ で極値をとるならば，$a<\sqrt{3}$ であることを示せ．

（3） $\sqrt{3}^{(\sqrt{5}^{\sqrt{5}})}$ と $\sqrt{5}^{(\sqrt{3}^{\sqrt{3}})}$ の大小を比較せよ．

（愛媛大・医）

$$\sqrt{3}^{(\sqrt{5}^{\sqrt{5}})} \gtreqless \sqrt{5}^{(\sqrt{3}^{\sqrt{3}})} \iff \sqrt{5}^{\sqrt{5}}\log\sqrt{3} \gtreqless \sqrt{3}^{\sqrt{3}}\log\sqrt{5}$$

$$\iff \frac{\log\sqrt{3}}{\sqrt{3}^{\sqrt{3}}} \gtreqless \frac{\log\sqrt{5}}{\sqrt{5}^{\sqrt{5}}} \quad (\gtreqless \text{ は同順})$$

ですから，$f(x)=\dfrac{\log x}{x^x}$ の増減を調べることで，(3)の2数の大小が判断できるわけです．その際，$x \geqq \sqrt{3}$ で $f(x)$ が増加，あるいは減少と分かれば，2数の大小がすぐに判断できます．もしも $f(x)$ が $\sqrt{3}<x<\sqrt{5}$ で極値をとれば，$f(x)$ の増減だけでは $f(\sqrt{3})$ と $f(\sqrt{5})$ の大小は判断できませんが，(2)からそのようなことはないことが分かります．

(1)は，対数微分法を使います．

解 （1） $|f(x)|=|\log x|x^{-x}$ であるから，

$$\log|f(x)|=\log(|\log x|x^{-x})$$
$$=\log|\log x|-x\log x$$

この両辺を x で微分すると

$$\frac{f'(x)}{f(x)}=\frac{1}{\log x}\cdot\frac{1}{x}-\left(\log x+x\cdot\frac{1}{x}\right)$$
$$=\frac{1}{x\log x}-(\log x+1)$$

$$\therefore\ f'(x)=\frac{\log x}{x^x}\left(\frac{1}{x\log x}-\log x-1\right)$$
$$=\boldsymbol{\frac{1}{x^{x+1}}\{1-x(\log x)^2-x\log x\}}$$

（2） $g(x)=1-x(\log x)^2-x\log x$ とおくと，$f'(x)$ と $g(x)$ は同符号である．

$x \geqq \sqrt{3}$ で $g(x)<0$ であることを示す．

$$g'(x)=-\left\{(\log x)^2+x\cdot 2(\log x)\cdot\frac{1}{x}\right\}-(\log x+1)$$
$$=-\{(\log x)^2+3\log x+1\}$$

よって，$x \geqq 1$ で $g'(x)<0$ であるから $g(x)$ は減少し，

$$g(\sqrt{3})=1-\sqrt{3}\left(\frac{1}{2}\log 3\right)^2-\sqrt{3}\cdot\frac{1}{2}\log 3$$
$$=\frac{1}{4}\{4-\sqrt{3}(\log 3)^2-2\sqrt{3}\log 3\}$$

$\log 3>\log e=1$ であるから，

$$4-\sqrt{3}(\log 3)^2-2\sqrt{3}\log 3<4-\sqrt{3}-2\sqrt{3}$$
$$=4-3\sqrt{3}<4-3\cdot 1.7<0$$

したがって，$g(\sqrt{3})<0$．これと $x \geqq 1$ で $g(x)$ は減少することから，$x \geqq \sqrt{3}$ で $g(x)<0$

よって，$x \geqq \sqrt{3}$ で $f'(x)<0$ であるから，$f(x)$ が $x=a$ で極値をとるならば，$a<\sqrt{3}$ である．

（3） (2)の過程により，$x \geqq \sqrt{3}$ で $f(x)$ は減少するから，

$$f(\sqrt{3})>f(\sqrt{5})$$

$$\therefore\ \frac{\log\sqrt{3}}{\sqrt{3}^{\sqrt{3}}}>\frac{\log\sqrt{5}}{\sqrt{5}^{\sqrt{5}}}$$

$$\therefore\ \sqrt{5}^{\sqrt{5}}\log\sqrt{3}>\sqrt{3}^{\sqrt{3}}\log\sqrt{5}$$

$$\therefore\ \log\sqrt{3}^{(\sqrt{5}^{\sqrt{5}})}>\log\sqrt{5}^{(\sqrt{3}^{\sqrt{3}})}$$

$$\therefore\ \boldsymbol{\sqrt{3}^{(\sqrt{5}^{\sqrt{5}})}>\sqrt{5}^{(\sqrt{3}^{\sqrt{3}})}}$$

積分法（数式）

積分法（数式）要点の整理

1．不定積分

1・1　不定積分の定義

関数 $f(x)$ に対して，$\frac{d}{dx}F(x)=f(x)$ をみたす関数 $F(x)$ を $f(x)$ の**不定積分（原始関数）**といい，$\int f(x)dx$ で表す．

$F(x)$ が $f(x)$ の原始関数であるとき，任意の定数 C について $(F(x)+C)'=f(x)$ が成り立つから，$F(x)+C$ も $f(x)$ の原始関数である．

1・2　基本関数

微分法の公式 $(x^{k+1})'=(k+1)x^k$ から

1°　$\int x^k dx=\frac{x^{k+1}}{k+1}+C$　（$k\neq -1$，C は積分定数）

が得られる．このように，微分の公式から簡単に不定積分が求められる関数をここでは基本関数と呼ぶことにする．

以下，基本関数の不定積分を列挙すると，

2°　$\int \frac{1}{x}dx=\log|x|+C$

3°　$\int \cos x\,dx=\sin x+C$

4°　$\int \sin x\,dx=-\cos x+C$

5°　$\int \frac{1}{\cos^2 x}dx=\tan x+C$

6°　$\int \frac{1}{\sin^2 x}dx=-\frac{1}{\tan x}+C$

7°　$\int e^x dx=e^x+C$

8°　$\int a^x dx=\frac{a^x}{\log a}+C$　（$a>0$）

これらの不定積分は，右辺を微分することで確かめられる．なお，2° の右辺の導関数は，$x<0$ のときも

$(\log|x|+C)'=(\log(-x)+C)'=\frac{1}{-x}(-1)=\frac{1}{x}$

となるから，2° は確かに成り立つ．

1・3　不定積分についての基本公式

1°　$\int kf(x)dx=k\int f(x)dx$　（k は定数）

2°　$\int \{f(x)+g(x)\}dx=\int f(x)dx+\int g(x)dx$

ただし，両辺の定数の差を無視して等しい，ということである．

$F(x)$ が $f(x)$ の原始関数であるとき，合成関数の微分法により $\{F(ax+b)\}'=af(ax+b)$ であるから

3°　$\int f(ax+b)dx=\frac{1}{a}F(ax+b)+C$

が成り立つ．よって，$f(x)$，$g(x)$ が基本関数なら

（ア）　$af(x)+bg(x)$

（イ）　$f(ax+b)$

は，不定積分を計算できる．

1・4　$\{f(x)\}^k f'(x)$ 型の積分

この型の関数の積分は，一般に $f(x)=t$ と置換して求める（☞4．置換積分）．特にこの型は頻出なので公式として覚えておきたい．

$(\{f(x)\}^{k+1})'=(k+1)\{f(x)\}^k f'(x)$

が，合成関数の微分法からわかる．したがって，

$\{f(x)\}^k f'(x)$　（$k\neq -1$）

という積の形をしている関数は

1°　$\boldsymbol{\int \{f(x)\}^k f'(x)dx=\frac{1}{k+1}\{f(x)\}^{k+1}+C}$

と不定積分を求めることができる．

$k=-1$ の場合は，これに相当する式として

2°　$\boldsymbol{\int \frac{f'(x)}{f(x)}dx=\log|f(x)|+C}$

となる（右辺を微分すれば確かめられる）．

例えば，$\tan x=\frac{\sin x}{\cos x}$ も 2° の形とみなすことができて，

$$\int \tan x\,dx=\int \frac{\sin x}{\cos x}dx=\int \frac{-(\cos x)'}{\cos x}dx$$
$$=-\log|\cos x|+C$$

となる．

2. 定積分

2・1　定積分の定義

$F(x)$を，区間$a \leqq x \leqq b$で連続な関数$f(x)$の原始関数とするとき，$F(b)-F(a)$を$f(x)$のaからbまでの定積分といい，$\int_a^b f(x)dx$と表す．

すなわち$\int_a^b f(x)dx=\Big[F(x)\Big]_a^b=F(b)-F(a)$

$f(x)$の原始関数として，$F(x)$の代わりに$F(x)+C$をとっても，

$$\int_a^b f(x)dx=\Big[F(x)+C\Big]_a^b$$
$$=(F(b)+C)-(F(a)+C)=F(b)-F(a)$$

となるから，定積分の値は積分定数によらないことがわかる．

2・2　定積分の基本公式

1・3の1°，2°は定積分に対しても同様に成り立つ．

1°　$\int_a^b kf(x)dx=k\int_a^b f(x)dx$　（kは定数）

2°　$\int_a^b \{f(x)+g(x)\}dx=\int_a^b f(x)dx+\int_a^b g(x)dx$

この他に，定積分の積分区間に関わる性質として

3°　$\int_a^a f(x)dx=0$，$\int_a^b f(x)dx=-\int_b^a f(x)dx$

4°　$\int_a^b f(x)dx=\int_a^c f(x)dx+\int_c^b f(x)dx$

5°　$f(x)$が偶関数（任意のxに対し$f(x)=f(-x)$が成り立つ：グラフがy軸対称）ならば

$$\int_{-a}^a f(x)dx=2\int_0^a f(x)dx$$

6°　$f(x)$が奇関数（任意のxに対し$f(x)=-f(-x)$が成り立つ：グラフが原点対称）ならば

$$\int_{-a}^a f(x)dx=0$$

7°　$f(x)$が周期$p(>0)$を持つ（任意のxに対し$f(x)=f(x+p)$が成り立つ）ならば

$$\int_a^b f(x)dx=\int_{a+p}^{b+p} f(x)dx$$
$$\int_a^{a+p} f(x)dx=\int_a^{a+p} f(x+b)dx$$

2・3　絶対値入り関数の定積分

絶対値の入った関数の定積分は，絶対値記号の中身の正負によって積分区間を分けて（左の4°を利用する），絶対値を外した関数に対して積分計算を行う．5°，6°が使えることもうまく見抜きたい．

3. 部分積分

3・1　部分積分法

積の関数の微分の公式から，

$\{F(x)g(x)\}'=f(x)g(x)+F(x)g'(x)$

（$F(x)$は$f(x)$の原始関数とする）である．

従って，$f(x)g(x)=\{F(x)g(x)\}'-F(x)g'(x)$

両辺を積分することで，

$$\int f(x)g(x)dx=F(x)g(x)-\int F(x)g'(x)dx$$

が得られる．

これを使うとき，$F(x)g'(x)$が元の関数$f(x)g(x)$よりも積分しやすい関数となることが大切である．

$A(x)B(x)$という積の形の関数について部分積分を用いるとき，$A(x)$，$B(x)$のどちらを微分してどちらを積分するかが問題となる．

およその指針は次のとおり．

指数関数 ⟶ 積分　　対数関数 ⟶ 微分

三角関数 ⟶ 積分

3・2　定積分の部分積分法

定積分の場合も，不定積分と同様に，公式

$$\int_a^b f(x)g(x)dx=\Big[F(x)g(x)\Big]_a^b-\int_a^b F(x)g'(x)dx$$

が成り立つ．

3・3　定積分の漸化式

$I_n=\int_a^b f(x,\ n)dx$で表されるI_nについての漸化式を求めるとき，部分積分を用いることがほとんどである．（☞○17）

$I_n=\int_0^{\frac{\pi}{4}} \tan^n x dx$については，上にあてはまらない．

$1+\tan^2 x=\dfrac{1}{\cos^2 x}$を用いると，$I_n+I_{n+2}=\dfrac{1}{n+1}$が導ける．

4. 置換積分

4・1 置換積分法

置換積分には，次の2つのタイプがある．

（i） $\boldsymbol{x=g(t)}$**とおく．**

$\dfrac{dx}{dt}=g'(t)$ により，$dx=g'(t)\,dt$ なので，

$\displaystyle\int f(x)\,dx=\int \underset{\sim\sim\sim\sim\sim\sim}{f(g(t))g'(t)}\,dt$ とかける．

波線部が t について積分しやすい関数になっていれば $f(x)$ の不定積分が求まる（ただし x の式に戻す必要がある）．定積分で使うことが多い．

関数の一部に，

$\sqrt{a^2-x^2}$ があるとき，$x=a\sin\theta$

x^2+a^2 があるとき，$x=a\tan\theta$

とおくのが定石である．

（ii） $\boldsymbol{g(x)=t}$**とおく．**

$\dfrac{f(x)}{g'(x)}$ が $g(x)$ を変数とする関数であるとき，

$\dfrac{f(x)}{g'(x)}=h(g(x))$ $\quad\therefore\quad f(x)=h(g(x))g'(x)$

ここで，$\dfrac{dt}{dx}=g'(x)$ $\quad\therefore\quad g'(x)\,dx=dt$

なので，

$$\int f(x)\,dx=\int h(g(x))g'(x)\,dx=\int h(t)\,dt$$

$h(t)$ が積分しやすい関数になっていれば，$f(x)$ の不定積分が求まる．

4・2 定積分の置換積分法

定積分においては，変数を置き換えることによって積分区間も変わることに注意しなければならない．

（i） $x=g(t)$ とおくときは，

$a=g(\alpha)$，$b=g(\beta)$ となるように α，β をとると，

$$\int_a^b f(x)\,dx=\int_\alpha^\beta f(g(t))g'(t)\,dt$$

となる．

（ii） $g(x)=t$ とおくときは，

$g(a)=\alpha$，$g(b)=\beta$ となるように α，β をとると，

$$\int_a^b f(x)\,dx=\int_a^b h(g(x))g'(x)\,dx=\int_\alpha^\beta h(t)\,dt$$

となる．

5. 定積分で表された関数

5・1 定積分で表された関数

a，b を定数とするとき，

1° $\displaystyle\int_a^b f(t)\,dt$ は定数である．従って，関数の中にこのタイプの定積分が現れたときは，これを $=A$（定数）とおいて A を求めればよい．

2° t と x の2変数関数を $f(t,\ x)$ とする．

$\displaystyle\int_a^b f(t,\ x)\,dt$ はまず x を定数とみて，t について積分することを表している．このとき，積分記号と t は消去され x の関数である．

3° $\displaystyle\int_a^x f(t)\,dt$，$\displaystyle\int_a^x f(t,\ x)\,dt$ は x の関数である．

5・2 微分と積分の関係

$F(x)$ を $f(x)$ の原始関数とすると，a を定数として

$$\boldsymbol{\frac{d}{dx}\int_a^x f(t)\,dt}=\frac{d}{dx}\{F(x)-F(a)\}$$
$$=\frac{d}{dx}F(x)-\frac{d}{dx}F(a)$$
$$=\boldsymbol{f(x)}\quad(\because\ F(a)\text{は定数})$$

となり，微分と積分の結びつきがわかる．

この関係（微積分学の基本定理）を利用すると，前項3°の $\displaystyle\int_a^x f(t)\,dt$ が関数の定義式に現れているときに，x で微分することで積分記号を消すことができる．

（なお，一般には，

$$\frac{d}{dx}\int_{p(x)}^{q(x)} f(t)\,dt=\frac{d}{dx}\{F(q(x))-F(p(x))\}$$
$$=f(q(x))q'(x)-f(p(x))p'(x)$$

となる．（合成関数の微分法を使った））

ただし，$\displaystyle\int_a^x f(t,\ x)\,dt$ については，そのままでは上の関係式を使えない．この場合は被積分関数が x を含まないよう，積分記号の外に出す．

例えば，$\displaystyle\left(\int_a^x xf(t)\,dt\right)'=\left(x\int_a^x f(t)\,dt\right)'$

$$=\int_a^x f(t)\,dt+xf(x)\quad\text{となる．}$$

積分フロー図

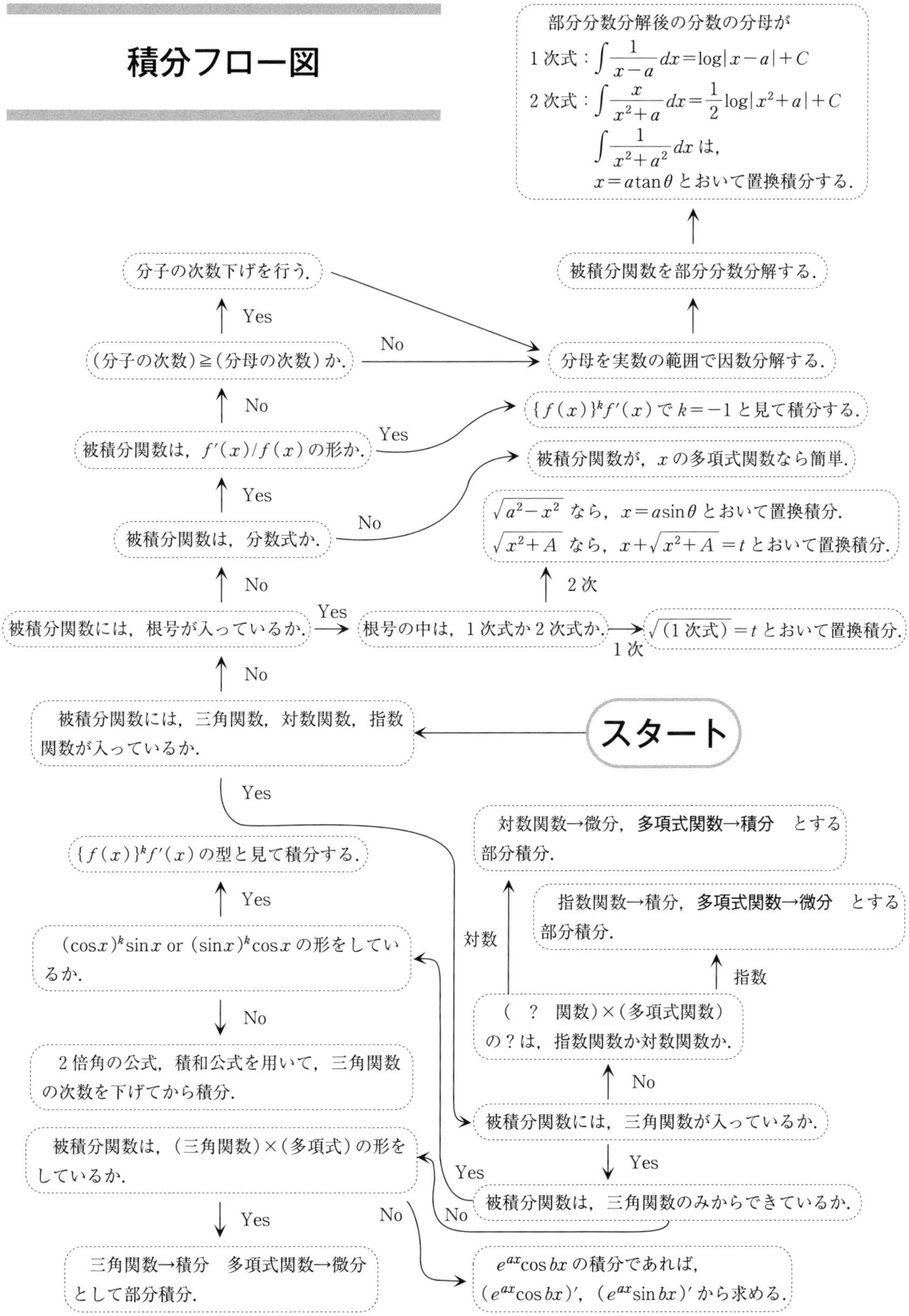
スタート
被積分関数には，三角関数，対数関数，指数関数が入っているか.
No
被積分関数には，根号が入っているか.
Yes
根号の中は，1 次式か 2 次式か.
1 次
$\sqrt{(1\text{ 次式})}=t$ とおいて置換積分.
2 次
$\sqrt{a^2-x^2}$ なら，$x=a\sin\theta$ とおいて置換積分.
$\sqrt{x^2+A}$ なら，$x+\sqrt{x^2+A}=t$ とおいて置換積分.
No
被積分関数は，分数式か.
No
被積分関数が，x の多項式関数なら簡単.
Yes
被積分関数は，$f'(x)/f(x)$ の形か.
Yes
$\{f(x)\}^k f'(x)$ で $k=-1$ と見て積分する.
No
(分子の次数)≧(分母の次数)か.
Yes
分子の次数下げを行う.
No
分母を実数の範囲で因数分解する.
被積分関数を部分分数分解する.
部分分数分解後の分数の分母が
1 次式：$\int \frac{1}{x-a}dx=\log|x-a|+C$
2 次式：$\int \frac{x}{x^2+a}dx=\frac{1}{2}\log|x^2+a|+C$
$\int \frac{1}{x^2+a^2}dx$ は，
$x=a\tan\theta$ とおいて置換積分する.
Yes
被積分関数には，三角関数が入っているか.
Yes
被積分関数は，三角関数のみからできているか.
Yes
$(\cos x)^k\sin x$ or $(\sin x)^k\cos x$ の形をしているか.
Yes
$\{f(x)\}^k f'(x)$ の型と見て積分する.
No
2 倍角の公式，積和公式を用いて，三角関数の次数を下げてから積分.
No
被積分関数は，(三角関数)×(多項式)の形をしているか.
Yes
三角関数→積分　多項式関数→微分として部分積分.
No
$e^{ax}\cos bx$ の積分であれば，
$(e^{ax}\cos bx)'$，$(e^{ax}\sin bx)'$ から求める.
No
(　?　関数)×(多項式関数)の？は，指数関数か対数関数か.
対数
対数関数→微分，**多項式関数→積分**　とする部分積分.
指数
指数関数→積分，**多項式関数→微分**　とする部分積分.

1 $(x-p)^{\alpha}$ の積分

次の定積分を求めよ．

（1） $\displaystyle\int_0^3 x\sqrt{x+1}\,dx$ （愛知工大）　　（2） $\displaystyle\int_{-1}^0 \frac{x+1}{(x+2)(x+3)}dx$ （宮崎大・工，教文，農）

（$x-p$）で展開　x の多項式は $x-p$ で展開できる（☞本シリーズ「数Ⅱ」p.6，2・3）．すると，$\{(x-p)^{\alpha}\}'=\alpha(x-p)^{\alpha-1}$ なので，$x-p$ で展開した式はそのまま積分することができる．多項式のみならず，根号の中身が1次式である場合は，置換するまでもなく，$x-p$ で展開する筋に持ち込める．

分母が2次式の分数関数　分母が2次式（実数係数の範囲で因数分解できる）の分数関数は

$$\frac{ex+f}{(ax+b)(cx+d)}=\frac{A}{ax+b}+\frac{B}{cx+d}$$ （a，b，c，d，e，f は与えられた数）

となる A，B を求め，分母が1次式の分数の和に変形する（部分分数分解．☞本シリーズ「数Ⅱ」p.17）

分子を分母より低次に　$\dfrac{f(x)}{g(x)}$ で $f(x)$ の次数が $g(x)$ の次数以上のときは，$f(x)$ を $g(x)$ で割って，$f(x)=Q(x)g(x)+R(x)$　（$Q(x)$：商，$R(x)$：余り）となることを用いて，

$\dfrac{f(x)}{g(x)}=\dfrac{Q(x)g(x)+R(x)}{g(x)}=Q(x)+\dfrac{R(x)}{g(x)}$ と分子を分母より低次にしてから計算する．

解 答

（1） $x\sqrt{x+1}=(x+1)\sqrt{x+1}-\sqrt{x+1}=(x+1)^{\frac{3}{2}}-(x+1)^{\frac{1}{2}}$ なので

$$\int_0^3 x\sqrt{x+1}\,dx=\int_0^3\left\{(x+1)^{\frac{3}{2}}-(x+1)^{\frac{1}{2}}\right\}dx$$

$$=\left[(x+1)^{\frac{5}{2}}\cdot\frac{2}{5}-(x+1)^{\frac{3}{2}}\cdot\frac{2}{3}\right]_0^3=\left(\frac{64}{5}-\frac{16}{3}\right)-\left(\frac{2}{5}-\frac{2}{3}\right)=\mathbf{\frac{116}{15}}$$

ルートの中身で展開する．
⇦ $(x+1)\sqrt{x+1}=(x+1)^1(x+1)^{\frac{1}{2}}$
$=(x+1)^{\frac{3}{2}}$
なお，$\sqrt{x+1}=t$ とおいて置換すると，
$x=t^2-1$　$\dfrac{dx}{dt}=2t$
∴ $dx=2t\,dt$

x	$0\to3$
t	$1\to2$

（2） $\dfrac{x+1}{(x+2)(x+3)}=\dfrac{A}{x+2}+\dfrac{B}{x+3}$ が恒等式となる A，B を求める．

両辺に $(x+2)(x+3)$ をかけると，

$x+1=A(x+3)+B(x+2)$ ……①

$=(A+B)x+3A+2B$

両辺で，x の係数，定数項を比べて，

$1=A+B$，$1=3A+2B$

これを解いて，$A=-1$，$B=2$

⇦代入法を用いると，①に
$x=-2$ を代入して，$-1=A$
$x=-3$ を代入して，$-2=-B$
∴ $B=2$

これより，$\dfrac{x+1}{(x+2)(x+3)}=\dfrac{-1}{x+2}+\dfrac{2}{x+3}$

$$\int_{-1}^0\frac{x+1}{(x+2)(x+3)}dx=\int_{-1}^0\left(\frac{-1}{x+2}+\frac{2}{x+3}\right)dx$$

$$=\Big[-\log|x+2|+2\log|x+3|\Big]_{-1}^0$$

$=(-\log 2+2\log 3)-(2\log 2)=\mathbf{2\log 3-3\log 2}$

1 演習題（解答は p.96）

次の不定積分，または定積分を求めよ．

（1） $\displaystyle\int_1^4\frac{x}{\sqrt{2x+1}}dx$ （東京理科大・工）

（2） $\displaystyle\int\frac{2x^3+3x^2-16x-45}{x^2-9}dx$ （中部大・工）

（1） $2x+1$ で展開
（2） 分子を次数下げ

2 $\{f(x)\}^k f'(x)$ を見抜いて積分する

次の不定積分，または定積分を求めよ．

（1） $\displaystyle\int \frac{1}{x^2}\left(1+\frac{2}{x}\right)^2 dx$ （茨城大・工）　（2） $\displaystyle\int_0^2 \frac{2x}{x^2+1}dx$ （東京薬大・生命）

（3） $\displaystyle\int_0^{\sqrt{3}} (x+x^3)\sqrt{1+x^2}\,dx$ （東京都市大）　（4） $\displaystyle\int_1^4 \frac{1}{\sqrt{x}(\sqrt{x}+1)}dx$ （東京電機大）

$\{f(x)\}^k f'(x)$ と見る　積分は微分の逆演算であることをうまく利用しよう．$\{f(x)\}^{k+1}$ を微分すると，$(\{f(x)\}^{k+1})'=(k+1)\{f(x)\}^k f'(x)$ である．この式の両辺を積分することで，

$$\int \{f(x)\}^k f'(x)\,dx=\frac{1}{k+1}\{f(x)\}^{k+1}+C \quad (k \neq -1)$$

が成り立つ．k は整数でなくてもよい．$k=-1$ のときは，次のようになる．

$$\int \frac{f'(x)}{f(x)}dx=\log|f(x)|+C$$

積分する式（被積分関数）の一部のかたまりを $f(x)$ とおき，$f'(x)$ が式の中にないかどうかを探すとよい．特に分数形の場合は，分母に現れる式を微分してみて，分子にその形が現れないか確認しよう．なお，上の形そのものでなくても，微分すると被積分関数になるものを見つけられれば積分できる（見つけにくいときは，次頁のように置換積分を利用する）．

解 答

（1） $\left(1+\dfrac{2}{x}\right)'=-\dfrac{2}{x^2}$ なので，

$$\int \frac{1}{x^2}\left(1+\frac{2}{x}\right)^2 dx=-\frac{1}{2}\int\left(1+\frac{2}{x}\right)'\left(1+\frac{2}{x}\right)^2 dx=\boldsymbol{-\frac{1}{6}\left(1+\frac{2}{x}\right)^3+C}$$

⇦$f(x)=1+\dfrac{2}{x}$ とおくと，与式 $=-\dfrac{1}{2}\displaystyle\int\{f(x)\}^2 f'(x)\,dx$ となっている．

（2） $(x^2+1)'=2x$ なので

$$\int_0^2 \frac{2x}{x^2+1}dx=\int_0^2 \frac{(x^2+1)'}{x^2+1}dx=\Big[\log(x^2+1)\Big]_0^2=\boldsymbol{\log 5}$$

（3） $(1+x^2)'=2x$ なので

$$\int_0^{\sqrt{3}} (x+x^3)\sqrt{1+x^2}\,dx=\int_0^{\sqrt{3}}(1+x^2)^{\frac{3}{2}}x\,dx$$

⇦$x+x^3=x(1+x^2)$

$$=\frac{1}{2}\int_0^{\sqrt{3}}(1+x^2)^{\frac{3}{2}}(x^2+1)'\,dx=\frac{1}{2}\left[(1+x^2)^{\frac{5}{2}}\cdot\frac{2}{5}\right]_0^{\sqrt{3}}=\frac{32}{5}-\frac{1}{5}=\boldsymbol{\frac{31}{5}}$$

（4） $(\sqrt{x}+1)'=\dfrac{1}{2\sqrt{x}}$ なので

$$\int_1^4 \frac{1}{\sqrt{x}(\sqrt{x}+1)}dx=\int_1^4 \frac{2}{\sqrt{x}+1}(\sqrt{x}+1)'\,dx=\Big[2\log(\sqrt{x}+1)\Big]_1^4$$

$$=2(\log 3-\log 2)=\boldsymbol{2\log\frac{3}{2}}$$

▨ $\{f(x)\}^k f'(x)$ の形の関数を，この本では「特殊基本関数」と呼ぶ．

2 演習題 （解答は p.96）

次の定積分を求めよ．

（1） $\displaystyle\int_e^{e^4} \frac{1}{x(\log x)^2}dx$ （藤田医大・医）　（2） $\displaystyle\int_{\frac{\pi}{6}}^{\frac{\pi}{4}} \frac{1}{\tan^2 x\cos^2 x}dx$ （高知工科大）

（1）: $\log x$,（2）: $\tan x$ の微分は？

3 かたまりを t とおく置換積分

次の定積分を求めよ．

（1）$\displaystyle\int_0^1 \sqrt{1+2\sqrt{x}}\,dx$　（横浜国大・理工）　（2）$\displaystyle\int_0^1 \frac{e^{4x}}{e^{2x}+2}dx$　（宮崎大・工，教文，農）

$\sqrt{\quad}$ をまるごと t とおく　積分する式（被積分関数）に現れるかたまり $g(x)$ に着眼し，$t=g(x)$ とおくことで，被積分関数 $f(x)$ が t の関数として表せるとしよう（$f(x)=h(g(x))=h(t)$）．特に，根号の入った式のかたまり $g(x)$ に着目すると，$t=g(x)$ を逆関数を求める要領で変形して，$x=k(t)$ とできることが多い．この場合，$\dfrac{dx}{dt}=k'(t)$ から，$dx=k'(t)dt$ なので，

$\int f(x)dx=\int h(g(x))dx=\int h(t)k'(t)dt$ と変形できる．このとき，$h(t)k'(t)$ が原始関数の見つけやすい関数であれば，$f(x)$ も積分計算できることになる．なお，根号の中身を t とおいてもよいが，根号をまるごと文字でおいた方がやや楽なことが多い．かたまりは大き目におくのを原則にしよう．

解答

（1）$\sqrt{1+2\sqrt{x}}=t$ とおくと，積分区間の対応は，

x	$0\to1$
t	$1\to\sqrt{3}$

$1+2\sqrt{x}=t^2$　　$\therefore\ x=\left(\dfrac{t^2-1}{2}\right)^2=\dfrac{1}{4}(t^2-1)^2$

微分して，$\dfrac{dx}{dt}=\dfrac{1}{2}(t^2-1)\cdot 2t$　　$\therefore\ dx=t(t^2-1)dt$

$$\int_0^1\sqrt{1+2\sqrt{x}}\,dx=\int_1^{\sqrt{3}}t\cdot t(t^2-1)dt=\int_1^{\sqrt{3}}(t^4-t^2)dt$$

$$=\left[\frac{1}{5}t^5-\frac{1}{3}t^3\right]_1^{\sqrt{3}}=\left(\frac{9}{5}\sqrt{3}-\sqrt{3}\right)-\left(\frac{1}{5}-\frac{1}{3}\right)=\boldsymbol{\frac{4}{5}\sqrt{3}+\frac{2}{15}}$$

（2）$e^{2x}+2=t$ とおくと，積分区間の対応は，

x	$0\to1$
t	$3\to e^2+2$

微分して，$2e^{2x}=\dfrac{dt}{dx}$　　$\therefore\ 2e^{2x}dx=dt$　　$\therefore\ 2(t-2)dx=dt$

$$\int_0^1\frac{e^{4x}}{e^{2x}+2}dx=\int_3^{e^2+2}\frac{(t-2)^2}{t}\cdot\frac{1}{2(t-2)}dt=\int_3^{e^2+2}\frac{t-2}{2t}dt$$

$$=\int_3^{e^2+2}\left(\frac{1}{2}-\frac{1}{t}\right)dt=\left[\frac{1}{2}t-\log|t|\right]_3^{e^2+2}$$

$$=\frac{1}{2}(e^2+2)-\log(e^2+2)-\frac{3}{2}+\log 3$$

$$=\boldsymbol{\frac{1}{2}e^2-\frac{1}{2}-\log(e^2+2)+\log 3}$$

3 演習題（解答は p.96）

次の定積分を求めよ．

（1）$\displaystyle\int_1^e\frac{\sqrt{1+\log x}}{x}dx$　（宮崎大・教，工）

（2）$\displaystyle\int_0^{\log 3}\frac{dx}{e^x+5e^{-x}-2}$　（横浜国大・理工）

（1）$\sqrt{\quad}$ を t とおく．
（2）$e^x=t$ とおく．
○4 も使う

4 特殊な形の積分／$(a^2-x^2)^k$，$(a^2+x^2)^k$ の定積分

次の定積分を求めよ．

（1）$\displaystyle\int_{\frac{1}{2}}^{1}\sqrt{1-x^2}\,dx$ （東京都市大・工，知識工）　（2）$\displaystyle\int_0^1\frac{1}{1+3x^2}dx$ （北里大・医）

（3）$\displaystyle\int_0^{\sqrt{2}}\frac{x^2}{\sqrt{2-x^2}}dx$ （甲南大・理工）

$(a^2-x^2)^k$，$(a^2+x^2)^k$ 型の関数の積分　これらは三角関数を用いて置換するのが定石である．それぞれ，$(a^2-x^2)^k$ ⇨ $x=a\sin\theta$ $\left(-\dfrac{\pi}{2}\leqq\theta\leqq\dfrac{\pi}{2}\right)$，$(a^2+x^2)^k$ ⇨ $x=a\tan\theta$ $\left(-\dfrac{\pi}{2}<\theta<\dfrac{\pi}{2}\right)$ と置換する．$1-\sin^2\theta=\cos^2\theta$，$1+\tan^2\theta=\dfrac{1}{\cos^2\theta}$ の公式と関連づけて覚えておこう．

ただし，$(a^2-x^2)^{\frac{1}{2}}=\sqrt{a^2-x^2}$ は，$y=\sqrt{a^2-x^2}$ が原点を中心とした円の一部を表しているので，円の面積を経由して定積分を求めると早い．

解答

（1）$x=\sin\theta$ $\left(0\leqq\theta\leqq\dfrac{\pi}{2}\right)$ とおくと，$\dfrac{dx}{d\theta}=\cos\theta$　$\therefore$ $dx=\cos\theta\,d\theta$

$$\int_{\frac{1}{2}}^{1}\sqrt{1-x^2}\,dx=\int_{\frac{\pi}{6}}^{\frac{\pi}{2}}\sqrt{1-\sin^2\theta}\cos\theta\,d\theta=\int_{\frac{\pi}{6}}^{\frac{\pi}{2}}\cos^2\theta\,d\theta=\int_{\frac{\pi}{6}}^{\frac{\pi}{2}}\frac{1+\cos2\theta}{2}d\theta$$

$$=\left[\frac{1}{2}\theta+\frac{1}{4}\sin2\theta\right]_{\frac{\pi}{6}}^{\frac{\pi}{2}}=\frac{\pi}{4}-\left(\frac{\pi}{12}+\frac{\sqrt{3}}{8}\right)=\boldsymbol{\frac{\pi}{6}-\frac{\sqrt{3}}{8}}$$

⇦積分区間の対応は

x	$\frac{1}{2}\to1$
θ	$\frac{\pi}{6}\to\frac{\pi}{2}$

$0\leqq\theta\leqq\pi/2$ のとき，$\cos\theta\geqq0$
$\sqrt{1-\sin^2\theta}=\cos\theta$

（2）$\sqrt{3}\,x=\tan\theta$ $\left(0\leqq\theta<\dfrac{\pi}{2}\right)$ とおくと，$\sqrt{3}\,\dfrac{dx}{d\theta}=\dfrac{1}{\cos^2\theta}$　$\therefore$ $dx=\dfrac{d\theta}{\sqrt{3}\cos^2\theta}$

$$\int_0^1\frac{1}{1+3x^2}dx=\int_0^{\frac{\pi}{3}}\frac{1}{1+\tan^2\theta}\cdot\frac{1}{\sqrt{3}\cos^2\theta}d\theta=\int_0^{\frac{\pi}{3}}\cos^2\theta\cdot\frac{1}{\sqrt{3}\cos^2\theta}d\theta$$

$$=\int_0^{\frac{\pi}{3}}\frac{1}{\sqrt{3}}d\theta=\left[\frac{1}{\sqrt{3}}\theta\right]_0^{\frac{\pi}{3}}=\boldsymbol{\frac{\pi}{3\sqrt{3}}}$$

⇦積分区間の対応は

x	$0\to1$
θ	$0\to\frac{\pi}{3}$

（3）$x=\sqrt{2}\sin\theta$ $\left(0\leqq\theta\leqq\dfrac{\pi}{2}\right)$ とおくと，$\dfrac{dx}{d\theta}=\sqrt{2}\cos\theta$　$\therefore$ $dx=\sqrt{2}\cos\theta\,d\theta$

$$\int_0^{\sqrt{2}}\frac{x^2}{\sqrt{2-x^2}}dx=\int_0^{\frac{\pi}{2}}\frac{2\sin^2\theta}{\sqrt{2(1-\sin^2\theta)}}\cdot\sqrt{2}\cos\theta\,d\theta=\int_0^{\frac{\pi}{2}}2\sin^2\theta\,d\theta$$

$$=\int_0^{\frac{\pi}{2}}(1-\cos2\theta)\,d\theta=\left[\theta-\frac{1}{2}\sin2\theta\right]_0^{\frac{\pi}{2}}=\boldsymbol{\frac{\pi}{2}}$$

⇦積分区間の対応は

x	$0\to\sqrt{2}$
θ	$0\to\frac{\pi}{2}$

【(1)の別解】　$y=\sqrt{1-x^2}$ は，原点を中心とした単位円の $y\geqq0$ の部分．
$\displaystyle\int_{\frac{1}{2}}^{1}\sqrt{1-x^2}\,dx$ は右図の網目部分の面積を表す．
扇形から三角形の面積を引いて，

$$\int_1^{\frac{1}{2}}\sqrt{1-x^2}\,dx=\frac{\pi\cdot1^2}{6}-\frac{1}{2}\cdot\frac{1}{2}\cdot\frac{\sqrt{3}}{2}=\boldsymbol{\frac{\pi}{6}-\frac{\sqrt{3}}{8}}$$

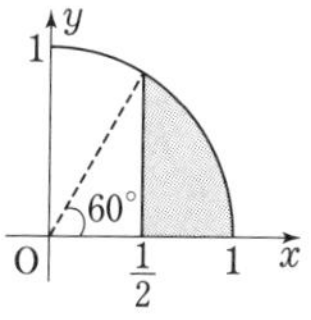

⇦$y=\sqrt{1-x^2}$
$\Longleftrightarrow$ $y^2=1-x^2$，$y\geqq0$
$\Longleftrightarrow$ $x^2+y^2=1$，$y\geqq0$
となる．

4 演習題 （解答は p.97）

次の定積分を求めよ．ただし，$a>0$ とする．

（1）$\displaystyle\int_0^1\frac{1-x}{(1+x^2)^2}dx$ （岡山県立大一中）　（2）$\displaystyle\int_0^a\frac{x}{1+\sqrt{a^2-x^2}}dx$ （信州大・繊維）

（1）$1+x^2$ に着目．
（2）$\sqrt{a^2-x^2}$ に着目．

5 部分分数分解／分母に( )^{n}があるタイプ

等式 $\dfrac{1}{(x-1)^2(x+2)}=\dfrac{A}{x-1}+\dfrac{B}{(x-1)^2}+\dfrac{C}{x+2}$ が x についての恒等式であるとき，定数 A，B，C の値は，$A=$ ☐，$B=$ ☐，$C=$ ☐ であり，定積分 $\displaystyle\int_2^4 \frac{dx}{(x-1)^2(x+2)}$ の値は ☐ である．

（北里大・医）

分数関数の積分　分母が3次以上の分数式の場合，部分分数分解（☞本シリーズ「数Ⅱ」p.17）の誘導がついている場合も多い．

分母が2次式の場合　実数係数の範囲で因数分解できない2次式 $x^2+2ax+b$ $(a^2-b<0)$ を分母に持つ分数関数を積分するには，$\dfrac{cx+d}{x^2+2ax+b}=\dfrac{c\{(x^2+2ax+b)'\div 2\}}{x^2+2ax+b}+\dfrac{d-ac}{(x+a)^2+b-a^2}$ と分解し，第1項は ○2 の形，第2項は $x+a=\sqrt{b-a^2}\tan\theta$ とおいて置換積分する．

解答

$$\frac{1}{(x-1)^2(x+2)}=\frac{A}{x-1}+\frac{B}{(x-1)^2}+\frac{C}{x+2}$$

に $(x-1)^2(x+2)$ を掛けると，

$$1=A(x-1)(x+2)+B(x+2)+C(x-1)^2$$

この式に $x=1$，-2，0 を代入すると，

$$1=3B,\ 1=9C,\ 1=-2A+2B+C$$

これを解いて，$\boldsymbol{A=-\dfrac{1}{9}}$，$\boldsymbol{B=\dfrac{1}{3}}$，$\boldsymbol{C=\dfrac{1}{9}}$

⇦右辺を展開して，両辺の係数を比べてもよい．
2次の係数より，$A+C=0$
1次の係数より，$A+B-2C=0$
定数項より，$-2A+2B+C=1$
これを解いて，
$A=-\dfrac{1}{9}$，$B=\dfrac{1}{3}$，$C=\dfrac{1}{9}$

よって，$\dfrac{1}{(x-1)^2(x+2)}=-\dfrac{1}{9(x-1)}+\dfrac{1}{3(x-1)^2}+\dfrac{1}{9(x+2)}$

積分して，

$$\int_2^4\left\{-\frac{1}{9(x-1)}\right\}dx+\int_2^4\frac{1}{3(x-1)^2}dx+\int_2^4\frac{1}{9(x+2)}dx$$

$$=\left[-\frac{1}{9}\log|x-1|\right]_2^4+\left[-\frac{1}{3(x-1)}\right]_2^4+\left[\frac{1}{9}\log|x+2|\right]_2^4$$

$$=-\frac{1}{9}\log 3-\frac{1}{3}\left(\frac{1}{3}-1\right)+\frac{1}{9}(\log 6-\log 4)$$

$$=\frac{2}{9}+\frac{1}{9}\log\frac{6}{4\cdot 3}=\frac{2}{9}+\frac{1}{9}\log\frac{1}{2}=\boldsymbol{\frac{2}{9}-\frac{1}{9}\log 2}$$

⇦$\dfrac{1}{9}(\log 6-\log 4-\log 3)$

5 演習題（解答は p.97）

（1） 次の式が成り立つように，定数 A，B，C，D を定めよ．

$$\frac{8}{x^4+4}=\frac{Ax+B}{x^2+2x+2}+\frac{Cx+D}{x^2-2x+2}$$

（2） $\tan\dfrac{\pi}{8}$，$\tan\dfrac{3}{8}\pi$ の値を求めよ．

（3） 次の定積分を求めよ．

$$\int_{-\sqrt{2}}^{\sqrt{2}}\frac{8}{x^4+4}dx$$

（信州大・医ー後）

（2） 半角の公式を用いる．
（3） （1）の右辺の分数の分母を平方完成する．

6 部分積分法／$x^k\times$(三角，指数，対数関数)

次の不定積分，定積分を求めよ．

（1） $\displaystyle\int x^2\sin x\,dx$ （東京都市大・工，知識工）　（2） $\displaystyle\int_1^{e^2} x^2\log x\,dx$ （関東学院大）

（3） $\displaystyle\int_0^1 xe^{x+1}dx$ （茨城大）

基本関数の積の不定積分でも簡単に求められるとは限らない 基本関数の和であれば不定積分はすぐに分かるが，積の場合はそうとは限らない．三角関数どうしの積なら，積→和の公式を用いて和の形に直せるが（☞○8），一般にはそうはいかない．こんなときに活躍するのが部分積分法である．

$x^k\times$三角関数，$x^k\times$指数関数，$x^k\times$対数関数　の場合については，次のようにするのが定石である．

対数関数は微分，三角・指数関数は積分 部分積分の公式

$$\int f(x)g(x)dx=F(x)g(x)-\int F(x)g'(x)dx$$

（$F(x)$ は $f(x)$ の原始関数）

（$f(x)$ → $F(x)$：積分，$g(x)$ → $g(x)$：そのまま，$f(x)$ → $F(x)$：積分，$g(x)$ → $g'(x)$：微分）

の右辺の第2項では，$f(x)$ は積分，$g(x)$ は微分されている．

多項式で表される関数（多項式関数）は，微分をくり返すと次数が下がっていき，しまいには定数になる．一方，三角関数は積分をくり返すと，$\sin x$ ⇨ $-\cos x$ ⇨ $-\sin x$ ⇨ $\cos x$ ⇨ $\sin x$，指数関数は，e^x ⇨ e^x と循環する．

よって，$x^k\times$(三角・指数関数) の型の積分を求めるには，部分積分の公式で，多項式関数を微分，三角関数，指数関数を積分すれば，多項式関数の次数が下がって積分が求まる．

また，$\log x$ を微分すると $\dfrac{1}{x}$ なので，$x^k\times$(対数関数) の型の積分を求めるには，部分積分の公式で，多項式関数を積分，対数関数を微分するとよい．対数関数が多項式関数に吸収されてしまうからである．

解答

（1） $\displaystyle\int x^2\sin x\,dx=x^2(-\cos x)-\int 2x(-\cos x)dx$

$\displaystyle=-x^2\cos x+2\int x\cos x\,dx=-x^2\cos x+2\left(x\sin x-\int 1\cdot\sin x\,dx\right)$

$=\boldsymbol{-x^2\cos x+2x\sin x+2\cos x+C}$（$C$ は積分定数）

⇦ $\sin x$ を積分，x^2 を微分 $x^2\sin x=x^2(-\cos x)'$ と見る．

⇦ $\cos x$ を積分，x を微分 $x\cos x=x(\sin x)'$ と見る．

（2） $\displaystyle\int_1^{e^2} x^2\log x\,dx=\left[\frac{1}{3}x^3\log x\right]_1^{e^2}-\int_1^{e^2}\frac{1}{3}x^3\cdot\frac{1}{x}dx$

$\displaystyle=\frac{1}{3}e^6\cdot\log(e^2)-\left[\frac{1}{9}x^3\right]_1^{e^2}=\frac{2}{3}e^6-\left(\frac{1}{9}e^6-\frac{1}{9}\right)=\boldsymbol{\frac{5}{9}e^6+\frac{1}{9}}$

⇦ x^2 を積分，$\log x$ を微分 $x^2\log x=\left(\dfrac{1}{3}x^3\right)'\log x$ と見る．

（3） $\displaystyle\int_0^1 xe^{x+1}dx=\left[xe^{x+1}\right]_0^1-\int_0^1 1\cdot e^{x+1}dx=e^2-\left[e^{x+1}\right]_0^1$

$=e^2-(e^2-e)=\boldsymbol{e}$

⇦ e^{x+1} を積分，x を微分 $xe^{x+1}=x(e^{x+1})'$ と見る．

6 演習題 （解答は p.98）

次の不定積分，定積分を求めよ．

（1） $\displaystyle\int_1^{e^2}\frac{\log x}{x^2}dx$ （青山学院大・社情）

（2） $\displaystyle\int_0^1 x^3\log(x^2+1)dx$ （宮崎大・教文，工）

（3） $\displaystyle\int_2^3 (x^2+5)e^x dx$ （東京電機大）

（1），（2） log は微分しやすい．（3） x^2 を2回微分すると定数になる．

7 部分積分法／指数×三角関数，(対数関数)^2

次の不定積分，定積分を求めよ．

（1） $\int e^{-x}\sin x\,dx$ （信州大・繊維）　（2） $\int_1^e(\log x)^2dx$ （東京電機大）

（(指数)×(三角)） 指数関数も三角関数も，微分をくり返すと循環するので，部分積分を2回使うともとの形の積分が出てくる．このことから積分を求める．循環するので，求める積分をIとおく．

（$\log x$は，$1\cdot\log x$と見る） $x^k\log x$の積分を求めるには，前頁で示したように部分積分を用い，x^kを積分する方の関数，$\log x$を微分する方の関数とした．$k=0$で，見た目にはxがない場合でも同様である．気づきにくいので覚えておいた方がよい．

解答

（1） 求める積分をIとおく．部分積分を用いて，

$$I=\int \underline{e^{-x}\sin x}\,dx=e^{-x}(-\cos x)-\int(-e^{-x})(-\cos x)\,dx$$

$$=-e^{-x}\cos x-\int \underline{e^{-x}\cos x}\,dx$$

$$=-e^{-x}\cos x-\left(e^{-x}\sin x-\int(-e^{-x})\sin x\,dx\right)$$

$$=-e^{-x}\cos x-e^{-x}\sin x-\int e^{-x}\sin x\,dx$$

$$=-e^{-x}\cos x-e^{-x}\sin x-I$$

よって，Iについて解き，$I=-\frac{1}{2}(e^{-x}\cos x+e^{-x}\sin x)+C$（$C$は積分定数）

⇦e^{-x}を微分，$\sin x$を積分．$e^{-x}(-\cos x)'$と見る．

⇦$e^{-x}\cos x$についてもう一度，部分積分．e^{-x}を微分，$\cos x$を積分．$e^{-x}(\sin x)'$と見る．

左の解答では，まずIを$e^{-x}(-\cos x)'$と見たが，$e^{-x}\sin x=(-e^{-x})'\sin x$と見てもよい．

【(1)の別解】 （微分して$e^{ax}\sin bx$となるものを探す）

$$(e^{ax}\cos bx)'=ae^{ax}\cos bx-be^{ax}\sin bx \quad\cdots\cdots①$$

$$(e^{ax}\sin bx)'=ae^{ax}\sin bx+be^{ax}\cos bx \quad\cdots\cdots②$$

$\{-①\times b+②\times a\}\div(a^2+b^2)$を計算すると，

$$\left(-\frac{b}{a^2+b^2}e^{ax}\cos bx+\frac{a}{a^2+b^2}e^{ax}\sin bx\right)'=e^{ax}\sin bx$$

（1）は，$a=-1$，$b=1$のときである．

⇦$Ae^{ax}\cos bx+Be^{ax}\sin bx$の形が候補．

（2） $\int_1^e(\log x)^2dx=\int_1^e(x)'(\log x)^2dx$

$$=\Big[x(\log x)^2\Big]_1^e-\int_1^e x\cdot\underline{2(\log x)\cdot\frac{1}{x}}\,dx$$

$$=e-2\underline{\int_1^e\log x\,dx}$$

$$=e-2\Big[x\log x-x\Big]_1^e=e-2$$

⇦ $\{(\log x)^2\}'=2(\log x)(\log x)'$
$\qquad=2(\log x)\cdot\frac{1}{x}$

⇦$\log x$の積分は部分積分を用いる．

$$\int\log x\,dx=\int(x)'\log x\,dx$$
$$=x\log x-\int x\cdot\frac{1}{x}dx$$
$$=x\log x-x+C$$

この程度は公式として覚えておこう．

7 演習題（解答は p.99）

次の定積分を求めよ．

$\int_0^\pi e^{-x}x\sin x\,dx$ （信州大・繊維）

e^{-x}，x，$\sin x$のうちで微分するのはどれ？

8 三角関数の積分／$\{f(x)\}^k f'(x)$型，積和公式

次の定積分を計算せよ．

（1） $\displaystyle\int_0^{\pi}\sin^3 x\,dx$　（関東学院大・理工，建築，環境）　（2） $\displaystyle\int_0^{\pi}\sin^4 x\,dx$　（高知工科大－後）

（3） $\displaystyle\int_0^{\pi}(\cos 3x\sin 2x+\cos^2 x)\,dx$　（国士舘大・工）

置換がダメなら，積和，倍角　三角関数を含む関数の積分計算では，$t=\sin x$ or $t=\cos x$ などとおいて，$f(\sin x)(\sin x)'$ or $f(\cos x)(\cos x)'$ の形に変形できないかを試してみる．この形であれば，置換積分や○2の方法で計算できる．特に，$\cos^{2n+1}x$ or $\sin^{2n+1}x$ など，三角関数の奇数乗の形の関数の積分は，$\cos^{2n+1}x=(1-\sin^2 x)^n(\sin x)'$，$\sin^{2n+1}x=(1-\cos^2 x)^n(-\cos x)'$ として，これを展開することにより $\{f(x)\}^k f'(x)$ 型の和に持ち込んで計算できる．

また，置換積分で計算できないときは，積→和の公式・倍角の公式（☞本シリーズ「数Ⅱ」p.53）を使って，“関数の積を関数の和”に変形してから積分しよう．

解答

（1） $\sin^3 x=(1-\cos^2 x)\sin x=(1-\cos^2 x)(-\cos x)'$

$=-(1-\cos^2 x)(\cos x)'$

$\displaystyle\int_0^{\pi}\sin^3 x\,dx=-\int_0^{\pi}(1-\cos^2 x)(\cos x)'dx$

$\displaystyle=-\int_0^{\pi}(\cos x)'dx+\int_0^{\pi}\cos^2 x(\cos x)'dx=-\Big[\cos x\Big]_0^{\pi}+\left[\frac{\cos^3 x}{3}\right]_0^{\pi}$

$\displaystyle=-(-1-1)+\left(-\frac{1}{3}-\frac{1}{3}\right)=\boldsymbol{\frac{4}{3}}$

⇦慣れてきたら $\displaystyle\int(1-\cos^2 x)(\cos x)'dx=\cos x-\frac{1}{3}\cos^3 x+C$ とできるようにしたい．

（2） $\displaystyle\sin^4 x=(\sin^2 x)^2=\left\{\frac{1}{2}(1-\cos 2x)\right\}^2=\frac{1}{4}-\frac{1}{2}\cos 2x+\frac{1}{4}\cos^2 2x$

$\displaystyle=\frac{1}{4}-\frac{1}{2}\cos 2x+\frac{1}{4}\cdot\frac{1}{2}(1+\cos 4x)=\frac{3}{8}-\frac{1}{2}\cos 2x+\frac{1}{8}\cos 4x$ なので，

⇦$\displaystyle\sin^2 x=\frac{1-\cos 2x}{2}$，$\displaystyle\cos^2 2x=\frac{1+\cos 4x}{2}$

$\displaystyle\int_0^{\pi}\sin^4 x\,dx=\int_0^{\pi}\left(\frac{3}{8}-\frac{1}{2}\cos 2x+\frac{1}{8}\cos 4x\right)dx$

$\displaystyle=\left[\frac{3}{8}x-\frac{1}{4}\sin 2x+\frac{1}{32}\sin 4x\right]_0^{\pi}=\boldsymbol{\frac{3}{8}\pi}$

（3） $\displaystyle\int_0^{\pi}(\cos 3x\sin 2x+\cos^2 x)\,dx$

⇦「積→和」の公式 $\displaystyle\cos\alpha\sin\beta=\frac{1}{2}\{\sin(\alpha+\beta)-\sin(\alpha-\beta)\}$

$\displaystyle=\int_0^{\pi}\left\{\frac{1}{2}(\sin 5x-\sin x)+\frac{1}{2}(1+\cos 2x)\right\}dx$

$\displaystyle=\left[-\frac{1}{10}\cos 5x+\frac{1}{2}\cos x+\frac{1}{2}x+\frac{1}{4}\sin 2x\right]_0^{\pi}$

$\displaystyle=\left(\frac{1}{10}-\frac{1}{2}+\frac{\pi}{2}\right)-\left(-\frac{1}{10}+\frac{1}{2}\right)=\boldsymbol{-\frac{4}{5}+\frac{\pi}{2}}$

8 演習題（解答は p.99）

次の不定積分，定積分を求めよ．

（1） $\displaystyle\int_0^{\frac{\pi}{3}}\left(\cos^2 x\sin 3x-\frac{1}{4}\sin 5x\right)dx$　（宮崎大・教文，工）

（2） $\displaystyle\int\frac{\cos^3 x}{\sin^2 x}dx$　（信州大・繊維－後期）　（3） $\displaystyle\int_{-\frac{\pi}{6}}^{\frac{\pi}{6}}\frac{dx}{\cos x}$　（成蹊大・理工）

上の（1）～（3）のどれにあたるか．

9 三角関数の積分／$\tan\dfrac{x}{2}=t$ とおく

（1） $t=\tan\dfrac{x}{2}$ $(-\pi<x<\pi)$ とおく．このとき，

$$\sin x=\frac{2t}{1+t^2},\quad \cos x=\frac{1-t^2}{1+t^2},\quad \frac{dx}{dt}=\frac{2}{1+t^2}$$

であることを示せ．

（2） 次の定積分を求めよ．

$$\int_0^{\frac{\pi}{2}}\frac{1}{\sin x+\cos x+1}dx$$

（富山大・理(数)，医，薬／一部省略）

$\tan\dfrac{x}{2}=t$ とおく　$\sin x$，$\cos x$ の式は，倍角の公式を利用すると $\tan\dfrac{x}{2}$（$=t$ とおく）の式で表せる．$\tan\dfrac{x}{2}=t$ とおいて置換積分すると，被積分関数を t の多項式や分数式に直せる．

$\cos^2x$，$\sin^2x$ で表される関数の場合は，$t=\tan\dfrac{x}{2}$ ではなく，$t=\tan x$ とおくとよい．

解 答

（1） $$\sin x=\frac{\sin x}{1}=\frac{2\sin\frac{x}{2}\cos\frac{x}{2}}{\cos^2\frac{x}{2}+\sin^2\frac{x}{2}}=\frac{2\tan\frac{x}{2}}{1+\tan^2\frac{x}{2}}=\frac{2t}{1+t^2}$$

⇦分母分子を $\cos^2\dfrac{x}{2}$ で割る．

$$\cos x=\frac{\cos x}{1}=\frac{\cos^2\frac{x}{2}-\sin^2\frac{x}{2}}{\cos^2\frac{x}{2}+\sin^2\frac{x}{2}}=\frac{1-\tan^2\frac{x}{2}}{1+\tan^2\frac{x}{2}}=\frac{1-t^2}{1+t^2}$$

$t=\tan\dfrac{x}{2}$ を微分して，$\dfrac{dt}{dx}=\dfrac{1}{\cos^2\frac{x}{2}}\cdot\dfrac{1}{2}=\dfrac{1}{2}\left(1+\tan^2\dfrac{x}{2}\right)=\dfrac{1+t^2}{2}$

$$\therefore\quad \frac{dx}{dt}=\frac{2}{1+t^2}$$

（2） （1）より，$dx=\dfrac{2}{1+t^2}dt$

⇦積分区間は，$t=\tan\dfrac{x}{2}$ より

x	$0\to\frac{\pi}{2}$
t	$0\to1$

$$\int_0^{\frac{\pi}{2}}\frac{1}{\sin x+\cos x+1}dx=\int_0^1\frac{1}{\frac{2t}{1+t^2}+\frac{1-t^2}{1+t^2}+1}\cdot\frac{2}{1+t^2}dt$$

$$=\int_0^1\frac{2}{2t+(1-t^2)+(1+t^2)}dt=\int_0^1\frac{1}{1+t}dt=\Big[\log(1+t)\Big]_0^1=\mathbf{\log 2}$$

9 演習題（解答は p.99）

$t=\tan x$ とおく．

（1） $\dfrac{t^2}{1+t^2}=\sin^2x$ を証明せよ．　（2） $\dfrac{dx}{dt}$ を t の式で表せ．

（3） 不定積分 $\displaystyle\int\frac{1}{\sin^4x}dx$ を求めよ．

（東京電機大）

（3） $\dfrac{1}{\sin^3x}$ ならば $\cos x=t$ とおけばよいが，偶数乗なので，本問のように置換する．

10 対称性を用いた定積分

$f(x)$ は連続な関数とする．

（1） 次の等式が成り立つ定数 A を求めよ． $\int_0^{\pi} xf(\sin x)\,dx = A\int_0^{\pi} f(\sin x)\,dx$

（2） 定積分 $\int_0^{\pi} \frac{x\sin x}{8+\sin^2 x}\,dx$ を計算せよ． （大阪教大／一部省略）

$t=\pi-x$ とおいて置換積分 （1）は頻出なので，$t=\pi-x$ とおく1手目を覚えておきたい．
また，演習題のように積分区間が $x:-a\to a$ のとき，積分区間を $-a\to 0$ と $0\to a$ に分け，$x:-a\to 0$ の方を，$t=-x$ と置換して，積分区間を $0\to a$ に合わせる場合もある．
このタイプは定積分を I とおくと，答案が書きやすい．本問の場合，（1）の与式の左辺を I とおく．

解答

（1） $\pi-x=t$ とおくと，$x=\pi-t$ より，$\frac{dx}{dt}=-1$ $\quad\therefore\ dx=-dt$

与式の左辺の定積分を I とおく．

$$I=\int_0^{\pi} xf(\sin x)\,dx=\int_{\pi}^{0}(\pi-t)f(\sin(\pi-t))\cdot(-1)\,dt=-\int_{\pi}^{0}(\pi-t)f(\sin t)\,dt$$

$$=\int_0^{\pi}(\pi-t)f(\sin t)\,dt=\int_0^{\pi}(\pi-x)f(\sin x)\,dx$$

⇦文字 t のかわりに文字 x を使っている．単なる文字の書きかえ．

$$=\pi\int_0^{\pi} f(\sin x)\,dx-\int_0^{\pi} xf(\sin x)\,dx=\pi\int_0^{\pi} f(\sin x)\,dx-I$$

$$\therefore\ 2I=\pi\int_0^{\pi} f(\sin x)\,dx \qquad \therefore\ I=\frac{\pi}{2}\int_0^{\pi} f(\sin x)\,dx$$

よって，$\boldsymbol{A=\frac{\pi}{2}}$

（2） （1）で，$f(x)=\frac{x}{8+x^2}$ とおくと，

⇦関数 $\frac{x}{8+x^2}$ は連続な関数．

$$\int_0^{\pi}\frac{x\sin x}{8+\sin^2 x}\,dx=\frac{\pi}{2}\int_0^{\pi}\frac{\sin x}{8+\sin^2 x}\,dx=\frac{\pi}{2}\int_0^{\pi}\frac{1}{9-\cos^2 x}\sin x\,dx \quad\cdots\cdots①$$

$\cos x=t$ とおくと，

x	$0\to\pi$
t	$1\to -1$

微分して，$-\sin x\,dx=dt$

⇦$-\sin x=\frac{dt}{dx}$

$$①=\frac{\pi}{2}\int_1^{-1}\frac{1}{9-t^2}(-dt)=\frac{\pi}{2}\int_{-1}^{1}\frac{1}{9-t^2}\,dt=\pi\int_0^{1}\frac{1}{9-t^2}\,dt$$

⇦$\frac{1}{9-t^2}$ は偶関数なので．

$$=\pi\int_0^1\left\{\frac{1}{6}\left(\frac{1}{3-t}+\frac{1}{3+t}\right)\right\}dt=\pi\left[-\frac{1}{6}\log|3-t|+\frac{1}{6}\log|3+t|\right]_0^1$$

⇦$\frac{1}{9-t^2}=\frac{a}{3-t}+\frac{b}{3+t}$ とおくと，
$1=a(3+t)+b(3-t)$ より，
$1=3a+3b$，$0=a-b$
これを解いて，$a=\frac{1}{6}$，$b=\frac{1}{6}$

$$=\pi\left[\frac{1}{6}\log\left|\frac{3+t}{3-t}\right|\right]_0^1=\boldsymbol{\frac{\pi}{6}\log 2}$$

➡**注** $A=\frac{\pi}{2}$ のとき，（1）の式の 左辺－右辺 は，$\int_0^{\pi}\left(x-\frac{\pi}{2}\right)f(\sin x)\,dx$ となる．ここで，$g(x)=\left(x-\frac{\pi}{2}\right)f(\sin x)$ とおくと，$g\left(\frac{\pi}{2}-t\right)=-g\left(\frac{\pi}{2}+t\right)$ なので，$y=g(x)$ のグラフは点 $(\pi/2,\ 0)$ に関して点対称であり，区間 $[0,\ \pi]$ で積分すると0になる．

10 演習題 （解答は p.100）

関数 $f(x)$ を偶関数とするとき，次の問いに答えよ．ただし，a は正の定数である．

（1） $\int_{-a}^{a}\frac{f(x)}{e^x+1}\,dx=\int_0^a f(x)\,dx$ を示せ．

（2） $\int_{-a}^{a}\frac{x^2\cos x+e^x}{e^x+1}\,dx$ を求めよ．

（信州大・理，医－後）

積分区間 $[-a,\ a]$ の負の部分 $[-a,\ 0]$ を $[0,\ a]$ に直すには？

11 定積分関数の最大・最小

(1) 次の定積分を求めなさい．

(a) $\displaystyle\int_0^{\pi} x\cos x\,dx$　　　(b) $\displaystyle\int_0^{\pi}\cos^2 x\,dx$

(2) 次の定積分を最小にする定数 a の値と，最小値を求めなさい．

$$\int_0^{\pi}\left(x-\frac{\pi}{2}-a\cos x\right)^2 dx$$

(山口大・理(数)－後)

積分変数以外の文字は外へ出せる　a が積分変数と無関係な文字の場合，

$$\int_\alpha^\beta af(x)\,dx=a\int_\alpha^\beta f(x)\,dx$$

が成り立つ．積分変数と無関係な文字は，積分計算をするときは定数として扱うことができ，積分記号の外へくくり出せる．

(2)では x について積分しているので，定積分の計算後には x は姿を消し，a だけが残り，a の関数となるのである．被積分関数は a の2次式なので，定積分をしたあとの式も a の2次式である．与えられた式から，定積分後の式の予想がつくようにしておきたい．

解 答

(1)(a) $\displaystyle\int_0^{\pi} x\cos x\,dx=\Big[x\sin x\Big]_0^{\pi}-\int_0^{\pi}1\cdot\sin x\,dx$

$\displaystyle=0-0-\Big[-\cos x\Big]_0^{\pi}=(-1)-1=\mathbf{-2}$

⇦ x を微分，$\cos x$ を積分して部分積分．$x(\sin x)'$ と見る．

(b) $\displaystyle\int_0^{\pi}\cos^2 x\,dx=\int_0^{\pi}\frac{1+\cos 2x}{2}dx=\left[\frac{1}{2}x+\frac{1}{4}\sin 2x\right]_0^{\pi}=\boldsymbol{\frac{\pi}{2}}$

(2) $\displaystyle\left(x-\frac{\pi}{2}-a\cos x\right)^2=a^2\cos^2 x-2a\left(x\cos x-\frac{\pi}{2}\cos x\right)+\left(x-\frac{\pi}{2}\right)^2$

⇦ $\displaystyle\left\{a\cos x-\left(x-\frac{\pi}{2}\right)\right\}^2$ を a について展開．

ここで，$\displaystyle\int_0^{\pi}\cos x\,dx=\Big[\sin x\Big]_0^{\pi}=0$，$\displaystyle\int_0^{\pi}\left(x-\frac{\pi}{2}\right)^2 dx=\left[\frac{1}{3}\left(x-\frac{\pi}{2}\right)^3\right]_0^{\pi}=\frac{\pi^3}{12}$

これと(1)の結果を用いて，

$\displaystyle\int_0^{\pi}\left(x-\frac{\pi}{2}-a\cos x\right)^2 dx$

$\displaystyle=a^2\int_0^{\pi}\cos^2 x\,dx-2a\left(\int_0^{\pi}x\cos x\,dx-\frac{\pi}{2}\int_0^{\pi}\cos x\,dx\right)+\int_0^{\pi}\left(x-\frac{\pi}{2}\right)^2 dx$

$\displaystyle=\frac{\pi}{2}\cdot a^2-2a\cdot(-2)+\frac{\pi^3}{12}=\frac{\pi}{2}\left(a+\frac{4}{\pi}\right)^2-\frac{8}{\pi}+\frac{\pi^3}{12}$

⇦ a の2次式と見て平方完成．

$\boldsymbol{a=-\frac{4}{\pi}}$ のとき，最小値 $\boldsymbol{\frac{\pi^3}{12}-\frac{8}{\pi}}$ をとる．

⇨**注**　本問では，$y=a\cos x$ が，直線 $y=x-\dfrac{\pi}{2}$ に最も“近く”なるような a を探していることになる．その“近さ”の尺度として，上の定積分（差の2乗を積分したもの）が小さいほど“近い”と考えている（☞p.105，ミニ講座）．このような尺度を用いて近似することを「最小2乗法」と呼ぶ．

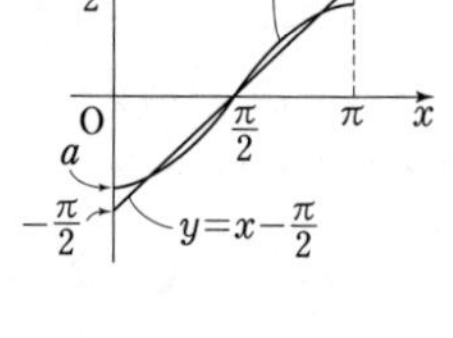

11 演習題（解答は p.100）

定積分 $\displaystyle T=\int_{-\pi}^{\pi}(\sin 3x-px-qx^2)^2 dx$ が最小になるような p，q の値と，そのときの T を求めよ．

(宮城教育大)　T を p，q の関数と見る．

12 絶対値のついた関数の積分

$f(x)=3\cos 2x$，$g(x)=7\sin x$ とする．定積分 $\displaystyle\int_0^{\frac{\pi}{2}}|f(x)-g(x)|\,dx$ を求めよ．

（兵庫県立大・理）

絶対値の中身の正負で場合分け　絶対値記号｜　｜の意味は，

$|a|=\begin{cases} a & (0\leqq a) \\ -a & (a<0) \end{cases}$ であった．絶対値記号のついた関数についての定積分を求めるには，積分区間を絶対値の中身が正になる区間と負になる区間に分けて計算する．正負を見るには，グラフを補助に用いるとよい．

例えば，右図のようなグラフで表される関数 $f(x)$ の場合，$F(x)$ を $f(x)$ の原始関数とおいて，

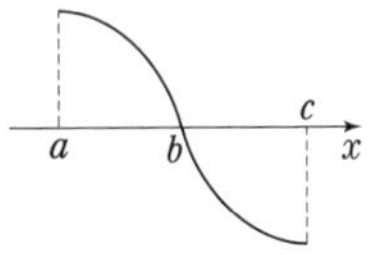

$$\int_a^c|f(x)|\,dx=\int_a^b f(x)\,dx+\int_b^c\{-f(x)\}\,dx=\int_a^b f(x)\,dx+\int_c^b f(x)\,dx$$

$$=\Big[F(x)\Big]_a^b+\Big[F(x)\Big]_c^b=2F(b)-F(a)-F(c)\text{ となる．}$$

計算では，〰〰の形を意識しておきたい．

解答

$h(x)=f(x)-g(x)=3\cos 2x-7\sin x$ の符号を調べる．

$h(x)=3(1-2\sin^2 x)-7\sin x=3-7\sin x-6\sin^2 x=(3+2\sin x)(1-3\sin x)$

$0\leqq x\leqq\dfrac{\pi}{2}$ のとき，$3+2\sin x>0$ であり，$h(x)$ の符号は $1-3\sin x$ の符号と一致する．

$0<\alpha<\dfrac{\pi}{2}$，$\sin\alpha=\dfrac{1}{3}$ を満たす α を取ると，

$0\leqq x\leqq\alpha$ のとき，$h(x)\geqq 0$，　　$\alpha\leqq x\leqq\dfrac{\pi}{2}$ のとき，$h(x)\leqq 0$

⇦

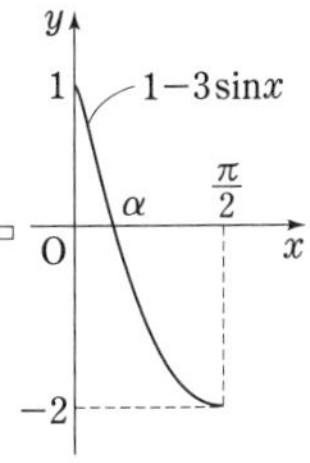

また，$\cos\alpha=\sqrt{1-\sin^2\alpha}=\sqrt{1-\left(\dfrac{1}{3}\right)^2}=\dfrac{2\sqrt{2}}{3}$

$$\int_0^{\frac{\pi}{2}}|f(x)-g(x)|\,dx=\int_0^{\frac{\pi}{2}}|h(x)|\,dx$$

$$=\int_0^{\alpha}h(x)\,dx+\int_{\alpha}^{\frac{\pi}{2}}\{-h(x)\}\,dx=\int_0^{\alpha}h(x)\,dx+\int_{\frac{\pi}{2}}^{\alpha}h(x)\,dx$$

$$=\int_0^{\alpha}(3\cos 2x-7\sin x)\,dx+\int_{\frac{\pi}{2}}^{\alpha}(3\cos 2x-7\sin x)\,dx$$

$$=\left[\frac{3}{2}\sin 2x+7\cos x\right]_0^{\alpha}+\left[\frac{3}{2}\sin 2x+7\cos x\right]_{\frac{\pi}{2}}^{\alpha}$$

$$=2\left(\frac{3}{2}\sin 2\alpha+7\cos\alpha\right)-7-0=2(3\sin\alpha\cos\alpha+7\cos\alpha)-7$$

⇦ $h(x)$ の原始関数を $H(x)$ とすると，

$2H(\alpha)-H(0)-H\left(\dfrac{\pi}{2}\right)$

を計算している．

$$=2\left(3\cdot\frac{1}{3}\cdot\frac{2\sqrt{2}}{3}+7\cdot\frac{2\sqrt{2}}{3}\right)-7=\mathbf{\frac{32\sqrt{2}}{3}-7}$$

12 演習題（解答は p.100）

次の定積分を求めよ．

$$\int_0^{\frac{\pi}{2}}\sqrt{1-2\sin 2x+3\cos^2 x}\,dx$$

（産業医大）

$\sqrt{\quad}$ が外れるはず．そこでルートの中を $\cos x$，$\sin x$ の 2 次式に直す．

13 定積分関数の最大・最小／絶対値記号

$f(a)=\int_0^1|xe^x-ax|\,dx$ の $1\leqq a\leqq e$ における最大値と最小値を求めよ．

（はこだて未来大，類　広島大）

（文字定数に注意して絶対値記号を外す）　前頁の絶対値記号を外す問題と前々頁の被積分関数の中の文字定数に注意する問題の融合問題．上の問題を，「$xe^x-ax\geqq 0$ のとき，$f(a)=\int_0^1(xe^x-ax)\,dx$」としても正解に辿りつかない．なぜなら，$x>0$ のとき，$xe^x-ax\geqq 0 \iff x(e^x-a)\geqq 0 \iff e^x\geqq a \iff x\geqq \log a$ であり，$\log a$ が区間 $[0,\ 1]$ に含まれるときは，x が $[0,\ \log a]$ にあるときと $[\log a,\ 1]$ にあるときで xe^x-ax の符号が異なり，絶対値の外し方が異なるからだ．積分計算をするには，積分区間を $[0,\ \log a]$ と $[\log a,\ 1]$ に分けて計算しなければならない．

なお，——を調べるには，グラフを利用するのがよい．この場合は，$y=e^x$ と $y=a$ を比べるとよい．

解答

$xe^x-ax=x(e^x-a)$ より

$0\leqq x\leqq \log a$ において $e^x-a\leqq 0$

$\log a\leqq x\leqq 1$ において $e^x-a\geqq 0$

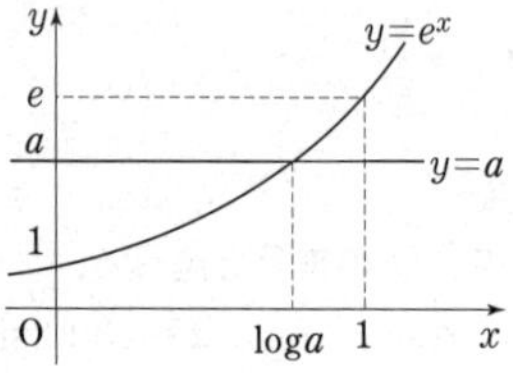

⇦$1\leqq a\leqq e$ のとき，$0\leqq \log a\leqq 1$

であるから，

$$f(a)=\int_0^{\log a}|xe^x-ax|\,dx+\int_{\log a}^1|xe^x-ax|\,dx$$

$$=\int_0^{\log a}\{-(xe^x-ax)\}\,dx+\int_{\log a}^1(xe^x-ax)\,dx$$

$$=\int_{\log a}^0(xe^x-ax)\,dx+\int_{\log a}^1(xe^x-ax)\,dx \quad\cdots\cdots①$$

ここで，$\int xe^x\,dx=xe^x-\int e^x\,dx=xe^x-e^x+C$ であるから，①は

$$f(a)=\left[xe^x-e^x-\frac{a}{2}x^2\right]_{\log a}^0+\left[xe^x-e^x-\frac{a}{2}x^2\right]_{\log a}^1$$

$$=(-1)+\left(-\frac{a}{2}\right)-2\left\{(\log a)a-a-\frac{a}{2}(\log a)^2\right\}$$

$$=a(\log a)^2-2a\log a+\frac{3}{2}a-1$$

$$\therefore\quad f'(a)=1\cdot(\log a)^2+a\cdot\left\{2(\log a)\cdot\frac{1}{a}\right\}-2\left(\log a+a\cdot\frac{1}{a}\right)+\frac{3}{2}$$

$$=(\log a)^2-\frac{1}{2}$$

よって，$f(a)$ の増減は右表のようになる．

a	1	$\cdots$	$e^{\frac{1}{\sqrt{2}}}$	$\cdots$	e
$f'(a)$		$-$	0	$+$	
$f(a)$		↘		↗	

$f(1)=\dfrac{1}{2}$，$f(e)=\dfrac{e}{2}-1=\dfrac{e-2}{2}<\dfrac{1}{2}$ により，

最大値は $f(1)=\dfrac{1}{2}$，最小値は $f\left(e^{\frac{1}{\sqrt{2}}}\right)=(2-\sqrt{2})e^{\frac{1}{\sqrt{2}}}-1$

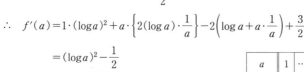

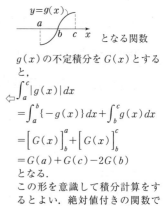

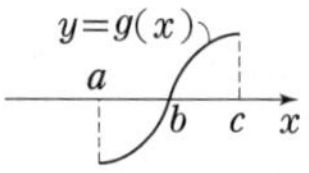

となる関数 $g(x)$ の不定積分を $G(x)$ とすると，

⇦$\int_a^c|g(x)|\,dx$

$=\int_a^b\{-g(x)\}\,dx+\int_b^c g(x)\,dx$

$=\Big[G(x)\Big]_b^a+\Big[G(x)\Big]_b^c$

$=G(a)+G(c)-2G(b)$

となる．

この形を意識して積分計算をするとよい．絶対値付きの関数ではよくこの形が出てくる．

なお，$e^{\log a}=a$（そもそも，$e^x=a$ を満たす x が $\log a$）

⇦$f\left(e^{\frac{1}{\sqrt{2}}}\right)=e^{\frac{1}{\sqrt{2}}}\cdot\dfrac{1}{2}-2e^{\frac{1}{\sqrt{2}}}\cdot\dfrac{1}{\sqrt{2}}+\dfrac{3}{2}e^{\frac{1}{\sqrt{2}}}-1$

13 演習題（解答は p.101）

t を正の実数として，積分 $I(t)=\int_0^{\frac{\pi}{2}}|\sin^2\theta-t|\cos\theta\,d\theta$ を考える．

（1）$I(t)$ を t の式で表せ．

（2）$I(t)$ の最小値と，そのときの t の値を求めよ．　　（三重大・医）

t を定数と見て絶対値記号を外す．

14 定積分と不等式

（1） $0 \leqq x \leqq \frac{\pi}{2}$ のとき，$\sin x \geqq \frac{2}{\pi}x$ であることを示せ．

（2） 次の等式が成り立つことを示せ．

$$\lim_{n\to\infty}\int_0^{\frac{\pi}{2}} e^{-n\sin x}dx=0$$

（大阪市大・理，工，医）

定積分と不等式　$a \leqq x \leqq b$ で，$f(x) \leqq g(x)$ が成り立つとき，$\int_a^b f(x)dx \leqq \int_a^b g(x)dx$ が成り立つ．

はさみうち　$\int_a^b f(x)dx$ が容易に計算できないとき，定積分の値を評価する（不等式ではさむ）ためには，$a \leqq x \leqq b$ で，$g(x) \leqq f(x) \leqq h(x)$ を満たし，定積分の計算が容易な $g(x)$，$h(x)$ を見つけ，上の「定積分と不等式」を用いて，定積分についての不等式を作るとよい．$g(x)$，$h(x)$ が誘導で与えられる場合も多いが，そうでないときは定数関数や1次関数など簡単な関数から選ぶとよい．

解 答

（1） $y=\sin x\left(0 \leqq x \leqq \frac{\pi}{2}\right)$ のグラフが上に凸なので，$\mathrm{O}(0,\ 0)$ と $\mathrm{A}\left(\frac{\pi}{2},\ 1\right)$ を結ぶ線分は $y=\sin x$ のグラフの下側にある．直線OAは，$y=\frac{2}{\pi}x$ なので，

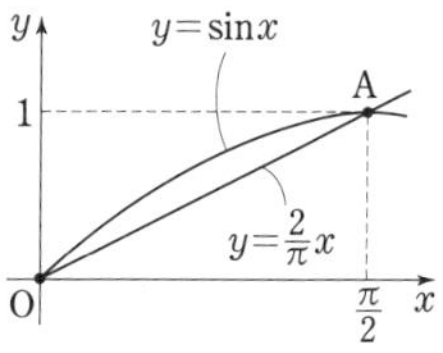

$0 \leqq x \leqq \frac{\pi}{2}$ のとき，$\sin x \geqq \frac{2}{\pi}x$

⇦微分法とその応用の ○16（p.53参照）

【（1）の微分を用いた別解】

$f(x)=\sin x-\frac{2}{\pi}x$ とおく．

$f'(x)=\cos x-\frac{2}{\pi}$

$0<\frac{2}{\pi}<1$ なので，$f'(\alpha)=0$ となる α が，0と $\frac{\pi}{2}$ の間にある．

増減表は，

x	0	…	α	…	$\frac{\pi}{2}$
$f'(x)$		＋	0	－	
$f(x)$	0	↗	極大	↘	0

よって，$0 \leqq x \leqq \frac{\pi}{2}$ のとき，

$\sin x \geqq \frac{2}{\pi}x$

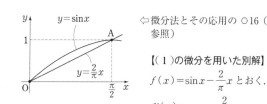

（2） （1）より，$-\sin x \leqq -\frac{2}{\pi}x$，また，$y=e^x$ は単調増加なので，

$0 \leqq x \leqq \frac{\pi}{2}$ のとき，$0<e^{-n\sin x} \leqq e^{-\frac{2n}{\pi}x}$

積分して，$0<\int_0^{\frac{\pi}{2}} e^{-n\sin x}dx \leqq \int_0^{\frac{\pi}{2}} e^{-\frac{2n}{\pi}x}dx$

右辺は，$\int_0^{\frac{\pi}{2}} e^{-\frac{2n}{\pi}x}dx=\left[-\frac{\pi}{2n}e^{-\frac{2n}{\pi}x}\right]_0^{\frac{\pi}{2}}=\frac{\pi}{2n}(1-e^{-n})$

ここで，$\lim_{n\to\infty}\int_0^{\frac{\pi}{2}} e^{-\frac{2n}{\pi}x}dx=\lim_{n\to\infty}\frac{\pi}{2n}(1-e^{-n})=0$

よって，はさみうちの原理により，

$$\lim_{n\to\infty}\int_0^{\frac{\pi}{2}} e^{-n\sin x}dx=0$$

14 演習題（解答は p.101）

（1） すべての実数 x に対して，次の不等式が成り立つことを示せ．

$$e^{-x^2} \leqq \frac{1}{1+x^2}$$

（2） 次の不等式が成り立つことを示せ．

$$\frac{e-1}{e}<\int_0^1 e^{-x^2}dx<\frac{\pi}{4}$$

（富山大・理，医，薬）

（1） 逆数をとって，$t=x^2$ とおくとよい．
（2） $[0,\ 1]$ で e^{-x^2} より小さい関数を見つける．

15 積分方程式／区間固定型

$0\leqq x\leqq 2\pi$ で連続な関数 $f(x)$ が $f(x)=\cos x\int_0^{\frac{\pi}{4}}f(y)\sin y\,dy+\sin x$ を満たすとき，$f(x)$ を求めよ．（津田塾大）

定積分を定数とおく　a，b を定数とするとき，

1°　$\int_a^b f(x)\,dx$ は定数　2°　$\int_a^x f(t)\,dt$ は x の関数　3°　$\int_a^b f(x,\ t)\,dt$ は x の関数

である．積分方程式を解くには，1° の形を見つけ，その定積分を定数とおく．次に，これを等式に代入して計算し，この定数に関する方程式を導き解く．2° の形がある場合は次頁で．3° の形の場合は，演習題のように x を定数と見て積分記号の外に出すことがポイントとなる．

解 答

$\int_0^{\frac{\pi}{4}}f(y)\sin y\,dy=a$（$a$ は定数）……①　とおく．

$f(x)=a\cos x+\sin x$ を①の左辺に代入して，

$$\int_0^{\frac{\pi}{4}}(a\cos y+\sin y)\sin y\,dy=a\int_0^{\frac{\pi}{4}}\sin y\cos y\,dy+\int_0^{\frac{\pi}{4}}\sin^2 y\,dy$$

$$=a\int_0^{\frac{\pi}{4}}\frac{1}{2}\sin 2y\,dy+\int_0^{\frac{\pi}{4}}\frac{1-\cos 2y}{2}dy$$

⇦三角関数の 2 次式は，倍角の公式，半角の公式などで 1 次式に直して積分計算．

$$=a\left[-\frac{1}{4}\cos 2y\right]_0^{\frac{\pi}{4}}+\frac{1}{2}\left[y-\frac{1}{2}\sin 2y\right]_0^{\frac{\pi}{4}}$$

$$=\frac{a}{4}+\frac{1}{2}\left(\frac{\pi}{4}-\frac{1}{2}\right)=\frac{a}{4}+\frac{\pi-2}{8}$$

これが a に等しいので，

$$\frac{a}{4}+\frac{\pi-2}{8}=a\qquad\therefore\quad \frac{3}{4}a=\frac{\pi-2}{8}\qquad\therefore\quad a=\frac{\pi-2}{6}$$

よって，$f(x)=a\cos x+\sin x=\boldsymbol{\frac{\pi-2}{6}\cos x+\sin x}$

⇒注　本問の与式は，

$$f(x)=\int_0^{\frac{\pi}{4}}f(y)\cos x\sin y\,dy+\sin x$$

としても同じことである．y で積分するとき，x は定数扱いなので，$\cos x$ は積分記号の外に出すことができるからである．このような形で問題が与えられれば少し難易度が上がる．

15 演習題（解答は p.101）

$f(x)=\cos x+\int_0^{\pi}\sin(x-t)f(t)\,dt$ を満たす関数 $f(x)$ を求めよ．（福島県医大）

x を積分記号の外に出すためには？

16 積分方程式／区間変動型

連続な関数 $f(x)$ が以下の式を満たすとき，次の問いに答えよ．

$$\int_a^x (x-t)f(t)\,dt=\cos ax-b$$

ただし a，b は定数で $0<a<2$ とする．

（1） 定数 a，b の値を求めよ．

（2） $f(x)$ を求めよ．

（3） $f(x)$ が最大値をとるときの x の値を求めよ． （鳥取大・工，農，医）

微積分学の基本定理で 積分区間に変数 x が入っている積分方程式を解くには，

微積分学の基本定理 $\dfrac{d}{dx}\displaystyle\int_a^x f(t)\,dt=f(x)$

を用いて積分記号を消去するのがよい．$f(t)$ の中に x が入っているときは，この定理が使えないので，x を積分記号の外に出す工夫が必要である．

また，条件式の変数に特定の値（積分区間の幅が 0 になるような x の値，ここでは a）を入れることで，関数の具体的な値を求めることができることも，積分方程式を解く上で忘れてはいけない．

t で積分するとき x は定数 ○11 で述べたように，t で積分するとき x は定数として扱うので，$\displaystyle\int_0^x xf(t)\,dt=x\int_0^x f(t)\,dt$ と変形できる．

解 答

（1） 与式の左辺を変形して，

$$x\int_a^x f(t)\,dt-\int_a^x tf(t)\,dt=\cos ax-b \quad \cdots\cdots①$$

両辺を微分して，

$$\int_a^x f(t)\,dt+xf(x)-xf(x)=-a\sin ax$$

⇦関数の積の微分を用いる．

$$\left(x\int_a^x f(t)\,dt\right)'=(x)'\int_a^x f(t)\,dt+x\left(\int_a^x f(t)\,dt\right)'$$

$$\therefore\quad \int_a^x f(t)\,dt=-a\sin ax \quad \cdots\cdots②$$

①，②のそれぞれに $x=a$ を代入すると，左辺$=0$ であるから，

$\cos a^2-b=0$ ……③　　$-a\sin a^2=0$ ……④

④と $a\neq 0$ より，$\sin a^2=0$

$0<a<2$ より，$0<a^2<4$ であり，$a^2=\pi$　　∴ $\boldsymbol{a=\sqrt{\pi}}$

これを③に代入して，$\cos\pi-b=0$　　∴ $\boldsymbol{b=-1}$

（2） ②を微分すると，$f(x)=-a^2\cos ax=\boldsymbol{-\pi\cos\sqrt{\pi}\,x}$

（3） $f(x)$ が最大になるのは，$\cos\sqrt{\pi}\,x=-1$ となるときである．

$\sqrt{\pi}\,x=(2n-1)\pi$（n は整数）

より，$\boldsymbol{x=(2n-1)\sqrt{\pi}}$（**$n$ は整数**）

16 演習題（解答は p.102）

2 回微分可能な関数 $f(x)$ が，すべての実数 x について次の等式を満たしている．

$$f(x)=2+\int_0^x \sin(x-t)f(t)\,dt$$

このとき，$f''(x)$ が定数であることを示せ．

また，$f(0)$ および $f'(0)$ の値から，$f'(x)$ と $f(x)$ をそれぞれ求めよ． （長崎大）

x を積分記号の外に出すためには？

17 定積分の漸化式

n を正の整数，k は $0 \leqq k \leqq n$ を満たす整数とする．実数 α，β $(\alpha<\beta)$ に対して，積分 $I_{n,k}$ を

$$I_{n,k}=\int_\alpha^\beta (x-\alpha)^{n-k}(x-\beta)^k dx \quad \text{（ただし，}(x-\alpha)^0=1,\ (x-\beta)^0=1\text{ とする）}$$

で定義する．$I_{n,0}$ と $I_{n,n}$ を n，α，β を用いて表すと，$I_{n,0}=$ □，$I_{n,n}=$ □ となる．$k=1$，2，…，n のとき，$I_{n,k}$ と $I_{n,k-1}$ の関係を求めると，$I_{n,k}=$ □ $I_{n,k-1}$ を得る．したがって，$I_{n,k}=$ □ $I_{n,0}$ が成り立つ．（立命館大・理系／一部）

漸化式は部分積分で　定積分で表された数列の問題で，漸化式を求めるには，部分積分を用いるのが定石である（例外あり．☞p.75，3・3）．

解　答

$$I_{n,0}=\int_\alpha^\beta (x-\alpha)^n dx=\left[\frac{(x-\alpha)^{n+1}}{n+1}\right]_\alpha^\beta=\boldsymbol{\frac{(\beta-\alpha)^{n+1}}{n+1}},$$

$$I_{n,n}=\int_\alpha^\beta (x-\beta)^n dx=\left[\frac{(x-\beta)^{n+1}}{n+1}\right]_\alpha^\beta=-\boldsymbol{\frac{(\alpha-\beta)^{n+1}}{n+1}}$$

となる．$k=1$，2，…，n のとき，$I_{n,k}$ を部分積分すると，

$$I_{n,k}=\int_\alpha^\beta (x-\alpha)^{n-k}(x-\beta)^k dx=\int_\alpha^\beta \left(\frac{(x-\alpha)^{n-k+1}}{n-k+1}\right)'(x-\beta)^k dx$$

$$=\left[\frac{(x-\alpha)^{n-k+1}}{n-k+1}\cdot(x-\beta)^k\right]_\alpha^\beta-\int_\alpha^\beta \frac{(x-\alpha)^{n-k+1}}{n-k+1}\cdot k(x-\beta)^{k-1}dx$$

$$=-\frac{k}{n-k+1}\int_\alpha^\beta (x-\alpha)^{n-(k-1)}(x-\beta)^{k-1}dx=-\boldsymbol{\frac{k}{n-k+1}}I_{n,k-1}$$

［ $I_{□,△}$ の□は $(x-\alpha)$ の指数と $(x-\beta)$ の指数を足したもの，△は $(x-\beta)$ の指数. ］

これをくり返し用いて，

$$I_{n,k}=-\frac{k}{n-k+1}I_{n,k-1}=\left(-\frac{k}{n-k+1}\right)\left(-\frac{k-1}{n-k+2}\right)I_{n,k-2}$$

$$=(-1)^k\cdot\frac{k}{n-k+1}\cdot\frac{k-1}{n-k+2}\cdot\dots\cdot\frac{2}{n-1}\cdot\frac{1}{n}I_{n,0} \quad \cdots\cdots ①$$

$$=(-1)^k\cdot k!\cdot\frac{(n-k)(n-k-1)\cdot\dots\cdot 2\cdot 1}{n(n-1)\cdot\dots\cdot(n-k+1)(n-k)(n-k-1)\cdot\dots\cdot 2\cdot 1}\cdot I_{n,0}$$

$$=\boldsymbol{(-1)^k\cdot\frac{k!(n-k)!}{n!}}I_{n,0}$$

➡**注**　①の各分数は，分母＋分子＝$n+1$ になっている．

参考

$I_{n,0}=\dfrac{(\beta-\alpha)^{n+1}}{n+1}$ より，

$I_{n,k}=(-1)^k\cdot\dfrac{k!(n-k)!}{(n+1)!}(\beta-\alpha)^{n+1}$

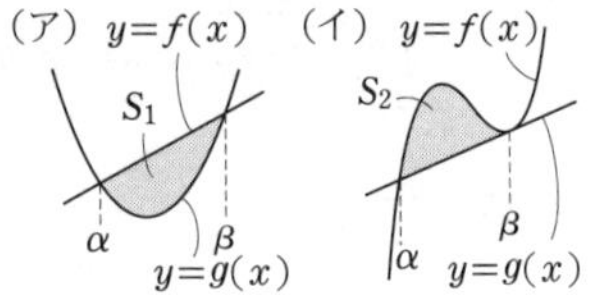

上図で(ア)，(イ)の $f(x)-g(x)$ はそれぞれ，$-(x-\alpha)(x-\beta)$，$(x-\alpha)(x-\beta)^2$ より，

$S_1=\int_\alpha^\beta \{-(x-\alpha)(x-\beta)\}dx$

$=-I_{2,1}$

$=-(-1)\cdot\dfrac{1!\cdot 1!}{3!}(\beta-\alpha)^3$

$=\dfrac{(\beta-\alpha)^3}{6}$

$S_2=\int_\alpha^\beta (x-\alpha)(x-\beta)^2dx$

$=I_{3,2}$

$=(-1)^2\cdot\dfrac{2!\cdot 1!}{4!}(\beta-\alpha)^4$

$=\dfrac{(\beta-\alpha)^4}{12}$

17 演習題（解答は p.102）

自然数 n に対して，$I_n=\int_0^{\frac{\pi}{2}}\cos^n x\,dx$ とおく．このとき，以下の問いに答えよ．

（1）I_1，I_2 をそれぞれ求めよ．

（2）$n \geqq 3$ に対して，$I_n=\dfrac{n-1}{n}I_{n-2}$ が成り立つことを示せ．

（3）$\int_0^1 (1-t^2)^n dt<\dfrac{2}{5}$ を満たす最小の自然数 n を求めよ．（愛知県大）

（2）部分積分を用いる．
（3）$\sin x=t$ で置換．

18 定積分と数列の和／無限級数の和

自然数 n に対して，$f_n(x)=1-x+x^2-x^3+\cdots+(-1)^{n-1}x^{n-1}$ とするとき，次の問いに答えよ．

（1） $x\geqq 0$ のとき，$\left|f_n(x)-\dfrac{1}{x+1}\right|\leqq x^n$ が成り立つことを示せ．

（2） $\displaystyle\lim_{n\to\infty}\int_0^1 f_n(x)\,dx=\int_0^1\frac{1}{x+1}\,dx$ が成り立つことを示せ．

（3） $a_n=1-\dfrac{1}{2}+\dfrac{1}{3}-\dfrac{1}{4}+\cdots+\dfrac{(-1)^{n-1}}{n}$ とするとき，$\displaystyle\lim_{n\to\infty}a_n$ を求めよ．

（静岡大・教育，理－後）

無限級数の和を定積分で求める 定積分を用いて級数の和を求める問題がある．入試ではたいてい誘導が丁寧についているので，心配いらない．

（ｉ） $\dfrac{1}{1+x}=\underline{1-x+x^2-\cdots\cdots+(-x)^{n-1}}+\underline{\dfrac{(-x)^n}{1+x}}$ $\left(\text{〰〰}=\dfrac{1-(-x)^n}{1+x}\ \text{（等比数列の和）}\right)$

（ⅱ） $\dfrac{1}{1+x^2}=1-x^2+x^4-\cdots+(-x^2)^{n-1}+\underline{\dfrac{(-x^2)^n}{1+x^2}}$

の両辺を［0，1］の範囲で定積分することで，（ｉ）log 2 （ⅱ）$\pi/4$ の級数表示を求めるパターンが多い．

網線部の定積分の値を評価して，$n\to\infty$ のとき 0 に収束することを示すのがポイント．

解答

（1） $\left|f_n(x)-\dfrac{1}{x+1}\right|=\left|\dfrac{1-(-x)^n}{1-(-x)}-\dfrac{1}{x+1}\right|=\left|\dfrac{x^n}{1+x}\right|$

⇦ $f_n(x)$ は初項 1，公比 $-x$，項数 n の等比数列の和．

$x\geqq 0$ のとき，$x+1\geqq 1$ なので，$\left|f_n(x)-\dfrac{1}{x+1}\right|=\left|\dfrac{x^n}{1+x}\right|\leqq x^n$

（2） （1）より，$x\geqq 0$ のとき，$-x^n\leqq f_n(x)-\dfrac{1}{x+1}\leqq x^n$

これを積分して，$\displaystyle -\int_0^1 x^n dx\leqq\int_0^1\left(f_n(x)-\frac{1}{x+1}\right)dx\leqq\int_0^1 x^n dx$

ここで，$n\to\infty$ のとき，$\displaystyle\int_0^1 x^n dx=\left[\frac{1}{n+1}x^{n+1}\right]_0^1=\frac{1}{n+1}\to 0$ なので，

はさみうちの原理より，

$$\lim_{n\to\infty}\int_0^1\left(f_n(x)-\frac{1}{x+1}\right)dx=0 \qquad \therefore\ \lim_{n\to\infty}\int_0^1 f_n(x)\,dx=\int_0^1\frac{1}{x+1}dx$$

【（2）の別解】 一般に，

⇦ $\displaystyle\left|\int_a^b f(x)\,dx\right|\leqq\int_a^b|f(x)|\,dx$

が成り立つ．

これを用いると，

$$0\leqq\left|\int_0^1\left(f_n(x)-\frac{1}{x+1}\right)dx\right|$$
$$\leqq\int_0^1\left|f_n(x)-\frac{1}{x+1}\right|dx$$
$$\leqq\int_0^1 x^n dx=\frac{1}{n+1}\to 0$$
$(n\to\infty)$

これより，

$$\lim_{n\to\infty}\int_0^1\left(f_n(x)-\frac{1}{x+1}\right)dx=0$$

（3） $\displaystyle\int_0^1 f_n(x)\,dx=\int_0^1\{1-x+x^2-\cdots+(-1)^{n-1}x^{n-1}\}\,dx$

$$=\left[x-\frac{x^2}{2}+\frac{x^3}{3}-\cdots+\frac{(-1)^{n-1}x^n}{n}\right]_0^1=1-\frac{1}{2}+\frac{1}{3}-\cdots+\frac{(-1)^{n-1}}{n}=a_n$$

$\displaystyle\int_0^1\frac{1}{x+1}dx=\Big[\log|x+1|\Big]_0^1=\log 2$ （2）より，$\displaystyle\boldsymbol{\lim_{n\to\infty}a_n=\log 2}$

18 演習題（解答は p.103）

（1） 任意の自然数 N に対して，次の等式が成り立つことを示せ．ただし，x を実数とする．

$$\frac{1}{1+x^2}=1-x^2+x^4-\cdots+(-1)^{N-1}x^{2N-2}+\frac{(-1)^N x^{2N}}{1+x^2}$$

（2） 次の無限級数の和を求めよ．$\displaystyle\sum_{n=1}^{\infty}\frac{(-1)^{n-1}}{2n-1}$ （九大・工－後／一部省略）

$\displaystyle\sum_{n=1}^{N}\frac{(-1)^{n-1}}{2n-1}$ を定積分で表そう．

積分法（数式）演習題の解答

1…A∗○	**2**…A○	**3**…B∗○
4…B∗∗	**5**…C∗∗∗	**6**…A∗○
7…B∗○	**8**…B∗∗	**9**…A∗○
10…B∗∗○	**11**…B∗∗	**12**…B∗∗
13…B∗∗∗	**14**…C∗∗	**15**…B∗∗
16…B∗∗	**17**…B∗∗∗	**18**…C∗∗∗

1　（1）　置換積分でもできるが，$(x-p)^{\alpha}$ の積分でやってみる．

（2）　分子の次数下げをしてから，部分分数分解する．

解　（1）　$\displaystyle\int_1^4 \frac{x}{\sqrt{2x+1}}dx=\int_1^4 \frac{1}{2}\cdot\frac{2x+1-1}{\sqrt{2x+1}}dx$

$$=\frac{1}{2}\int_1^4\left\{(2x+1)^{\frac{1}{2}}-(2x+1)^{-\frac{1}{2}}\right\}dx$$

$$=\frac{1}{2}\left[(2x+1)^{\frac{3}{2}}\cdot\frac{2}{3}\cdot\frac{1}{2}-(2x+1)^{\frac{1}{2}}\cdot 2\cdot\frac{1}{2}\right]_1^4$$

$$=\frac{1}{2}\left\{\left(\frac{27}{3}-3\right)-\left(\frac{3\sqrt{3}}{3}-\sqrt{3}\right)\right\}=\mathbf{3}$$

別解　（置換積分法による）$\sqrt{2x+1}=t$ とおく．

$2x+1=t^2$ により $x=\dfrac{t^2-1}{2}$ であり，微分して，

$$\frac{dx}{dt}=t \qquad \therefore\ dx=t\,dt$$

積分区間は，

x	$1\to 4$
t	$\sqrt{3}\to 3$

$$\int_1^4\frac{x}{\sqrt{2x+1}}dx=\int_{\sqrt{3}}^3\frac{t^2-1}{2t}\cdot t\,dt$$

$$=\int_{\sqrt{3}}^3\frac{1}{2}(t^2-1)dt=\left[\frac{1}{2}\left(\frac{1}{3}t^3-t\right)\right]_{\sqrt{3}}^3$$

$$=\frac{1}{2}\{(9-3)-(\sqrt{3}-\sqrt{3})\}=\mathbf{3}$$

（2）　$2x^3+3x^2-16x-45$ を x^2-9 で割ることにより，

$$2x^3+3x^2-16x-45=(x^2-9)(2x+3)+2x-18$$

$$\therefore\ \frac{2x^3+3x^2-16x-45}{x^2-9}=2x+3+\frac{2x-18}{x^2-9}\ \cdots\cdots①$$

ここで，$\dfrac{2x-18}{x^2-9}=\dfrac{2x-18}{(x-3)(x+3)}=\dfrac{a}{x-3}+\dfrac{b}{x+3}$

とおき，分母を払って，

$$2x-18=a(x+3)+b(x-3)$$

$$\therefore\ 2x-18=(a+b)x+3(a-b)$$

$$\therefore\ a+b=2,\ a-b=-6 \qquad \therefore\ a=-2,\ b=4$$

$$\int①dx=\int\left(2x+3-\frac{2}{x-3}+\frac{4}{x+3}\right)dx$$

$$=\boldsymbol{x^2+3x-2\log|x-3|+4\log|x+3|+C}$$

（C は積分定数）

2　（1）　$(\log x)'=\dfrac{1}{x}$　（2）　$(\tan x)'=\dfrac{1}{\cos^2 x}$

に着目する．

解　（1）　$\displaystyle\int_e^{e^4}\frac{1}{x(\log x)^2}dx=\int_e^{e^4}\frac{1}{(\log x)^2}(\log x)'dx$

$$=\left[-\frac{1}{\log x}\right]_e^{e^4}=-\frac{1}{4}+1=\mathbf{\frac{3}{4}}$$

（2）　$\displaystyle\int_{\frac{\pi}{6}}^{\frac{\pi}{4}}\frac{1}{\tan^2 x\cos^2 x}dx=\int_{\frac{\pi}{6}}^{\frac{\pi}{4}}\frac{1}{\tan^2 x}(\tan x)'dx$

$$=\left[-\frac{1}{\tan x}\right]_{\frac{\pi}{6}}^{\frac{\pi}{4}}=\mathbf{-1+\sqrt{3}}$$

3　（1）　$\sqrt{1+\log x}=t$ とおき，$t^2=1+\log x$ を微分．

（2）　$e^x=t$ とおくと，分数関数になる．

解　（1）　$\sqrt{1+\log x}=t$ とおく．$1+\log x=t^2$ を x で微分して，

$$\frac{1}{x}=2t\frac{dt}{dx} \qquad \therefore\ \frac{1}{x}dx=2t\,dt$$

積分区間は，

x	$1\to e$
t	$1\to\sqrt{2}$

$$\int_1^e\frac{\sqrt{1+\log x}}{x}dx=\int_1^{\sqrt{2}}t\cdot 2t\,dt=\int_1^{\sqrt{2}}2t^2dt$$

$$=\left[\frac{2}{3}t^3\right]_1^{\sqrt{2}}=\mathbf{\frac{4}{3}\sqrt{2}-\frac{2}{3}}$$

（2）　$e^x=t$ とおく．x で微分して，$e^x=\dfrac{dt}{dx}$

$\therefore\ e^x dx=dt$　　積分区間は，

x	$0\to\log 3$
t	$1\to 3$

$$\int_0^{\log 3}\frac{1}{e^x+5e^{-x}-2}dx=\int_0^{\log 3}\frac{e^x}{e^{2x}-2e^x+5}dx$$

$$=\int_1^3\frac{1}{t^2-2t+5}dt=\int_1^3\frac{1}{(t-1)^2+4}dt\ \cdots\cdots①$$

$t-1=2\tan\theta$ とおく．θ で微分して，$\dfrac{dt}{d\theta}=\dfrac{2}{\cos^2\theta}$

$dt=\dfrac{2}{\cos^2\theta}d\theta$　　積分区間は，

t	$1\to 3$
θ	$0\to\frac{\pi}{4}$

$①=\int_0^{\frac{\pi}{4}}\frac{1}{2^2(\tan^2\theta+1)}\cdot\frac{2}{\cos^2\theta}d\theta=\int_0^{\frac{\pi}{4}}\frac{1}{2}d\theta$

$=\left[\frac{1}{2}\theta\right]_0^{\frac{\pi}{4}}=\boldsymbol{\frac{\pi}{8}}$

4 （1） $x=\tan\theta$ とおくと，$\sin\theta$，$\cos\theta$ の2次式になる．次に，倍角の公式（半角の公式）で次数を下げる．

（2） $x=a\sin\theta$ とおく．

解 （1） $x=\tan\theta$ とおく．θ で微分して，

$\frac{dx}{d\theta}=\frac{1}{\cos^2\theta}$

$\therefore\ dx=\frac{1}{\cos^2\theta}d\theta$　　積分区間は

x	$0\to1$
θ	$0\to\pi/4$

$\int_0^1\frac{1-x}{(1+x^2)^2}dx=\int_0^{\frac{\pi}{4}}\frac{1-\tan\theta}{(1+\tan^2\theta)^2}\cdot\frac{1}{\cos^2\theta}d\theta$

$=\int_0^{\frac{\pi}{4}}(1-\tan\theta)(\cos^2\theta)^2\cdot\frac{1}{\cos^2\theta}d\theta$

$=\int_0^{\frac{\pi}{4}}(1-\tan\theta)\cos^2\theta d\theta=\int_0^{\frac{\pi}{4}}(\cos^2\theta-\cos\theta\sin\theta)d\theta$

$=\int_0^{\frac{\pi}{4}}\left\{\frac{1}{2}(1+\cos2\theta)-\frac{1}{2}\sin2\theta\right\}d\theta$

$=\left[\frac{1}{2}\theta+\frac{1}{4}\sin2\theta+\frac{1}{4}\cos2\theta\right]_0^{\frac{\pi}{4}}$

$=\frac{\pi}{8}+\frac{1}{4}-\frac{1}{4}=\boldsymbol{\frac{\pi}{8}}$

（2） $x=a\sin\theta$ とおく．θ で微分して，$\frac{dx}{d\theta}=a\cos\theta$

$\therefore\ dx=a\cos\theta d\theta$　　積分区間は

x	$0\to a$
θ	$0\to\pi/2$

$\int_0^a\frac{x}{1+\sqrt{a^2-x^2}}dx$

$=\int_0^{\frac{\pi}{2}}\frac{a\sin\theta}{1+\sqrt{a^2(1-\sin^2\theta)}}\cdot a\cos\theta d\theta$

$=\int_0^{\frac{\pi}{2}}\frac{a\sin\theta}{1+a\cos\theta}\cdot a\cos\theta d\theta=\int_0^{\frac{\pi}{2}}\frac{a\cos\theta}{1+a\cos\theta}\cdot a\sin\theta d\theta$

$=\int_0^{\frac{\pi}{2}}\left(1-\frac{1}{1+a\cos\theta}\right)a\sin\theta d\theta$

$=\int_0^{\frac{\pi}{2}}\left(a\sin\theta+\frac{(1+a\cos\theta)'}{1+a\cos\theta}\right)d\theta$

$=\left[-a\cos\theta+\log|1+a\cos\theta|\right]_0^{\frac{\pi}{2}}=\boldsymbol{a-\log(1+a)}$

5 （3） $\frac{1\text{次式}}{2\text{次式}}$ で，分母の2次式が実数の範囲で因数分解できないときは，分子の1次式を，2次式の微分と残りに分ける．

解 （1） $(x^2+2x+2)(x^2-2x+2)$

$=(x^2+2)^2-(2x)^2$

$=x^4+4x^2+4-4x^2=x^4+4$

これを与式にかけて分母を払うと，

$8=(Ax+B)(x^2-2x+2)+(Cx+D)(x^2+2x+2)$

右辺を展開して整理すると，

$8=(A+C)x^3+(-2A+B+2C+D)x^2$
$+2(A-B+C+D)x+2(B+D)$

両辺の係数を比べて，

$0=A+C$ ……①　　$0=-2A+B+2C+D$ ……②

$0=A-B+C+D$ ……③　　$8=2(B+D)$ ……④

③−①より，$0=-B+D$　　$\therefore\ D=B$

④に代入して，$8=4B$　　$\therefore$ $\boldsymbol{B=2}$，$\boldsymbol{D=2}$

①より，$C=-A$

②より，$0=-2A+2-2A+2$　　$\therefore\ 4A=4$

$\therefore$ $\boldsymbol{A=1}$，$\boldsymbol{C=-1}$

（2） $\tan\alpha=\frac{\sin\alpha}{\cos\alpha}=\frac{2\sin^2\alpha}{2\cos\alpha\sin\alpha}=\frac{1-\cos2\alpha}{\sin2\alpha}$ より，

$\boldsymbol{\tan\frac{\pi}{8}}=\frac{1-\cos\frac{\pi}{4}}{\sin\frac{\pi}{4}}=\frac{1-\frac{1}{\sqrt{2}}}{\frac{1}{\sqrt{2}}}=\boldsymbol{\sqrt{2}-1}$

$\boldsymbol{\tan\frac{3}{8}\pi}=\frac{1-\cos\frac{3}{4}\pi}{\sin\frac{3}{4}\pi}=\frac{1+\frac{1}{\sqrt{2}}}{\frac{1}{\sqrt{2}}}=\boldsymbol{\sqrt{2}+1}$

⇨**注**　$\tan^2\alpha=\frac{2\sin^2\alpha}{2\cos^2\alpha}=\frac{1-\cos2\alpha}{1+\cos2\alpha}$ ………………㋐

（半角の公式）を用いてもよい．$\alpha=\frac{\pi}{8}$ のとき，㋐の分母・分子を $\sqrt{2}$ 倍して，$\frac{\sqrt{2}-1}{\sqrt{2}+1}=(\sqrt{2}-1)^2$ となり，

$\tan\frac{\pi}{8}>0$ から，$\tan\frac{\pi}{8}=\sqrt{2}-1$

また，$\tan\alpha=t$ とおいて，tan の2倍角の公式から t の方程式を作って t を求めてもよい．

$\tan2\alpha=\frac{2\tan\alpha}{1-\tan^2\alpha}=\frac{2t}{1-t^2}$

$\alpha=\frac{\pi}{8}$ のとき，$1=\frac{2t}{1-t^2}$　　$\therefore\ t^2+2t-1=0$

$t>0$ の解を求めて，$t=-1+\sqrt{2}$

$\alpha=\frac{3}{8}\pi$ のときも同様である．

（3） （1）より，

$$\frac{8}{x^4+4}=\frac{x+2}{x^2+2x+2}+\frac{-x+2}{x^2-2x+2}$$

$\dfrac{8}{x^4+4}$ が偶関数であることに注意して,

$$\int_{-\sqrt{2}}^{\sqrt{2}}\frac{8}{x^4+4}dx=2\int_0^{\sqrt{2}}\frac{8}{x^4+4}dx$$

$$=2\left(\int_0^{\sqrt{2}}\frac{x+2}{x^2+2x+2}dx+\int_0^{\sqrt{2}}\frac{-x+2}{x^2-2x+2}dx\right) \cdots\cdots ⑤$$

ここで,

$$x+2=\frac{1}{2}(x^2+2x+2)'+1$$

$$-x+2=-\frac{1}{2}(x^2-2x+2)'+1$$

なので,

$$⑤=2\left(\int_0^{\sqrt{2}}\frac{(x^2+2x+2)'}{2(x^2+2x+2)}dx+\int_0^{\sqrt{2}}\frac{1}{x^2+2x+2}dx\right.$$
$$\left.-\int_0^{\sqrt{2}}\frac{(x^2-2x+2)'}{2(x^2-2x+2)}dx+\int_0^{\sqrt{2}}\frac{1}{x^2-2x+2}dx\right) \cdots\cdots ⑥$$

ここで，2番目の定積分について,
$x^2+2x+2=(x+1)^2+1$ に着目して $x+1=\tan\theta$ とおく.
x で微分し，$1=\dfrac{1}{\cos^2\theta}\cdot\dfrac{d\theta}{dx}$ $\quad\therefore\quad dx=\dfrac{1}{\cos^2\theta}d\theta$

積分区間は,

x	$0\to\sqrt{2}$
θ	$\frac{\pi}{4}\to\frac{3}{8}\pi$

$$\int_0^{\sqrt{2}}\frac{1}{x^2+2x+2}dx=\int_0^{\sqrt{2}}\frac{1}{(x+1)^2+1}dx$$

$$=\int_{\frac{\pi}{4}}^{\frac{3}{8}\pi}\frac{1}{\tan^2\theta+1}\cdot\frac{1}{\cos^2\theta}d\theta=\int_{\frac{\pi}{4}}^{\frac{3}{8}\pi}d\theta=\Big[\theta\Big]_{\frac{\pi}{4}}^{\frac{3}{8}\pi}=\frac{\pi}{8}$$

4番目の定積分について，$x-1=\tan\theta$ とおくと,
微分して，$dx=\dfrac{1}{\cos^2\theta}d\theta$.

積分区間は,

x	$0\to\sqrt{2}$
θ	$-\frac{\pi}{4}\to\frac{\pi}{8}$

$$\int_0^{\sqrt{2}}\frac{1}{x^2-2x+2}dx=\int_0^{\sqrt{2}}\frac{1}{(x-1)^2+1}dx$$

$$=\int_{-\frac{\pi}{4}}^{\frac{\pi}{8}}\frac{1}{\tan^2\theta+1}\cdot\frac{1}{\cos^2\theta}d\theta$$

$$=\int_{-\frac{\pi}{4}}^{\frac{\pi}{8}}d\theta=\Big[\theta\Big]_{-\frac{\pi}{4}}^{\frac{\pi}{8}}=\frac{3\pi}{8}$$

よって,

$$⑥=2\left(\left[\frac{1}{2}\log|x^2+2x+2|\right]_0^{\sqrt{2}}+\frac{\pi}{8}\right.$$
$$\left.-\left[\frac{1}{2}\log|x^2-2x+2|\right]_0^{\sqrt{2}}+\frac{3\pi}{8}\right)$$

$$=2\left\{\frac{1}{2}\log(4+2\sqrt{2})-\frac{1}{2}\log 2\right.$$
$$\left.-\frac{1}{2}\log(4-2\sqrt{2})+\frac{1}{2}\log 2+\frac{\pi}{2}\right\}$$

$$=\log(4+2\sqrt{2})-\log(4-2\sqrt{2})+\pi$$

$$=\log\frac{4+2\sqrt{2}}{4-2\sqrt{2}}+\pi=\log\frac{\sqrt{2}+1}{\sqrt{2}-1}+\pi \quad (2\sqrt{2}\text{ で割った})$$

$$=\log(\sqrt{2}+1)^2+\pi=\mathbf{2\log(\sqrt{2}+1)+\pi}$$

6 (3) 2つの積分に分けて計算することにする．一方は部分積分を2回用いる.

解 (1) $\displaystyle\int_1^{e^2}\frac{\log x}{x^2}dx=\int_1^{e^2}\left(-\frac{1}{x}\right)'\log x\,dx$

$$=\left[\left(-\frac{1}{x}\right)\log x\right]_1^{e^2}-\int_1^{e^2}\left(-\frac{1}{x}\right)\cdot\frac{1}{x}dx$$

$$=-\frac{2}{e^2}+\int_1^{e^2}\frac{1}{x^2}dx=-\frac{2}{e^2}+\left[-\frac{1}{x}\right]_1^{e^2}=\mathbf{1-\frac{3}{e^2}}$$

(2) $\displaystyle\int_0^1 x^3\log(x^2+1)dx$

$$=\left[\frac{1}{4}x^4\log(x^2+1)\right]_0^1-\int_0^1\frac{1}{4}x^4\cdot\frac{2x}{x^2+1}dx$$

$$=\frac{1}{4}\log 2-\frac{1}{2}\int_0^1\frac{x^5}{x^2+1}dx \cdots\cdots ①$$

$\left[x^5\text{ 割る }x^2+1\text{ は商 }x^3-x\text{，余り }x\text{ なので，}\quad \dfrac{x^5}{x^2+1}=\dfrac{(x^3-x)(x^2+1)+x}{x^2+1}=x^3-x+\dfrac{x}{x^2+1}\right]$

すると,

$$\int_0^1\frac{x^5}{x^2+1}dx=\int_0^1\left(x^3-x+\frac{x}{x^2+1}\right)dx$$

$$=\int_0^1\left(x^3-x+\frac{(x^2+1)'}{2(x^2+1)}\right)dx$$

$$=\left[\frac{x^4}{4}-\frac{x^2}{2}+\frac{1}{2}\log|x^2+1|\right]_0^1$$

$$=-\frac{1}{4}+\frac{1}{2}\log 2$$

これを①に代入して,

$$①=\frac{1}{4}\log 2-\frac{1}{2}\left(-\frac{1}{4}+\frac{1}{2}\log 2\right)=\mathbf{\frac{1}{8}}$$

(3) $\displaystyle\int_2^3(x^2+5)e^x dx=\int_2^3 x^2e^x dx+\int_2^3 5e^x dx$

$$\int_2^3 x^2e^x dx=\int_2^3 x^2(e^x)'dx$$

$$=\Big[x^2e^x\Big]_2^3-\int_2^3 2xe^x dx=\Big[x^2e^x\Big]_2^3-\int_2^3 2x(e^x)'dx$$

$$=\Big[x^2e^x\Big]_2^3-\left(\Big[2xe^x\Big]_2^3-\int_2^3 2e^x dx\right)$$

$$=\Big[x^2e^x-2xe^x+2e^x\Big]_2^3=\Big[(x^2-2x+2)e^x\Big]_2^3$$

$\therefore\ \int_2^3 (x^2+5)e^x dx = \Big[(x^2-2x+7)e^x\Big]_2^3 = \mathbf{10e^3-7e^2}$

⇨注　不定積分は，微分して元に戻ることを確認すればミスをチェックできる．定積分を求める場合であっても，先に数値を代入せず，上のように不定積分を求めておけば同様のチェックができる．各自 $(x^2-2x+2)e^x$ を微分すると x^2e^x になることを確認しておこう．

7　例題(1)の別解のような準備をしておく．準備した式をよく見ると，$e^{-x}(\sin x+\cos x)$ の原始関数が求まっていることに注意．

解　$(e^{-x}\sin x)' = -e^{-x}\sin x + e^{-x}\cos x$

$= -e^{-x}(\sin x - \cos x)$ ……………①

$(e^{-x}\cos x)' = -e^{-x}\cos x - e^{-x}\sin x$

$= -e^{-x}(\sin x + \cos x)$ ……………②

よって，(①+②)÷(−2)より，

$$\left\{-\frac{1}{2}e^{-x}(\sin x+\cos x)\right\}' = e^{-x}\sin x$$

これに注意して，部分積分を用いると，

$$\int_0^\pi e^{-x}x\sin x\,dx = \int_0^\pi x\cdot e^{-x}\sin x\,dx$$

$$= \left[x\left\{-\frac{1}{2}e^{-x}(\sin x+\cos x)\right\}\right]_0^\pi + \int_0^\pi 1\cdot\frac{1}{2}e^{-x}(\sin x+\cos x)\,dx$$

$$= \frac{\pi}{2}e^{-\pi} + \frac{1}{2}\Big[-e^{-x}\cos x\Big]_0^\pi \quad (\because\ ②)$$

$$= \mathbf{\frac{1}{2}(\pi+1)e^{-\pi}+\frac{1}{2}}$$

8　(1)　$\cos^2 x\sin 3x$ の次数を下げる．積→和の公式 $\sin\alpha\cos\beta = \frac{1}{2}\{\sin(\alpha+\beta)+\sin(\alpha-\beta)\}$ を使う．

(2)　$\cos x\,dx = (\sin x)'dx$ に着目する．

(3)　初めに，被積分関数が偶関数であることに着目する．

解　(1)　$\cos^2 x\sin 3x = \left(\frac{1+\cos 2x}{2}\right)\sin 3x$

$= \frac{1}{2}\sin 3x + \frac{1}{2}\sin 3x\cos 2x$

$= \frac{1}{2}\sin 3x + \frac{1}{2}\cdot\frac{1}{2}(\sin 5x + \sin x)$

よって，

$$\int_0^{\frac{\pi}{3}}\left(\cos^2 x\sin 3x - \frac{1}{4}\sin 5x\right)dx$$

$$= \int_0^{\frac{\pi}{3}}\left(\frac{1}{2}\sin 3x + \frac{1}{4}\sin x\right)dx$$

$$= \left[-\frac{1}{6}\cos 3x - \frac{1}{4}\cos x\right]_0^{\frac{\pi}{3}}$$

$$= \left(\frac{1}{6}-\frac{1}{8}\right) - \left(-\frac{1}{6}-\frac{1}{4}\right) = \mathbf{\frac{11}{24}}$$

(2)　$\int\frac{\cos^3 x}{\sin^2 x}dx = \int\frac{\cos^2 x}{\sin^2 x}\cos x\,dx$

$= \int\frac{1-\sin^2 x}{\sin^2 x}(\sin x)'dx = \int\left(\frac{1}{\sin^2 x}-1\right)(\sin x)'dx$

$= \mathbf{-\frac{1}{\sin x} - \sin x + C}$（$C$ は積分定数）

(3)　$\frac{1}{\cos x}$ が偶関数であることを用いて，

$$\int_{-\frac{\pi}{6}}^{\frac{\pi}{6}}\frac{1}{\cos x}dx = 2\int_0^{\frac{\pi}{6}}\frac{1}{\cos x}dx = 2\int_0^{\frac{\pi}{6}}\frac{\cos x}{\cos^2 x}dx$$

$$= \int_0^{\frac{\pi}{6}}\frac{2}{1-\sin^2 x}(\sin x)'dx \text{ ……………①}$$

ここで，$\sin x = t$ とおくと，x で微分して，

$(\sin x)' = \frac{dt}{dx}$　　$\therefore\ (\sin x)'dx = dt$

積分区間は，

x	$0\to\frac{\pi}{6}$
t	$0\to\frac{1}{2}$

$$① = \int_0^{\frac{1}{2}}\frac{2}{1-t^2}dt = \int_0^{\frac{1}{2}}\left(\frac{1}{1+t}+\frac{1}{1-t}\right)dt$$

$$= \Big[\log(1+t) - \log(1-t)\Big]_0^{\frac{1}{2}} = \left[\log\frac{1+t}{1-t}\right]_0^{\frac{1}{2}}$$

$= \mathbf{\log 3}$

9　置換積分の誘導にのる．

解　(1)　$t=\tan x$ のとき，

$1+t^2 = 1+\tan^2 x = \frac{1}{\cos^2 x}$ より，

$$\frac{t^2}{1+t^2} = t^2\cdot\frac{1}{1+t^2} = \left(\frac{\sin x}{\cos x}\right)^2\cos^2 x = \sin^2 x$$

(2)　$t=\tan x$ を x で微分し，$\frac{dt}{dx} = \frac{1}{\cos^2 x}$

よって，$\frac{dx}{dt} = \cos^2 x = \frac{1}{1+\tan^2 x} = \mathbf{\frac{1}{1+t^2}}$

(3)　(1)より，

$$\sin^4 x = (\sin^2 x)^2 = \left(\frac{t^2}{1+t^2}\right)^2 = \frac{t^4}{(1+t^2)^2}$$

$$\int\frac{1}{\sin^4 x}dx = \int\frac{(1+t^2)^2}{t^4}\cdot\frac{1}{1+t^2}dt = \int\frac{1+t^2}{t^4}dt$$

$=\int(t^{-4}+t^{-2})\,dt=-\frac{1}{3}t^{-3}-t^{-1}+C$

$=-\dfrac{\mathbf{1}}{\mathbf{3\tan^3}\boldsymbol{x}}-\dfrac{\mathbf{1}}{\mathbf{\tan}\,\boldsymbol{x}}+\boldsymbol{C}$ **（$\boldsymbol{C}$は積分定数）**

10 （2） 分子が$x^2\cos x$なら(1)が適用できる．

解 （1） $\displaystyle\int_{-a}^{a}\frac{f(x)}{e^x+1}dx$

$\displaystyle=\int_{-a}^{0}\frac{f(x)}{e^x+1}dx+\int_{0}^{a}\frac{f(x)}{e^x+1}dx$ ……………………①

右辺の第1項を，$t=-x$で置換する．

$f(x)$は偶関数であるから，$f(-t)=f(t)$に注意して，

$\displaystyle\int_{-a}^{0}\frac{f(x)}{e^x+1}dx=\int_{a}^{0}\frac{f(-t)}{e^{-t}+1}(-dt)=\int_{a}^{0}\frac{f(t)}{e^{-t}+1}(-dt)$

$\displaystyle=\int_{0}^{a}\frac{f(t)}{e^{-t}+1}dt=\int_{0}^{a}\frac{e^tf(t)}{1+e^t}dt=\int_{0}^{a}\frac{e^xf(x)}{1+e^x}dx$

①にこれを代入すると，

$\displaystyle ①=\int_{0}^{a}\frac{e^xf(x)}{1+e^x}dx+\int_{0}^{a}\frac{f(x)}{e^x+1}dx$

$\displaystyle=\int_{0}^{a}\frac{(e^x+1)f(x)}{e^x+1}dx=\int_{0}^{a}f(x)\,dx$

（2） $\displaystyle\int_{-a}^{a}\frac{x^2\cos x+e^x}{e^x+1}dx$

$\displaystyle=\int_{-a}^{a}\frac{x^2\cos x}{e^x+1}dx+\int_{-a}^{a}\frac{e^x}{e^x+1}dx$ ……………………②

$x^2\cos x$は偶関数なので(1)が適用でき，

$\displaystyle\int_{-a}^{a}\frac{x^2\cos x}{e^x+1}dx=\int_{0}^{a}x^2\cos x\,dx$

$\displaystyle=\Big[x^2\sin x\Big]_0^a-\int_0^a 2x\sin x\,dx$

$\displaystyle=a^2\sin a-2\left(\Big[x(-\cos x)\Big]_0^a-\int_0^a 1\cdot(-\cos x)\,dx\right)$

$\displaystyle=a^2\sin a-2\left(-a\cos a+\Big[\sin x\Big]_0^a\right)$

$=a^2\sin a+2a\cos a-2\sin a$

②の第2項は，

$\displaystyle\int_{-a}^{a}\frac{e^x}{e^x+1}dx=\int_{-a}^{a}\frac{(e^x+1)'}{e^x+1}dx=\Big[\log(e^x+1)\Big]_{-a}^{a}$

$\displaystyle=\log(e^a+1)-\log(e^{-a}+1)=\log\left(\frac{e^a+1}{e^{-a}+1}\right)$

$=\log e^a=a$

よって，

$②=\boldsymbol{a^2\sin a+2a\cos a-2\sin a+a}$

11 積分区間が$[-\pi,\ \pi]$なので，偶関数，奇関数の性質を使って計算を工夫しよう．$x\sin 3x$は奇関数xと奇関数$\sin 3x$の積なので，偶関数になる．

解 $(\sin 3x-px-qx^2)^2$

$=\sin^2 3x+p^2x^2+q^2x^4-2px\sin 3x$ ……………………①

$-2qx^2\sin 3x+2pqx^3$ ……………②

①は偶関数，②は奇関数だから

$\displaystyle T=2\int_0^{\pi}(\sin^2 3x+p^2x^2+q^2x^4-2px\sin 3x)\,dx$

ここで

$\displaystyle\int\sin^2 3x\,dx=\frac{1}{2}\int(1-\cos 6x)\,dx$

$\displaystyle=\frac{1}{2}\left(x-\frac{1}{6}\sin 6x\right)+C_1$

$\displaystyle\int x\sin 3x\,dx=-\frac{1}{3}\int x(\cos 3x)'\,dx$

$\displaystyle=-\frac{1}{3}\left(x\cos 3x-\int 1\cdot\cos 3x\,dx\right)$

$\displaystyle=-\frac{1}{3}\left(x\cos 3x-\frac{1}{3}\sin 3x\right)+C_2$

$\displaystyle T=2\left[\frac{1}{2}\left(x-\frac{1}{6}\sin 6x\right)+\frac{p^2x^3}{3}+\frac{q^2x^5}{5}+\frac{2p}{3}\left(x\cos 3x-\frac{1}{3}\sin 3x\right)\right]_0^{\pi}$

$\displaystyle=\pi+\frac{2p^2\pi^3}{3}+\frac{2q^2\pi^5}{5}-\frac{4p\pi}{3}$

$\displaystyle=\pi+\frac{2\pi^3}{3}\left(p-\frac{1}{\pi^2}\right)^2-\frac{2}{3\pi}+\frac{2q^2\pi^5}{5}$

$\boldsymbol{p=\dfrac{1}{\pi^2}}$，$\boldsymbol{q=0}$で最小になり，そのとき$\boldsymbol{T=\pi-\dfrac{2}{3\pi}}$

12 p.89のヒントのように$\sqrt{\quad}$を外すとき，絶対値がつく．絶対値記号の中身の符号で場合分け．

解 $1=\sin^2x+\cos^2x$の書き換えをして，

$1-2\sin 2x+3\cos^2x$

$=\sin^2x-4\sin x\cos x+4\cos^2x=(\sin x-2\cos x)^2$

$\sin x-2\cos x=0$のとき，$\tan x=2$

$\tan\alpha=2$，$0<\alpha<\dfrac{\pi}{2}$とする．

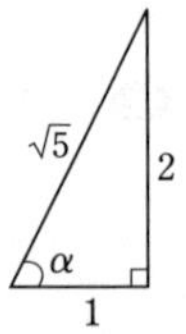

$0\leqq x\leqq\alpha$では$\sin x-2\cos x\leqq 0$

$\alpha\leqq x\leqq\dfrac{\pi}{2}$では$\sin x-2\cos x\geqq 0$

問題の積分の値をIとすると

$\displaystyle I=\int_0^{\frac{\pi}{2}}|\sin x-2\cos x|\,dx$

$\displaystyle=\int_0^{\alpha}|\sin x-2\cos x|\,dx+\int_{\alpha}^{\frac{\pi}{2}}|\sin x-2\cos x|\,dx$

$$=-\int_0^{\alpha}(\sin x-2\cos x)\,dx+\int_{\alpha}^{\frac{\pi}{2}}(\sin x-2\cos x)\,dx$$

$$=\int_{\alpha}^{0}(\sin x-2\cos x)\,dx+\int_{\alpha}^{\frac{\pi}{2}}(\sin x-2\cos x)\,dx$$

$$=\Big[-\cos x-2\sin x\Big]_{\alpha}^{0}+\Big[-\cos x-2\sin x\Big]_{\alpha}^{\frac{\pi}{2}}$$

$$=-1-2+2(\cos\alpha+2\sin\alpha)$$

ここで $\cos\alpha=\dfrac{1}{\sqrt{5}}$，$\sin\alpha=\dfrac{2}{\sqrt{5}}$

だから，これらを代入して $I=\mathbf{-3+2\sqrt{5}}$

13 （1） t が1より小さいとき，$\sin^2\theta-t$ の符号は積分区間の途中で変わるが，そのときの θ は具体的には求まらないので，前問と同様にとりあえず文字におき，あとでその文字を満たす式を利用する．

解 （1）（i） **$0<t\leqq 1$ のとき**

$\sin\alpha=\sqrt{t}$ を満たす角 α $\left(0<\alpha\leqq\dfrac{\pi}{2}\right)$ をとることができ，このとき，

$0\leqq\theta\leqq\alpha$ において $\sin^2\theta\leqq t$，

$\alpha\leqq\theta\leqq\dfrac{\pi}{2}$ において $\sin^2\theta\geqq t$

となるから，

$$I(t)=\int_0^{\frac{\pi}{2}}|\sin^2\theta-t|\cos\theta\,d\theta$$

$$=\int_0^{\alpha}|\sin^2\theta-t|\cos\theta\,d\theta+\int_{\alpha}^{\frac{\pi}{2}}|\sin^2\theta-t|\cos\theta\,d\theta$$

$$=-\int_0^{\alpha}(\sin^2\theta-t)\cos\theta\,d\theta+\int_{\alpha}^{\frac{\pi}{2}}(\sin^2\theta-t)\cos\theta\,d\theta$$

$$=\int_{\alpha}^{0}(\sin^2\theta-t)(\sin\theta)'d\theta+\int_{\alpha}^{\frac{\pi}{2}}(\sin^2\theta-t)(\sin\theta)'d\theta$$

$$=\left[\frac{1}{3}\sin^3\theta-t\sin\theta\right]_{\alpha}^{0}+\left[\frac{1}{3}\sin^3\theta-t\sin\theta\right]_{\alpha}^{\frac{\pi}{2}}$$

$$=0+\left(\frac{1}{3}-t\right)-2\left(\frac{1}{3}\sin^3\alpha-t\sin\alpha\right)$$

$$=\frac{1}{3}-t-2\left\{\frac{1}{3}(\sqrt{t})^3-t\sqrt{t}\right\}=\boldsymbol{\frac{4}{3}t^{\frac{3}{2}}-t+\frac{1}{3}}\ \cdots\cdots\text{①}$$

（ii） **$t\geqq 1$ のとき**

$\sin^2\theta\leqq t$ であるから，

$$I(t)=\int_0^{\frac{\pi}{2}}|\sin^2\theta-t|\cos\theta d\theta$$

$$=-\int_0^{\frac{\pi}{2}}(\sin^2\theta-t)\cos\theta d\theta$$

$$=-\int_0^{\frac{\pi}{2}}(\sin^2\theta-t)(\sin\theta)'d\theta$$

$$=-\left[\frac{1}{3}\sin^3\theta-t\sin\theta\right]_0^{\frac{\pi}{2}}=\boldsymbol{t-\frac{1}{3}}$$

（2） $I(t)$ は $t\geqq 1$ において増加するから，$I(t)$ の最小値を調べるには $0<t\leqq 1$ として考えてよい．

いま，①のとき，

$$I'(t)=2t^{\frac{1}{2}}-1=2\sqrt{t}-1$$

であるから，$0<t\leqq 1$ における $I(t)$ の増減は右表のようになる．

t	(0)	$\cdots$	$\frac{1}{4}$	$\cdots$	1
$I'(t)$		$-$	0	$+$	
$I(t)$		↘		↗	

よって，$I(t)$ は $\boldsymbol{t=\frac{1}{4}}$ において，最小値 $I\left(\dfrac{1}{4}\right)=\dfrac{4}{3}\cdot\dfrac{1}{8}-\dfrac{1}{4}+\dfrac{1}{3}=\boldsymbol{\dfrac{1}{4}}$ をとる．

14 （1） $t=x^2\geqq 0$ とおいて考える．

（2） e^{-x} は $[0,\ 1]$ で，e^{-x^2} より小さい．

解 （1） $x^2=t(\geqq 0)$ とおくと，

$$e^{-x^2}\leqq\frac{1}{1+x^2}\iff e^{-t}\leqq\frac{1}{1+t}\iff e^t\geqq 1+t$$

$$\iff e^t-t-1\geqq 0\ \cdots\cdots\text{①}$$

よって，①を示せばよい．

左辺を $f(t)$ とおくと，$f'(t)=e^t-1$．

$t>0$ のとき，$f'(t)>0$ であり，$f(0)=0$ なので，

$t\geqq 0$ のとき，$f(t)\geqq 0$，つまり，$e^t-t-1\geqq 0$

（2） $0\leqq x\leqq 1$ において，$x\geqq x^2$ であるから，

$-x\leqq -x^2$，$e^{-x}\leqq e^{-x^2}$

よって，$0\leqq x\leqq 1$ のとき，

$$e^{-x}\leqq e^{-x^2}\leqq\frac{1}{1+x^2}\ \cdots\cdots\text{②}$$

②の等号はつねには成り立たないから，

$$\int_0^1 e^{-x}dx<\int_0^1 e^{-x^2}dx<\int_0^1\frac{1}{1+x^2}dx\ \cdots\cdots\text{③}$$

ここで，$\displaystyle\int_0^1 e^{-x}dx=\Big[-e^{-x}\Big]_0^1=-\frac{1}{e}+1=\frac{e-1}{e}$

③の3番目の積分で，

$x=\tan\theta$ とおくと，$dx=\dfrac{1}{\cos^2\theta}d\theta$

よって，$\displaystyle\int_0^1\frac{1}{1+x^2}dx=\int_0^{\frac{\pi}{4}}\frac{1}{1+\tan^2\theta}\cdot\frac{1}{\cos^2\theta}d\theta$

$$=\int_0^{\frac{\pi}{4}}d\theta=\frac{\pi}{4}$$

よって，$\displaystyle\frac{e-1}{e}<\int_0^1 e^{-x^2}dx<\frac{\pi}{4}$

15 加法定理 $\sin(x-t)=\sin x\cos t-\cos x\sin t$ を用いると，t で積分するとき，定数と見る部分（$\sin x$，$\cos x$）を括り出して，積分記号の外に出せるようになる．

解 $f(x)=\cos x+\int_0^{\pi}\sin(x-t)f(t)dt$

$=\cos x+\int_0^{\pi}(\sin x\cos t-\cos x\sin t)f(t)dt$

$=\cos x+\sin x\int_0^{\pi}f(t)\cos t\,dt-\cos x\int_0^{\pi}f(t)\sin t\,dt$

$=\sin x\int_0^{\pi}f(t)\cos t\,dt+\cos x\left\{1-\int_0^{\pi}f(t)\sin t\,dt\right\}$

であるから，

$A=\int_0^{\pi}f(t)\cos t\,dt$ ……①

$B=1-\int_0^{\pi}f(t)\sin t\,dt$ ……②

とおくと，　$f(x)=A\sin x+B\cos x$ ……③

このとき，

$\int_0^{\pi}f(t)\cos t\,dt=\int_0^{\pi}(A\sin t\cos t+B\cos^2 t)dt$

$=\int_0^{\pi}\left(\frac{A}{2}\sin 2t+B\cdot\frac{1+\cos 2t}{2}\right)dt$

$=\left[-\frac{A}{4}\cos 2t+\frac{B}{2}\left(t+\frac{1}{2}\sin 2t\right)\right]_0^{\pi}=\frac{\pi}{2}B$

$\int_0^{\pi}f(t)\sin t\,dt=\int_0^{\pi}(A\sin^2 t+B\sin t\cos t)dt$

$=\int_0^{\pi}\left(A\cdot\frac{1-\cos 2t}{2}+\frac{B}{2}\sin 2t\right)dt$

$=\left[\frac{A}{2}\left(t-\frac{1}{2}\sin 2t\right)-\frac{B}{4}\cos 2t\right]_0^{\pi}=\frac{\pi}{2}A$

であるから，①，②より，$A=\frac{\pi}{2}B$，$B=1-\frac{\pi}{2}A$

$\therefore\quad A=\frac{2\pi}{\pi^2+4}$，$B=\frac{4}{\pi^2+4}$

よって，③より，

$$\boldsymbol{f(x)=\frac{2\pi}{\pi^2+4}\sin x+\frac{4}{\pi^2+4}\cos x}$$

16 前問と同様に $\sin(x-t)$ に加法定理を用いれば，$\cos x$，$\sin x$ を積分記号の外に出すことができる．2回微分すると，式に $f(x)$ の式の一部が現れている．

解 $f(x)=2+\int_0^{x}\sin(x-t)f(t)dt$

$=2+\int_0^{x}(\sin x\cos t-\cos x\sin t)f(t)dt$

$=2+\sin x\int_0^{x}\cos t f(t)dt-\cos x\int_0^{x}\sin t f(t)dt$ ……①

$f'(x)$

$=(\sin x)'\int_0^{x}\cos t f(t)dt+\sin x\left(\int_0^{x}\cos t f(t)dt\right)'$

$\quad-(\cos x)'\int_0^{x}\sin t f(t)dt-\cos x\left(\int_0^{x}\sin t f(t)dt\right)'$

$=\cos x\int_0^{x}\cos t f(t)dt+\sin x\cos x f(x)$

$\quad+\sin x\int_0^{x}\sin t f(t)dt-\cos x\sin x f(x)$

$=\cos x\int_0^{x}\cos t f(t)dt+\sin x\int_0^{x}\sin t f(t)dt$ ……②

$f''(x)=-\sin x\int_0^{x}\cos t f(t)dt+\cos^2 x f(x)$

$\quad+\cos x\int_0^{x}\sin t f(t)dt+\sin^2 x f(x)$

$=-\left(\sin x\int_0^{x}\cos t f(t)dt-\cos x\int_0^{x}\sin t f(t)dt\right)$

$\quad+(\cos^2 x+\sin^2 x)f(x)$

$=-(f(x)-2)+f(x)=2$

$\therefore\quad f''(x)=2$

これを積分して，$f'(x)=2x+C$ ……③

②に $x=0$ を代入すると，$f'(0)=0$ なので $C=0$

③を積分して，$f(x)=x^2+D$

①に $x=0$ を代入すると，$f(0)=2$ なので $D=2$

答えは，$\boldsymbol{f'(x)=2x}$，$\boldsymbol{f(x)=x^2+2}$

⇒注 積分部分が $\int_0^{x}\sin t f(x-t)dt$ として出題されることもある．この場合は，$s=x-t$ とおいて置換する．

$ds=-dt$，

t	$0\to x$
s	$x\to 0$

より，

$\int_0^{x}\sin t f(x-t)dt=\int_x^{0}\sin(x-s)f(s)(-ds)$

$=\int_0^{x}\sin(x-s)f(s)ds$

と変形して，演習題と同じ形になる．この出題の方が一手余計にかかる．

17 （2） 積分のなす数列の漸化式を作る問題のうち，添字が被積分関数の指数に入っているものは（多少例外はあるものの（☞p.75，3・3））ほとんどが部分積分によって解決する．

解 $I_n=\int_0^{\frac{\pi}{2}}\cos^n x\,dx$

（1） $\boldsymbol{I_1}=\int_0^{\frac{\pi}{2}}\cos x\,dx=\left[\sin x\right]_0^{\frac{\pi}{2}}=\boldsymbol{1}$

$\boldsymbol{I_2}=\int_0^{\frac{\pi}{2}}\cos^2 x\,dx=\int_0^{\frac{\pi}{2}}\frac{1+\cos 2x}{2}dx$

$=\frac{1}{2}\left[x+\frac{1}{2}\sin 2x\right]_0^{\frac{\pi}{2}}=\boldsymbol{\frac{\pi}{4}}$

（2） 部分積分法により，

$I_n=\int_0^{\frac{\pi}{2}}\cos x\cdot\cos^{n-1}x\,dx$

$=\left[\sin x\cdot\cos^{n-1}x\right]_0^{\frac{\pi}{2}}$

$$-\int_0^{\frac{\pi}{2}}\sin x\cdot(n-1)\cos^{n-2}x(-\sin x)\,dx$$
$$=(n-1)\int_0^{\frac{\pi}{2}}(1-\cos^2 x)\cos^{n-2}x\,dx$$
$$=(n-1)\left(\int_0^{\frac{\pi}{2}}\cos^{n-2}x\,dx-\int_0^{\frac{\pi}{2}}\cos^n x\,dx\right)$$

となるから，

$$I_n=(n-1)(I_{n-2}-I_n)$$
$$\therefore\ I_n=\frac{n-1}{n}I_{n-2}\ \cdots\cdots\cdots\cdots①$$

が成り立つ.

（3） $t=\sin x$ とおくと，$dt=\cos x\,dx$ であるから，

$$\int_0^1(1-t^2)^n dt=\int_0^{\frac{\pi}{2}}(1-\sin^2 x)^n\cdot\cos x\,dx$$
$$=\int_0^{\frac{\pi}{2}}\cos^{2n+1}x\,dx=I_{2n+1}$$

ここで，①を繰り返し用いると，

$$I_{2n+1}=\frac{2n}{2n+1}\cdot\frac{2n-2}{2n-1}\cdot\cdots\cdot\frac{4}{5}\cdot\frac{2}{3}\cdot I_1$$
$$=\frac{2n}{2n+1}\cdot\frac{2n-2}{2n-1}\cdot\cdots\cdot\frac{4}{5}\cdot\frac{2}{3}\quad(\because\ (1))$$

これより，$\{I_{2n+1}\}$ は減少数列であり，

$$I_9=\frac{8}{9}\cdot\frac{6}{7}\cdot\frac{4}{5}\cdot\frac{2}{3}=\frac{128}{315}>\frac{2}{5}$$
$$I_{11}=\frac{10}{11}I_9=\frac{10}{11}\cdot\frac{128}{315}=\frac{256}{693}<\frac{2}{5}$$

であるから，求める n は $\boldsymbol{n=5}$ である.

18 （2） $\displaystyle\sum_{n=1}^{\infty}\frac{(-1)^{n-1}}{2n-1}=1-\frac{1}{3}+\frac{1}{5}-\frac{1}{7}+\cdots$ である.（1）の右辺を $[0,\ 1]$ で積分すると，$1-\frac{1}{3}+\frac{1}{5}-\frac{1}{7}+\cdots$ が現れる. $\frac{x^{2N}}{1+x^2}$ は直接積分できないので，上から押さえ込んで，$N\to\infty$ のとき0に収束することを示す.

解 （1） 等比数列の和の公式より，

$$1-x^2+x^4-\cdots+(-1)^{N-1}x^{2N-2}$$
$$=1+(-x^2)+(-x^2)^2+\cdots+(-x^2)^{N-1}$$
$$=\frac{1-(-x^2)^N}{1-(-x^2)}=\frac{1-(-1)^N x^{2N}}{1+x^2}$$
$$=\frac{1}{1+x^2}-\frac{(-1)^N x^{2N}}{1+x^2}\ \cdots\cdots\cdots\cdots①$$

であるから，与えられた等式は成り立つ.

（2） （1）より，

$$\int_0^1\{1-x^2+x^4-\cdots+(-1)^{N-1}x^{2N-2}\}\,dx$$
$$=\int_0^1\frac{1}{1+x^2}dx-(-1)^N\int_0^1\frac{x^{2N}}{1+x^2}dx\ \cdots\cdots\cdots②$$

ここで，

$$②の左辺=1-\frac{1}{3}+\frac{1}{5}-\cdots+\frac{(-1)^{N-1}}{2N-1}$$

であり，これは $\displaystyle\sum_{n=1}^{\infty}\frac{(-1)^{n-1}}{2n-1}$ の第 N 項までの部分和であるから，これを S_N とする.

また，$x=\tan\theta$ とおくと，$dx=\frac{1}{\cos^2\theta}d\theta$ であるから，

$$\int_0^1\frac{1}{1+x^2}dx=\int_0^{\frac{\pi}{4}}\frac{1}{1+\tan^2\theta}\cdot\frac{1}{\cos^2\theta}d\theta=\int_0^{\frac{\pi}{4}}d\theta=\frac{\pi}{4}$$

さらに，$0\leqq x\leqq 1$ において，

$$0\leqq\frac{x^{2N}}{1+x^2}\leqq x^{2N}$$

であるから，

$$0\leqq\int_0^1\frac{x^{2N}}{1+x^2}dx\leqq\int_0^1 x^{2N}dx=\frac{1}{2N+1}$$

が成り立ち，$\displaystyle\lim_{N\to\infty}\frac{1}{2N+1}=0$ であるから，はさみうちの原理により，

$$\lim_{N\to\infty}\int_0^1\frac{x^{2N}}{1+x^2}dx=0$$
$$\therefore\ \lim_{N\to\infty}\left|(-1)^N\int_0^1\frac{x^{2N}}{1+x^2}dx\right|=\lim_{N\to\infty}\int_0^1\frac{x^{2N}}{1+x^2}dx=0$$
$$\therefore\ \lim_{N\to\infty}(-1)^N\int_0^1\frac{x^{2N}}{1+x^2}dx=0$$

以上と②より，

$$\lim_{N\to\infty}S_N=\lim_{N\to\infty}\left\{\frac{\pi}{4}-(-1)^N\int_0^1\frac{x^{2N}}{1+x^2}dx\right\}=\frac{\pi}{4}$$

であるから，$\displaystyle\sum_{n=1}^{\infty}\frac{(-1)^{n-1}}{2n-1}$ は収束して，その和は，

$$\sum_{n=1}^{\infty}\frac{(-1)^{n-1}}{2n-1}=\boldsymbol{\frac{\pi}{4}}$$

⇨注 本問の結果は，

$$1-\frac{1}{3}+\frac{1}{5}-\frac{1}{7}+\cdots+\frac{(-1)^{n-1}}{2n-1}+\cdots=\frac{\pi}{4}$$

ということである.

ところで，$\displaystyle\sum_{n=1}^{N}(-1)^{n-1}x^{2(n-1)}=\sum_{n=1}^{N}(-x^2)^{n-1}$ は，初項1，公比 $-x^2$，項数 N の等比数列の和であり，$0\leqq x<1$ の場合，$N\to\infty$ のときに収束して，

$$\lim_{N\to\infty}\sum_{n=1}^{N}(-x^2)^{n-1}=\frac{1}{1+x^2}$$

つまり，$1-x^2+x^4-x^6+\cdots=\frac{1}{1+x^2}$ ……………㋐

となる. この両辺を単純に0から1まで積分すると，

$$\int_0^1(1-x^2+x^4-x^6+\cdots)\,dx=\int_0^1\frac{1}{1+x^2}dx$$

$$\therefore\quad \left[x-\frac{1}{3}x^3+\frac{1}{5}x^5-\frac{1}{7}x^7+\cdots\right]_0^1=\frac{\pi}{4}$$

$$\therefore\quad 1-\frac{1}{3}+\frac{1}{5}-\frac{1}{7}+\cdots=\frac{\pi}{4}\ \cdots\cdots\cdots\cdots\cdots\text{㋑}$$

［㋑の左辺は，以下のようにしていることになる．
有限個の和について，

$$\int_0^1\sum_{n=1}^{N}(-x^2)^{n-1}dx=\sum_{n=1}^{N}\int_0^1(-x^2)^{n-1}dx$$

が成り立つが，無限個の和についても上式が成り立つとして計算している．つまり，

$$\int_0^1\sum_{n=1}^{\infty}(-x^2)^{n-1}dx \text{ を，} \sum_{n=1}^{\infty}\int_0^1(-x^2)^{n-1}dx$$

と計算している．］

が得られるが，〰〰は非合法な変形である．なぜなら㋐は $x=1$ では成り立たないし，さらに一般には

$\int_0^1$ と $\sum_{n=1}^{\infty}$ の順序交換はできない

（順序を交換すると同じ値になるとは限らない）

からである（大学で学ぶ）．一般には〰〰のようなことができないので，本問の誘導のような工夫が必要なのである．

ミニ講座・9
フーリエ展開の話

p.68 では，一般の関数を多項式関数によって近似する“マクローリン展開”を紹介しました．ここでは，一般の関数を三角関数の一次結合の形（和の形）で近似する“フーリエ展開”について述べます．

フーリエ展開とは

区間 $(-\pi,\ \pi)$ で定められた関数 $f(x)$ が適当な条件を満たすとき，実数 a_n，b_n を

$$a_n=\frac{1}{\pi}\int_{-\pi}^{\pi}f(x)\cos nx\,dx\ (n=0,\ 1,\ 2,\ \cdots)$$

$$b_n=\frac{1}{\pi}\int_{-\pi}^{\pi}f(x)\sin nx\,dx\ (n=1,\ 2,\ \cdots)$$

と定めると，関数 $f(x)$ は，

$$f(x)=\frac{a_0}{2}+\sum_{n=1}^{\infty}(a_n\cos nx+b_n\sin nx)$$

と書ける．

$f(x)$ として具体的な関数 x，x^2 をあてはめた例を示すと，

$$x=2\left(\sin x-\frac{\sin 2x}{2}+\frac{\sin 3x}{3}-\frac{\sin 4x}{4}+\cdots\right)\ \cdots\cdots①$$

$$x^2=\frac{\pi^2}{3}+4\left(-\cos x+\frac{\cos 2x}{2^2}-\frac{\cos 3x}{3^2}+\frac{\cos 4x}{4^2}-\cdots\right)$$

となります．①は直線が“曲線の和”で表されるという不思議な味わいのある式ですね．

x は奇関数なので sin のみを用い，x^2 は偶関数なので cos のみを用いているところも面白いです．どちらも区間 $(-\pi,\ \pi)$ だけで成り立つことに注意して下さい．

これをネタにした入試問題で頻出なのは次のパターンです．

例題　a，b を実数とする．定積分

$$I=\int_{-\pi}^{\pi}(x-a\sin x-b\sin 2x)^2dx$$

で a，b を変化させたときの I の最小値と，そのときの a，b の値を求めよ．（お茶の水女子大）

x のフーリエ展開では，$\sin x$，$\sin 2x$，$\sin 3x$，…… という三角関数を用いましたが，この問題では $\sin x$，$\sin 2x$ だけを用いています．積分値 I は，関数 $y=x$ と $y=a\sin x+b\sin 2x$ がどれだけ“離れているか”を表している数値と考えられます．空間座標における 2 点 A，B 間の距離が，$\overrightarrow{\mathrm{AB}}$ の成分の 2 乗和の平方根であったことを思い浮かべると，感覚的にもわかってもらえるでしょうか．積分値を一番小さくする a，b を求めるということは，$a\sin x+b\sin 2x$ の形の関数で x に一番近いものを探すということです．

解　I の右辺を展開して，

$$\int_{-\pi}^{\pi}(x^2+a^2\sin^2x+b^2\sin^2 2x-2ax\sin x-2bx\sin 2x+2ab\sin x\sin 2x)\,dx\ \cdots②$$

となる．以下，m，n を自然数とする．

$$\int_{-\pi}^{\pi}\sin^2nx\,dx=\int_{-\pi}^{\pi}\frac{1}{2}(1-\cos 2nx)\,dx$$

$$=\left[\frac{1}{2}x-\frac{1}{4n}\sin 2nx\right]_{-\pi}^{\pi}=\pi$$

$m\neq n$ のとき，

$$\int_{-\pi}^{\pi}\sin mx\sin nx\,dx$$

$$=\frac{1}{2}\int_{-\pi}^{\pi}\{\cos(m-n)x-\cos(m+n)x\}\,dx$$

$$=\frac{1}{2}\left[\frac{1}{m-n}\sin(m-n)x-\frac{1}{m+n}\sin(m+n)x\right]_{-\pi}^{\pi}$$

$$=0$$

$$\int_{-\pi}^{\pi}x\sin nx\,dx=\int_{-\pi}^{\pi}x\left(-\frac{1}{n}\cos nx\right)'dx$$

$$=\left[x\left(-\frac{1}{n}\cos nx\right)\right]_{-\pi}^{\pi}-\int_{-\pi}^{\pi}1\cdot\left(-\frac{1}{n}\cos nx\right)dx$$

$$=(-1)^{n-1}\cdot\frac{2\pi}{n}-\left[-\frac{1}{n^2}\sin nx\right]_{-\pi}^{\pi}=(-1)^{n-1}\cdot\frac{2\pi}{n}$$

これらを用いると②は，

$$I=\int_{-\pi}^{\pi}x^2dx+a^2\pi+b^2\pi-2a\cdot 2\pi+2b\cdot\pi$$

$$=\pi a^2+\pi b^2-4\pi a+2\pi b+\frac{2}{3}\pi^3$$

［平方完成して］

$$=\pi(a-2)^2+\pi(b+1)^2+\frac{2}{3}\pi^3-5\pi$$

この式より，I は $\boldsymbol{a=2}$，$\boldsymbol{b=-1}$ のとき最小値 $\boldsymbol{\frac{2}{3}\pi^3-5\pi}$ をとる．

☆　　　　☆

上で求めた a，b は，x をフーリエ展開したときの式①の $\sin x$，$\sin 2x$ の係数に一致しています．

上の問題と同じようにして，$\sin 3x$，$\sin 4x$ の係数を求めることができます．さらに，関数 $f(x)$ のフーリエ展開の係数も同様に求めることができます．

ミニ講座・10
$I_n=\int_0^{\frac{\pi}{4}}\tan^{2n}x\,dx$ がらみの問題

p.75で述べたように，表題の$\{I_n\}$に関する漸化式を作るときは，部分積分を使わない例外のケースです．例外のケースですが，このI_nを利用して

$$1-\frac{1}{3}+\frac{1}{5}-\frac{1}{7}+\cdots\cdots=\frac{\pi}{4}$$

を導けるので，入試でも少なからず目にします．そこでここでは，入試問題をもとに作成した次の問題を考えてもらうことにしましょう．

> $I_n=\int_0^{\frac{\pi}{4}}\tan^{2n}x\,dx$ ($n=0,\ 1,\ 2,\ \cdots$) とおく．
>
> (1) I_0を求めよ．ただし，$\tan^0 x=1$とする．
>
> (2) $\tan^2 x=\dfrac{1}{\cos^2 x}-1$に着目することにより，$I_1$を求めよ．
>
> (3) I_{n+1}をI_nで表せ．
>
> (4) $I_n>0$，$I_{n+1}>0$と(2)に着目することにより，$\lim_{n\to\infty}I_n$を求めよ．
>
> (5) $a_n=(-1)^n I_n$，
>
> $1-\dfrac{1}{3}+\dfrac{1}{5}-\dfrac{1}{7}+\cdots+(-1)^{n-1}\cdot\dfrac{1}{2n-1}=S_n$
>
> とおく，$n\geqq 1$のとき，S_nをa_nとa_0で表せ．
>
> (6) $\lim_{n\to\infty}S_n$を求めよ．

(2)のヒントの式は，(3)でも活躍します．

解 (1) $I_0=\int_0^{\frac{\pi}{4}}1\cdot dx=\boldsymbol{\frac{\pi}{4}}$

(2) $I_1=\int_0^{\frac{\pi}{4}}\tan^2 x\,dx=\int_0^{\frac{\pi}{4}}\left(\frac{1}{\cos^2 x}-1\right)dx$

$$=\Big[\tan x-x\Big]_0^{\frac{\pi}{4}}=\boldsymbol{1-\frac{\pi}{4}}$$

(3) $I_{n+1}=\int_0^{\frac{\pi}{4}}\tan^{2n+2}x\,dx=\int_0^{\frac{\pi}{4}}\tan^{2n}x\cdot\tan^2 x\,dx$

$$=\int_0^{\frac{\pi}{4}}\tan^{2n}x\left(\frac{1}{\cos^2 x}-1\right)dx$$

$$=\int_0^{\frac{\pi}{4}}\tan^{2n}x\cdot\frac{1}{\cos^2 x}dx-\int_0^{\frac{\pi}{4}}\tan^{2n}x\,dx$$

$$=\int_0^{\frac{\pi}{4}}\tan^{2n}x(\tan x)'dx-I_n$$

$$=\left[\frac{\tan^{2n+1}x}{2n+1}\right]_0^{\frac{\pi}{4}}-I_n=\frac{1}{2n+1}-I_n$$

$\therefore\ \boldsymbol{I_{n+1}=\frac{1}{2n+1}-I_n}$ ……………………………①

(4) $0<x<\dfrac{\pi}{4}$ で $\tan x>0$ であるから，

$I_n=\int_0^{\frac{\pi}{4}}\tan^{2n}x\,dx>0$，$I_{n+1}=\int_0^{\frac{\pi}{4}}\tan^{2n+2}x\,dx>0$

が成り立つ．$I_{n+1}>0$と①により，$\dfrac{1}{2n+1}-I_n>0$

$I_n>0$とから，$0<I_n<\dfrac{1}{2n+1}$

$\lim_{n\to\infty}\dfrac{1}{2n+1}=0$であるから，はさみうちの原理により，

$$\lim_{n\to\infty}I_n=\boldsymbol{0}$$

(5) ①により，$I_k+I_{k+1}=\dfrac{1}{2k+1}$

(この右辺で，$k=0,\ 1,\ 2\cdots$とすると$1,\ \dfrac{1}{3},\ \dfrac{1}{5},\ \cdots$となる)

両辺を$(-1)^k$倍して，

$$(-1)^k I_k-(-1)^{k+1}I_{k+1}=\frac{(-1)^k}{2k+1}$$

$\therefore\ a_k-a_{k+1}=\dfrac{(-1)^k}{2k+1}$ ……………………………②

②で$k=0,\ 1,\ 2,\ \cdots,\ n-1$としたものを加えると，

$$\sum_{k=0}^{n-1}(a_k-a_{k+1})=\sum_{k=0}^{n-1}\frac{(-1)^k}{2k+1}$$

$$左辺=\sum_{k=0}^{n-1}a_k-\sum_{k=0}^{n-1}a_{k+1}$$

$$=(a_0+a_1+\cdots+a_{n-1})-(a_1+a_2+\cdots+a_{n-1}+a_n)$$

$$=a_0-a_n$$

$$右辺=1-\frac{1}{3}+\frac{1}{5}-\frac{1}{7}+\cdots+(-1)^{n-1}\frac{1}{2n-1}=S_n$$

$\therefore\ \boldsymbol{S_n=a_0-a_n}$

(6) $a_0=I_0=\dfrac{\pi}{4}$

$$\lim_{n\to\infty}a_n=\lim_{n\to\infty}(-1)^n I_n=0$$

であるから，

$$\lim_{n\to\infty}S_n=\lim_{n\to\infty}(a_0-a_n)=a_0=\boldsymbol{\frac{\pi}{4}}$$

積分法(面積)

積分法（面積）
要点の整理

1．定積分の本来の定義

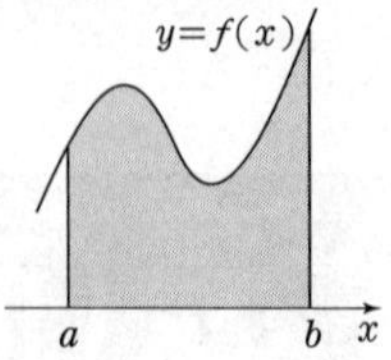

$f(x)$ は連続関数で，区間 $a \leqq x \leqq b$ において $f(x) \geqq 0$ であるとする．このとき，右図網目部の面積を表す式は

$$\int_a^b f(x)\,dx$$

で，その値は，$f(x)$ の原始関数の一つを $F(x)$ とするとき $F(b)-F(a)$ である．

数学Ⅲにおいてもこれが面積計算の基本であり，このような認識でさしつかえないのであるが，より深く理解するために定積分の本来の定義から出発してみよう．

区間 $a \leqq x \leqq b$ の n 等分点を，小さい方から

$$a=x_0,\ x_1,\ x_2,\ \cdots,\ x_{n-1},\ x_n=b$$

とおく．また，$x_0 \sim x_n$ で分けられる各小区間の幅を $\Delta x\left(=\dfrac{b-a}{n}\right)$ とする．このとき，$x_k=a+k\cdot\Delta x$ である．

ここで，

$$S_n=\sum_{k=0}^{n-1} f(x_k)\,\Delta x$$

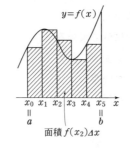

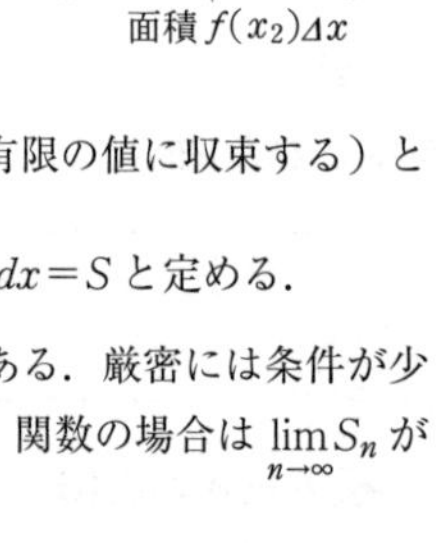

とおく．（この値は n に応じて決まる）．$f(x_k)\,\Delta x$ が右図の縦長の長方形（のそれぞれ）の面積，それらの合計，つまり斜線部の面積が S_n，とイメージするとよい．

そして，$\lim\limits_{n\to\infty} S_n$ が存在する（有限の値に収束する）とき，その値を S として $\int_a^b f(x)\,dx=S$ と定める．

これが定積分の本来の定義である．厳密には条件が少し違うが，高校で扱う（普通の）関数の場合は $\lim\limits_{n\to\infty} S_n$ が存在するので，これで問題ない．

S_n は上の図の斜線部の面積であるから，

（最初の図の網目部の面積）

$=$（$n\to\infty$ としたときの S_n の極限）

と考えるのは自然なことだろう．

大学の数学では，通常，

$$\int_a^b \boldsymbol{f(x)\,dx=\lim_{n\to\infty}\sum_{k=0}^{n-1} f(x_k)\,\Delta x} \cdots\cdots ①$$

を定義とする（左辺を右辺で定める）ので，

$$\int_a^b \boldsymbol{f(x)\,dx=F(b)-F(a)} \cdots\cdots ②$$

は定理となるが，大学入試ではどちらも証明せずに用いてよい．

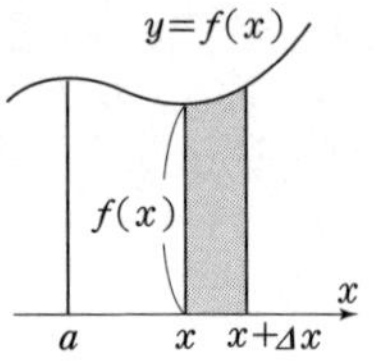

本書では，右のような図を描いて「$x \sim x+\Delta x$ の部分の面積は，長方形の面積 $f(x)\,\Delta x$ で近似できるから，これを $x=a$ から $x=b$ までたし合わせた $\int_a^b f(x)\,dx$ が全体の面積」という表現をすることがある．この x は x_k のことで，$f(x_k)\,\Delta x$ を $k=0$ から $k=n-1$ までたし合わせるという意味（つまり，①の右辺）である．

①と②は，「微分積分法の基本定理」と呼ばれる次の式で結びつけられる．

$$\boldsymbol{\frac{d}{dx}\int_c^x f(t)\,dt=f(x)} \cdots\cdots ③$$

ただし，c は定数で $f(t)$ は x を含まない t だけの関数

これを簡単に説明しよう．

まず，②の積分変数を t にして，b を変数 x にすると

$$\int_a^x f(t)\,dt=F(x)-F(a) \cdots\cdots ②'$$

となる．この両辺を x で微分すると，$F(x)$ の定義から $F'(x)=f(x)$ だから③になる．つまり，②と③はほぼ同じ式である（正確には，②′は「③が成り立つ かつ ②′が $x=a$ のとき成立」と同値）．

次に①と③の関連を見てみよう．③の左辺は

$$\lim_{h\to0}\frac{1}{h}\left\{\int_c^{x+h} f(t)\,dt-\int_c^x f(t)\,dt\right\} \cdots\cdots ④$$

である（この極限値が左辺の定義）．

定積分を①で定めると，前ページ左段の S_n のイメージから，④の｛　｝内は右図網目部の面積で，それは $f(x)\cdot h$ で近似できる．これより④$=f(x)$ となり，③が得られる．

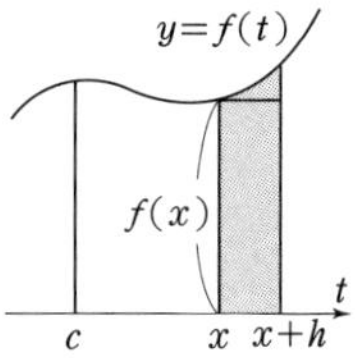

なお，①と②より（右辺どうしが等しいから）

$$\lim_{n\to\infty}\sum_{k=0}^{n-1} f(x_k)\,\Delta x = F(b) - F(a)$$

となるが，上式の左辺を求めよという問題で右辺を計算して答えを出す手法を区分求積法と呼んでいる．

例：　$\displaystyle\lim_{n\to\infty}\sum_{k=0}^{n-1}\frac{k^2}{n^3}$ を区分求積法で求めると

$f(x)=x^2$，$a=0$，$b=1$ とすると $\Delta x=\dfrac{1}{n}$，$x_k=\dfrac{k}{n}$ で

$$\lim_{n\to\infty}\sum_{k=0}^{n-1}\frac{k^2}{n^3}=\lim_{n\to\infty}\sum_{k=0}^{n-1}\left(\frac{k}{n}\right)^2\cdot\frac{1}{n}$$

$$=\lim_{n\to\infty}\sum_{k=0}^{n-1} f(x_k)\,\Delta x\left(=\int_0^1 x^2dx\right)=\left[\frac{1}{3}x^3\right]_0^1=\boldsymbol{\frac{1}{3}}$$

2. 面積計算の公式

2・1　曲線と x 軸，2 曲線の間

既に述べたように，$a\leqq x\leqq b$ で $f(x)\geqq 0$ であれば，この範囲で x 軸と曲線 $y=f(x)$ の間にある部分（下図 1 の網目部）の面積は，$\displaystyle\int_a^b f(x)\,dx$

下図 2 の場合は，$\displaystyle\int_a^c f(x)\,dx+\int_c^b\{-f(x)\}\,dx$

図 1

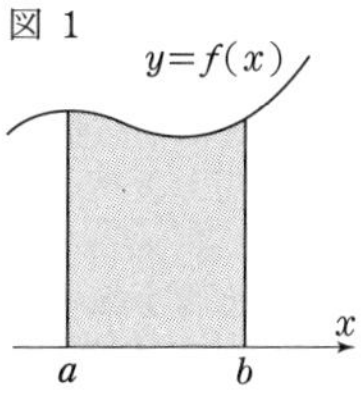

図 2

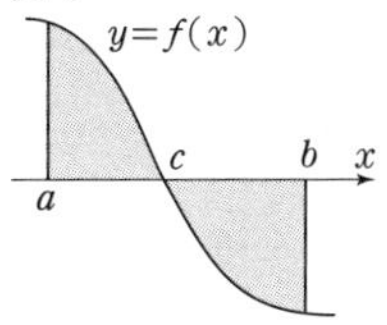

2 曲線の間（図 3）のときは

$$\int_a^b\left|f(x)-g(x)\right|dx$$

$$=\int_a^c\{f(x)-g(x)\}\,dx$$

$$+\int_c^b\{g(x)-f(x)\}\,dx$$

図 3

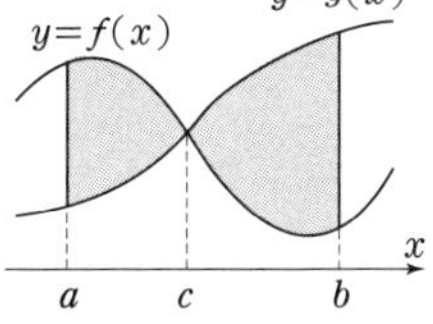

面積は正の値をたし合わせるから，いつでも（上－下）を積分する．また，積分区間は 左→右 である．

イメージ：$\displaystyle\int_{\text{左端}}^{\text{右端}}(\text{上}-\text{下})\,dx$

2・2　媒介変数表示された曲線

曲線 C 上の点 $(x,\ y)$ が

$$x=f(t),\ y=g(t)\quad(t\text{ は媒介変数})$$

と表されているとする．$\alpha\leqq t\leqq\beta$ の範囲で $f'(t)\geqq 0$ かつ $g(t)\geqq 0$ の場合，図の網目部の面積は

$$\int_a^b y\,dx\ \cdots\cdots\cdots\cdots\cdots\cdots ①$$

$$=\int_\alpha^\beta y\cdot\frac{dx}{dt}\,dt\ \cdots\cdots\cdots ②$$

$$=\int_\alpha^\beta g(t)f'(t)\,dt\ \cdots ③$$

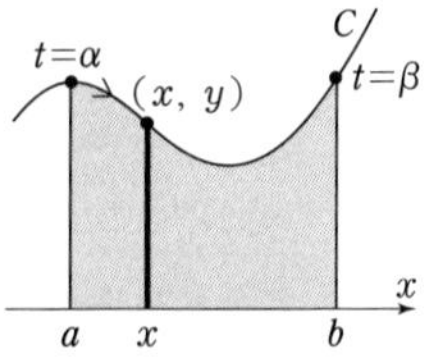

となる．ここで，①の y は図の太線分の長さを x の関数とみたものである．もし，①のまま計算できるなら（つまり，媒介変数 t を消去して y を x の式で表し，積分計算をすることができるなら）その方針でよいが，それができなければ①で $x=f(t)$ と置換し，変数を t にして計算する．置換した式が②であり，②の y は $g(t)$ である．答案は，このような説明は省略して①，②，③と式を並べて書いてかまわない．

$f'(t)\leqq 0$，つまり，t が増加するときに $(x,\ y)$ が右から左に動く場合は，図の網目部の面積は

$$\int_b^a y\,dx$$

$$=\int_\beta^\alpha y\cdot\frac{dx}{dt}\,dt$$

$$=\int_\beta^\alpha g(t)f'(t)\,dt$$

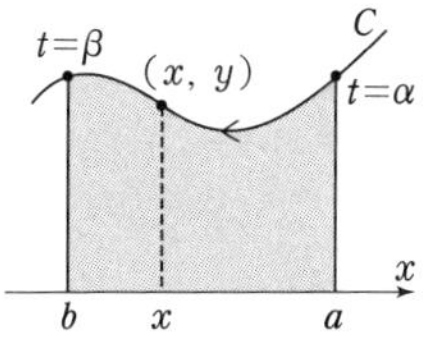

となる．積分区間に注意しよう．最初の式は x で積分するので，区間は 左→右 にする．これを置換するから，t で積分するときは $\beta\to\alpha$ である．なお，はじめの例で①と②を省略して③から書き始めてもよいだろうが，一度 x で積分する式①を書く方が区間を間違えにくい．

○12 の例題の解答の傍注，演習題の解答のあとの注も参照．

2・3　極表示された曲線

曲線 C の極方程式が

$$r=f(\theta)$$

であるとする．C 上の点 P の偏角 θ が $\theta=\alpha$ から $\theta=\beta$ まで変化（増加）するとき，線分 OP が通過する部分の面積は，

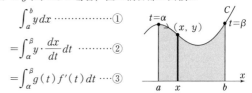

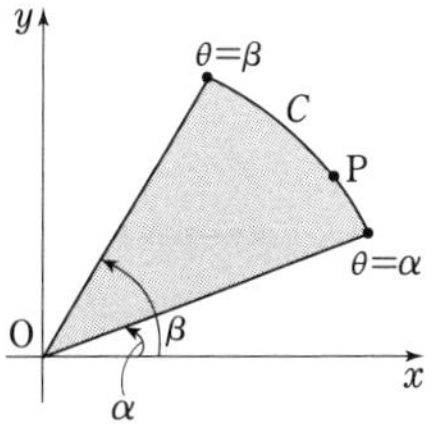

$$\boldsymbol{\int_\alpha^\beta\frac{1}{2}\{f(\theta)\}^2d\theta}$$

である．説明は p.131 のミニ講座・11.

1 面積の計算／上下の判定

$f(x)=\sqrt{2x-x^2}$，$g(x)=xf(x)$とする．

（1） $f(x)$の定義域を求めよ．

（2） xy平面上の曲線$y=f(x)$と曲線$y=g(x)$で囲まれた図形の面積を求めよ．

（秋田大・医，工／途中の設問を省略）

2曲線の上下を判定する $a\leqq x\leqq b$の範囲で2曲線$y=f(x)$，$y=g(x)$の間にある面積は$\int_a^b|f(x)-g(x)|dx$である．この計算は，$f(x)-g(x)$の符号を調べ，絶対値をはずして行うのであるが，やることは「$y=f(x)$と$y=g(x)$の上下関係を調べて$\int_a^b$(上−下)dxを計算する」である．どちらが上かがわかればよいので，グラフをていねいに描く必要はない．

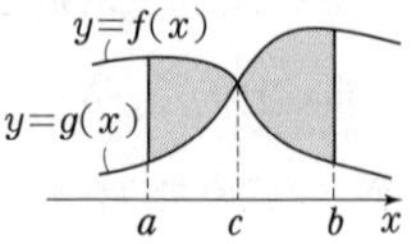

実際の計算では 差の関数$h(x)=f(x)-g(x)$を主役にするとよい．$h(x)$の原始関数の一つ$H(x)$を求めておき，例えば右上図の場合（網目部の面積）は

$$\int_a^c h(x)dx+\int_c^b\{-h(x)\}dx=\Big[H(x)\Big]_a^c+\Big[H(x)\Big]_b^c=2H(c)-H(a)-H(b)$$

とする．$x=c$の代入計算（2か所）をまとめ，計算を少なくしてミスの元を減らすようにしよう．

解 答

（1） $2x-x^2\geqq 0$より，$x(x-2)\leqq 0$ $\therefore$ $\mathbf{0\leqq x\leqq 2}$

（2） $f(x)-g(x)=f(x)-xf(x)=(1-x)f(x)=(1-x)\sqrt{x(2-x)}$

より，$y=f(x)$と$y=g(x)$は$x=0$，1，2で交わり，

$0<x<1$のとき$f(x)>g(x)$，

$1<x<2$のとき$f(x)<g(x)$

である．

$h(x)=f(x)-g(x)=(1-x)\sqrt{2x-x^2}$

とおくと，$h(x)=\dfrac{1}{2}(2x-x^2)'(2x-x^2)^{\frac{1}{2}}$

より$\int h(x)dx=\dfrac{1}{2}\cdot\dfrac{2}{3}(2x-x^2)^{\frac{3}{2}}+C$となるから，求める面積は

$$\int_0^1 h(x)dx+\int_1^2\{-h(x)\}dx$$

$$=\left[\frac{1}{3}(2x-x^2)^{\frac{3}{2}}\right]_0^1+\left[\frac{1}{3}(2x-x^2)^{\frac{3}{2}}\right]_2^1$$

$$=2\times\frac{1}{3}\cdot 1^{\frac{3}{2}}-0-0=\mathbf{\frac{2}{3}}$$

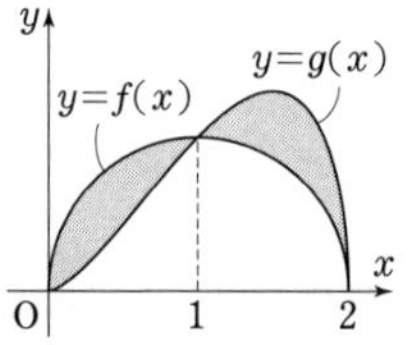

⇦

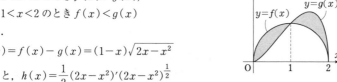

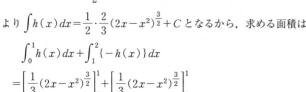

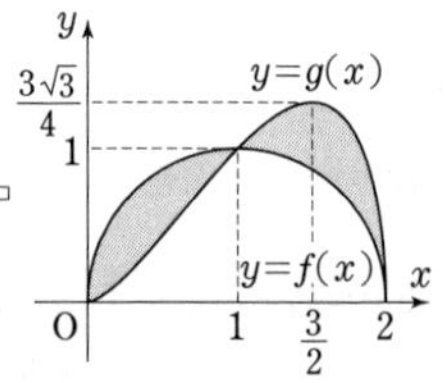

$y=\sqrt{2x-x^2}$のとき$(x-1)^2+y^2=1$だから曲線$y=f(x)$は半円である．また，$g(x)=\sqrt{x^3(2-x)}$として，ルートの中の増減を調べると上のようなグラフが描ける．原題には「$g(x)$の最大値と最小値を求めよ」という設問があり，増減を調べる必要があった．

1 演習題 （解答はp.122）

$f(x)=\dfrac{\log x}{x}$，$g(x)=\dfrac{2\log x}{x^2}$ $(x>0)$とする．ただし，eは自然対数の底で$e=2.718\cdots$である．

（1） 2曲線$y=f(x)$と$y=g(x)$の共有点の座標をすべて求めよ．

（2） 区間$1\leqq x\leqq e$において，2曲線$y=f(x)$と$y=g(x)$，および直線$x=e$で囲まれた2つの部分の面積の和を求めよ．

（神戸大・理系／途中の設問を省略）

$y=f(x)$と$y=g(x)$の上下を調べて例題と同様に計算しよう．

2 直線図形の活用

xy 平面上の曲線 $y=\dfrac{1}{x}$ $(x>0)$ を C とする．

（1） 点 $\left(a,\ \dfrac{3}{4a}\right)(a>0)$ から曲線 C に引いた 2 本の接線の方程式を求めよ．

（2） （1）で求めた 2 本の接線と曲線 C で囲まれた図形の面積を求めよ． （埼玉大・理，工ー後）

三角形や台形を利用しよう （2）で求めるものは右図網目部の面積である．普通に $\int_b^a(C-l)\,dx+\int_a^c(C-m)\,dx$ と立式して計算してもできるが，三角形や台形など直線で囲まれる図形の面積を積分計算で求めると面倒になることが多く，うまい方法ではない．また，上の方針では C に関わる部分が 2 か所になってしまう．そこで，右図太枠の面積を $\int_b^c\dfrac{1}{x}dx$ と求め，そこから台形 2 つ（$x=a$ の左側と右側）を引く，という方法でやってみる．積分が 1 つだけになるのでこちらがおすすめ．

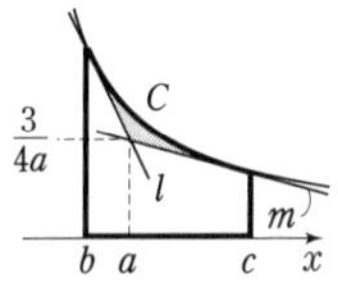

解 答

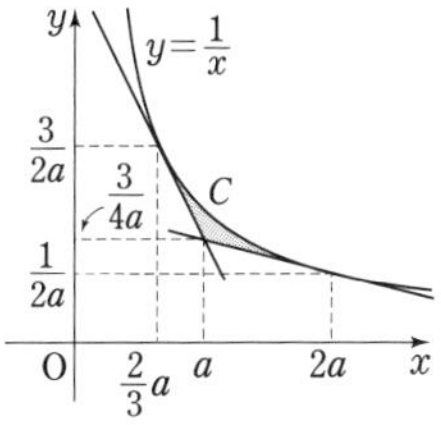

（1） $y=\dfrac{1}{x}$ のとき，$y'=-\dfrac{1}{x^2}$ であるから，

$x=t$ における接線は $y=-\dfrac{1}{t^2}(x-t)+\dfrac{1}{t}$

すなわち $y=-\dfrac{1}{t^2}x+\dfrac{2}{t}$ ……① である．

これが $\left(a,\ \dfrac{3}{4a}\right)$ を通るとき，$\dfrac{3}{4a}=-\dfrac{1}{t^2}\cdot a+\dfrac{2}{t}$

$\therefore\ \underline{3t^2-8at+4a^2=0}$ $\quad\therefore\ (3t-2a)(t-2a)=0$ ⇦ $4at^2$ をかけた．

よって $t=\dfrac{2}{3}a,\ 2a$ となり，①に代入すると，求める方程式は

$$\boldsymbol{y=-\frac{9}{4a^2}x+\frac{3}{a},\quad y=-\frac{1}{4a^2}x+\frac{1}{a}}$$

（2） C の下側の面積から 2 つの台形の面積を引くと考え，求める面積は

$$\int_{\frac{2}{3}a}^{2a}\frac{1}{x}dx-\frac{1}{2}\left(\frac{3}{2a}+\frac{3}{4a}\right)\cdot\frac{a}{3}-\frac{1}{2}\left(\frac{3}{4a}+\frac{1}{2a}\right)\cdot a$$

$$=\Big[\log x\Big]_{\frac{2}{3}a}^{2a}-\frac{1}{2}\left(\frac{1}{2}+\frac{1}{4}\right)-\frac{1}{2}\left(\frac{3}{4}+\frac{1}{2}\right)=\boldsymbol{\log 3-1}$$

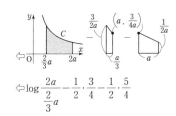

⇦ $\log\dfrac{2a}{\frac{2}{3}a}-\dfrac{1}{2}\cdot\dfrac{3}{4}-\dfrac{1}{2}\cdot\dfrac{5}{4}$

2 演習題 （解答は p.122）

曲線 $y=\log x$ 上の異なる 2 点 $\mathrm{A}(a,\ \log a)$，$\mathrm{B}(b,\ \log b)$ $(a<b)$ におけるこの曲線の法線をそれぞれ l_A，l_B とし，l_A と l_B の交点を P とする．

（1） P の座標を a，b で表せ．

（2） b を a に限りなく近づけるとき，点 P の x 座標および y 座標の極限をそれぞれ求めよ．

（3） $a=1$，$b=2$ のとき，曲線 $y=\log x$ と 2 直線 l_A，l_B で囲まれる部分の面積を求めよ． （名城大・理工）

l_A は，A を通り A における接線に垂直な直線．
（3） $\int_1^2\log x\,dx$ プラス（三角形 2 個）

3 曲線と接線／凹凸で上下を判定

(1)　関数 $f(x)=xe^{-2x}$ の極値と曲線 $y=f(x)$ の変曲点の座標を求めよ．

(2)　曲線 $y=f(x)$ 上の変曲点における接線，曲線 $y=f(x)$ および直線 $x=3$ で囲まれた部分の面積を求めよ．　　　　（日本女子大）

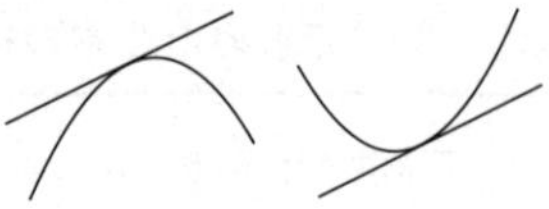

曲線とその接線の上下について　右図のように，
上に凸な区間で接線を引くと，その区間で接線は曲線の上側，
下に凸な区間で接線を引くと，その区間で接線は曲線の下側
となる．「凹凸を調べよ」あるいは「変曲点を求めよ」という設問があるときは，上の事実を利用して曲線と接線の上下を判定する．

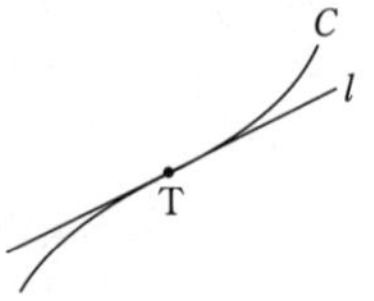

変曲点での接線　曲線 C に変曲点 T があり，T の左側で上に凸，T の右側で下に凸とする．このとき，T における C の接線を l とすると，T の左側では l は C の上側，T の右側では l は C の下側となり，T を境に C と l の上下が入れかわる．

解　答

(1)　$f(x)=xe^{-2x}$，$f'(x)=e^{-2x}+xe^{-2x}\cdot(-2)=(1-2x)e^{-2x}$

$f''(x)=-2e^{-2x}+(1-2x)e^{-2x}\cdot(-2)$
$\quad=4(x-1)e^{-2x}$

より，増減と凹凸は右表のようになる．従って，

x	$\cdots$	$\frac{1}{2}$	$\cdots$	1	$\cdots$
$f'(x)$	$+$	0	$-$	$-$	$-$
$f''(x)$	$-$	$-$	$-$	0	$+$
$f(x)$	↗		↘		↘

極値は $f\left(\dfrac{1}{2}\right)=\dfrac{1}{2}e^{-1}=\boldsymbol{\dfrac{1}{2e}}$（極大値），

変曲点の座標は $(1,\ f(1))=\left(\boldsymbol{1,\ \dfrac{1}{e^2}}\right)$

⇦ $x<1$ で上に凸，$x>1$ で下に凸

(2)　$f'(1)=-e^{-2}$ より，変曲点における接線の方程式は，$y=-\dfrac{1}{e^2}(x-1)+\dfrac{1}{e^2}$

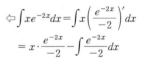

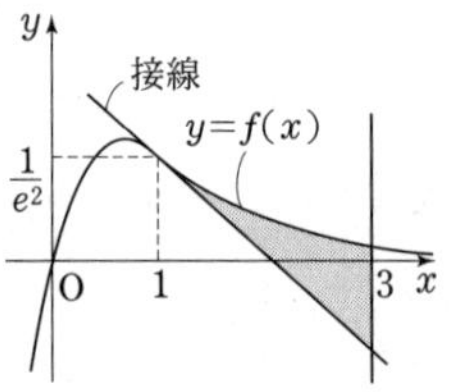

⇦ $x\to\infty$ のとき $f(x)\to 0$（☞p.43）

$1\leqq x\leqq 3$ の範囲で $y=f(x)$ は接線の上側にあるから，求める面積は

⇦ $1<x<3$ で $y=f(x)$ は下に凸

$$\int_1^3\left\{xe^{-2x}-\left(-\frac{1}{e^2}(x-1)+\frac{1}{e^2}\right)\right\}dx$$

$$=\left[x\cdot\frac{e^{-2x}}{-2}\right]_1^3-\int_1^3\frac{e^{-2x}}{-2}dx+\frac{1}{e^2}\left[\frac{1}{2}(x-1)^2-x\right]_1^3$$

⇦ $\displaystyle\int xe^{-2x}dx=\int x\left(\frac{e^{-2x}}{-2}\right)'dx=x\cdot\frac{e^{-2x}}{-2}-\int\frac{e^{-2x}}{-2}dx$

$$=-\frac{1}{2}(3e^{-6}-e^{-2})+\frac{1}{2}\left[-\frac{1}{2}e^{-2x}\right]_1^3+\frac{1}{e^2}\left\{\frac{1}{2}\cdot 2^2-3-(-1)\right\}$$

$$=-\frac{1}{2}(3e^{-6}-e^{-2})-\frac{1}{4}(e^{-6}-e^{-2})=\boldsymbol{-\frac{7}{4}e^{-6}+\frac{3}{4}e^{-2}}$$

3 演習題（解答は p.123）

xy 平面上の曲線 $C：y=x^2e^x$ について，次の問いに答えよ．

(1)　曲線 C のグラフを描け．曲線の凹凸も調べよ．$\displaystyle\lim_{x\to-\infty}x^2e^x=0$ であることを使ってもよい．

(2)　直線 $y=mx$ が原点 O 以外の点で曲線 C に接するように実数 m の値を定めよ．

(3)　(2)のとき，直線 $y=mx$ と曲線 C で囲まれた図形の面積を求めよ

（京都産大・理系）

(2)　$(t,\ t^2e^t)$ における接線が原点を通る．
(3)　O と接点の間で C の凹凸は一定ではないが，図から上下がわかる．

4 交点が具体的に書けない問題

2つの曲線 $y=\tan x$ $\left(0\leqq x<\dfrac{\pi}{2}\right)$，$y=\cos x$ $\left(0\leqq x\leqq\dfrac{\pi}{2}\right)$ および x 軸で囲まれた部分の面積を求めなさい．

（東京理科大・工）

交点の座標を文字でおいて進める 例題の場合，2曲線の交点の x 座標は $\pi/3$ のような値にならない．求められるのは，交点の x 座標を α とおいたときの $\sin\alpha$ の値である．このようなときは，α のまま計算を進め，最後に $\sin\alpha$ を数値におきかえて α を消す．結論に（解答者が設定した）α が残ることはないと考えてよい．α が残る場合は，計算を間違えているか，または追求不足（求められる値を求めていない．例えば，$0\leqq\alpha\leqq\pi/2$ で $\sin\alpha$ の値がわかっていれば $\sin 2\alpha$ や $\cos 2\alpha$ の値もわかる）である．

解答

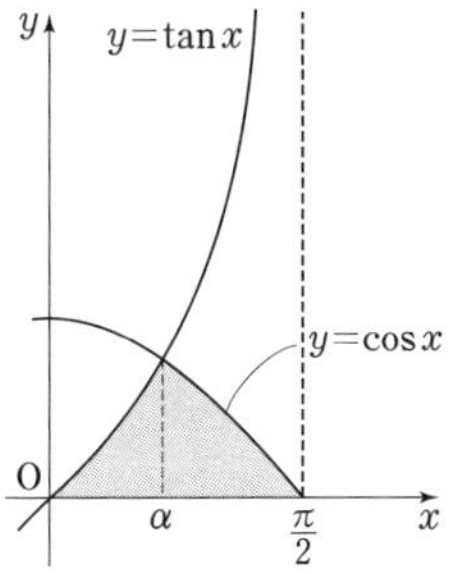

2曲線の交点の x 座標を α とすると

$\tan\alpha=\cos\alpha$ であるから，$\dfrac{\sin\alpha}{\cos\alpha}=\cos\alpha$ 　⇦交点の条件を忘れないように．

$\therefore\ \sin\alpha=\cos^2\alpha$ ……………………①

$\therefore\ \sin\alpha=1-\sin^2\alpha$

よって $(\sin\alpha)^2+\sin\alpha-1=0$ であり，

$\sin\alpha>0$ より $\sin\alpha=\dfrac{-1+\sqrt{5}}{2}$

$0\leqq x\leqq\alpha$ の部分の面積は，

$$\int_0^\alpha \tan x\,dx=\int_0^\alpha\frac{\sin x}{\cos x}dx=\int_0^\alpha\frac{-(\cos x)'}{\cos x}dx$$

$$=\Big[-\log(\cos x)\Big]_0^\alpha=-\log(\cos\alpha)=-\frac{1}{2}\log(\cos^2\alpha)$$ 　⇦$\log(\cos 0)=\log 1=0$

$$=-\frac{1}{2}\log(\sin\alpha)=-\frac{1}{2}\log\frac{-1+\sqrt{5}}{2}$$ 　⇦①を用いた．

$\alpha\leqq x\leqq\pi/2$ の部分の面積は

$$\int_\alpha^{\frac{\pi}{2}}\cos x\,dx=\Big[\sin x\Big]_\alpha^{\frac{\pi}{2}}=1-\sin\alpha=1-\frac{-1+\sqrt{5}}{2}=\frac{3-\sqrt{5}}{2}$$

これらを加えて，答えは $\boldsymbol{-\dfrac{1}{2}\log\dfrac{-1+\sqrt{5}}{2}+\dfrac{3-\sqrt{5}}{2}}$

⇦答えの第1項 $-\dfrac{1}{2}\log\dfrac{-1+\sqrt{5}}{2}$ は正の値．先頭のマイナスを解消すると，$\dfrac{2}{-1+\sqrt{5}}=\dfrac{\sqrt{5}+1}{2}$ より $\dfrac{1}{2}\log\dfrac{\sqrt{5}+1}{2}$ となる．

➡**注**　$\log(\cos\alpha)$ の部分について．上では少し工夫して求めたが，

$$\log(\cos\alpha)=\log\sqrt{1-\sin^2\alpha}=\frac{1}{2}\log\left(1-\frac{6-2\sqrt{5}}{4}\right)=\frac{1}{2}\log\frac{-1+\sqrt{5}}{2}$$

としてもよい．

4 演習題（解答は p.124）

2つの関数 $f(x)=\sin 2x$ と $g(x)=\dfrac{3}{2}\cos x$ $\left(0\leqq x\leqq\dfrac{\pi}{2}\right)$ について，

（1） 2つの曲線 $y=f(x)$ と $y=g(x)$ の $0<x<\dfrac{\pi}{2}$ における交点の x 座標を α とするとき，$\sin\alpha$ の値を求めよ．

（2） 2つの曲線 $y=f(x)$ と $y=g(x)$ とで囲まれた部分の面積を求めよ．

（福岡大・理）

（2） まず，面積を（1）の α で表し，（1）の結果を用いて数値にする．

5 面積の最小値

曲線 $C: y=xe^{-x}$ と直線 $l: y=kx$ $(k>0)$ とのすべての交点の x 座標が $0\leqq x\leqq 2$ をみたすとする．C と l および直線 $x=2$ で囲まれる図形の面積（2 か所の和）を S とおくとき，S が最小になる k の値を求めよ．　（東京学芸大・教）

方針は面積を求めて微分　曲線 C が固定されていて，直線 l が動くときに C と l ではさまれた部分の面積の最小値を考える，というタイプの問題はよく出題される．例題では，C と l の交点の x 座標が k で表せる（簡単な形になる）から，S を k で表して k で微分すれば解ける．演習題は，交点の x 座標を（与えられた）k で表すことはできないので，交点の x 座標 α を主役にし，S と k を α で表す．

解答

$xe^{-x}-kx=x(e^{-x}-k)$ ……………………………①

より，C と l の交点の x 座標は

$x=0$, $e^{-x}=k$　∴　$x=0$, $-\log k$

$0\leqq -\log k\leqq 2$ のとき，$e^{-2}\leqq k\leqq 1$ ……………②

k が②を満たすとき，①より C と l は右図のように交わり，題意の図形は網目部になる．

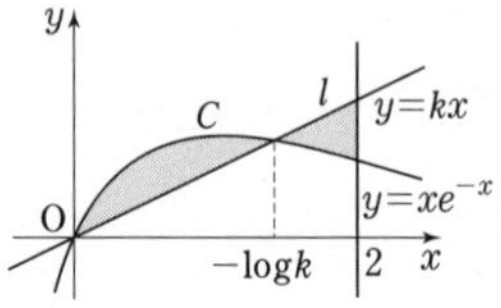

⇦

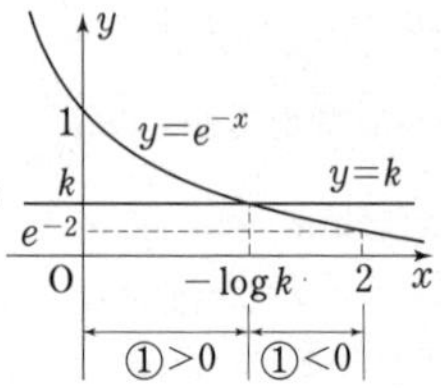

$h(x)=xe^{-x}-kx$ とおくと

$$\int h(x)\,dx=\int x(-e^{-x})'\,dx-\int kx\,dx=-xe^{-x}+\int e^{-x}dx-\frac{1}{2}kx^2$$

$$=-xe^{-x}-e^{-x}-\frac{1}{2}kx^2+(\text{定数})$$

となるから，

$$S=\int_0^{-\log k}h(x)\,dx+\int_{-\log k}^{2}\{-h(x)\}\,dx$$

$$=\left[-xe^{-x}-e^{-x}-\frac{1}{2}kx^2\right]_0^{-\log k}+\left[-xe^{-x}-e^{-x}-\frac{1}{2}kx^2\right]_2^{-\log k}$$

$$=2\left\{(\log k)e^{\log k}-e^{\log k}-\frac{1}{2}k(\log k)^2\right\}-(-1)-(-2e^{-2}-e^{-2}-2k)$$

$$=2k\log k-2k-k(\log k)^2+1+3e^{-2}+2k$$　⇦$e^{\log k}=k$

$$=-k(\log k)^2+2k\log k+3e^{-2}+1$$

$$\frac{dS}{dk}=-\left\{1\cdot(\log k)^2+k\cdot 2(\log k)\cdot\frac{1}{k}\right\}+2\left(1\cdot\log k+k\cdot\frac{1}{k}\right)$$

$$=2-(\log k)^2$$ ………………………………③

③$=0$ となる k は $k=e^{-\sqrt{2}}$ であり，②の範囲で k が増加すると $\log k: -2\to 0$ となるから S の増減は右表．よって，求める値は $\boldsymbol{k=e^{-\sqrt{2}}}$

k	e^{-2}	…	$e^{-\sqrt{2}}$	…	1
$\dfrac{dS}{dk}$		−	0	+	
S		↘		↗	

⇦③$=0$ のとき $\log k=\pm\sqrt{2}$ で，②の範囲で $\log k\leqq 0$ だから $\log k=-\sqrt{2}$

⇦k が増加すると③は増加する．

5 演習題（解答は p.124）

k を正の実数とし，$S=\int_0^{\frac{\pi}{2}}|\cos x-kx|\,dx$ とおく．

（1）　方程式 $\cos x=kx$ は区間 $\left(0,\ \dfrac{\pi}{2}\right)$ にただ一つの解をもつことを示せ．

（2）　（1）の解を α とする．S を α を用いて表せ．

（3）　$k>0$ において，S を最小にする k の値を求めよ．　（愛媛大・医）

（2）　k を完全に消去して α だけの式にする．
（3）　（2）の S を α で微分し，まず S を最小にする α の値を求める．

6 y 方向の積分で求める

（1） $y=\dfrac{e^x-e^{-x}}{e^x+e^{-x}}$ を x について解け.

（2） 曲線 $y=\dfrac{e^x-e^{-x}}{e^x+e^{-x}}$ と直線 $y=\dfrac{1}{2}$ および y 軸で囲まれた部分の面積を求めよ.

（弘前大・理工／一部省略）

y 方向に積分する 図1の網目部の面積は $\int_a^b f(x)\,dx$ であるから，x と y を入れ替えると考えて，図2の網目部の面積は $\int_a^b F(y)\,dy$ となる.

例題のように x を y で表す指示がある場合は y 方向の積分で求めることが要求されていると思ってよい.

図 1

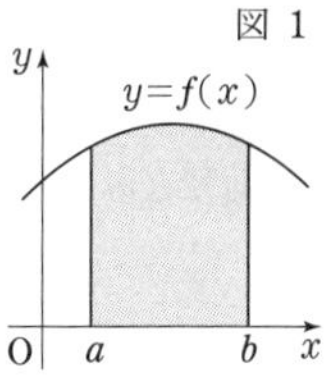

図 2

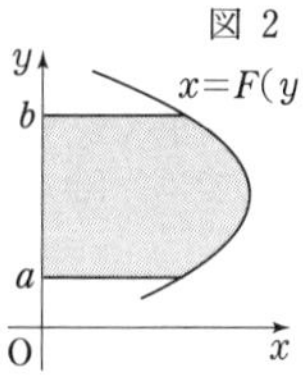

解 答

（1） 与式の分母を払って e^x 倍すると，$(e^{2x}+1)y=e^{2x}-1$

$\therefore\ (y-1)e^{2x}=-y-1$ 　　$\therefore\ \boldsymbol{x=\dfrac{1}{2}\log\dfrac{1+y}{1-y}}$

⇦ $e^{2x}=\dfrac{1+y}{1-y}$

（2） $x=0$ のとき $y=\dfrac{1-1}{1+1}=0$ であり，$x=\dfrac{1}{2}\log\left(-1+\dfrac{2}{1-y}\right)$ より $0\leqq y<1$ の範囲で x は y の増加関数である.

⇦ $x=0$ は y 軸. 全体の図は

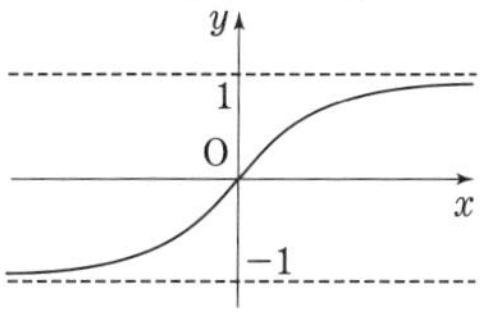

よって，求めるものは右図網目部の面積で，

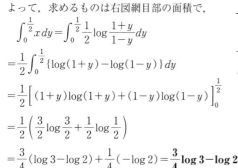

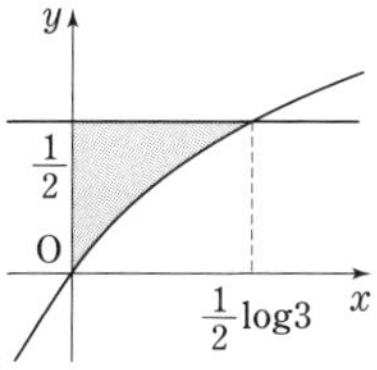

$$\int_0^{\frac{1}{2}} x\,dy=\int_0^{\frac{1}{2}}\frac{1}{2}\log\frac{1+y}{1-y}\,dy$$

$$=\frac{1}{2}\int_0^{\frac{1}{2}}\{\log(1+y)-\log(1-y)\}\,dy$$

⇦ 交点の x 座標 $\dfrac{1}{2}\log 3$ は計算しなくてよい

$$=\frac{1}{2}\Big[(1+y)\log(1+y)+(1-y)\log(1-y)\Big]_0^{\frac{1}{2}}$$

⇦ $\int\log(x+a)\,dx$
$=(x+a)\log(x+a)-x+C$

$$=\frac{1}{2}\left(\frac{3}{2}\log\frac{3}{2}+\frac{1}{2}\log\frac{1}{2}\right)$$

$$=\frac{3}{4}(\log 3-\log 2)+\frac{1}{4}(-\log 2)=\boldsymbol{\frac{3}{4}\log 3-\log 2}$$

⇦ $\dfrac{1}{4}\log\dfrac{27}{16}$ などとも書ける（どちらでもよい）.

6 演習題 （解答は p.125）

次の方程式で表される曲線 C を考える.

$$C:|x-100|=y|y-3|e^y$$

（1） 曲線 C の概形を描け.

（2） 曲線 C で囲まれる部分の面積を求めよ.

（お茶の水女子大・理）

（1） x を y で表す.
（2） y 方向に積分.

7 陰関数／yをxで表す

曲線 $x^2-2xy+2y^2=4$ について，xのとりうる値の範囲は [(1)] であり，また，この曲線で囲まれる部分の面積は [(2)] である．（芝浦工大・工／途中省略）

yをxで表して積分 曲線の概形を調べることなく面積を求めるタイプの問題である．右図の曲線Cで囲まれる部分の面積を求める場合，直線 $x=t$ との交わりの長さ $f(t)$ がわかれば $\int_a^b f(t)\,dt$ となる．そして，$f(t)$ は「Cの式に $x=t$ を代入したものをyの方程式とみるとき，大きい解から小さい解を引いた値」である．2次方程式を解くので根号が出てくるが，積分できるものになっている．例題および演習題(ア)では，円（の一部）の面積とみるのがよい．

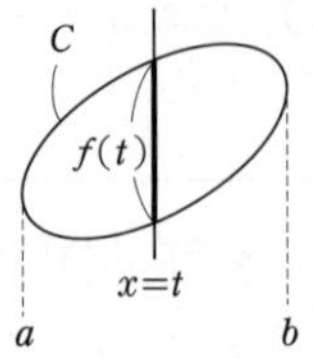

解 答

$x^2-2xy+2y^2=4$ をyの方程式とみると，$2y^2-2xy+(x^2-4)=0$

⇦上では文字を使ったが，xのまま解いてよい．

$$\therefore\quad y=\frac{x\pm\sqrt{x^2-2(x^2-4)}}{2}=\frac{x\pm\sqrt{8-x^2}}{2}$$

(1) 上式の$\sqrt{\quad}$の中が0以上になることが条件だから，

$$8-x^2\geqq 0 \qquad \therefore\quad \boldsymbol{-2\sqrt{2}\leqq x\leqq 2\sqrt{2}}$$

(2) $f_1(x)=\dfrac{x+\sqrt{8-x^2}}{2}$，$f_2(x)=\dfrac{x-\sqrt{8-x^2}}{2}$ とおく．

▨この曲線は楕円である．

$x^2-2xy+2y^2=4$ は $y=f_1(x)$ または $y=f_2(x)$ $(-2\sqrt{2}\leqq x\leqq 2\sqrt{2})$ であり，$f_1(x)\geqq f_2(x)$ であるから，この曲線で囲まれた部分の面積は

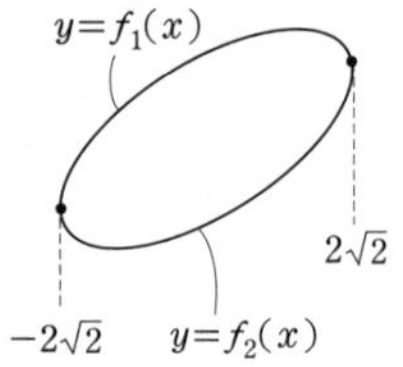

$$\int_{-2\sqrt{2}}^{2\sqrt{2}}\{f_1(x)-f_2(x)\}\,dx$$
$$=\int_{-2\sqrt{2}}^{2\sqrt{2}}\sqrt{8-x^2}\,dx$$

これは，半径$2\sqrt{2}$の半円の面積だから，答えは

$$\frac{1}{2}\times\pi(2\sqrt{2})^2=\boldsymbol{4\pi}$$

⇦$y=\sqrt{8-x^2}$
$\iff x^2+y^2=8$ かつ $y\geqq 0$

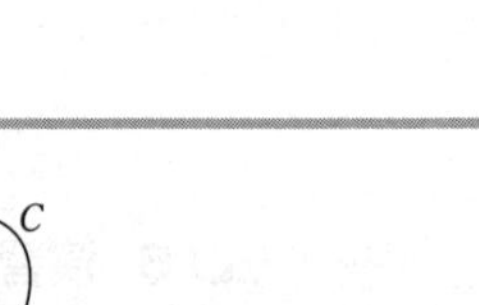

7 演習題（解答は p.125）

（解答は p.125）

(ア) 座標平面上の曲線 $x^2-|x|y+y^2=1$ をCとする（右図）．
曲線Cによって囲まれた部分の面積は [　　] である．
（芝浦工大／一部省略）

(イ) 曲線 $x^3-2xy+y^2=0$ のうち，$x\geqq 0$ を満たす部分をCとする．

(1) C上の点のx座標がとり得る値の範囲を求めよ．

(2) Cで囲まれた図形の面積を求めよ．
（福井大・医／一部省略）

(ア) y軸対称になっている．$x\geqq 0$としてyをxで表そう．
(イ) yをxで表す．

8 円がからむ問題

関数 $y=e^x$, $y=\log x$ のグラフをそれぞれ C_1, C_2 とする.

(1) 曲線 C_1 と直線 $y=x$ は共有点をもたないことを示せ.

(2) 2つの曲線 C_1, C_2 の両方に接する最も半径の小さな円の方程式を求めよ. ただし, 曲線と円が接するとは, 共有する1点をもちその点における接線が一致していることである.

(3) 次の連立不等式を表す領域と(2)で求めた円の外部との共通部分の面積を求めよ.

$0\leqq y\leqq e^x$, $y\geqq\log x$, $0\leqq x\leqq 2$ (お茶の水女子大・理)

曲線に接する円 曲線 C と円 D が点Tで接するとき, C と D はTを共有し, Tでの両者の接線 l は一致する. 従って, 円の接線の性質から, D の中心をAとすると AT$\perp l$ となっている. これを式で表すのが基本的なとらえ方であるが, 例題では(2)の円を見つけてしまうことができる. C_1 と C_2 が直線 $y=x$ に関して対称であることに着目しよう. C_1 と C_2 の両方に接する円の中心は $L:y=x$ 上になければならない. そこで, l を L に平行な C_1 の接線とする.

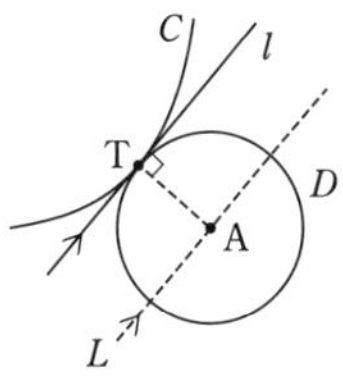

解 答

(1) $f(x)=e^x-x$ とすると, $f'(x)=e^x-1$ であるから, $f(x)$ は $x\leqq0$ で減少, $x\geqq0$ で増加. よって $f(x)\geqq f(0)=1$ となり, 題意成立.

⇦

x	$\cdots$	0	$\cdots$
$f'(x)$	$-$	0	$+$
$f(x)$	↘	1	↗

(2) $y=e^x\iff x=\log y$ だから, C_1 と C_2 は直線 $y=x$ に関して対称である. よって, その両方に接する円の中心は $L:y=x$ 上にある.

⇦円は中心を通る直線に関して対称.

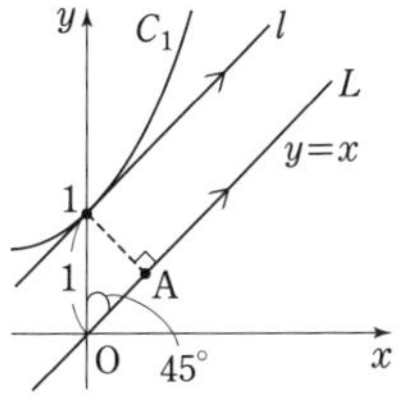

$(e^x)'=e^x$ より, C_1 の接線 l が L (傾き1) と平行になるとき, C_1 と l の接点の x 座標は0である. C_1 は下に凸だから C_1 と L は l に関して反対側にあり, これより L 上に中心がある円が C_1 と接するならば, その円の半径は l と L の距離以上になる. 従って, 求める円の中心は (0, 1) から L に下ろした垂線の足 $A\left(\frac{1}{2},\ \frac{1}{2}\right)$, 半径は l と L の距離で, 方程式は $\boldsymbol{\left(x-\frac{1}{2}\right)^2+\left(y-\frac{1}{2}\right)^2=\frac{1}{2}}$

⇦半径は, 直角二等辺三角形に着目して $\frac{1}{\sqrt{2}}$

(3) 題意の部分は右図網目部である. 円が原点を通ることから, 求める面積は

$$\int_0^2 e^x dx-\frac{1}{2}\cdot1^2-\frac{1}{2}\cdot\pi\left(\frac{1}{\sqrt{2}}\right)^2-\int_1^2\log x\,dx$$

$$=\Big[e^x\Big]_0^2-\frac{1}{2}-\frac{\pi}{4}-\Big[x\log x-x\Big]_1^2$$

$$=e^2-1-\frac{1}{2}-\frac{\pi}{4}-\{(2\log 2-2)-(-1)\}$$

$$=\boldsymbol{e^2-\frac{1}{2}-\frac{\pi}{4}-2\log 2}$$

⇦C_1 の下側 $-$  $-$ C_2 の下側

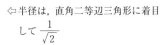

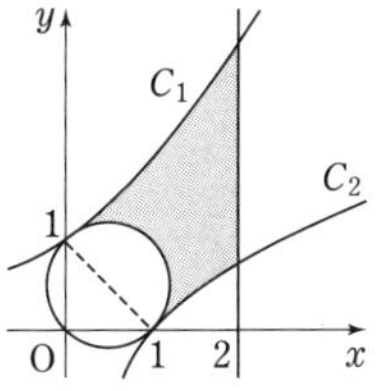

8 演習題 (解答は p.126)

b は実数, r は正の実数とする. xy 平面上に2つの曲線

$C_1:y=-\cos 2x\ (-\pi/2\leqq x\leqq\pi/2)$, $C_2:x^2+(y-b)^2=r^2$

がある. C_1 と C_2 が $\mathrm{P}(a,\ -\cos 2a)\ (a>0)$ で接するとき,

(1) b を a の式で表し, $\lim\limits_{a\to+0} b$ の値を求めよ.

(2) $a=\pi/3$ のとき, 曲線 C_1 の $y\leqq-\cos 2a$ の部分と, 曲線 C_2 の $y\geqq-\cos 2a$ の部分で囲まれた図形の面積を求めよ. (東京農工大/問題文変更)

(1) C_2 の中心をQとすると, QPと C_1 のPでの接線は垂直.

9 周期性の利用／減衰振動

関数 $f(x)=e^{-x}|\sin x|$ について，方程式 $f(x)=0$ の $x\geqq 0$ における解を小さい方から順に p，q，r とする．

（1） p，q，r の値をそれぞれ求めよ．

（2） 区間 $p\leqq x\leqq q$ において，曲線 $y=f(x)$ と x 軸とで囲まれた図形の面積を S_1 とする．また，区間 $q\leqq x\leqq r$ において，曲線 $y=f(x)$ と x 軸とで囲まれた図形の面積を S_2 とする．このとき，$\dfrac{S_2}{S_1}$ を求めよ．

（室蘭工大／改題）

sinの周期性を利用する S_1，S_2 は $e^{-x}\sin x$ の積分で表される．積分計算をして具体的な値を求めることもできるが，sinの周期性を利用すると比だけを求めることができる．$S_2=\int_{\pi}^{2\pi}e^{-x}|\sin x|dx$ の積分区間を S_1 に合わせるために $x=\pi+t$ とおき（そのとき $t:0\to\pi$），$|\sin(\pi+t)|=|-\sin t|=|\sin t|$ を用いて整理してみよう．$S_1\times$(定数）の形に書ける．

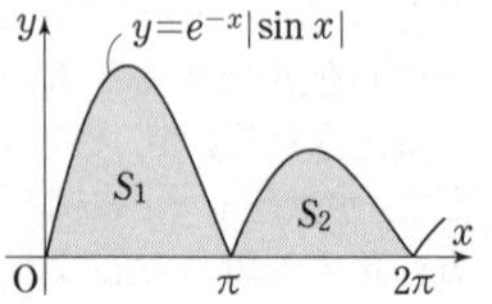

なお，演習題は積分計算をするが，これと同様の置換をすると見通しがよい．

解答

（1） $e^{-x}>0$ だから $f(x)=0$ のとき $\sin x=0$ である．これを満たす $x(\geqq 0)$ は，小さい方から順に $\mathbf{0}$，$\boldsymbol{\pi}$，$\mathbf{2\pi}$

（2） $S_1=\int_0^{\pi}e^{-x}|\sin x|dx$，$S_2=\int_{\pi}^{2\pi}e^{-x}|\sin x|dx$ である．

S_2 において $x=\pi+t$ と置換すると，

$t:0\to\pi$，$dx=dt$

$|\sin(\pi+t)|=|-\sin t|=|\sin t|$

であることから，

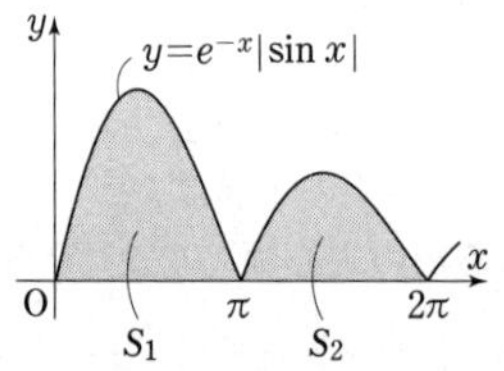

$S_2=\int_0^{\pi}e^{-(\pi+t)}|\sin t|dt$

$=e^{-\pi}\int_0^{\pi}e^{-t}|\sin t|dt=e^{-\pi}S_1$

⇦ $e^{-(\pi+t)}|\sin(\pi+t)|$
$=e^{-\pi}\cdot e^{-t}|\sin t|$
この式は，$y=f(x)$ の $0\leqq x\leqq\pi$ 部分を y 方向に $e^{-\pi}$ 倍すると $\pi\leqq x\leqq 2\pi$ の部分と同じ形になることを意味する．だから面積も $e^{-\pi}$ 倍．

よって，$\boldsymbol{\dfrac{S_2}{S_1}=e^{-\pi}}$

▨ $y=e^{-x}\sin x$ のグラフは，$y=e^{-x}$ と $y=-e^{-x}$ の間にあり，x が大きくなると振れ幅が小さくなっていく．このような動きやグラフを減衰振動と呼んでいる．

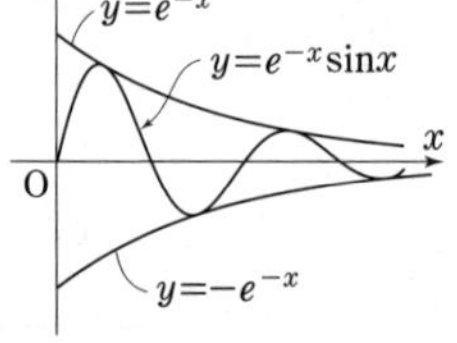

9 演習題（解答は p.127）

a を0でない実数とする．自然数 n に対して，$I_n=\int_{(n-1)\pi}^{n\pi}e^{ax}\sin x\,dx$，$S_n=\sum_{k=1}^{n}|I_k|$ とおく．以下の問に答えよ．

（1） I_n を求めよ．

（2） S_n を求めよ．

（3） $n\to\infty$ のとき S_n が収束するような a の値の範囲を求めよ．また，a がこの範囲の値をとるとき，$\lim_{n\to\infty}S_n$ の値を求めよ．

（神戸大・理系－後）

（1） 積分区間を $0\sim\pi$ にしてみよう．
（2） 等比数列の和．

10 双曲線

（1） $x=\dfrac{e^t+e^{-t}}{2}$ $(t\geqq 0)$ のとき，$\sqrt{x^2-1}$ を t を用いて表せ．

（2） Oを原点とし，点 P$(a,\ b)$ を双曲線 $x^2-y^2=1$ 上にある第1象限内の点とする．

$a=\dfrac{e^s+e^{-s}}{2}$ $(s>0)$ のとき，線分 OP と双曲線 $x^2-y^2=1$ と x 軸とで囲まれた部分の面積を，s を用いて表せ．

（津田塾大／最初の設問を省略）

双曲線の問題 双曲線（$ax^2-by^2=1$ 型）が境界の一部になっている図形の面積を求める問題は，ほとんどがヒントつきで出題される．例題の置換か，演習題の部分積分で解くことが多いので，どのような式が出てくるのかを頭に入れておくとよいだろう（もちろん，いつでも同じ式が出てくるというわけではないが）．他の方法などについては，積分法（数式）の章の p.77 を参照．

解 答

（1） $x=\dfrac{e^t+e^{-t}}{2}$ のとき，$x^2-1=\dfrac{e^{2t}+2+e^{-2t}}{4}-1=\left(\dfrac{e^t-e^{-t}}{2}\right)^2$

であり，$t\geqq 0$ より $\dfrac{e^t-e^{-t}}{2}\geqq 0$ だから，$\boldsymbol{\sqrt{x^2-1}=\dfrac{e^t-e^{-t}}{2}}$

（2） $x^2-y^2=1$，$y\geqq 0$ のとき $y=\sqrt{x^2-1}$ であるから，図の打点部の面積は，

$\displaystyle\int_1^a\sqrt{x^2-1}\,dx$ ……① である．

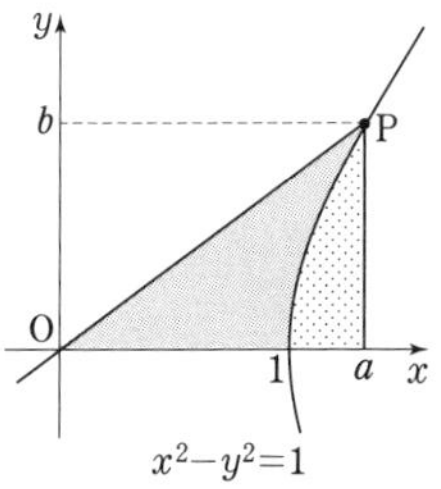

$x^2-y^2=1$

①で $x=\dfrac{e^t+e^{-t}}{2}$ とおくと $\dfrac{dx}{dt}=\dfrac{e^t-e^{-t}}{2}$

で，$a=\dfrac{e^s+e^{-s}}{2}$ より $\begin{array}{c|c} x & 1\to a \\ \hline t & 0\to s \end{array}$ だから　　⇦ $t=0$ のとき $x=\dfrac{1+1}{2}=1$

$①=\displaystyle\int_0^s\frac{e^t-e^{-t}}{2}\cdot\frac{e^t-e^{-t}}{2}dt=\int_0^s\frac{1}{4}(e^{2t}-2+e^{-2t})\,dt$　　⇦ $①=\displaystyle\int_0^s\frac{e^t-e^{-t}}{2}\cdot\frac{dx}{dt}dt$

$=\dfrac{1}{4}\left[\dfrac{1}{2}e^{2t}-2t-\dfrac{1}{2}e^{-2t}\right]_0^s=\dfrac{1}{4}\left(\dfrac{1}{2}e^{2s}-2s-\dfrac{1}{2}e^{-2s}\right)$　　⇦ $t=0$ を代入すると 0

$b=\sqrt{a^2-1}=\dfrac{e^s-e^{-s}}{2}$ より，求める面積（図の網目部の面積）は　　⇦（1）と同様の計算

$\dfrac{1}{2}ab-①=\dfrac{1}{2}\cdot\dfrac{e^s+e^{-s}}{2}\cdot\dfrac{e^s-e^{-s}}{2}-\dfrac{1}{4}\left(\dfrac{1}{2}e^{2s}-2s-\dfrac{1}{2}e^{-2s}\right)$　　⇦（網目部）+（打点部）$=\dfrac{1}{2}ab$

$=\dfrac{1}{8}(e^{2s}-e^{-2s})-\dfrac{1}{8}(e^{2s}-e^{-2s})+\dfrac{1}{2}s=\boldsymbol{\dfrac{1}{2}s}$

10 演習題（解答は p.127）

（1） $\log(x+\sqrt{x^2+1})$ の導関数を求めよ．

（2） $y=\sqrt{x^2+1}$ とおくと y は $y=x\dfrac{dy}{dx}+\dfrac{1}{y}$ をみたすことを示せ．

（3） 不定積分 $\displaystyle\int\sqrt{x^2+1}\,dx$ を求めよ．

（4） 双曲線 $y^2-x^2=1$ と2直線 $x=-1$，$x=1$ で囲まれる図形の面積を求めよ．

（大阪医大・医）

（3）は（2）と部分積分を使う．わかりにくければ y を $f(x)\,(=\sqrt{x^2+1})$ と書いてみよう．

11 媒介変数の消去

Oを原点とする座標平面において，$0 \leqq \theta \leqq \dfrac{\pi}{2}$ を満たす媒介変数 θ を用いて $\begin{cases} x=\sqrt{3}\sin\theta \\ y=\sqrt{6}\sin 2\theta \end{cases}$ と表される曲線 C を考える．また，曲線 C を表す関数を $y=f(x)$ とする．

(1) 関数 $y=f(x)$ の定義域は $\square \leqq x \leqq \square$ であり，$f'(x)=0$ を満たす x はただ1つある．その値を α とすると $\alpha=\square$ であり，$f(\alpha)=\square$ となる．

(2) 曲線 C と x 軸で囲まれた部分の面積は $\square$ である．　（近畿大・理工／途中省略）

媒介変数を消去　この例題は，指示通りに $f(x)$ を求めて解けばよい．$y=2\sqrt{6}\sin\theta\cos\theta$ を x だけの式（θ を含まない式）にするので $\cos\theta=\sqrt{1-\sin^2\theta}$（$\theta$ の範囲から $\geqq 0$）を用いる．(2)は，特殊基本関数の形 $\left[\int\{g(x)\}^k g'(x)\,dx\right]$ になることに注目しよう．

解答

(1) $x=\sqrt{3}\sin\theta,\ 0 \leqq \theta \leqq \dfrac{\pi}{2}$ ……① より，$\boldsymbol{0 \leqq x \leqq \sqrt{3}}$　　⇦ $0 \leqq \sin\theta \leqq 1$

①より $\cos\theta \geqq 0$ だから，$\cos\theta=\sqrt{1-\sin^2\theta}=\sqrt{1-\dfrac{x^2}{3}}$　　⇦ $\sin\theta=\dfrac{x}{\sqrt{3}}$

よって，

$$f(x)=\sqrt{6}\sin 2\theta=2\sqrt{6}\sin\theta\cos\theta=2\sqrt{6}\cdot\frac{x}{\sqrt{3}}\sqrt{1-\frac{x^2}{3}}=\frac{2\sqrt{6}}{3}x\sqrt{3-x^2}$$

$$f'(x)=\frac{2\sqrt{6}}{3}\left(1\cdot\sqrt{3-x^2}+x\cdot\frac{-2x}{2\sqrt{3-x^2}}\right)=\frac{2\sqrt{6}}{3}\cdot\frac{3-x^2-x^2}{\sqrt{3-x^2}}$$

$$=\frac{2\sqrt{6}\,(3-2x^2)}{3\sqrt{3-x^2}}$$

従って，$\alpha=\sqrt{\dfrac{3}{2}}=\boldsymbol{\dfrac{\sqrt{6}}{2}}$，$f(\alpha)=\dfrac{2\sqrt{6}}{3}\cdot\sqrt{\dfrac{3}{2}}\cdot\sqrt{\dfrac{3}{2}}=\boldsymbol{\sqrt{6}}$　　⇦ $\sqrt{3-\alpha^2}=\sqrt{3-\dfrac{3}{2}}=\sqrt{\dfrac{3}{2}}$

(2) $0 \leqq x \leqq \sqrt{3}$ のとき $f(x) \geqq 0$ であるから，求める面積は

$$\int_0^{\sqrt{3}} f(x)\,dx=\int_0^{\sqrt{3}}\frac{2\sqrt{6}}{3}x\sqrt{3-x^2}\,dx$$

$$=-\frac{\sqrt{6}}{3}\int_0^{\sqrt{3}}(3-x^2)^{\frac{1}{2}}(3-x^2)'\,dx$$

$$=-\frac{\sqrt{6}}{3}\left[\frac{2}{3}(3-x^2)^{\frac{3}{2}}\right]_0^{\sqrt{3}}=\boldsymbol{2\sqrt{2}}$$

⇦ $-\dfrac{\sqrt{6}}{3}\left(0-\dfrac{2}{3}\cdot 3\sqrt{3}\right)$

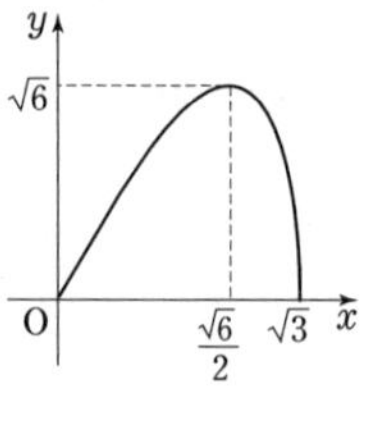

▨例題のような曲線をリサージュ曲線と呼ぶ．

11 演習題（解答は p.128）

xy 平面上の曲線 C が媒介変数 t $\left(0 \leqq t \leqq \dfrac{\pi}{2}\right)$ によって $x=2\cos t-1,\ y=\sin 2t$ と表される．以下の問いに答えよ．

(1) x の値の範囲を求めよ．　　(2) y を x の式で表せ．

(3) $t=\dfrac{\pi}{3}$ のときの C 上の点をPとし，Pにおける C の接線を l とする．l の方程式を求めよ．

(4) C の方程式を $y=f(x)$，l の方程式を $y=g(x)$ とおく．(1)で求めた x の範囲において，$f(x) \leqq g(x)$ が成り立つことを示せ．

(5) $x \leqq 0$ において C と l と x 軸で囲まれた部分の面積を求めよ．

（京都府立大・生命環境）

(2) $\cos t=\dfrac{1}{2}(x+1)$
(4) $\{g(x)\}^2-\{f(x)\}^2$ を計算してみよう．
(5) $f(x)$ の積分は，例題と同様に特殊基本関数の形．

12 媒介変数表示された曲線

xy 平面上において，媒介変数 t $\left(0 \leqq t \leqq \dfrac{2}{3}\pi\right)$ によって $\begin{cases} x=\sin t \\ y=1-\cos 3t \end{cases}$

と表される曲線を C とする．

（1） C 上の点で x 座標が最大になる点Pと y 座標が最大になる点Qの座標をそれぞれ求めよ．

（2） C と x 軸で囲まれた図形の面積を求めよ．（熊本大・医／一部省略）

媒介変数のまま積分 曲線 C 上の点が $(x,\ y)=(f(t),\ g(t))$ と媒介変数表示されていて，$0 \leqq t \leqq 1$ での概形が右図のようであるとする．C を $y=H(x)$ と表せば，網目部の面積は $\int_0^a H(x)\,dx$ であるが，$H(x)$ が具体的に書けない，あるいは積分計算ができないときは，$x=f(t)$ と置換して t の積分にする．定め方から

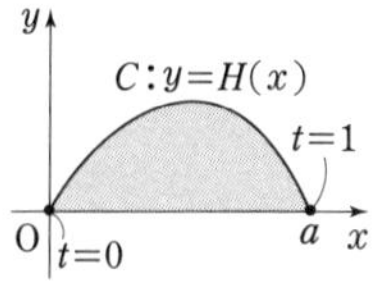

$H(f(t))=g(t)$ で $\dfrac{dx}{dt}=f'(t)$ なので，面積は $\int_0^1 g(t)f'(t)\,dt$ と書ける．例題では，x は t に関して単調ではないので，単調な区間に分けて立式しなければならないが，計算（t で積分する式）は1つにまとめて行うことができる．

解 答

x，y の増減と C の概形は右のようになる．

t	0	$\cdots$	$\dfrac{\pi}{3}$	$\cdots$	$\dfrac{\pi}{2}$	$\cdots$	$\dfrac{2}{3}\pi$
x	0	↗	$\sqrt{3}/2$	↗	1	↘	$\sqrt{3}/2$
y	0	↗	2	↘	1	↘	0

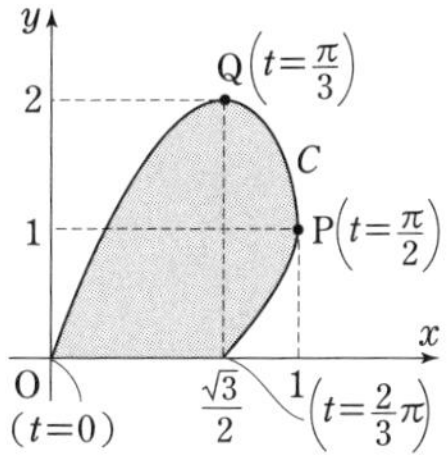

（1） **P(1，1)**

Q$\left(\dfrac{\sqrt{3}}{2},\ 2\right)$

（2） C の $0 \leqq t \leqq \dfrac{\pi}{2}$ の部分が，$y=y_1(x)$，$\dfrac{\pi}{2} \leqq t \leqq \dfrac{2}{3}\pi$ の部分が $y=y_2(x)$ と表されるとすると，求める面積は

$$\int_0^1 y_1(x)\,dx-\int_{\frac{\sqrt{3}}{2}}^1 y_2(x)\,dx \quad \cdots\cdots\cdots ①$$

⇦x が単調な区間に分け，一度，関数型の式を書く．

$x=\sin t$ と置換すると，$y_1(x)=y_2(x)=1-\cos 3t$，$\dfrac{dx}{dt}=\cos t$ より

$$①=\int_0^{\frac{\pi}{2}}(1-\cos 3t)\cos t\,dt-\int_{\frac{2}{3}\pi}^{\frac{\pi}{2}}(1-\cos 3t)\cos t\,dt$$

⇦$\displaystyle\int_0^{\frac{\pi}{2}} y_1(x)\frac{dx}{dt}dt$ などとなる．

$$=\int_0^{\frac{2}{3}\pi}(\cos t-\cos 3t\cos t)\,dt$$

⇦$\displaystyle -\int_{\frac{2}{3}\pi}^{\frac{\pi}{2}}=\int_{\frac{\pi}{2}}^{\frac{2}{3}\pi}$ としてまとめる．

$$=\int_0^{\frac{2}{3}\pi}\left\{\cos t-\frac{1}{2}(\cos 4t+\cos 2t)\right\}dt$$

⇦積→和の公式
$\cos A\cos B$
$=\dfrac{1}{2}\{\cos(A+B)+\cos(A-B)\}$

$$=\left[\sin t-\frac{1}{8}\sin 4t-\frac{1}{4}\sin 2t\right]_0^{\frac{2}{3}\pi}$$

$$=\frac{\sqrt{3}}{2}-\frac{1}{8}\cdot\frac{\sqrt{3}}{2}-\frac{1}{4}\left(-\frac{\sqrt{3}}{2}\right)=\boldsymbol{\frac{9}{16}\sqrt{3}}$$

12 演習題（解答は p.129）

$f(\theta)=\cos 2\theta+2\cos\theta$，$g(\theta)=\sin 2\theta+2\sin\theta$ とする．

（1） $0 \leqq \theta \leqq \pi$ の範囲において，関数 $f(\theta)$，$g(\theta)$ の増減を調べよ．

（2） xy 平面上の曲線 $x=f(\theta)$，$y=g(\theta)$ $(-\pi \leqq \theta \leqq \pi)$ で囲まれる図形の面積を求めよ．（弘前大・医，理工）

$f(\theta)$ は単調ではない．一度，$f(\theta)$ が単調な区間に分けて積分の式を書く．

積分法（面積）演習題の解答

1…B**　　2…B***　　3…B**
4…B*○　　5…B***　　6…C***
7…B**B***　　8…C***　　9…B***
10…B***　　11…B***　　12…C***

1 （1） $f(x)-g(x)$ を“因数分解”するのがよい．そうすると，$y=f(x)$ と $y=g(x)$ の共有点の座標に加え，（2）の面積計算で必要な $f(x)-g(x)$ の符号が同時に得られる．

（2） $\int \frac{\log x}{x}dx$ は $\int(\log x)(\log x)'dx$ とみる（特殊基本関数の形）．$\int \frac{\log x}{x^2}dx$ は $\frac{1}{x^2}=\left(-\frac{1}{x}\right)'$ とみて部分積分．

解 $f(x)=\frac{\log x}{x}$，$g(x)=\frac{2\log x}{x^2}$

（1） $f(x)-g(x)$

$$=\frac{\log x}{x}-\frac{2\log x}{x^2}=\frac{(x-2)\log x}{x^2} \cdots\cdots ①$$

だから，$f(x)=g(x)$（$\Longleftrightarrow$ ①$=0$，$x>0$）のとき

$x-2=0$　または　$\log x=0$　　$\therefore$　$x=1,\ 2$

従って，共有点の座標は $(\mathbf{1},\ \mathbf{0})$，$\left(\mathbf{2},\ \frac{\log 2}{2}\right)$

（2） $1\leqq x\leqq e$ の範囲で

①$\geqq 0 \Longleftrightarrow 2\leqq x\leqq e$

であるから，$y=f(x)$ と $y=g(x)$ の上下関係は右図のようになる．題意の部分は図の網目部で，その面積 S は

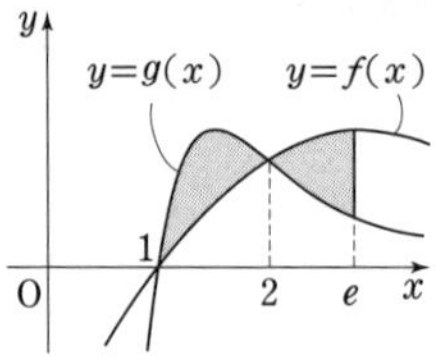

$$S=\int_1^2\{g(x)-f(x)\}dx+\int_2^e\{f(x)-g(x)\}dx$$

ここで，

$$\int\frac{\log x}{x}dx=\int(\log x)(\log x)'dx=\frac{1}{2}(\log x)^2+C_1,$$

$$\int\frac{\log x}{x^2}dx=\int\left(-\frac{1}{x}\right)'(\log x)dx$$

$$=-\frac{1}{x}\log x+\int\frac{1}{x^2}dx$$

$$=-\frac{1}{x}\log x-\frac{1}{x}+C_2$$

（C_1，C_2 は積分定数）であるから，$h(x)=f(x)-g(x)$ とおくと，$h(x)$ の原始関数の一つとして

$$H(x)=\frac{1}{2}(\log x)^2-2\cdot\left(-\frac{1}{x}\log x-\frac{1}{x}\right)$$

$$=\frac{1}{2}(\log x)^2+2\cdot\frac{\log x+1}{x}$$

がとれる．従って，

$$S=\int_1^2\{-h(x)\}dx+\int_2^e h(x)dx$$

$$=\Big[H(x)\Big]_2^1+\Big[H(x)\Big]_2^e$$

$$=H(1)+H(e)-2H(2)$$

$$=2+\frac{1}{2}+\frac{4}{e}-2\left\{\frac{1}{2}(\log 2)^2+(\log 2+1)\right\}$$

$$=\mathbf{\frac{1}{2}+\frac{4}{e}-(\log 2)^2-2\log 2}$$

⇨**注**　原題には「区間 $x>0$ において，関数 $y=f(x)$ と $y=g(x)$ の増減，極値を調べ，2 曲線 $y=f(x)$，$y=g(x)$ のグラフの概形をかけ．グラフの変曲点は求めなくてよい．」という設問があった．ここでは，$f(x)$ の増減を調べてグラフを描いてみよう．

$$f'(x)=\frac{\frac{1}{x}\cdot x-\log x}{x^2}=\frac{1-\log x}{x^2}$$

より，$f(x)$ は $x=e$ で極大値 $1/e$ をとる，$x\to 0$ のとき $f(x)\to -\infty$，$x\to\infty$ のとき $f(x)\to 0$（☞p.43）と合わせて右のようなグラフが描ける．なお，本問の $g(x)$ は $g(x)=f(x^2)$ となっている．よって $g'(x)=2xf'(x^2)$ であり，$g(x)$ は $x=\sqrt{e}$ で極大となる．

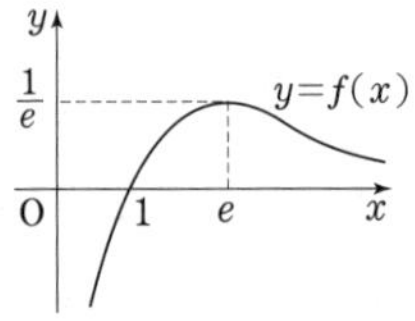

2 （2） 微分係数の定義に結びつける．

（3） 三角形を活用し，積分計算を減らそう．解答のようにCを定めて $\int_1^2\log x\,dx+\triangle\mathrm{PAC}+\triangle\mathrm{PBC}$ とすれば，積分も三角形も計算が簡単である．

解 （1） $y=\log x$ のとき $y'=\frac{1}{x}$ である．傾き $\frac{1}{a}$ の直線に垂直な直線の傾きは $-a$ であるから，

l_A：$y=-a(x-a)+\log a \cdots\cdots ①$

l_B：$y=-b(x-b)+\log b \cdots\cdots ②$

①−②を整理すると，

$$(a-b)x=a^2-b^2+\log a-\log b$$

$a\neq b$ より，$x=a+b+\frac{\log a-\log b}{a-b} \cdots\cdots ③$

①に代入してPのy座標を求めると

$$y=-a\left(b+\frac{\log a-\log b}{a-b}\right)+\log a$$

$$=-ab+\frac{a\log b-b\log a}{a-b}$$

答えは

$$\left(\boldsymbol{a+b+\frac{\log a-\log b}{a-b}},\ \boldsymbol{-ab+\frac{a\log b-b\log a}{a-b}}\right)$$

(2) $f(x)=\log x$ とおくと，微分係数の定義より

$$\lim_{b\to a}\frac{\log b-\log a}{b-a}=\lim_{b\to a}\frac{f(b)-f(a)}{b-a}=f'(a)=\frac{1}{a}$$

よって，③のxについて　$\lim\limits_{b\to a}x=\boldsymbol{2a+\frac{1}{a}}$

Pは①上にあるから，①を用いて，

$$\lim_{b\to a}y=\lim_{b\to a}\{-a(x-a)+\log a\}=\boldsymbol{-a^2-1+\log a}$$

(3) $a=1$，$b=2$ のとき

P$(3+\log 2,\ -2-\log 2)$

である．右図の網目部分の面積は，

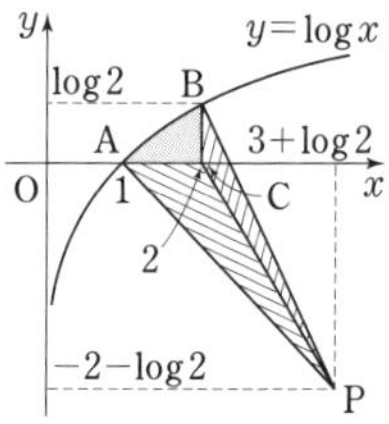

$$\int_1^2 \log x\,dx$$

$$=\Big[x\log x-x\Big]_1^2$$

$$=2\log 2-2-(-1)=2\log 2-1 \quad\cdots\cdots④$$

求める面積は，C$(2,\ 0)$として

④$+\triangle$PAC$+\triangle$PBC

$$=(2\log 2-1)$$

$$+\frac{1}{2}\cdot 1\cdot(2+\log 2)+\frac{1}{2}\cdot(\log 2)(1+\log 2)$$

$$\boldsymbol{=3\log 2+\frac{1}{2}(\log 2)^2}$$

⇨注1 (2) y座標の極限を求めるところで，(1)の結果の式を使うと，

$$\frac{b\log a-a\log b}{b-a}$$

$$=\frac{(b\log a-a\log a)+(a\log a-a\log b)}{b-a}$$

$$=\log a-a\cdot\frac{\log b-\log a}{b-a}$$

$$\to\log a-a\cdot\frac{1}{a}\quad(b\to a)$$

［以下略］

⇨注2 (3) $\log x$の積分について

$$\int\log x\,dx=\int(x)'\log x\,dx$$

$$=x\log x-\int x\cdot\frac{1}{x}dx=x\log x-x+(\text{定数})$$

3 (2) $(t,\ t^2e^t)$における接線の式を書いて，それが原点を通るようにtの値を定める．

(3) 図から，接線がCの上側にあることはわかるだろう（説明は，☞注）．

解 (1) $f(x)=x^2e^x$ とおくと，

$$f'(x)=2x\cdot e^x+x^2\cdot e^x=(x^2+2x)e^x=x(x+2)e^x \quad\cdots\cdots①$$

$$f''(x)=(2x+2)e^x+(x^2+2x)e^x$$

$$=(x^2+4x+2)e^x$$

$x^2+4x+2=0$ の解は $x=-2\pm\sqrt{2}$ であるから，増減と凹凸は下の表のようになる．

x	$\cdots$	$-2-\sqrt{2}$	$\cdots$	-2	$\cdots$	$-2+\sqrt{2}$	$\cdots$	0	$\cdots$
$f'(x)$	$+$	$+$	$+$	0	$-$	$-$	$-$	0	$+$
$f''(x)$	$+$	0	$-$	$-$	$-$	0	$+$	$+$	$+$
$f(x)$	↗		↗		↘		↘		↗

極大値は $f(-2)=\dfrac{4}{e^2}$，極小値は $f(0)=0$

これと $\lim\limits_{x\to\infty}f(x)=\infty$，

$\lim\limits_{x\to-\infty}f(x)=0$ から，曲線

$C:y=f(x)$ のグラフは右のようになる．

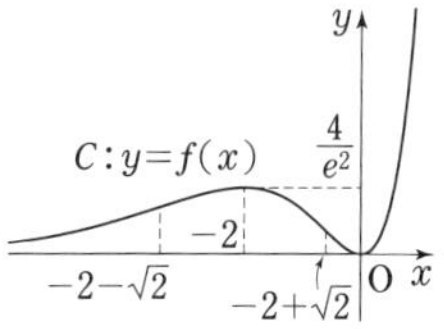

(2) ①より，点$(t,\ t^2e^t)$におけるCの接線は，

$$y=t(t+2)e^t(x-t)+t^2e^t$$

これが原点Oを通るとき，

$$0=t(t+2)e^t(-t)+t^2e^t$$

$$\therefore\quad t^2e^t\{-(t+2)+1\}=0$$

$$\therefore\quad t^2(t+1)e^t=0$$

$t\neq 0$（原点以外で接する）より $t=-1$

従って，$m=f'(-1)=(-1)\cdot 1\cdot e^{-1}=\boldsymbol{-\frac{1}{e}}$

(3) (2)の接点をAとすると，$-1<-2+\sqrt{2}<0$ よりOとAの間に変曲点がある．Cの凹凸を考えると，OとAの間で接線がCの上側にあり，題意の図形は図の網目部になる．その面積は，

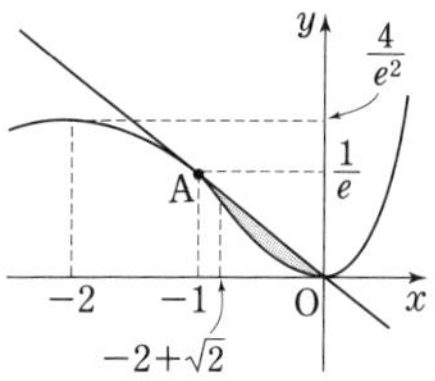

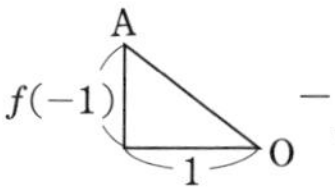

$$-\int_{-1}^{0}x^2e^x\,dx$$

$$=\frac{1}{2}\cdot 1\cdot f(-1)-\int_{-1}^{0}x^2(e^x)'\,dx$$

$=\dfrac{1}{2}\cdot 1\cdot e^{-1}-\left\{\left[x^2e^x\right]_{-1}^{0}-\displaystyle\int_{-1}^{0}2xe^x dx\right\}$

$=\dfrac{1}{2e}-\left\{\left[x^2e^x-2xe^x\right]_{-1}^{0}+\displaystyle\int_{-1}^{0}2e^x dx\right\}$

$=\dfrac{1}{2e}-\left[x^2e^x-2xe^x+2e^x\right]_{-1}^{0}$

$=\dfrac{1}{2e}-2+\left(\dfrac{1}{e}+\dfrac{2}{e}+\dfrac{2}{e}\right)$

$=\boldsymbol{\dfrac{11}{2e}-2}$

⇨注　曲線 C の OA 間の変曲点を B とすると，C は AB 間で上に凸だから B は接線の下側．また，BO 間で C は下に凸だから，C の BO 間の部分は線分 BO の下側．よって OA 間で C は接線の下側．

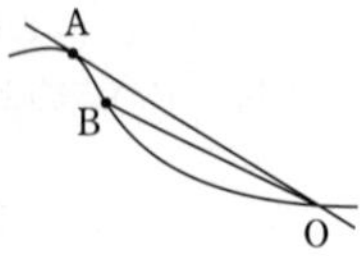

なお，一般に曲線 C が下に凸のとき，（下に凸の区間内の）C 上の 2 点を結ぶ線分は C の上側にあることは図から納得できるだろう（下左図）．下右図は上に凸の場合．

4　（1）$f(\alpha)=g(\alpha)$ から $\sin\alpha$ を求めることができる．（2）で $y=f(x)$ と $y=g(x)$ の上下を調べる必要があるので $f(x)-g(x)$ を変形するとよい．

（2）面積を $\sin\alpha$ だけで表すのが目標．

解　（1）$f(x)-g(x)$

$=\sin 2x-\dfrac{3}{2}\cos x=2\sin x\cos x-\dfrac{3}{2}\cos x$

$=2\cos x\left(\sin x-\dfrac{3}{4}\right)$ ……………………………………①

$0<x<\dfrac{\pi}{2}$ で $\cos x>0$ であるから，$f(x)=g(x)$ すなわち①$=0$ のとき，$\sin x=\dfrac{3}{4}$

よって，$\boldsymbol{\sin\alpha=\dfrac{3}{4}}$

（2）①$=0\iff\cos x=0$ または $\sin x=\dfrac{3}{4}$

であるから，$0\leqq x\leqq\dfrac{\pi}{2}$ の範囲では $x=\alpha,\ \dfrac{\pi}{2}$

$0<x<\dfrac{\pi}{2}$ で $\sin x$ は 0 から 1 まで単調に増加するので，$\alpha<x<\dfrac{\pi}{2}$ において①>0 である．よって，

$y=f(x)$ と $y=g(x)$ の上下は右図のようになり，求める面積は

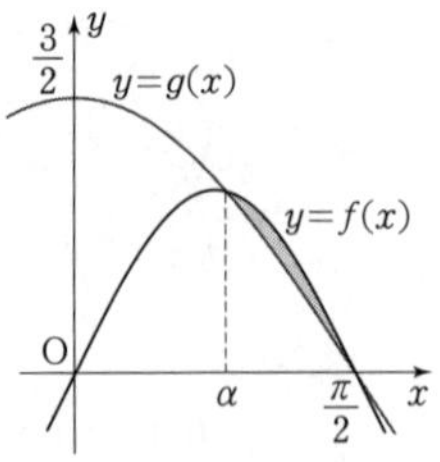

$\displaystyle\int_{\alpha}^{\frac{\pi}{2}}\{f(x)-g(x)\}dx$

$=\displaystyle\int_{\alpha}^{\frac{\pi}{2}}\left(\sin 2x-\frac{3}{2}\cos x\right)dx$

$=\left[-\dfrac{1}{2}\cos 2x-\dfrac{3}{2}\sin x\right]_{\alpha}^{\frac{\pi}{2}}$

$=-\dfrac{1}{2}\cdot(-1)-\dfrac{3}{2}\cdot 1-\left(-\dfrac{1}{2}\cos 2\alpha-\dfrac{3}{2}\sin\alpha\right)$

$=\dfrac{1}{2}\cos 2\alpha+\dfrac{3}{2}\sin\alpha-1$

$=\dfrac{1}{2}(1-2\sin^2\alpha)+\dfrac{3}{2}\sin\alpha-1$

$=\dfrac{1}{2}-\left(\dfrac{3}{4}\right)^2+\dfrac{3}{2}\cdot\dfrac{3}{4}-1=\dfrac{1}{16}(8-9+18-16)$

$=\boldsymbol{\dfrac{1}{16}}$

5　（2）k を消去して S を α だけで表すのであるから，k を α で表せばよい．k と α の関係式は，交点であることから $\cos\alpha=k\alpha$ である．

（3）S を α の関数とみて，S を α で微分する．まず S を最小にする α の値を求め，それに対応する k の値を求める．

解　（1）$0<x<\pi/2$ の範囲で $\cos x$ は減少，kx は増加だから右図より題意は成り立つ．

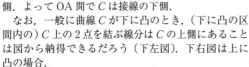

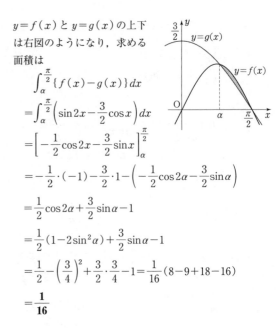

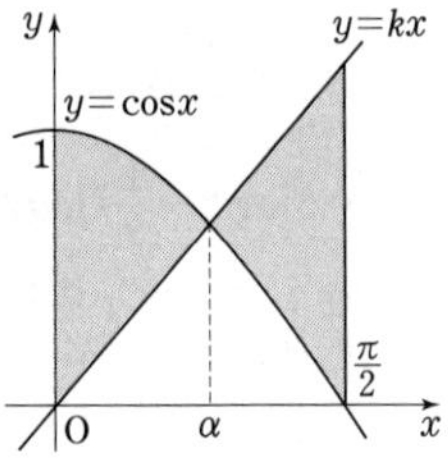

（2）$\cos\alpha=k\alpha$ であるから，

$k=\dfrac{\cos\alpha}{\alpha}$ …………①

$S=\displaystyle\int_0^{\alpha}(\cos x-kx)dx+\int_{\alpha}^{\frac{\pi}{2}}(kx-\cos x)dx$

$=\left[\sin x-\dfrac{1}{2}kx^2\right]_0^{\alpha}+\left[\sin x-\dfrac{1}{2}kx^2\right]_{\frac{\pi}{2}}^{\alpha}$

$=2\left(\sin\alpha-\dfrac{1}{2}k\alpha^2\right)-0-\left(1-\dfrac{1}{2}k\cdot\dfrac{\pi^2}{4}\right)$

$=2\sin\alpha+\left(\dfrac{\pi^2}{8}-\alpha^2\right)k-1$

$=\boldsymbol{2\sin\alpha+\left(\dfrac{\pi^2}{8}-\alpha^2\right)\cdot\dfrac{\cos\alpha}{\alpha}-1}$　（∵　①）

（3）$\dfrac{dS}{d\alpha}=2\cos\alpha+(-2\alpha)\cdot\dfrac{\cos\alpha}{\alpha}$

$\qquad+\left(\dfrac{\pi^2}{8}-\alpha^2\right)\cdot\dfrac{-\sin\alpha\cdot\alpha-\cos\alpha\cdot 1}{\alpha^2}$

$$=\left(\alpha^2-\frac{\pi^2}{8}\right)\cdot\frac{\alpha\sin\alpha+\cos\alpha}{\alpha^2}$$

$0<\alpha<\frac{\pi}{2}$ のとき $\wwww>0$ であるから，増減は下表の

ようになる．よって，S は $\alpha=\dfrac{\pi}{2\sqrt{2}}$ のとき最小

になり，このとき，①より $\boldsymbol{k}=\dfrac{2\sqrt{2}}{\pi}\cos\dfrac{\pi}{2\sqrt{2}}$

α	(0)	$\cdots$	$\frac{\pi}{2\sqrt{2}}$	$\cdots$	$\left(\frac{\pi}{2}\right)$
$\frac{dS}{d\alpha}$		$-$	0	$+$	
S		$\searrow$		$\nearrow$	

■補足　本問は「S を α で表せ」という設問があるので上のように解くが，S が最小になる k（または α）の値だけを求めるのであれば次のようにもできる：

$$S=\int_0^{\alpha}(\cos x-kx)dx+\int_{\alpha}^{\frac{\pi}{2}}(kx-\cos x)dx$$
$$=\int_0^{\alpha}\cos x\,dx-k\int_0^{\alpha}x\,dx$$
$$\qquad-k\int_{\frac{\pi}{2}}^{\alpha}x\,dx+\int_{\frac{\pi}{2}}^{\alpha}\cos x\,dx$$

を k で微分して，

$$\frac{dS}{dk}=\cos\alpha\cdot\frac{d\alpha}{dk}-\left(\int_0^{\alpha}x\,dx+k\cdot\alpha\cdot\frac{d\alpha}{dk}\right)$$
$$\qquad-\left(\int_{\frac{\pi}{2}}^{\alpha}x\,dx+k\cdot\alpha\cdot\frac{d\alpha}{dk}\right)+\cos\alpha\cdot\frac{d\alpha}{dk}$$
$$=2(\cos\alpha-k\alpha)\frac{d\alpha}{dk}-\int_0^{\alpha}x\,dx-\int_{\frac{\pi}{2}}^{\alpha}x\,dx$$

［$\cos\alpha=k\alpha$ なので第 1 項は 0．］

$$=-\left[\frac{1}{2}x^2\right]_0^{\alpha}-\left[\frac{1}{2}x^2\right]_{\frac{\pi}{2}}^{\alpha}$$
$$=\frac{\pi^2}{8}-\alpha^2$$

k が増加するとき α は減少するので（右図参照），S は

$$\frac{dS}{dk}=0 \text{ すなわち } \alpha=\frac{\pi}{2\sqrt{2}}$$

を満たす k で最小になる．

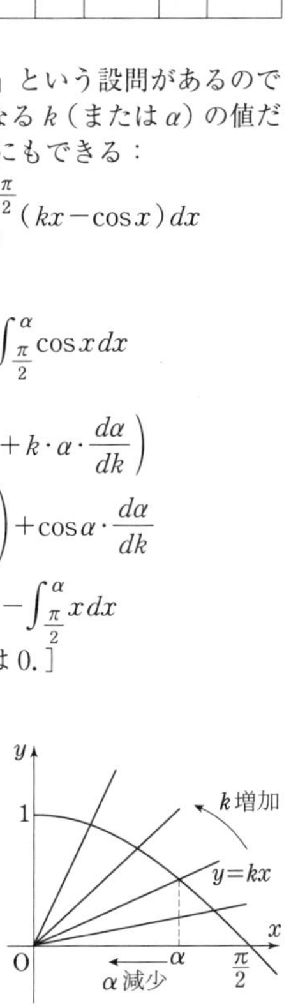

6 （1）絶対値をはずして $x=(y$ の式$)$ にする．符号を考えると右辺は全体に絶対値をつけることができ，そうすると $|X|=|Y|\iff X=\pm Y$ が利用できる．

（2）（右側の曲線を表す式）$-$（左側の曲線を表す式）を y で積分する．

解（1）$|x-100|=y|y-3|e^y$ ……………………①

において，$|x-100|\ge0$，$|y-3|e^y\ge0$ であるから，$y\ge0$ であり，このとき①は

$$|x-100|=|y(y-3)e^y|$$
$$\therefore\quad x-100=\pm y(y-3)e^y$$
$$\therefore\quad x=100\pm y(y-3)e^y$$

ここで，

$$f(y)=100+y(y-3)e^y, \qquad g(y)=100-y(y-3)e^y$$

とおくと，C は $x=f(y)$ または $x=g(y)$ であり，

$\dfrac{1}{2}\{f(y)+g(y)\}=100$ よりこれら 2 曲線は $x=100$ に関して対称である．

$$f'(y)=(2y-3)e^y+(y^2-3y)e^y$$
$$=(y^2-y-3)e^y$$

$h(y)=y^2-y-3$ とおくと，$e^y>0$ より $f'(y)$ と $h(y)$ の符号は一致する．$h(y)$ が 2 次式で $h(0)<0$，$h(3)>0$ であることから $h(y)$ の符号は右のようになり，$h(y)=0$ の正の解を α とすると $f(y)$ は $0\le y\le\alpha$ で減少，$y\ge\alpha$ で増加となる．

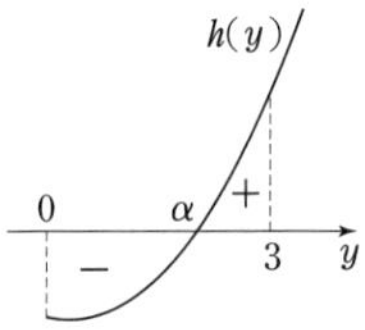

これと

$$f(3)=g(3)=f(0)=g(0)$$

$(=100)$ から，C の概形は右図．

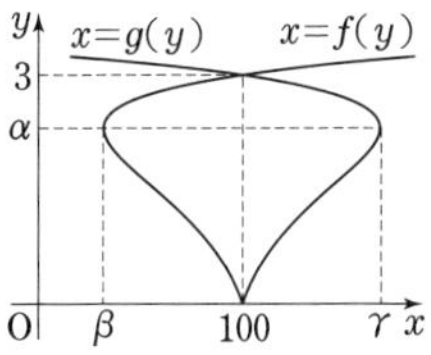

（2）図より，求める面積は

$$\int_0^3\{g(y)-f(y)\}dy=\int_0^3 2y(3-y)e^y dy$$
$$=2\int_0^3(3y-y^2)(e^y)'dy$$
$$=2\left[(3y-y^2)e^y\right]_0^3-2\int_0^3(3-2y)e^y dy$$
$$=2\left[(3y-y^2)e^y-(3-2y)e^y\right]_0^3+2\int_0^3(-2e^y)dy$$
$$=2\left[(3y-y^2)e^y-(3-2y)e^y-2e^y\right]_0^3$$
$$=2\{(3e^3-2e^3)-(-3-2)\}$$
$$=\boldsymbol{2(e^3+5)}$$

7（ア）図を見ると y 軸対称なので（解答では証明する）$x\ge0$ の部分の面積を求めて 2 倍する．面積の求め方は例題と同様である．

（イ）y を x で表して例題と同様に考える．

解（ア）$x^2-|x|y+y^2=1$ ……① において，x を $-x$ にすると，$(-x)^2-|-x|y+y^2=1$ であり，これは①と同じ式なので①が表す図形は y 軸対称である．

①で $x\ge0$ としたものを y の方程式とみると，

$$y^2-xy+(x^2-1)=0$$
$$\therefore\quad y=\frac{x\pm\sqrt{x^2-4(x^2-1)}}{2}=\frac{x\pm\sqrt{4-3x^2}}{2}$$

y が実数になるための条件は，$x\ge0$ のもとで

$$4-3x^2 \geqq 0 \qquad \therefore \quad 0 \leqq x \leqq \frac{2}{\sqrt{3}}$$

であり，この範囲の x に対して

$$f_1(x)=\frac{x+\sqrt{4-3x^2}}{2}, \quad f_2(x)=\frac{x-\sqrt{4-3x^2}}{2}$$

とおくと，①の $x \geqq 0$ の部分は

$y=f_1(x)$ または $y=f_2(x)$

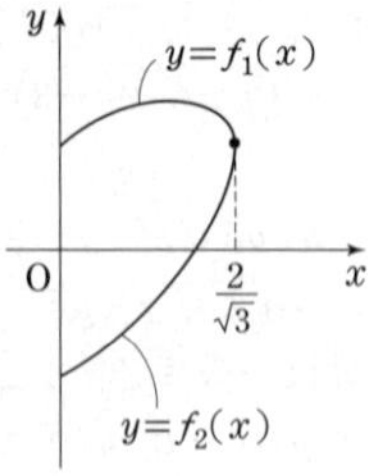

ここで，$f_1(x) \geqq f_2(x)$ が成り立つから，求める面積は

$$2\int_0^{\frac{2}{\sqrt{3}}} \{f_1(x)-f_2(x)\}\,dx$$

$$=2\int_0^{\frac{2}{\sqrt{3}}} \sqrt{4-3x^2}\,dx$$

［円の面積とみるために x^2 の係数を -1 にすると］

$$=2\sqrt{3}\int_0^{\frac{2}{\sqrt{3}}} \sqrt{\frac{4}{3}-x^2}\,dx$$

〰〰は半径 $\dfrac{2}{\sqrt{3}}$ の四分円の面積に等しいから，答えは

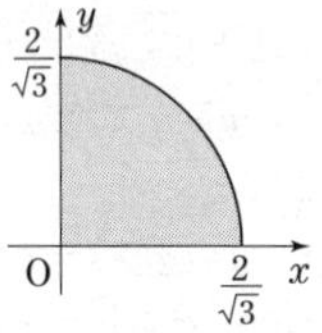

$$2\sqrt{3}\cdot\frac{1}{4}\times\pi\left(\frac{2}{\sqrt{3}}\right)^2=\boldsymbol{\frac{2}{3}\sqrt{3}\,\pi}$$

（イ） $x^3-2xy+y^2=0$ ……………………………①

①を y の 2 次方程式とみて解くと，

$y=x\pm\sqrt{x^2-x^3}$ ……………………………②

（1） ②が実数になるための条件は

$x^2-x^3 \geqq 0 \qquad \therefore \quad x^2(1-x) \geqq 0 \qquad \therefore \quad x \leqq 1$

問題の条件 $x \geqq 0$ と合わせ，$\boldsymbol{0 \leqq x \leqq 1}$

（2） $f_1(x)=x+\sqrt{x^2-x^3}=x+x\sqrt{1-x}$，$f_2(x)=x-x\sqrt{1-x}$ とおくと，C は $y=f_1(x)$ または $y=f_2(x)$ であり，$f_1(x) \geqq f_2(x)$

よって，求める面積は

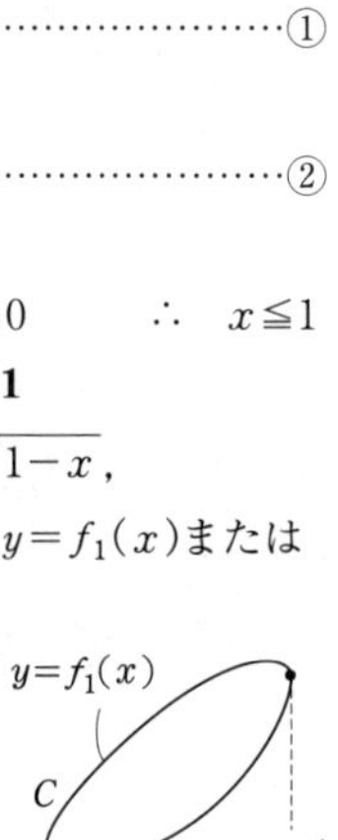

$$\int_0^1 \{f_1(x)-f_2(x)\}\,dx$$

$$=2\int_0^1 x\sqrt{1-x}\,dx$$

［被積分関数を $1-x$ の有理数乗を用いて書く］

$$=2\int_0^1 \{1-(1-x)\}\sqrt{1-x}\,dx$$

$$=2\int_0^1 \{(1-x)^{\frac{1}{2}}-(1-x)^{\frac{3}{2}}\}\,dx$$

$$=2\left[-\frac{2}{3}(1-x)^{\frac{3}{2}}+\frac{2}{5}(1-x)^{\frac{5}{2}}\right]_0^1$$

$$=2\left(\frac{2}{3}-\frac{2}{5}\right)=\boldsymbol{\frac{8}{15}}$$

▨（イ）（2）の積分計算は $\sqrt{1-x}=t$ と置換してもできる．

8 （1） C_2 の中心を Q とすると，P での C_1 の接線と QP は垂直．これを，それぞれの傾きを用いて表す．
（2） 全部を積分計算する必要はない．扇形や三角形を見つけよう．

解 （1） $C_2: x^2+(y-b)^2=r^2$ の中心を Q(0, b) とする．

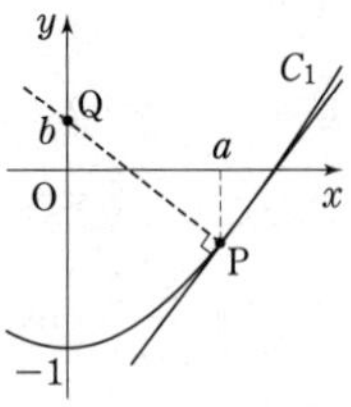

$C_1: y=-\cos 2x$ について

$y'=2\sin 2x$ であるから，P での C_1 の接線と QP が垂直であることを傾きで書くと

$$2\sin 2a\cdot\frac{-\cos 2a-b}{a-0}=-1$$

$$\therefore \quad 2\sin 2a(\cos 2a+b)=a$$

$$\therefore \quad \boldsymbol{b=\frac{a}{2\sin 2a}-\cos 2a} \quad \cdots\cdots ①$$

これより，

$$\lim_{a\to+0} b=\lim_{a\to+0}\left(\frac{a}{2\sin 2a}-\cos 2a\right)$$

$$=\lim_{a\to+0}\left(\frac{1}{4\cdot\frac{\sin 2a}{2a}}-\cos 2a\right)$$

$$=\frac{1}{4}-1=\boldsymbol{-\frac{3}{4}}$$

（2） $a=\dfrac{\pi}{3}$ のとき，$\mathrm{P}\left(\dfrac{\pi}{3}, \dfrac{1}{2}\right)$ であり，P での C_1 の接線の傾きは $2\sin\dfrac{2}{3}\pi=\sqrt{3}=\tan\dfrac{\pi}{3}$ であるから，

$\mathrm{H}\left(0, \dfrac{1}{2}\right)$ とすると右図のように $\angle\mathrm{PQH}=\dfrac{\pi}{3}$，

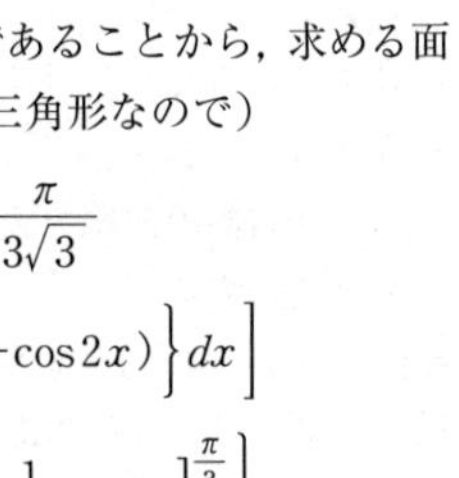

$$\mathrm{QH}=\frac{1}{\sqrt{3}}\mathrm{PH}=\frac{\pi}{3\sqrt{3}},$$

$$\mathrm{QP}=2\mathrm{QH}=\frac{2\pi}{3\sqrt{3}}$$

となる．C_1，C_2 とも y 軸対称であることから，求める面積は（PH の上側は扇形と直角三角形なので）

$$2\left[\frac{1}{2}\left(\frac{2\pi}{3\sqrt{3}}\right)^2\cdot\frac{2}{3}\pi+\frac{1}{2}\cdot\frac{\pi}{3}\cdot\frac{\pi}{3\sqrt{3}}+\int_0^{\frac{\pi}{3}}\left\{\frac{1}{2}-(-\cos 2x)\right\}dx\right]$$

$$=2\left\{\frac{4}{81}\pi^3+\frac{1}{18\sqrt{3}}\pi^2+\left[\frac{1}{2}x+\frac{1}{2}\sin 2x\right]_0^{\frac{\pi}{3}}\right\}$$

$$=\boldsymbol{\frac{8}{81}\pi^3+\frac{1}{9\sqrt{3}}\pi^2+\frac{\pi}{3}+\frac{\sqrt{3}}{2}}$$

9 (1)(2) 積分区間が$0\sim\pi$になるように置換してみよう．$\{|I_n|\}$が等比数列になることがわかるだろう．

解 $I_n=\int_{(n-1)\pi}^{n\pi}e^{ax}\sin x\,dx$, $S_n=\sum_{k=1}^{n}|I_k|$

(1) I_nにおいて，$t=x-(n-1)\pi$とおくと，

x	$(n-1)\pi \to n\pi$
t	$0 \to \pi$

，$dt=dx$より

$$I_n=\int_0^{\pi}e^{a(t+(n-1)\pi)}\sin(t+(n-1)\pi)\,dt$$

$$\begin{bmatrix}\sin(t+\pi)=-\sin t \quad \text{だから} \\ \sin(t+(n-1)\pi)=(-1)^{n-1}\sin t\end{bmatrix}$$

$$=e^{a(n-1)\pi}\cdot(-1)^{n-1}\int_0^{\pi}e^{at}\sin t\,dt$$

ここで，$I=\int_0^{\pi}e^{at}\sin t\,dt$とおくと，

$$I=\int_0^{\pi}\left(\frac{1}{a}e^{at}\right)'\sin t\,dt$$

$$=\frac{1}{a}\int_0^{\pi}(e^{at})'\sin t\,dt$$

$$=\frac{1}{a}\left(\Big[e^{at}\sin t\Big]_0^{\pi}-\int_0^{\pi}e^{at}\cos t\,dt\right)$$

$$=-\frac{1}{a}\int_0^{\pi}e^{at}\cos t\,dt$$

$$=-\frac{1}{a}\int_0^{\pi}\left(\frac{1}{a}e^{at}\right)'\cos t\,dt$$

$$=-\frac{1}{a^2}\int_0^{\pi}(e^{at})'\cos t\,dt$$

$$=-\frac{1}{a^2}\left(\Big[e^{at}\cos t\Big]_0^{\pi}+\int_0^{\pi}e^{at}\sin t\,dt\right)$$

$$=-\frac{1}{a^2}\{e^{a\pi}(-1)-1+I\}$$

$$\therefore\ \left(1+\frac{1}{a^2}\right)I=\frac{1}{a^2}(e^{a\pi}+1)$$

よって$I=\dfrac{e^{a\pi}+1}{a^2+1}$となり，

$$\boldsymbol{I_n=(-1)^{n-1}\cdot\frac{e^{a\pi}+1}{a^2+1}e^{a(n-1)\pi}}$$

(2) $|I_n|=\dfrac{e^{a\pi}+1}{a^2+1}(e^{a\pi})^{n-1}$だから，$\{|I_n|\}$は初項$\dfrac{e^{a\pi}+1}{a^2+1}$，公比$e^{a\pi}$の等比数列．よって，

$$S_n=\sum_{k=1}^{n}|I_k|=\boldsymbol{\frac{e^{a\pi}+1}{a^2+1}\cdot\frac{1-e^{a\pi n}}{1-e^{a\pi}}}$$

(3) S_nが収束するための条件は，公比$e^{a\pi}$について$|e^{a\pi}|<1$となることだから，そのようなaの値の範囲は，

$$\boldsymbol{a<0}$$

このとき$e^{a\pi n}\to 0$ $(n\to\infty)$なので，

$$\boldsymbol{\lim_{n\to\infty}S_n=\frac{e^{a\pi}+1}{(a^2+1)(1-e^{a\pi})}}$$

➡**注** (1) Iの計算について，次のように原始関数を見つけることもできる（p.84参照）．

$(e^{at}\sin t)'=ae^{at}\sin t+e^{at}\cos t$ ……………………①

$(e^{at}\cos t)'=ae^{at}\cos t-e^{at}\sin t$ ……………………②

①×a−②より，

$(ae^{at}\sin t-e^{at}\cos t)'=(a^2+1)e^{at}\sin t$

よって，

$$\int e^{at}\sin t\,dt=\frac{1}{a^2+1}(ae^{at}\sin t-e^{at}\cos t)+C$$

10 (3) $\int y\,dx$のyに(2)の結果を代入すると$\int\left(x\dfrac{dy}{dx}+\dfrac{1}{y}\right)dx$となる．$\int x\dfrac{dy}{dx}dx$を部分積分とみることがポイント．$\int\dfrac{1}{y}dx$は(1)を用いる．

解 (1) $(\log(x+\sqrt{x^2+1}))'$

$\left[\sqrt{x^2+1}=(x^2+1)^{\frac{1}{2}}\text{ より}\right]$

$$=\frac{1}{x+\sqrt{x^2+1}}\cdot\left(1+\frac{2x}{2\sqrt{x^2+1}}\right)$$

$$=\frac{1}{x+\sqrt{x^2+1}}\cdot\frac{\sqrt{x^2+1}+x}{\sqrt{x^2+1}}$$

$$=\boldsymbol{\frac{1}{\sqrt{x^2+1}}}$$

(2) $y=\sqrt{x^2+1}$のとき，(1)の途中式から

$$\frac{dy}{dx}=\frac{x}{\sqrt{x^2+1}}=\frac{x}{y}$$

となるので，

$$x\frac{dy}{dx}+\frac{1}{y}=x\cdot\frac{x}{y}+\frac{1}{y}=\frac{x^2+1}{y}=\frac{y^2}{y}=y$$

よって題意は成り立つ．

(3) (2)のyおよび結果を用いると，

$$\int\sqrt{x^2+1}\,dx=\int y\,dx=\int\left(x\frac{dy}{dx}+\frac{1}{y}\right)dx$$

$$=\underbrace{\int x\frac{dy}{dx}dx}_{①}+\underbrace{\int\frac{1}{y}dx}_{②}\ \cdots\cdots\cdots\cdots☆$$

①は，部分積分法により

$$①=\int xy'\,dx=xy-\int 1\cdot y\,dx=xy-\int y\,dx$$

②は，(1)より，

$$②=\int\frac{1}{\sqrt{x^2+1}}dx=\log(x+\sqrt{x^2+1})+C_1$$

(C_1は積分定数)

よって，☆は，

$$\int y\,dx = xy - \int y\,dx + \log(x+\sqrt{x^2+1}) + C_1$$

$$\therefore\ \int y\,dx = \frac{1}{2}\left\{xy + \log(x+\sqrt{x^2+1})\right\} + C$$

$$= \boldsymbol{\frac{1}{2}\left\{x\sqrt{x^2+1} + \log(x+\sqrt{x^2+1})\right\} + C}$$

（Cは積分定数）

（4） 題意の図形は右図の網目部分になり，x軸およびy軸に関して対称である．$y^2-x^2=1$のとき

$$y=\pm\sqrt{x^2+1}$$

であるから，（3）の結果を用いると，求める面積は

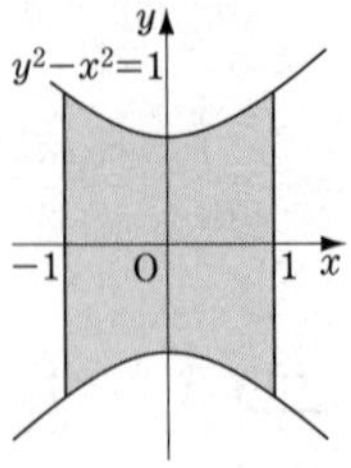

$$4\int_0^1 \sqrt{x^2+1}\,dx$$

$$=4\left[\frac{1}{2}\left\{x\sqrt{x^2+1}+\log(x+\sqrt{x^2+1})\right\}\right]_0^1$$

$$=\boldsymbol{2\{\sqrt{2}+\log(1+\sqrt{2})\}}$$

11 （2） 例題と同様，tを消去する．

（3） 媒介変数表示を利用して求める $\left(\dfrac{dy}{dx}=\dfrac{dy/dt}{dx/dt}\right)$ 方がよいだろう．

（4） $\{g(x)\}^2-\{f(x)\}^2 \geqq 0$を示す．なお，$C$が上に凸であることを示してもよい（☞注）．

（5） （2）の$f(x)$を積分する．

解 $x=2\cos t-1$ ……①，$y=\sin 2t$ ……②

$0 \leqq t \leqq \dfrac{\pi}{2}$ ……………………………………………③

（1） ③より $0\leqq \cos t \leqq 1$であるから，①から

$$\boldsymbol{-1 \leqq x \leqq 1}$$

（2） ①より $\cos t=\dfrac{1}{2}(x+1)$で，③から$\sin t \geqq 0$だから，

$$\sin t=\sqrt{1-\cos^2 t}=\sqrt{1-\frac{1}{4}(x+1)^2}$$

$$=\frac{1}{2}\sqrt{-x^2-2x+3}$$

②より，

$$y=2\sin t\cos t=\boldsymbol{\frac{1}{2}(x+1)\sqrt{-x^2-2x+3}}$$

（3） ①，②より

$$\frac{dx}{dt}=-2\sin t,\quad \frac{dy}{dt}=2\cos 2t$$

$$\therefore\ \frac{dy}{dx}=\frac{\dfrac{dy}{dt}}{\dfrac{dx}{dt}}=\frac{2\cos 2t}{-2\sin t}$$

よって，$t=\dfrac{\pi}{3}$のとき

$$x=1-1=0,\quad y=\frac{\sqrt{3}}{2},\quad \frac{dy}{dx}=\frac{-1}{-\sqrt{3}}=\frac{1}{\sqrt{3}}$$

従って，

$$\mathrm{P}\left(0,\ \frac{\sqrt{3}}{2}\right),\quad \boldsymbol{l : y=\frac{1}{\sqrt{3}}x+\frac{\sqrt{3}}{2}}$$

（4） $-1\leqq x\leqq 1$のとき$f(x)\geqq 0$，$g(x)\geqq 0$であり，

$$\{g(x)\}^2-\{f(x)\}^2$$

$$=\left\{\frac{1}{2\sqrt{3}}(2x+3)\right\}^2-\frac{1}{4}(x+1)^2(-x^2-2x+3)$$

$$=\frac{1}{12}\{(4x^2+12x+9)$$

$$+3(x^2+2x+1)(x^2+2x-3)\}$$

$$=\frac{1}{12}(3x^4+12x^3+10x^2)$$

$$=\frac{1}{12}\cdot 3x^2\left(x^2+4x+\frac{10}{3}\right)$$

$$=\frac{1}{4}x^2\left\{(x+2)^2-\frac{2}{3}\right\}$$

$-1\leqq x\leqq 1$での上式｛ ｝内の最小値は，$x=-1$のときの$\dfrac{1}{3}$であるから，$\{g(x)\}^2 \geqq \{f(x)\}^2$

これと$f(x)\geqq 0$，$g(x)\geqq 0$より$g(x)\geqq f(x)$

（5） lのx切片が$-\dfrac{3}{2}$で$f(-1)=0$だから，（4）より題意の部分は右図網目部．

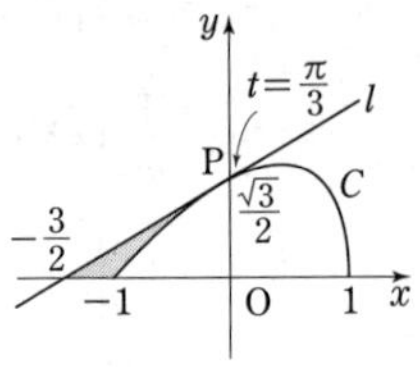

求める面積は，

$$\frac{1}{2}\cdot\frac{3}{2}\cdot\frac{\sqrt{3}}{2}$$

$$-\int_{-1}^{0}\frac{1}{2}(x+1)\sqrt{-x^2-2x+3}\,dx$$

$$=\frac{3}{8}\sqrt{3}$$

$$-\int_{-1}^{0}(-x^2-2x+3)^{\frac{1}{2}}(-x^2-2x+3)'\left(-\frac{1}{4}\right)dx$$

$$=\frac{3}{8}\sqrt{3}+\frac{1}{4}\left[\frac{2}{3}(-x^2-2x+3)^{\frac{3}{2}}\right]_{-1}^{0}$$

$$=\frac{3}{8}\sqrt{3}+\frac{1}{4}\cdot\frac{2}{3}(3\sqrt{3}-8)$$

$$=\boldsymbol{\frac{7}{8}\sqrt{3}-\frac{4}{3}}$$

⇒注 （4）Cが上に凸であることを示してもよい．（3）で計算した $\dfrac{dy}{dx}$ を使って $\dfrac{d}{dx}\left(\dfrac{dy}{dx}\right)\leqq 0$ を示してみよう．

$\dfrac{dy}{dx}=-\dfrac{\cos 2t}{\sin t}$ であるから，

$$\frac{d}{dx}\left(\frac{dy}{dx}\right)=\frac{d}{dx}\left(-\frac{\cos 2t}{\sin t}\right)$$
$$=-\frac{d}{dt}\left(\frac{\cos 2t}{\sin t}\right)\cdot\frac{dt}{dx}$$
$$=-\frac{-2\sin 2t\sin t-\cos 2t\cos t}{\sin^2 t}\cdot\frac{1}{-2\sin t}$$
$$=-\frac{2\sin 2t\sin t+\cos 2t\cos t}{2\sin^3 t}\quad\cdots\cdots④$$

分子は

$4\sin t\cos t\sin t+(2\cos^2 t-1)\cos t$
$=\cos t\{4(1-\cos^2 t)+(2\cos^2 t-1)\}$
$=\cos t(3-2\cos^2 t)\geqq 0\quad(0\leqq t\leqq\pi/2)$

となるから，④$\leqq 0$となって示された．

12 （2）θの範囲（$-\pi\leqq\theta\leqq\pi$）が，（1）で増減を調べた範囲（$0\leqq\theta\leqq\pi$）の“2倍”になっている．こういうときは，対称性がないか考えてみよう（実際，x軸対称になっている）．面積の計算において，この問題のようにx座標$f(\theta)$の増減が単調でない場合は，$f(\theta)$が単調な区間に分けて積分の式 $\left(\int y\,dx\right)$ を書く．これの変数をθにして計算をおこなうが，このときに式が一つにまとまる．本問が特殊だからではなく，そうなることが多い．理由は，☞注．

解 $f(\theta)=\cos 2\theta+2\cos\theta$,
$g(\theta)=\sin 2\theta+2\sin\theta$

（1）$f'(\theta)=-2\sin 2\theta-2\sin\theta$
$=-4\sin\theta\cos\theta-2\sin\theta$
$=-2\sin\theta(2\cos\theta+1)$

より，$f(\theta)$の増減は右表のようになる．

θ	0	$\cdots$	$\frac{2}{3}\pi$	$\cdots$	π
$f'(\theta)$		$-$	0	$+$	
$f(\theta)$		↘		↗	

また，

$g'(\theta)=2\cos 2\theta+2\cos\theta$
$=2(2\cos^2\theta-1)+2\cos\theta$
$=2(\cos\theta+1)(2\cos\theta-1)$

より，$g(\theta)$の増減は右表のようになる．

θ	0	$\cdots$	$\frac{\pi}{3}$	$\cdots$	π
$g'(\theta)$		$+$	0	$-$	
$g(\theta)$		↗		↘	

（2）曲線C：$x=f(\theta)$，$y=g(\theta)$（$-\pi\leqq\theta\leqq\pi$）とすると，

$f(-\theta)=\cos(-2\theta)+2\cos(-\theta)$
$=\cos 2\theta+2\cos\theta=f(\theta)$
$g(-\theta)=\sin(-2\theta)+2\sin(-\theta)$
$=-\sin 2\theta-2\sin\theta=-g(\theta)$

となるから，$(f(\theta),\ g(\theta))$ と $(f(-\theta),\ g(-\theta))$ はx軸に関して対称である．

これと（1）で調べた増減から，Cの概形は右のようになる．

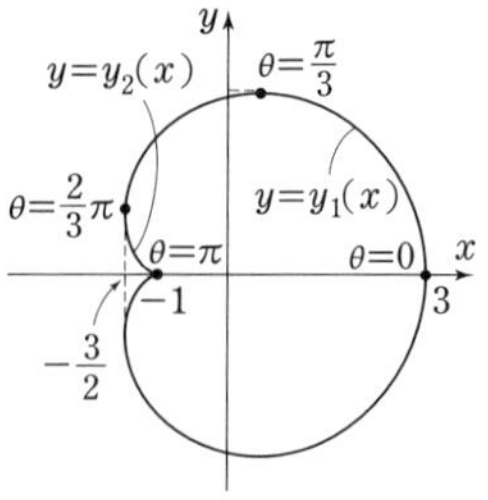

Cの$0\leqq\theta\leqq\frac{2}{3}\pi$の部分を$y=y_1(x)$，$\frac{2}{3}\pi\leqq\theta\leqq\pi$の部分を$y=y_2(x)$と書く．$x$軸に関する対称性より，求める面積$S$は，

$$S=2\left(\int_{-\frac{3}{2}}^{3}y_1(x)\,dx-\int_{-\frac{3}{2}}^{-1}y_2(x)\,dx\right)$$
$$=2\left(\int_{\frac{2}{3}\pi}^{0}g(\theta)\frac{dx}{d\theta}d\theta-\int_{\frac{2}{3}\pi}^{\pi}g(\theta)\frac{dx}{d\theta}d\theta\right)$$
$$=-2\left(\int_0^{\frac{2}{3}\pi}g(\theta)f'(\theta)\,d\theta+\int_{\frac{2}{3}\pi}^{\pi}g(\theta)f'(\theta)\,d\theta\right)$$
$$=-2\int_0^{\pi}g(\theta)f'(\theta)\,d\theta$$

ここで，

$g(\theta)f'(\theta)$
$=(\sin 2\theta+2\sin\theta)(-2\sin 2\theta-2\sin\theta)$
$=-(2\sin^2 2\theta+6\sin\theta\sin 2\theta+4\sin^2\theta)$
$=-\left(2\cdot\dfrac{1-\cos 4\theta}{2}+12\sin^2\theta\cos\theta+4\cdot\dfrac{1-\cos 2\theta}{2}\right)$
$=-(3-\cos 4\theta+12\sin^2\theta(\sin\theta)'-2\cos 2\theta)$

であるから，

$$S=2\left[3\theta-\frac{1}{4}\sin 4\theta+4\sin^3\theta-\sin 2\theta\right]_0^{\pi}$$
$$=\mathbf{6\pi}$$

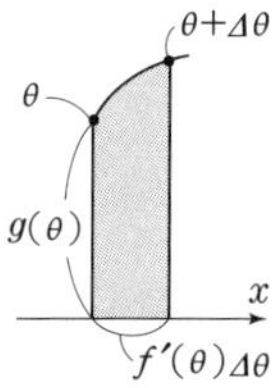

⇒注 θが$\theta\to\theta+\varDelta\theta$と動くとき，$f'(\theta)>0$であれば右図のようになり，$g(\theta)f'(\theta)\varDelta\theta$は網目部の面積を，縦が$g(\theta)$，横が$f'(\theta)\varDelta\theta$の長方形の面積で近似したと考えられる．

$f'(\theta)<0$であれば，θの点が$\theta+\varDelta\theta$の点の右側となり，$g(\theta)f'(\theta)\varDelta\theta$は長方形の面積の -1倍となる．

$\int_\alpha^\beta g(\theta)f'(\theta)\,d\theta$は$\theta=\alpha$から$\theta=\beta$まで上図の面積またはその -1倍をたし合わせたものだから，

$\int_0^{\pi} g(\theta) f'(\theta)\, d\theta$ を計算すると，右図の網目部は θ が[1]を動くときの "-1 倍" と[2]を動くときの "1 倍" がキャンセルされ，C の $y \geqq 0$ の部分と x 軸で囲まれた図形の面積の -1 倍になる．

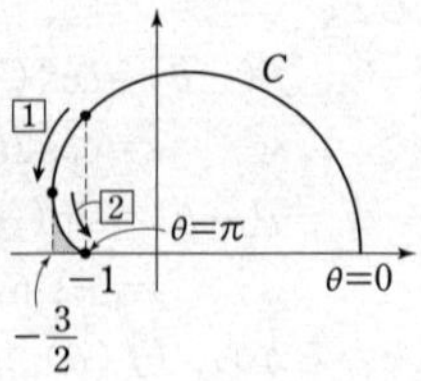

ミニ講座・11
極方程式と面積

平面上の点の位置を表すとき，多くの場合，基準となる点O（原点）とOで直交する座標軸（x 軸，y 軸）をとって，直交座標（x, y）と書きますが，原点Oと O を端点とする半直線（始線）を定めて，Oからの距離 r と始線からの回転角 θ（偏角）の組で表すこともできます．

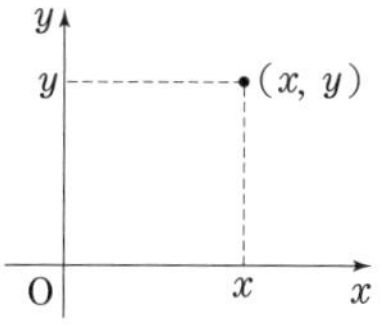

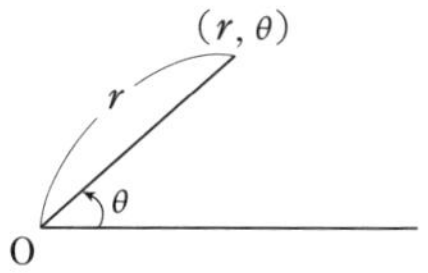

この r と θ を用いた表し方を極座標といい，θ は反時計回りを正の回転とする一般角（とる値は全実数）です．以下，xy 平面上の点を極座標で表すとき，始線は x 軸の0以上の部分（原点どうしが対応）とします．

xy 平面上の曲線は，$y=x^2$，$x^2+y^2=1$ のように x と y の関係式（方程式）で書きますが，極座標では，r と θ の関係式で書きます．これを極方程式といいます．極方程式が簡単になる曲線としては，原点を中心とする円や原点を端点とする半直線があげられます（下図）．

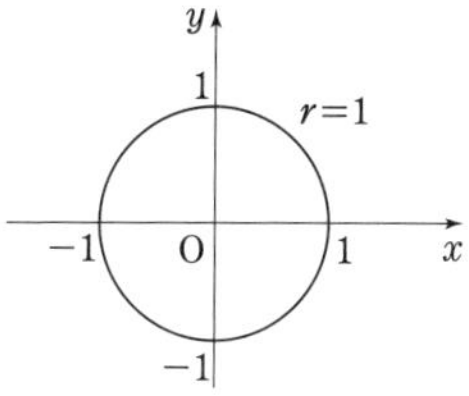

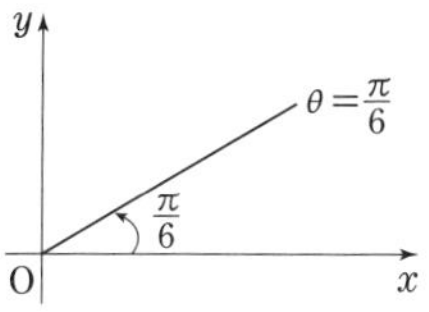

他に，$r=\theta\ (\theta \geqq 0)$ とすれば，右のようにグルグル回る曲線を表すことができます．

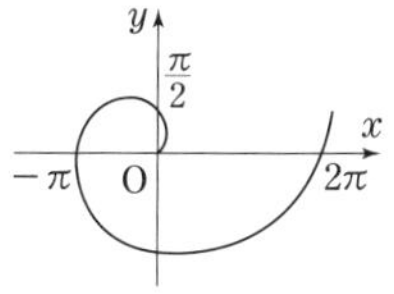

ここでは，r が θ の式で表された曲線（θ を決めると r が決まる）について，面積の公式を紹介します．

曲線 C の極方程式を $r=r(\theta)$（r が θ の関数 $r(\theta)$ で表される）とし，C と直線 $\theta=\alpha$，$\theta=\beta$ で囲まれる部分の面積を S としましょう．ただし，α と β は $\alpha<\beta \leqq \alpha+2\pi$ を満たす実数です．この領域のうち，始線からの回転角が $\theta \sim \theta+d\theta$ の範囲の部分を半径 $r(\theta)$，中心角 $d\theta$ の扇形で近似すると，その面積は $\dfrac{1}{2}\{r(\theta)\}^2 d\theta$ です．

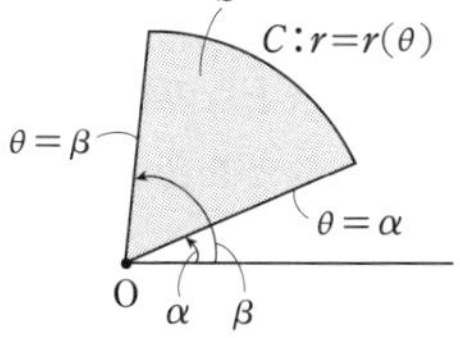

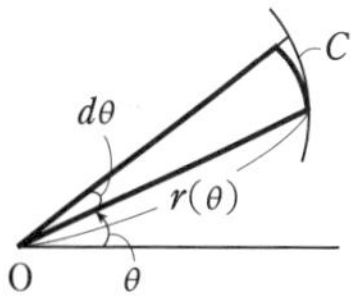

従って，これを $\theta=\alpha$ から $\theta=\beta$ までたし集めることで

$$S=\int_{\alpha}^{\beta}\frac{1}{2}\{r(\theta)\}^2 d\theta \quad （公式）$$

が得られます．

ここでは，この公式を用いて p.121 の演習題の曲線 $(f(\theta),\ g(\theta))=(\cos 2\theta+2\cos\theta,\ \sin 2\theta+2\sin\theta)$ $(-\pi \leqq \theta \leqq \pi)$ で囲まれる図形の面積を求めてみます．

左の図で（x, y）と（r, θ）の関係は，定め方から

$$x=r\cos\theta,\quad y=r\sin\theta$$

なので，$x=f(\theta)$，$y=g(\theta)$ をこの形にする（$r=r(\theta)$ を見つける）のが目標ですが，このままではうまくいきません．実は，x 軸方向に1平行移動すると

$$\begin{aligned} f(\theta)+1&=\cos 2\theta+1+2\cos\theta \\ &=2\cos^2\theta-1+1+2\cos\theta \\ &=2(\cos\theta+1)\cos\theta \end{aligned}$$

$$\begin{aligned} g(\theta)&=2\sin\theta\cos\theta+2\sin\theta \\ &=2(\cos\theta+1)\sin\theta \end{aligned}$$

となることから，$r(\theta)=2(\cos\theta+1)$ として

$$x=f(\theta)+1=r(\theta)\cos\theta,\quad y=g(\theta)=r(\theta)\sin\theta$$

が成り立ちます．

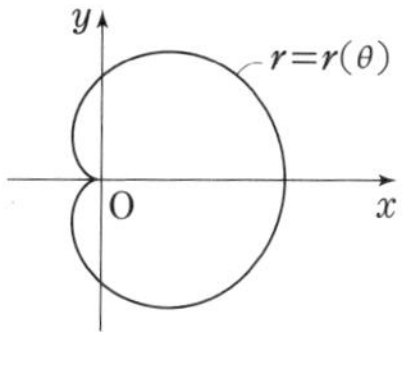

従って，求める面積は，上の公式から

$$\int_{-\pi}^{\pi}\frac{1}{2}\{r(\theta)\}^2 d\theta$$

$$=\int_{-\pi}^{\pi}\frac{1}{2}\{2(\cos\theta+1)\}^2 d\theta$$

［被積分関数は θ の偶関数］

$$=2\int_0^{\pi}2(\cos^2\theta+2\cos\theta+1)\,d\theta$$

$$=2\int_0^{\pi}(\cos 2\theta+1+4\cos\theta+2)\,d\theta$$

$$=2\left[\frac{1}{2}\sin 2\theta+4\sin\theta+3\theta\right]_0^{\pi}$$

$$=2\cdot 3\pi=6\pi$$

ミニ講座・12
格子点の個数≒面積

x 座標，y 座標がともに整数の点を格子点といいます．

格子点の個数の数え上げと極限を絡めた問題がよく出題されます．このような問題では，格子点を正確に数え上げることよりも，格子点の個数を大雑把に捉えていくことが大切です．どうせあとで極限を考えるので，細かいところは気にしなくてもよいのです．

例題　n を正の整数とし，

領域 $D_n : 0 < x \leqq n,\ 0 \leqq y \leqq \sqrt{x}$

に含まれる格子点の個数を $N(n)$ とする．このとき，$\displaystyle\lim_{n\to\infty}\frac{N(n)}{n^{\frac{3}{2}}}=\frac{2}{3}$ を証明せよ．　　（早大／改題）

$\displaystyle\lim_{n\to\infty}\frac{N(n)}{\frac{2}{3}n^{\frac{3}{2}}}=1$ として，式の表している意味を考えてみましょう．この式は，n が大きくなるとき，$N(n)$ と $\frac{2}{3}n^{\frac{3}{2}}$ との比が1になるということを主張しています．

$N(n)$ は，“D_n に含まれる格子点を右下の頂点として持つ 1×1 の正方形の全体の面積” と見なすことができます．$\frac{2}{3}n^{\frac{3}{2}}$ は，領域 D_n の面積です．$N(n)$，$\frac{2}{3}n^{\frac{3}{2}}$ が表す面積について図示すると次のようになります．

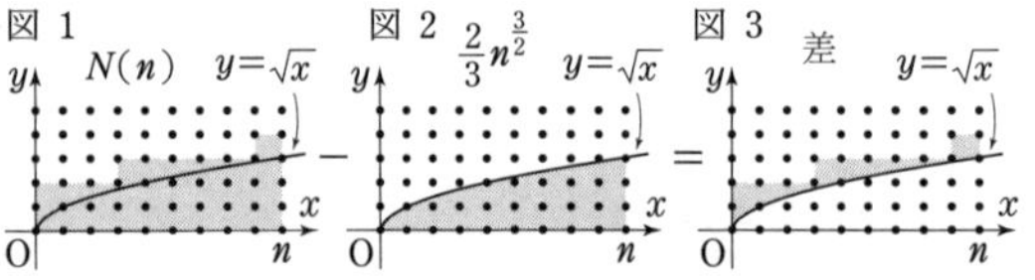

式の主張は，n が大きくなると，左2つの面積比が $1:1$ になるということです．もっといえば，図3に示した面積の差が，

$N(n)$，$\frac{2}{3}n^{\frac{3}{2}}$ に対してほとんど無視できるくらいに小さくなる，ほとんど “塵” と見立てることができる，

ということなのです．

この見方を生かして解答を書くと次のようになります．

解　図1の網目部のうち，直線 $x=k-1$ と $x=k$ の間にはさまれた正方形の個数を S_k とする．

$\sqrt{k}$ と S_k を比べると，S_k の方が大きく，その差は1以下なので，$0 \leqq \alpha_k \leqq 1$ となる実数 α_k を用いて，$S_k=\sqrt{k}+\alpha_k$ とおける．

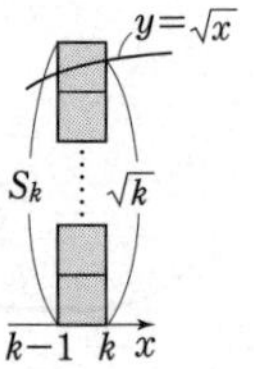

$$N(n)=\sum_{k=1}^{n}S_k=\sum_{k=1}^{n}(\sqrt{k}+\alpha_k)$$

これを用いて，

$$\frac{N(n)}{n^{\frac{3}{2}}}=\frac{1}{n^{\frac{3}{2}}}\sum_{k=1}^{n}\sqrt{k}+\frac{1}{n^{\frac{3}{2}}}\sum_{k=1}^{n}\alpha_k \quad \cdots\cdots①$$

ここで，〰〰は，$\displaystyle\frac{1}{n}\sum_{k=1}^{n}\sqrt{\frac{k}{n}}$ とかけるので，

$n\to\infty$ のとき，この値は区分求積法を用いて，

$$\int_0^1\sqrt{x}\,dx=\left[\frac{2}{3}x^{\frac{3}{2}}\right]_0^1=\frac{2}{3}$$

一方，$0 \leqq \alpha_k \leqq 1$ なので，━━は，

$$0 \leqq \frac{1}{n^{\frac{3}{2}}}\sum_{k=1}^{n}\alpha_k \leqq \frac{n}{n^{\frac{3}{2}}}=\frac{1}{n^{\frac{1}{2}}}$$

とはさめるので，$n\to\infty$ のとき，━━は0に近づく．

これらを合わせて，①の極限を考えると，

$$\lim_{n\to\infty}\frac{N(n)}{n^{\frac{3}{2}}}=\frac{2}{3}$$

☆　　　　　　☆

上の解で $\displaystyle\sum_{k=1}^{n}\alpha_k$ は，極限値に影響を与えない “塵” のようなものでした．面積が $n^{\frac{3}{2}}$ に比例するのに，$\displaystyle\sum_{k=1}^{n}\alpha_k$ は n にほぼ比例するからです．一般に次のことが言えます．

一般化　k，l を整数，$f(x)$ は増加関数とする．

領域 $D_l : k \leqq x \leqq l,\ 0 \leqq y \leqq f(x)$ に含まれる格子点の個数を $N(l)$，領域 D_l の面積を $S(l)$ とする．

$S(l)$ が

$\displaystyle\lim_{l\to\infty}\frac{l}{S(l)}=0,\ \lim_{l\to\infty}\frac{f(l)}{S(l)}=0$ を満たすならば，

$$\lim_{l\to\infty}\frac{N(l)}{S(l)}=1$$

が成り立つ．（k は固定しておく）

上で $\displaystyle\lim_{l\to\infty}\frac{f(l)}{S(l)}=0$ の条件は，l が1だけ増えるとき，増える格子点の個数が $S(l)$ に対して “塵” と見なせるということを意味しています．入試では $f(x)$ を $\sqrt{x}$，x^2，$\log x$ とするときが頻出で，どれも上の事実を用いることができます．なお，領域として周が入っても入らなくても構いません．

積分法（体積・弧長）

積分法（体積・弧長）
要点の整理

1. 体積計算の原理

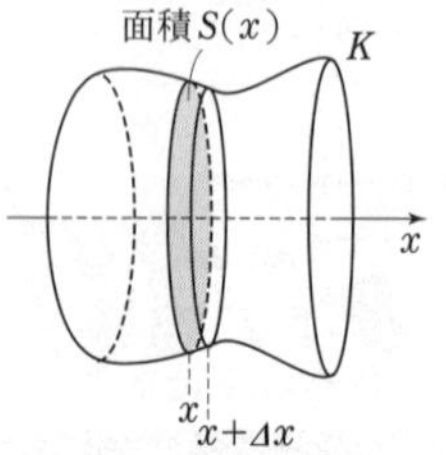

立体Kの体積を求めるとしよう．

x軸に垂直な平面によるKの切り口の面積（断面積）を$S(x)$とすると，立体Kの，$x\sim x+\Delta x$の範囲にある部分の体積は$S(x)\Delta x$で近似できる．よって，これ（微小体積）をたし合わせた

$$\int_a^b S(x)dx$$

がKの体積である．ただし，Kは$a\leqq x\leqq b$の範囲にあるとした．

断面積$S(x)$を積分すると体積になる，と覚えるのではなく，微小体積$S(x)\Delta x$の合計が体積，と理解しよう．x軸に「垂直」な平面とすることがポイントである．垂直だからΔxが厚みを表すことになり，$S(x)\Delta x$が微小体積になる．

なお，この「x軸」は，xyz空間（またはxy平面）のx軸に限るわけではない．あらかじめ設定されている（または明記されていなくてもすぐにわかる）問題がほとんどであるが，$S(x)$が求めやすいように，また，積分計算がしやすいように（解答者が）決めるものである（☞○10の例題と演習題）．

2. 回転体の体積

2・1 x軸回転（基本公式）

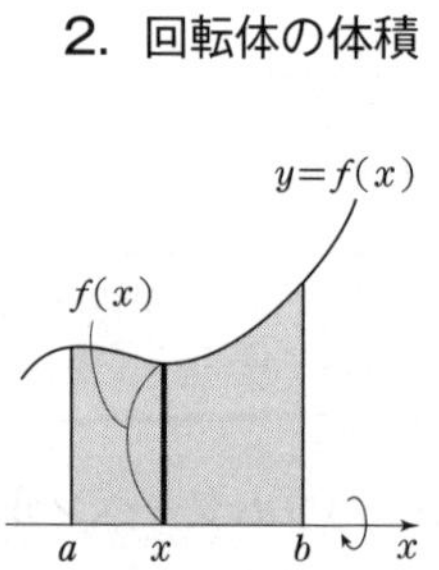

右図の網目部をx軸のまわりに1回転させてできる立体の体積は，

$$\int_a^b \pi\{\boldsymbol{f(x)}\}^2\boldsymbol{dx}$$

である．断面は半径が$f(x)$の円で，断面積は

$$S(x)=\pi\{f(x)\}^2$$

となる．

回転させる図形F（図Aの網目部）が回転軸lをまたぐときは，Fのlに関して一方の側（図ではlの下側）の部分を折り返し，回転させるものをlの片側に集める．つまり，下図Bの網目部を回転させると考える（☞○2）．

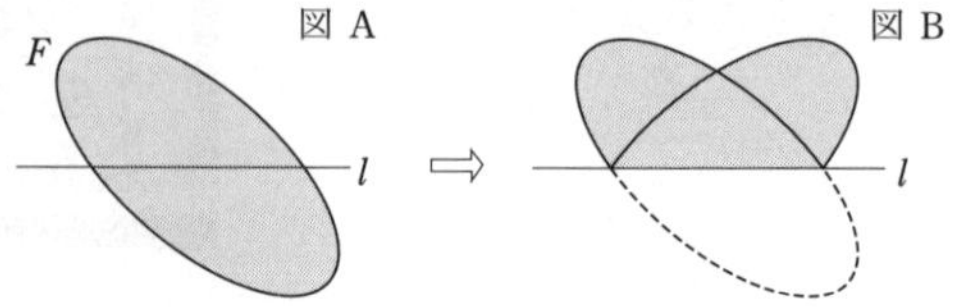

2・2 y軸回転

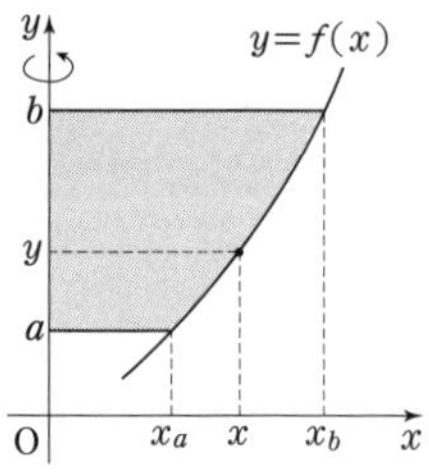

右図の網目部をy軸のまわりに1回転させてできる立体の体積を考えよう．

曲線$y=f(x)$上の点を$(x,\ y)$とすると，体積を表す式は

$$\int_a^b \pi x^2 dy \quad \cdots\cdots\cdots\cdots①$$

である．積分計算は，主に次の2通り．

1. $y=f(x)$を（xについて解いて）$x=g(y)$とし，

$$①=\int_a^b \pi\{g(y)\}^2 dy$$

を計算する．$g(y)$を具体的に書くことができる場合は有力な方法である（☞○3）．

2. 積分変数をxにする（置換積分）．

$$①=\int_{x_a}^{x_b}\pi x^2\cdot\frac{dy}{dx}dx=\int_{x_a}^{x_b}\pi x^2 f'(x)dx$$

（☞○4．例題の解答前文も参照）

▨ p.149のミニ講座「バウムクーヘン分割」も参照．

2・3 媒介変数型

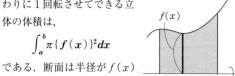

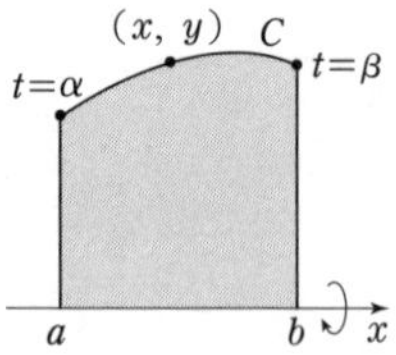

曲線C上の点$(x,\ y)$が

$x=f(t)$，$y=g(t)$

（tは媒介変数）

と表されていて，右図のようになっているとする（$\alpha<\beta$）．

この網目部の回転体の体積は，面積と同様に求められる．

面積の章の要点の整理2・2と同様に考えて立式し，積分変数をtに置換すると，

$$(\text{回転体の体積})=\int_a^b \pi y^2 dx$$
$$=\int_\alpha^\beta \pi y^2 \frac{dx}{dt}dt$$
$$=\int_\alpha^\beta \pi\{g(t)\}^2 f'(t)\,dt$$

2・4 空間内の図形を回転させる問題

空間内の図形Fをz軸のまわりに回転させる問題を考えよう．回転体をW，その体積をVとする．1. の原理で述べたように，平面α_t：$z=t$でのWの断面積を$S(t)$とすると，

$$V=\int_a^b S(t)\,dt$$

である．

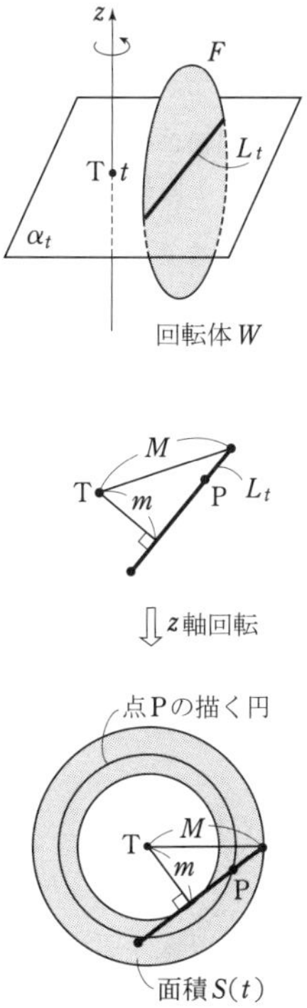

$S(t)$の求め方：

Fと平面α_tの交わりをL_tとする．L_tをz軸のまわりに（α_t内で）回転させたものが，α_tでのWの断面であり，その面積が$S(t)$である．つまり，回してから切るのではなく，切ってから回す．

右図はL_tが線分の場合である．L_t上の各点Pを Tを中心に回転させたものは Tを中心とする円であるから，TとL_t上の点の距離の最大値をM，最小値をmとすると，断面はTを中心とする半径がMとmの円にはさまれた領域になる．

従って，$S(t)=\pi M^2-\pi m^2$

本書では，Fが線分の場合（☞○8）と平面図形の場合（☞○9）を扱う．Fがxy平面に平行でない線分の場合，L_tは1点になり，回転体の$z=t$での断面は円になる．入試ではFが立体の問題も出るが，考え方は同じ（回す前に切る）である．

3. 円柱など柱体の問題

円柱や三角柱の一部（共通部分など）の体積を求める問題も，基本は同じである．ある方向（1. でのx軸）を定め，断面積を計算して積分する．この方向は，円柱であれば軸に平行，角柱は底面に平行か垂直，とするのが大原則である．

具体例で見てみよう．円柱，角柱とも，底面に垂直に切ると断面は長方形になる．円柱の場合，底面に平行に切ると円の一部が出てきて扱いにくいことが多いのでこのような切り方をする．

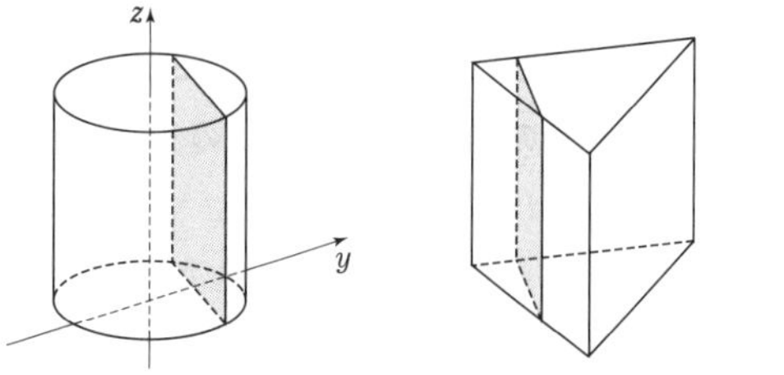

実際の断面の図を描く場合は，底面と断面の交わりをもとにするとよい．

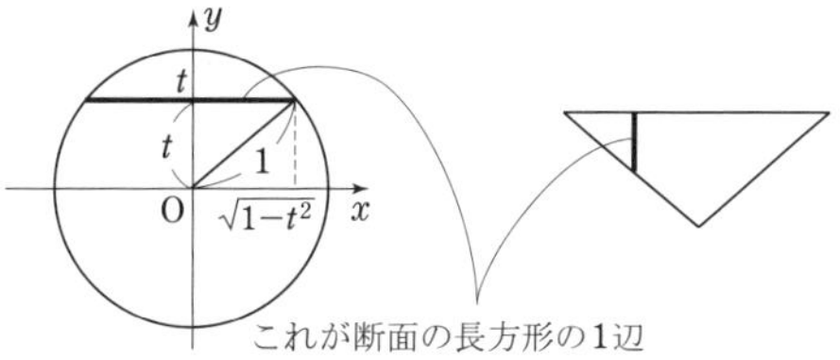

例えば，円柱の底面がxy平面上の単位円（原点中心）で，$y=t$での断面を考えるときは，左上図のように三平方の定理を用いて長さ$\sqrt{1-t^2}$を出せば右の断面図が描ける．

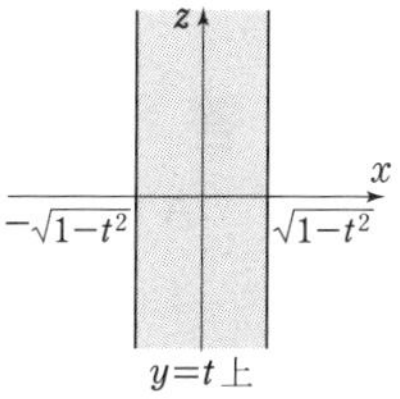

円柱の場合は方程式を使う方法もある．上記の円柱（側面）を表す式は$x^2+y^2=1$（zは何でもよい）なので，平面$y=t$との交わりは，$x^2=1-t^2$より2直線$x=\pm\sqrt{1-t^2}$

4. 弧長

4・1 媒介変数型

曲線C上の点$(x,\ y)$が

$x=f(t)$，$y=g(t)$

と媒介変数表示されているとき，Cの$t=a$から$t=b\ (a<b)$までの部分の長さ（弧長）は，

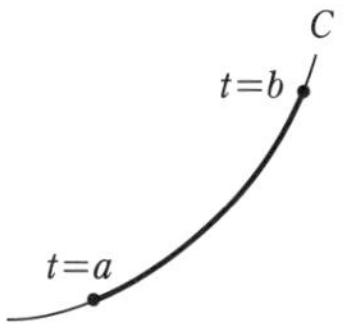

$$\int_a^b \sqrt{\{f'(t)\}^2+\{g'(t)\}^2}\,dt$$

で与えられる（公式）．説明は，☞○12

4・2 関数型

曲線$y=f(x)$の$a\leqq x\leqq b$の部分の長さは

$$\int_a^b \sqrt{1+\{f'(x)\}^2}\,dx$$

で与えられる．これは，4・1で$f(t)⇨t$，$g(t)⇨f(t)$としたもの．

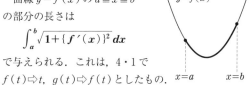

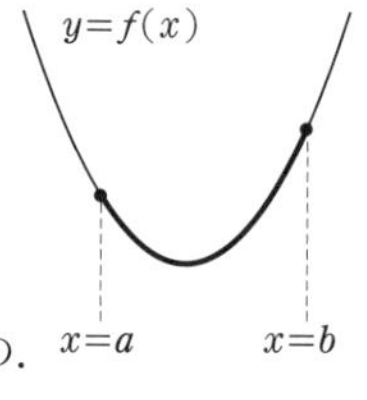

◆1 x 軸回転

直線 $l：y=-x+4$ と曲線 $C：y=\dfrac{3}{x}$ $(x>0)$ で囲まれた部分を x 軸のまわりに1回転してできる回転体の体積を求めよ．

（福岡大・理，工／一部省略）

回転体の体積　$f(x)>0$ のとき，$0\leqq y\leqq f(x)$ かつ $a\leqq x\leqq b$ を満たす部分を x 軸のまわりに1回転させてできる立体の体積は $\int_a^b \pi\{f(x)\}^2dx$ である．考え方は，面積と同じで，図の網目部の（微小）面積 $f(x)\Delta x$ を，それを回転させてできる立体の（微小）体積 $\pi\{f(x)\}^2\Delta x$ にかえたものになっている．

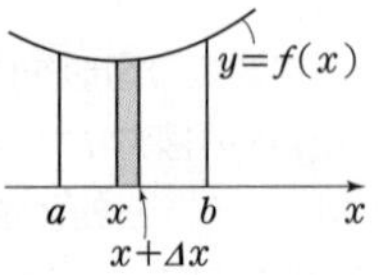

2つの曲線 $y=f(x)$，$y=g(x)$ が回転軸について同じ側にある場合，それらの間の部分を x 軸のまわりに1回転させてできる立体の体積は，

（外側の回転体の体積）−（内側の回転体の体積）

で求められる．右図の場合は $\int_a^b \pi\{f(x)\}^2dx-\int_a^b \pi\{g(x)\}^2dx$

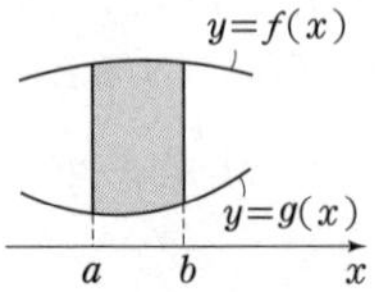

直線の回転体　回転軸と交わる（垂直でない）直線を回転させてできるものは，円錐の側面である．従って，右図の網目部を x 軸のまわりに1回転させてできる立体は底面の半径 r，高さ h の円錐で，その体積は $\dfrac{1}{3}\pi r^2\cdot h$ となる．

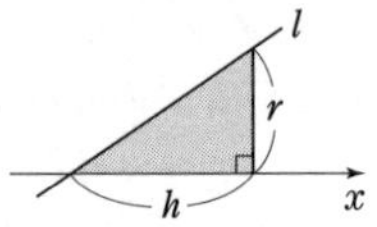

なお，このように求めたいものが円錐そのものになるときは図形的な計算が早いことが多い．例題では円錐台になるので積分計算をするが，$(px+q)^2$ を展開してしまうと面倒になることに注意しよう．

解答

l と C の共有点の x 座標は，

$$-x+4=\frac{3}{x}\qquad \therefore\quad x^2-4x+3=0\qquad \therefore\quad (x-1)(x-3)=0$$

より $x=1$，3であるから，求めるものは右図網目部を x 軸のまわりに1回転してできる立体の体積である．

よって，

$$\int_1^3 \pi(-x+4)^2dx-\int_1^3 \pi\left(\frac{3}{x}\right)^2dx$$

$$=\pi\left[-\frac{1}{3}(-x+4)^3\right]_1^3-\pi\left[-\frac{9}{x}\right]_1^3$$

$$=\pi\left(-\frac{1}{3}+3^2\right)-\pi(-3+9)=\mathbf{\frac{8}{3}}\pi$$

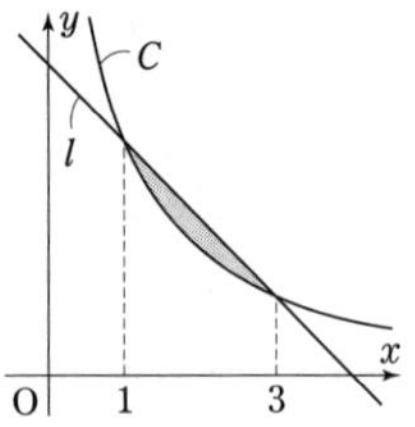

⇦ $(x^{-1})'=-x^{-2}$ より $\int \frac{1}{x^2}dx=-\frac{1}{x}+$（積分定数）

◇1 演習題（解答は p.150）

曲線 $C：y=\log x$ がある．点 $(e,\ 1)$ における曲線 C の接線を L とする．

（1） 接線 L の方程式を求めよ．

（2） 接線 L，x 軸，曲線 C で囲まれた部分を x 軸のまわりに1回転してできる立体の体積を求めよ．

（甲南大・理工／一部省略）

（2） 円錐を利用しよう．$(\log x)^2$ は部分積分．

2 回転体の体積／回転軸をまたぐ形

（１） ２つの曲線 $y=\sin x$, $y=\cos x$ $\left(\dfrac{\pi}{4}\leqq x\leqq\dfrac{5\pi}{4}\right)$ で囲まれた図形 D の面積 S を求めよ．

（２） 区間 $\dfrac{\pi}{4}\leqq x\leqq\dfrac{5\pi}{4}$ における，$|\sin x|$ と $|\cos x|$ の大小関係を述べよ．

（３） （１）の図形 D を x 軸の回りに一回転してできる立体の体積 V を求めよ．　　　　（佐賀大・理工）

回転軸の一方の側に集める　回転させる図形 F（図Ａの網目部）が回転軸 l をまたぐときは，F の l に関して一方の側の部分を折り返し，回転させるものを l の片側に集めてから（図Ｂの網目部）公式を用いて計算する．

図 A　　　図 B

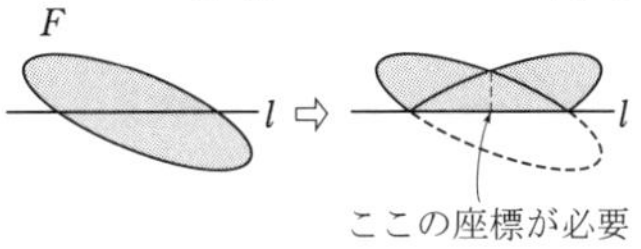

解 答

（１） 図１より，

$$S=\int_{\frac{\pi}{4}}^{\frac{5}{4}\pi}(\sin x-\cos x)\,dx=\Big[-\cos x-\sin x\Big]_{\frac{\pi}{4}}^{\frac{5}{4}\pi}$$

$$=\frac{1}{\sqrt{2}}+\frac{1}{\sqrt{2}}-\left(-\frac{1}{\sqrt{2}}-\frac{1}{\sqrt{2}}\right)=\boldsymbol{2\sqrt{2}}$$

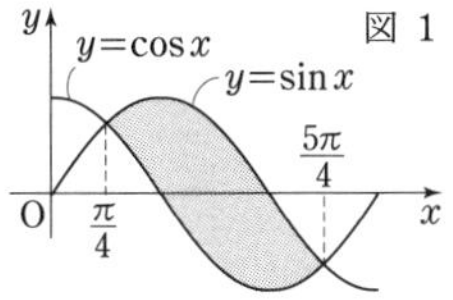

（２） 図２より，

$\boldsymbol{\dfrac{\pi}{4}\leqq x\leqq\dfrac{3}{4}\pi}$ **のとき，$\boldsymbol{|\sin x|\geqq|\cos x|}$**

$\boldsymbol{\dfrac{3}{4}\pi\leqq x\leqq\dfrac{5}{4}\pi}$ **のとき，$\boldsymbol{|\sin x|\leqq|\cos x|}$**

等号は $x=\dfrac{\pi}{4}$，$\dfrac{3}{4}\pi$，$\dfrac{5}{4}\pi$ のとき成り立つ．

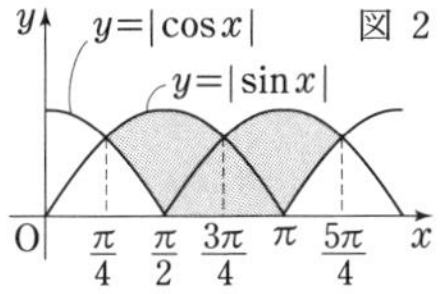

⇦$y=|f(x)|$ のグラフは，$y=f(x)$ のグラフをもとに描く．
$y\geqq0$ の部分 → そのまま
$y\leqq0$ の部分 →x 軸に関して折り返す．

（３） 図２の網目部を x 軸の回りに１回転してできる立体の体積を求めればよい．$x=\dfrac{3}{4}\pi$ に関して対称だから，

$$V=2\left(\int_{\frac{\pi}{4}}^{\frac{3}{4}\pi}\pi\sin^2 x\,dx-\int_{\frac{\pi}{4}}^{\frac{\pi}{2}}\pi\cos^2 x\,dx\right)$$

$$=\pi\int_{\frac{\pi}{4}}^{\frac{3}{4}\pi}(1-\cos 2x)\,dx-\pi\int_{\frac{\pi}{4}}^{\frac{\pi}{2}}(1+\cos 2x)\,dx$$

$$=\pi\Big[x-\frac{1}{2}\sin 2x\Big]_{\frac{\pi}{4}}^{\frac{3}{4}\pi}-\pi\Big[x+\frac{1}{2}\sin 2x\Big]_{\frac{\pi}{4}}^{\frac{\pi}{2}}$$

$$=\pi\left(\frac{3}{4}\pi+\frac{1}{2}-\frac{\pi}{4}+\frac{1}{2}\right)-\pi\left(\frac{\pi}{2}-\frac{\pi}{4}-\frac{1}{2}\right)$$

$$=\boldsymbol{\frac{\pi^2}{4}+\frac{3}{2}\pi}$$

⇦

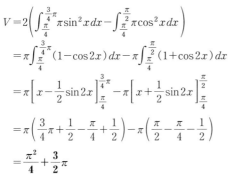

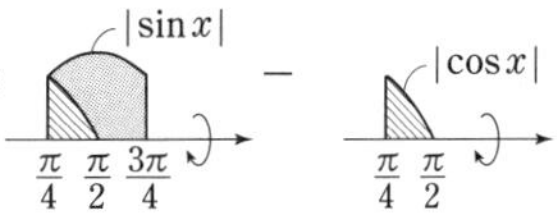

2 演習題（解答は p.150）

曲線 C_1：$y=\sin x$ と曲線 C_2：$y=\sin 2x$ を $0\leqq x\leqq\pi$ の区間で考える．

（１） C_1 と C_2 の交点の x 座標を求めよ．

（２） C_1 と C_2 で囲まれた部分 A の面積 S を求めよ．

（３） （２）で定めた図形 A を x 軸のまわりに１回転してできる立体の体積 V を求めよ．

（宇都宮大・工，農）

（３） A の $y\leqq0$ の部分を x 軸に関して折り返す．

3 y 軸回転／x について解く

放物線 $y=\frac{1}{2}x^2-2x+2$ と直線 $y+x-2=0$ で囲まれた部分を D とする．D が y 軸のまわりに1回転してできる回転体の体積は［　　］である．　（九州産大・情，工／前半省略）

求め方は x 軸回転と同じ　図Aの網目部を x 軸のまわりに1回転してできる立体の体積は $\int_a^b \pi\{f(x)\}^2dx$ であった．図Bの網目部を y 軸のまわりに1回転してできる立体の体積は，x と y を入れかえて $\int_a^b \pi\{g(y)\}^2dy$ となる．

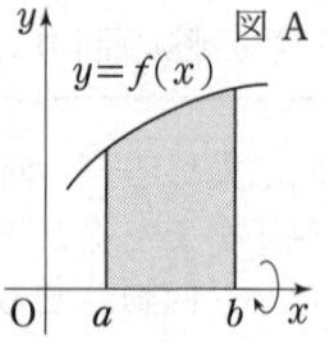

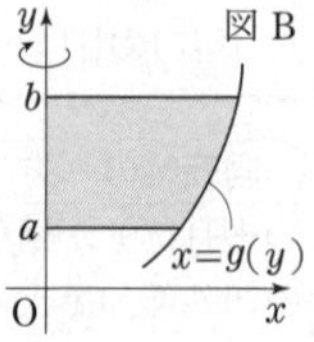

境界の曲線は $y=f(x)$ の形で与えられていることが多いが，y 軸回転の場合はこれを $x=g(y)$ の形にすることをまず考えてみよう．

解答

A(2, 0)，B(0, 2) とする．

△OAB を y 軸のまわりに1回転してできる円錐の体積は，$\frac{1}{3}\cdot\pi\cdot 2^2\cdot 2=\frac{8}{3}\pi$ ………①

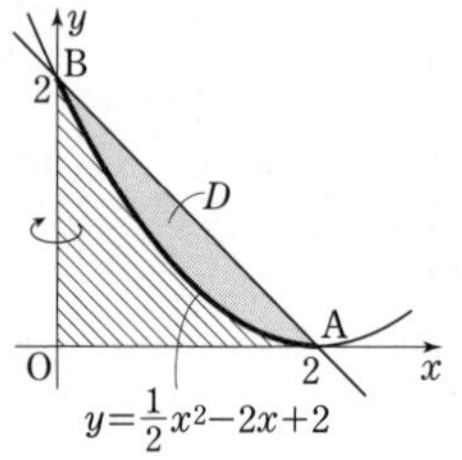

⇦△OAB の回転体から斜線部の回転体を引いて求める．

$y=\frac{1}{2}x^2-2x+2$ を x について解くと

$2y=(x-2)^2$ より $x=2\pm\sqrt{2y}$ となるから，

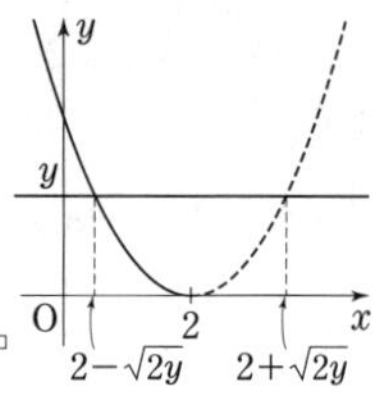

⇦

図の太線を表す式は $x\leqq 2$ より $x=2-\sqrt{2y}$ $(0\leqq y\leqq 2)$ である．

よって，図の斜線部を y 軸のまわりに1回転してできる立体の体積は

$$\int_0^2 \pi(2-\sqrt{2y})^2dy=\pi\int_0^2(4-4\sqrt{2}\cdot\sqrt{y}+2y)\,dy$$

$$=\pi\left[4y-4\sqrt{2}\cdot\frac{2}{3}y^{\frac{3}{2}}+y^2\right]_0^2$$

$$=\pi\left(8-4\sqrt{2}\cdot\frac{2}{3}\cdot 2\sqrt{2}+4\right)$$

⇦ $8-\frac{32}{3}+4=\frac{4}{3}$

$$=\frac{4}{3}\pi \quad\cdots\cdots\cdots②$$

よって，求める体積は，①−②$=\mathbf{\frac{4}{3}}\pi$

3 演習題（解答は p.151）

（ア）　放物線 $y=-x^2+ax$ $(a>0)$ と x 軸とで囲まれた領域を D とする．

（1）　D を x 軸のまわりに1回転してできる立体の体積 V_1 を求めよ．

（2）　D を y 軸のまわりに1回転してできる立体の体積 V_2 を求めよ．

（3）　（1），（2）で求めた V_1，V_2 に対し V_2-V_1 を $f(a)$ とおくとき，$f(a)$ $(a>0)$ の最大値を求めよ．　（東京電機大）

（イ）　曲線 $y=\frac{1-x^2}{1+x^2}$ と x 軸とで囲まれた図形を S とする．S を y 軸のまわりに1回転してできる立体の体積を求めよ．　（兵庫県立大・理／前半省略）

（ア）（2）は例題と同様 x を y で表す．
（イ）　x^2 を y で表す．

4 y 軸回転／変数を x にする

（1） 不定積分 $\int x\cos x\,dx$ と $\int x^2\sin x\,dx$ を求めよ．

（2） $0\leqq x\leqq\dfrac{\pi}{2}$ において，曲線 $y=\cos x$ と x 軸および y 軸で囲まれた図形を D とする．D を y 軸のまわりに1回転して得られる回転体の体積 V を求めよ．　（東京海洋大・海洋工／一部省略）

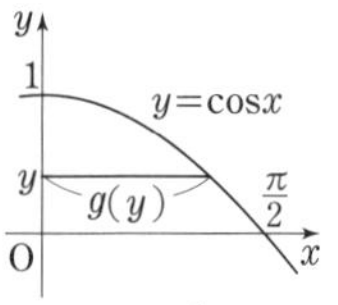

積分変数を x に変換して求めるタイプ　前問と同じ y 軸回転なので，体積を表す式は $\int_0^1\pi\{g(y)\}^2dy$（$g(y)$ は $y=\cos x$ を x について解いた y の式）となるが，積分変数が y のままでは進展しない．このようなときは，曲線の式 $y=\cos x$ を利用して積分変数を x にする（置換積分）．$g(y)=x$ とおくのがポイントで，積分は $\int_{\frac{\pi}{2}}^{0}\pi x^2\dfrac{dy}{dx}dx$ となる．ここで，$g(y)=x \Longleftrightarrow y=\cos x$ であったことを思い出そう．$\dfrac{dy}{dx}$ が x で書けるので積分計算が可能になる．答案の書き方については，解答と傍注を参照．

解 答

（1） $\displaystyle\int \boldsymbol{x\cos x\,dx}=\int x(\sin x)'dx=x\sin x-\int\sin x\,dx$　　⇦部分積分

$\qquad =\boldsymbol{x\sin x+\cos x+C_1}$　（C_1 は積分定数）

$\displaystyle\int \boldsymbol{x^2\sin x\,dx}=\int x^2(-\cos x)'dx=-x^2\cos x+\int 2x\cos x\,dx$

$\qquad =\boldsymbol{-x^2\cos x+2x\sin x+2\cos x+C_2}$　（C_2 は積分定数）　⇦前半の結果を利用

（2） $V=\displaystyle\int_0^1\pi x^2dy$

$=\displaystyle\int_{\frac{\pi}{2}}^{0}\pi x^2\frac{dy}{dx}dx$　［変数を x に置換 区間は図参照］

$\left(y=\cos x \text{ より } \dfrac{dy}{dx}=-\sin x \text{ なので}\right)$

$=\displaystyle\int_{\frac{\pi}{2}}^{0}\pi x^2(-\sin x)\,dx=\int_0^{\frac{\pi}{2}}\pi x^2\sin x\,dx$

$=\pi\Big[-x^2\cos x+2x\sin x+2\cos x\Big]_0^{\frac{\pi}{2}}$　（∵（1））

$=\pi(\pi-2)$

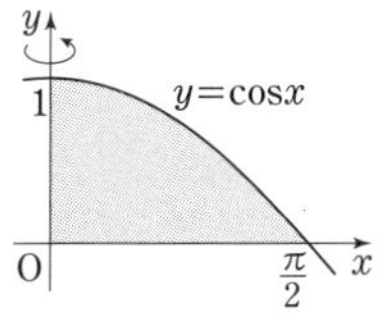

⇦答案は，通常，左のように書く．$\int_0^1\pi x^2dy$ の x^2 は（積分変数が y なので）y の関数，つまり前文の $\{g(y)\}^2$ である．$\int_{\frac{\pi}{2}}^{0}\pi x^2\dfrac{dy}{dx}dx$ の x^2 は x の関数である．同じ記号を違う意味で使っているが，このように書いてかまわない．

4 演習題（解答は p.152）

（1） 定積分 $\displaystyle\int_0^{\frac{\pi}{2}}x\sin x\,dx$ の値を求めよ．

（2） 線分 l，曲線 C を $l：y=\dfrac{2}{\pi}x\ \left(0\leqq x\leqq\dfrac{\pi}{2}\right)$，$C：y=\sin x\ \left(0\leqq x\leqq\dfrac{\pi}{2}\right)$ とする．線分 l と曲線 C とで囲まれた図形を x 軸を中心に1回転してできる立体の体積を V，y 軸を中心に1回転してできる立体の体積を W とする．このとき，V と W の値を求め，V と W の大小関係を判定せよ．　（奈良県医大）

（2） W は積分変数を x に変換して求める．なお，大小は $V-W$ の符号を考える．

5 回転体の体積／媒介変数型

曲線 C_1 は媒介変数 t を用いて $x=t-\sin t$, $y=1-\cos t$ $(0\leqq t\leqq 2\pi)$ と表されるとする．また，曲線 C_2 は $x=t-\sin t$, $y=1+\cos t$ $(0\leqq t\leqq 2\pi)$ と表されるとする．

（1） C_1 と C_2 は直線 $y=1$ に関して対称であることを示せ．

（2） C_1 と C_2 の交点の座標を求めよ．

（3） C_1 と C_2 で囲まれた部分を x 軸のまわりに1回転してできる回転体の体積を求めよ．

（宇都宮大・工）

曲線が媒介変数表示されている場合の回転体の体積　考え方は面積と同じで，右図の場合，$\displaystyle\int_a^b \pi y^2 dx=\int_{t_0}^{t_1}\pi\{y(t)\}^2\frac{d}{dt}x(t)\,dt$（実際の計算は変数を t にしておこなう）となる．

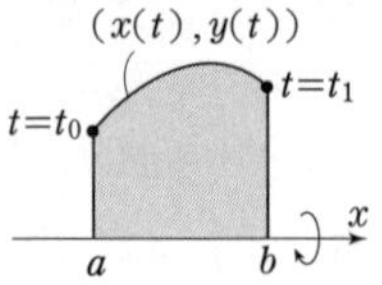

解 答

（1） C_1 上の $(t-\sin t,\ 1-\cos t)$ と C_2 上の $(t-\sin t,\ 1+\cos t)$ について，これらは x 座標が等しく y 座標の平均が $\dfrac{(1-\cos t)+(1+\cos t)}{2}=1$ だから直線 $y=1$ に関して対称．よって C_1 と C_2 は $y=1$ に関して対称．

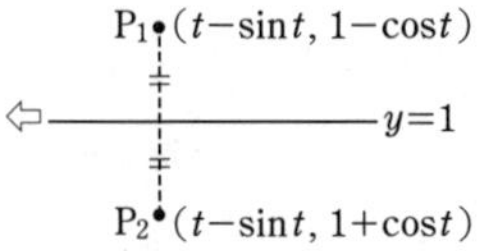

（2） $x=t-\sin t$ のとき $\dfrac{dx}{dt}=1-\cos t\geqq 0$ だから，t が増加すると x も増加する．これと（1）より C_1 と C_2 の交点は $y=1$ 上にあり，このとき $\cos t=0$ すなわち $t=\dfrac{\pi}{2},\ \dfrac{3}{2}\pi$ である．交点は $\left(\boldsymbol{\dfrac{\pi}{2}-1,\ 1}\right)$，$\left(\boldsymbol{\dfrac{3\pi}{2}+1,\ 1}\right)$

⇦ t が増加すると P_1, P_2（x 座標が同じ）は右に動く．$y=1$ に関する対称性も考えると，$P_1=P_2$ ならば，その点の y 座標は1.

（3） C_1 を $y=y_1(x)$，C_2 を $y=y_2(x)$ とする．

$\dfrac{\pi}{2}<t<\dfrac{3}{2}\pi$ の範囲で $-1\leqq\cos t<0$ だから $y_1(x)>y_2(x)$ となる．また，（1）を用いると

$$y_1(x)^2-y_2(x)^2=\{y_1(x)+y_2(x)\}\{y_1(x)-y_2(x)\}$$
$$=2\{y_1(x)-y_2(x)\}$$

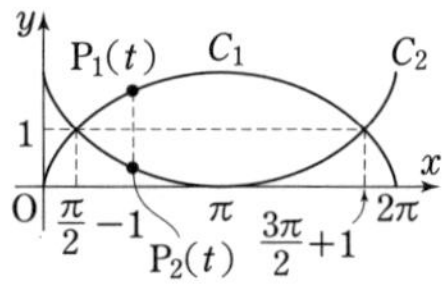

▨ C_1 はサイクロイドである．サイクロイドの概形は既知として，例えば（2）は「サイクロイドの概形と $y=1$ に関する対称性から，交点は $y=1$ 上にある」としてもかまわないだろう．

となるから，求める体積は

$$\int_{\frac{\pi}{2}-1}^{\frac{3}{2}\pi+1}\pi\{y_1(x)^2-y_2(x)^2\}dx=2\pi\int_{\frac{\pi}{2}-1}^{\frac{3\pi}{2}+1}\{y_1(x)-y_2(x)\}dx$$

$$=2\pi\int_{\frac{\pi}{2}}^{\frac{3}{2}\pi}\{(1-\cos t)-(1+\cos t)\}\frac{dx}{dt}dt=2\pi\int_{\frac{\pi}{2}}^{\frac{3}{2}\pi}(-2\cos t)(1-\cos t)\,dt$$

交点に対応する t の値は，⇦ $t=\dfrac{\pi}{2},\ \dfrac{3}{2}\pi$

$$=2\pi\int_{\frac{\pi}{2}}^{\frac{3}{2}\pi}\{-2\cos t+\underline{(1+\cos 2t)}\}dt=2\pi\left[-2\sin t+t+\frac{\sin 2t}{2}\right]_{\frac{\pi}{2}}^{\frac{3}{2}\pi}$$

⇦ $2\cos^2 t=1+\cos 2t$

$$=\boldsymbol{2\pi(\pi+4)}$$

5 演習題（解答は p.152）

xy 平面上において，媒介変数 t $(0\leqq t\leqq 2\pi)$ によって

$x=2(1+\cos t)\cos t$, $y=2(1+\cos t)\sin t$

と表される右図の曲線について次の問いに答えよ．

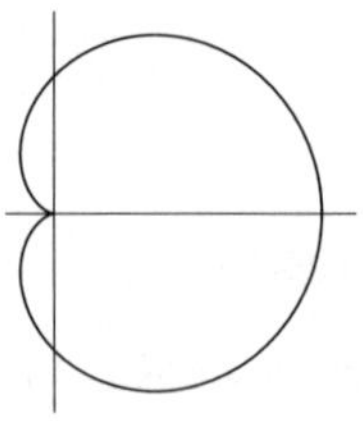

（1） x の最大値，最小値を求めよ．

（2） $\dfrac{dx}{dt}$ を求めよ．

（3） この曲線で囲まれる図形を x 軸のまわりに1回転してできる立体の体積を求めよ．

（名古屋市大・芸術工）

（3） x の増減は単調ではないが，面積計算（☞p.121）と同様に体積の計算ができる．

6 円の一部を回転

円 $x^2+(y-1)^2=4$ で囲まれた図形を x 軸のまわりに 1 回転してできる立体の体積を求めよ．

（九州大・理系）

円の一部を回転させる問題では 円の方程式を関数型［$y=$（xの式）］に直し，回転体の体積の公式を使うのが基本である．例えば，$x^2+y^2=1$ であれば，（x の値を決めたときに y の値が一つ定まるように）$y \geqq 0$ の部分と $y \leqq 0$ の部分に分割し，$y \geqq 0$ の部分の曲線を表す式を $y=y_1(x)=\sqrt{1-x^2}$，$y \leqq 0$ の部分の曲線を表す式を $y=y_2(x)=-\sqrt{1-x^2}$ とする．

積分計算では，円の一部の面積を表す式が出てくることが多い．

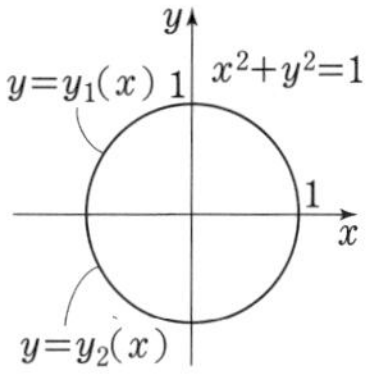

解 答

$x^2+(y-1)^2=4$ の $y \geqq 1$ の部分の曲線を表す式を $y=y_1(x)$，$y \leqq 1$ の部分の曲線を表す式を $y=y_2(x)$ とすると，

$y_1(x)=1+\sqrt{4-x^2}$，$y_2(x)=1-\sqrt{4-x^2}$

である．求めるものは右図の網目部を x 軸のまわりに回転して得られる立体の体積であり，図の対称性（y 軸対称）から，それは

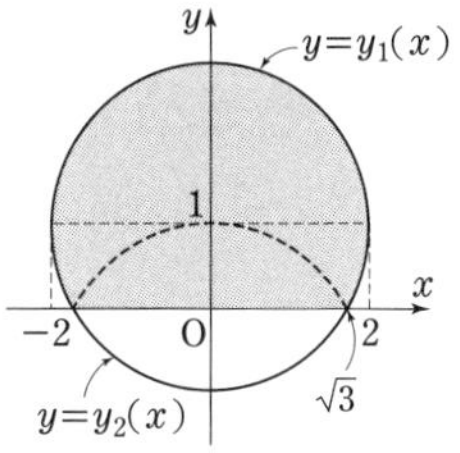

$y-1=\pm\sqrt{4-x^2}$

⇦複号の ＋ の方が上側，－ の方が下側．

⇦$y \leqq 0$ の部分の回転体は網目部の回転体に吸収される．

$$2\left\{\int_0^2 \pi(y_1(x))^2 dx-\int_{\sqrt{3}}^2 \pi(y_2(x))^2 dx\right\}$$

⇦円と x 軸の交点について，$x^2+(y-1)^2=4$ で $y=0$ のとき $x^2=3$，つまり $x=\pm\sqrt{3}$

$$=2\pi\int_0^2(1+\sqrt{4-x^2})^2 dx-2\pi\int_{\sqrt{3}}^2(1-\sqrt{4-x^2})^2 dx$$

$$=2\pi\int_0^2(\underline{5-x^2}+2\sqrt{4-x^2})dx-2\pi\int_{\sqrt{3}}^2(\underline{5-x^2}-2\sqrt{4-x^2})dx$$

$$=2\pi\underline{\int_0^{\sqrt{3}}(5-x^2)dx}+4\pi\int_0^2\sqrt{4-x^2}\,dx+4\pi\int_{\sqrt{3}}^2\sqrt{4-x^2}\,dx$$

⇦$\int_0^2-\int_{\sqrt{3}}^2=\int_0^{\sqrt{3}}$

$$=2\pi\left[5x-\frac{1}{3}x^3\right]_0^{\sqrt{3}}+4\pi\left(\quad\right)+4\pi\left(\quad\right)$$

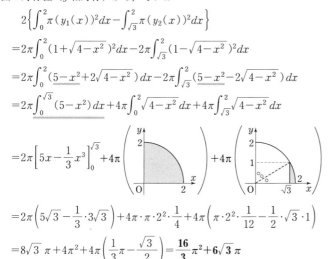

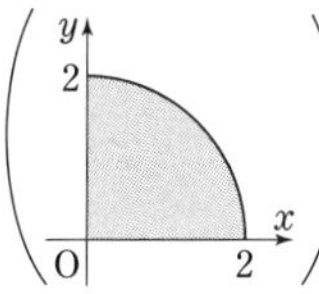

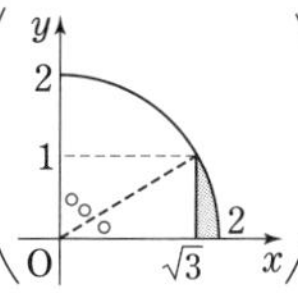

$$=2\pi\left(5\sqrt{3}-\frac{1}{3}\cdot3\sqrt{3}\right)+4\pi\cdot\pi\cdot2^2\cdot\frac{1}{4}+4\pi\left(\pi\cdot2^2\cdot\frac{1}{12}-\frac{1}{2}\cdot\sqrt{3}\cdot1\right)$$

$$=8\sqrt{3}\,\pi+4\pi^2+4\pi\left(\frac{1}{3}\pi-\frac{\sqrt{3}}{2}\right)=\boldsymbol{\frac{16}{3}\pi^2+6\sqrt{3}\,\pi}$$

6 演習題 （解答は p.153）

原点 O を中心とし，点 A(0, 1) を通る円を S とする．点 $\mathrm{B}\left(\frac{1}{2},\ \frac{\sqrt{3}}{2}\right)$ で円 S に内接する円 T が，点 C で y 軸に接しているとき，以下の問いに答えよ．

（1） 円 T の中心 D の座標と半径を求めよ．

（2） 点 D を通り x 軸に平行な直線を l とする．円 S の短い方の弧 $\overset{\frown}{\mathrm{AB}}$，円 T の短い方の弧 $\overset{\frown}{\mathrm{BC}}$，および線分 AC で囲まれた図形を l のまわりに 1 回転してできる立体の体積を求めよ．

（九州大・理系）

（2） $\overset{\frown}{\mathrm{AB}}$，$\overset{\frown}{\mathrm{CB}}$ をそれぞれ $y=$（xの式）の形に表す．

7 斜めの回転体

曲線 $y=\dfrac{1}{x}$ $(x>0)$ を C とする．直線 $y=x$ 上の点 P において直線 $y=x$ に直交する直線 l を考える．この直線 l と曲線 C は 2 点 A，B で交わっているとする．

（1） O を原点 (0, 0) とし，OP$=t$ とするとき，線分 AP の長さを t で表せ．

（2） 曲線 C と直線 $x+y=4$ で囲まれた部分を直線 $y=x$ の周りに 1 回転してできる回転体の体積 V を求めよ．

（津田塾大・数学）

回転軸上に変数をとる　回転軸が斜めになっている場合であっても，回転軸上に変数（目盛り）t をとれば，座標軸が回転軸の場合と同様，体積を $\displaystyle\int_a^b S(t)\,dt$ で計算することができる．ここで，$S(t)$ は右図太線での回転体の断面積である．回転軸上に変数 t をとるとは，「回転軸上の定点（例題では O）からの距離を変数 t で表す」ということで，例題ではこのような設定になっているので難しく考える必要がない．演習題のように変数をとる場合は注意が必要（演習題の解答のあとで解説する）．

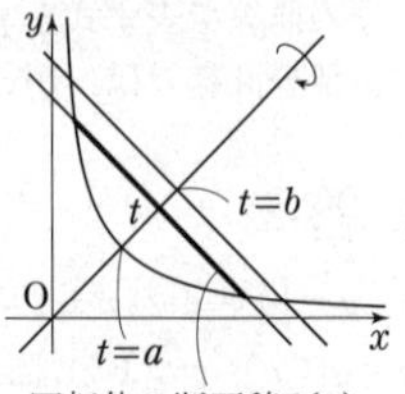

回転体の断面積 $S(t)$

解 答

（1） P は第 1 象限にあるので，OP$=t$ のとき $\mathrm{P}\left(\dfrac{t}{\sqrt{2}},\ \dfrac{t}{\sqrt{2}}\right)$

このとき $l:x+y=\sqrt{2}\,t$ だから，$C:xy=1$ と連立して y を消去すると，

$$x(\sqrt{2}\,t-x)=1 \qquad \therefore\ x^2-\sqrt{2}\,tx+1=0$$

$$\therefore\ x=\frac{\sqrt{2}\,t\pm\sqrt{2t^2-4}}{2} \quad \cdots\cdots①$$

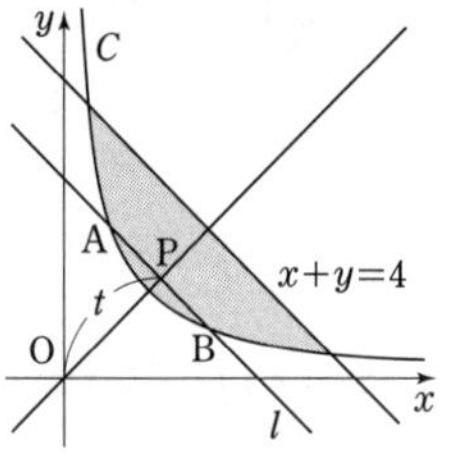

複号のマイナスの方を A として，

$$\mathrm{AP}=\sqrt{2}\left(\frac{t}{\sqrt{2}}-\frac{\sqrt{2}\,t-\sqrt{2(t^2-2)}}{2}\right)=\boldsymbol{\sqrt{t^2-2}}$$

⇦ 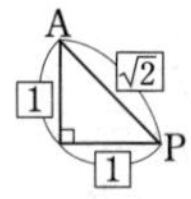

C は直線 $y=x$ に関して対称だから P は AB の中点になる．

（2） ①が実数になるので $2t^2-4\geqq 0$ すなわち $t\geqq\sqrt{2}$ であり，また，$l:x+y=\sqrt{2}\,t$ が $x+y=4$ と一致するとき，$t=2\sqrt{2}$ である．

よって，求める体積 V は，

$$V=\int_{\sqrt{2}}^{2\sqrt{2}}\pi\cdot\mathrm{AP}^2dt=\int_{\sqrt{2}}^{2\sqrt{2}}\pi(t^2-2)\,dt=\pi\left[\frac{1}{3}t^3-2t\right]_{\sqrt{2}}^{2\sqrt{2}}$$

$$=\pi\left\{\frac{1}{3}\cdot 16\sqrt{2}-4\sqrt{2}-\left(\frac{2}{3}\sqrt{2}-2\sqrt{2}\right)\right\}=\boldsymbol{\frac{8}{3}\sqrt{2}\,\pi}$$

7 演習題（解答は p.154）

曲線 $y=-\dfrac{1}{2}x^2-\dfrac{1}{2}x+1$ $(0\leqq x\leqq 1)$ を C とし，直線 $y=1-x$ を l とする．

（1） C 上の点 $(x,\ y)$ と l の距離を $f(x)$ とするとき，$f(x)$ の最大値を求めよ．

（2） C と l で囲まれた部分を l の周りに 1 回転してできる立体の体積を求めよ．

（群馬大・医(医)）

（2） $\pi\{f(x)\}^2$ を積分するが，dx ではない．例題の t にあたるもので積分するには？

8 線分の回転

xyz 空間内の 2 点 P(0, −1, 1) と Q(1, 0, −1) を通る直線を l とし，直線 l を z 軸の周りに 1 回転してできる曲面と 2 つの平面 $z=1$ および $z=-1$ で囲まれた立体を A とする．

(1) 立体 A を平面 $z=0$ で切った断面 B の面積 S_1 を求めよ．

(2) 立体 A の体積 V を求めよ．　（名古屋市大・薬／(3)を削除）

回す前に切る 回転体の断面を考えるときは，回転前の図形（例題では l）と断面の交わり（右図の点 R）を求め，それを断面内で回転させる．回転体の断面は断面の回転体と同じ，つまり回してから切るのと切ってから回すのは同じなので簡単な方（回す前に切る）を採用する．例題(1)では，B の境界は図の点 R を z 軸を回転軸として回転させたものだから，断面 B は中心が O，半径 OR の円（周と内部）になる．

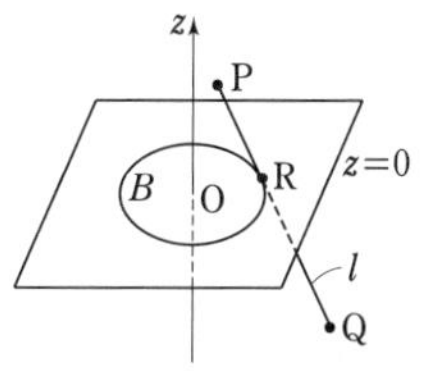

体積は微小体積の和 例題で，立体 A を平面 $z=t$ で切った断面の面積を $S(t)$ とすると，A の体積は $\int_{-1}^{1} S(t)\,dt$ となる．微小体積 $S(t)\Delta t$ の和が全体の体積，と理解しよう．

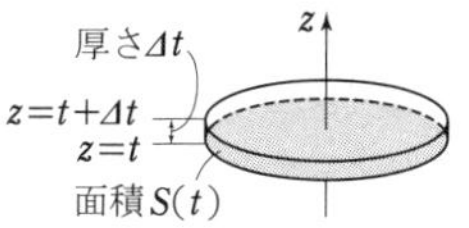

解答

線分 PQ 上の点を X とすると，$0\leqq s\leqq 1$ として

$$\overrightarrow{OX}=s\overrightarrow{OP}+(1-s)\overrightarrow{OQ}$$
$$=s\begin{pmatrix}0\\-1\\1\end{pmatrix}+(1-s)\begin{pmatrix}1\\0\\-1\end{pmatrix}=\begin{pmatrix}1-s\\-s\\2s-1\end{pmatrix}$$

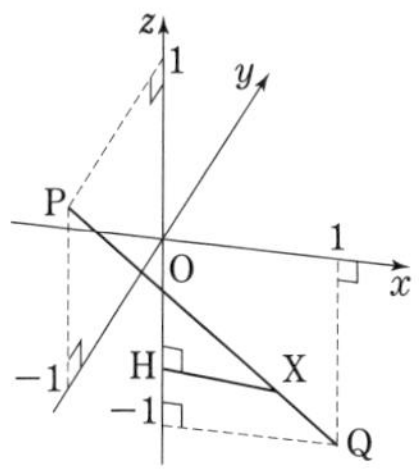

と書ける．この X が平面 $z=t$ $(-1\leqq t\leqq 1)$ と線分 PQ の交点になるとき，$2s-1=t$ $\quad\therefore\quad s=\dfrac{t+1}{2}$

このとき，$\mathrm{X}\left(\dfrac{1-t}{2},\ -\dfrac{1+t}{2},\ t\right)$

z 軸と平面 $z=t$ の交点を H(0, 0, t) とする．立体 A を平面 $z=t$ で切った断面は，中心が H，半径が HX の円（周と内部）だから，その面積 $S(t)$ は

$$S(t)=\pi\cdot \mathrm{HX}^2=\pi\left\{\left(\frac{1-t}{2}\right)^2+\left(\frac{1+t}{2}\right)^2\right\}=\pi\cdot\frac{1+t^2}{2}$$

▨例題の l，演習題の線分 P_0P_1 が回転してできる曲面は回転一葉双曲面と呼ばれている（円錐台ではない）．演習題の解答のあとの注を参照．

(1) $S_1=S(0)=\boldsymbol{\dfrac{\pi}{2}}$

(2) $V=\displaystyle\int_{-1}^{1}S(t)\,dt=\pi\int_{-1}^{1}\frac{1+t^2}{2}\,dt=\pi\cdot 2\int_0^1\frac{1+t^2}{2}\,dt$

⇦ $\dfrac{1+t^2}{2}$ は偶関数

$$=\pi\int_0^1(1+t^2)\,dt=\pi\left[t+\frac{1}{3}t^3\right]_0^1=\boldsymbol{\frac{4}{3}}\pi$$

8 演習題（解答は p.154）

xyz 空間において，$P_0(\cos\alpha,\ \sin\alpha,\ 0)$ と $P_1(\cos\beta,\ \sin\beta,\ 1)$ を考え，$\beta-\alpha=\dfrac{2}{3}\pi$ を保ちながら線分 P_0P_1 が動いてできる曲面と，平面 $z=0$ および $z=1$ によって囲まれる部分の体積は □ である．　（上智大／一部）

例題と同じ方針．
$\beta-\alpha=2\pi/3$ の条件は後で使う方が見やすい．

9 図形の回転

xyz 空間内に3点 A(1, 3, 0), B(−4, 3, 0), C(−4, 3, 5) がある．△ABC を z 軸のまわりに回転して得られる回転体の体積を V とすると，$V=$ ☐ である．（武庫川女子大／誘導省略）

回転前の断面を回転させる z 軸回転であるから，$z=t$ による回転体の断面積 $S(t)$ を求める．$S(t)$ を求めるときの考え方は前問と同様で，回転前の断面を回転させる．つまり △ABC と $z=t$ の交わり l を z 軸のまわりに回転させてできる図形 F の面積を求める．例題では l は線分になり，l 上の点と z 軸の距離の最大値を R，最小値を r とすると，F は半径が R と r の2つの同心円ではさまれた部分（ドーナツ型）になる．その面積は $S(t)=\pi(R^2-r^2)$

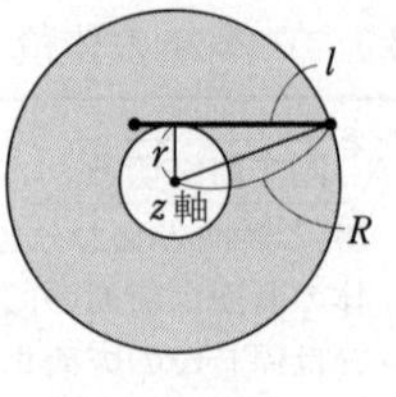

解 答

△ABC は平面 $y=3$ 上にあり，この平面上で図示すると右のようになる．辺 CB, CA, z 軸と $z=t$ の交点をそれぞれ D, E, T とする．

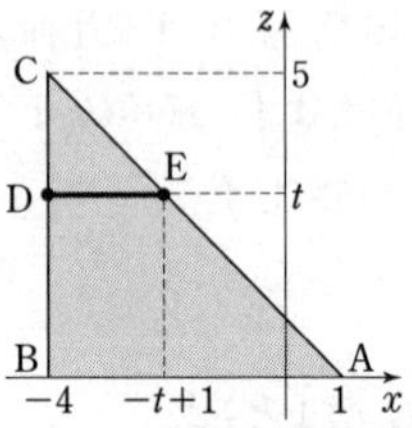

($y=3$上)

⇦ $z=t$ における断面を考える．

右図で AC は $x+z=1$ だから E$(-t+1,\ t)$

⇦ $x=-z+1$, $z=t$ より $x=-t+1$

(ⅰ) $-4\leqq -t+1\leqq 0$ すなわち $1\leqq t\leqq 5$ のとき

図より，線分 DE 上で T から最も遠い点は D，T に最も近い点は E だから，DE を z 軸のまわりに1回転させると，中心が T で半径が TD, TE の2つの円ではさまれた部分になる．その面積 $S(t)$ は

$$S(t)=\pi(\mathrm{TD}^2-\mathrm{TE}^2)$$
$$=\pi\{4^2+3^2-((-t+1)^2+3^2)\}$$
$$=\pi\{16-(t-1)^2\}$$

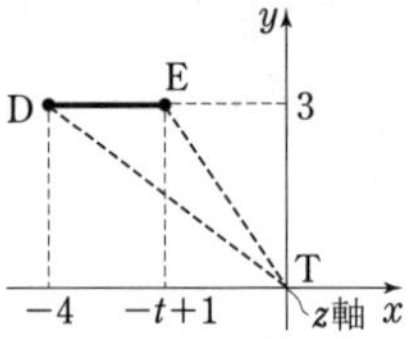

($z=t$上)

⇦

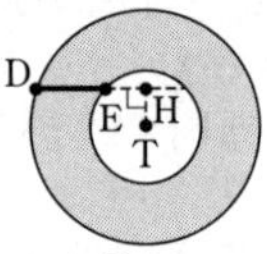

T から直線 DE に下ろした垂線の足 H が線分 DE 上にあるかどうかで場合わけ．
(ⅰ) H が線分 DE 上にない(上)
(ⅱ) H が線分 DE 上にある(下)

(ⅱ) $0\leqq -t+1\leqq 1$ すなわち $0\leqq t\leqq 1$ のとき

線分 DE 上で T から最も遠い点は D，T に最も近い点は H$(0,\ 3,\ t)$ だから，DE を回転させてできる図形の面積 $S(t)$ は

$$S(t)=\pi(\mathrm{TD}^2-\mathrm{TH}^2)=\pi(4^2+3^2-3^2)=16\pi$$

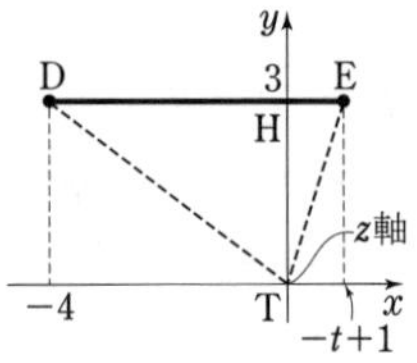

($z=t$上)

⇦

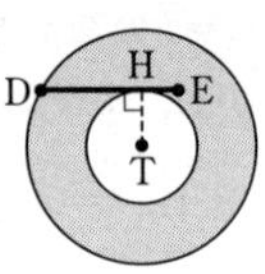

よって，求める体積は，

$$V=\int_0^5 S(t)\,dt=\int_0^1 16\pi\,dt+\int_1^5 \pi\{16-(t-1)^2\}\,dt$$
$$=\pi\left\{16+16\cdot 4-\left[\frac{1}{3}(t-1)^3\right]_1^5\right\}=\boldsymbol{\frac{176}{3}\pi}$$

⇦ $80-\dfrac{64}{3}$

9 演習題 （解答は p.155）

xyz 空間内において，xz 平面上で放物線 $z=x^2$ と直線 $z=4$ で囲まれる平面図形を D とする．点 (1, 1, 0) を通り z 軸に平行な直線を l とし，l のまわりに D を1回転させてできる立体を E とする．

(1) D と平面 $z=t$ との交わりを D_t とする．ただし $0\leqq t\leqq 4$ とする．点 P が D_t 上を動くとき，点 P と点 $(1,\ 1,\ t)$ との距離の最大値，最小値を求めよ．

(2) 平面 $z=t$ による E の切り口の面積 $S(t)$ $(0\leqq t\leqq 4)$ を求めよ．

(3) E の体積 V を求めよ．（筑波大・医）

例題とほぼ同じ解き筋．(1)は平面 $z=t$ での放物線の断面（線分）の図を描いてみよう．

10 円柱がらみの問題

xyz 空間内で 4 点 (0, 0, 0), (1, 0, 0), (1, 1, 0), (0, 1, 0) を頂点とする正方形の周および内部を K とし，K を x 軸のまわりに 1 回転させてできる立体を K_x，K を y 軸のまわりに 1 回転させてできる立体を K_y とする．さらに，K_x と K_y の共通部分を L とする．

（1） 平面 $z=t$ が K_x と共有点をもつような実数 t の値の範囲を答えよ．また，このとき，K_x を平面 $z=t$ で切った断面積 $A(t)$ を求めよ．

（2） 平面 $z=t$ が L と共有点をもつような実数 t の値の範囲を答えよ．また，このとき，L を平面 $z=t$ で切った断面積 $B(t)$ を求めよ．

（3） L の体積を求めよ．

（京都産大・理，情報理工／一部省略）

非回転体の体積 考え方は回転体と同じで，ある方向に垂直に立体を切り（微小体積）=（断面積）×（微小な厚さ）の和，つまり右図の立体であれば $\int_a^b S(t)\,dt$ と求める．

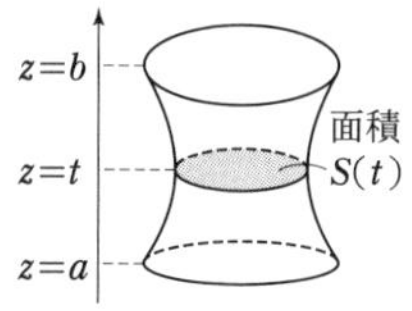

円柱の切り方 （底面の）半径が r の円柱を軸方向から見たものは半径 r の円であるから，この円柱を，軸からの距離が u で軸に平行な平面 α で切ると，$u<r$ のとき平行な 2 直線であり，それらの間隔は図の l を用いて $2l$ となる（$l=\sqrt{r^2-u^2}$）．

円柱は，断面が直線図形になる．この切り方が基本である．

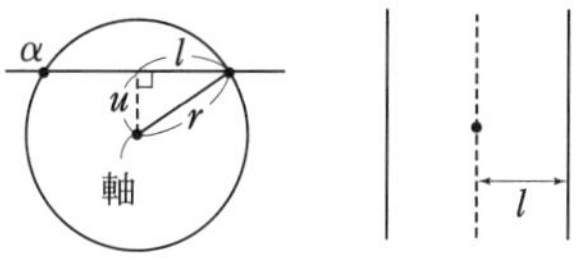

共通部分の体積 共通部分の断面は断面の共通部分である．

解 答

（1） K_x は x 軸を軸とし，底面が $x=0$，$x=1$ 上にあって底面の半径が 1 の円柱（軸方向から見ると図 1）だから，$z=t$ が K_x と共有点をもつとき $\boldsymbol{-1 \leqq t \leqq 1}$ で，断面は図 1 の太線分を x 軸に平行に $0 \leqq x \leqq 1$ で動かしたものだから図 2 の網目部になる．その面積は，$\boldsymbol{A(t)=2\sqrt{1-t^2}}$

図 1

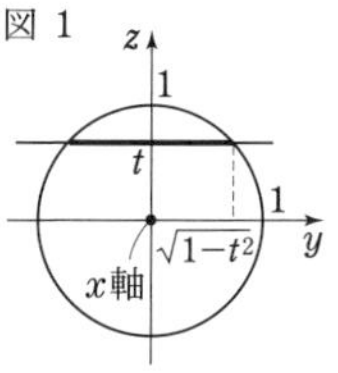

図 2

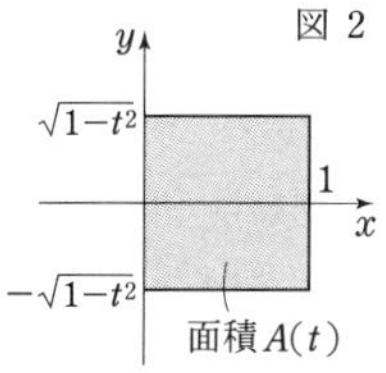

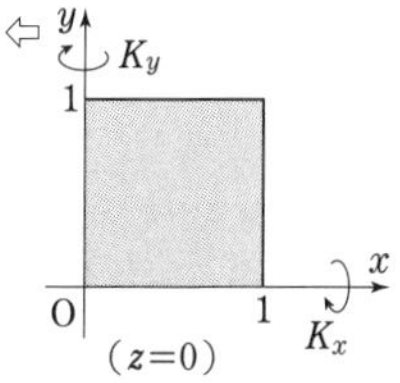

（2） K_y は K_x の x と y を入れ替えたものだから，K_y を $z=t$ で切った断面は図 2 の x と y を入れ替えたものとなり，それと図 2 の共通部分が L を $z=t$ で切った断面となる（図 3）．よって，$\boldsymbol{B(t)=1-t^2}$，$\boldsymbol{-1 \leqq t \leqq 1}$.

図 3

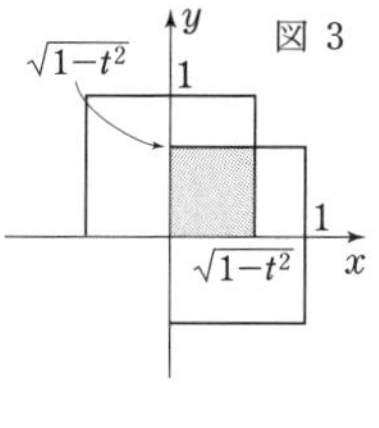

⇦$B(t)$ は図 3 網目部（1 辺の長さが $\sqrt{1-t^2}$ の正方形）の面積

（3） L の体積は，

$$\int_{-1}^{1} B(t)\,dt=2\int_0^1 (1-t^2)\,dt=2\left(1-\frac{1}{3}\right)=\boldsymbol{\frac{4}{3}}$$

10 演習題（解答は p.156）

xyz 空間に円柱 V_1 と三角柱 V_2 がある．V_1 の 2 つの底面は xy 平面および平面 $z=1$ の上にあり，xy 平面の上の底面は原点を中心とする半径 2 の円で，平面 $z=1$ 上の底面は点 (0, 0, 1) を中心とする半径 2 の円である．V_2 の 2 つの底面は平面 $y=-2$ および平面 $y=2$ の上にあり，平面 $y=-2$ の上の底面は 3 点 (0, −2, 0), (1, −2, 0), (0, −2, 1) を頂点とする三角形であり，平面 $y=2$ の上の底面は 3 点 (0, 2, 0), (1, 2, 0), (0, 2, 1) を頂点とする三角形である．V_1 と V_2 の共通部分を W とする．W の体積を求めよ．

（京都工繊大－後／一部省略）

$x=t$ か $y=t$ で切る．どちらでもできるが，$x=t$ の方は場合わけが不要である．

◆11 非回転体

（1） 平面上の，1辺の長さが1の正方形 ABCD を考える．点 P が正方形 ABCD の辺の上を1周するとき，点 P を中心とする半径 r の円（内部を含む）が通過する部分の面積 $S(r)$ を求めよ．
（2） 空間内の，1辺の長さが1の正方形 ABCD を考える．点 P が正方形 ABCD の辺の上を1周するとき，点 P を中心とする半径1の球（内部を含む）が通過する部分の体積 V を求めよ．

（富山大・医，薬）

（断面を動かす） 体積を表す積分の式の作り方は前頁と同様で，断面の求め方は ○9 と同様に「球を動かした立体の断面は球の断面を動かしたもの」と考える．例題の(2)は変数の関係に注意．$S(r)$ を r で積分したものではない．

解 答

（1） P が A，B のときの円が共有点をもつ場合は正方形内をすべて通過（図1），そうでなければ図2のようになる．図2は $1-2r>0$ の場合なので，

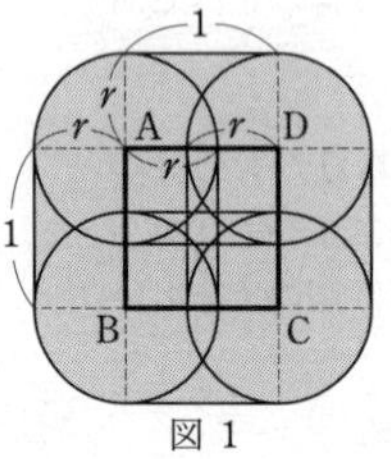

図 1

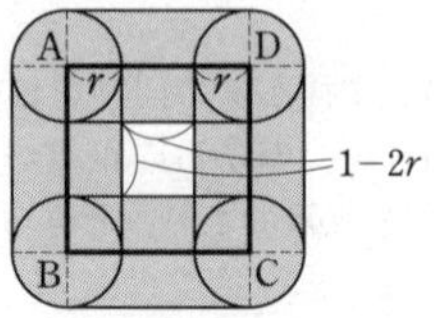

図 2

・$\boldsymbol{r \geqq \frac{1}{2}}$ **のとき，** $\boldsymbol{S(r)=\pi r^2+4r+1}$

⇦四隅の四分円の合計（πr^2），ABCD の外側の長方形（$1\times r$ が4個），ABCD の内側．

・$\boldsymbol{0<r<\frac{1}{2}}$ **のとき，** $\boldsymbol{S(r)=\pi r^2+4r+1-(1-2r)^2=(\pi-4)r^2+8r}$

（2） 正方形 ABCD が xy 平面にあるとする．半径1の球の $z=k$ での断面は半径 $\sqrt{1-k^2}$ の円である（$-1\leqq k\leqq 1$）から，題意の立体の $z=k$ での断面の面積は $S(\sqrt{1-k^2})$ である．xy 平面に関する対称性から $0\leqq k\leqq 1$ の部分の体積の2倍で，$\sqrt{1-k^2}\geqq\frac{1}{2} \iff 0\leqq k\leqq\frac{\sqrt{3}}{2}$ より

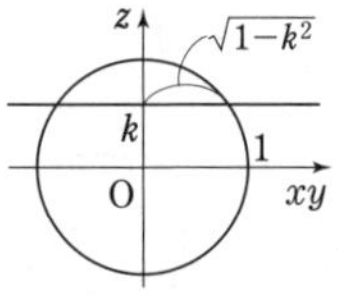

⇦z 軸の方向から見ると，球の断面の円の中心が正方形 ABCD の辺上を1周する．

$$V=2\int_0^1 S(\sqrt{1-k^2})\,dk=2\int_0^{\frac{\sqrt{3}}{2}} S(\sqrt{1-k^2})\,dk+2\int_{\frac{\sqrt{3}}{2}}^1 S(\sqrt{1-k^2})\,dk$$

$$=2\int_0^{\frac{\sqrt{3}}{2}}\{\pi(1-k^2)+4\sqrt{1-k^2}+1\}\,dk+2\int_{\frac{\sqrt{3}}{2}}^1\{(\pi-4)(1-k^2)+8\sqrt{1-k^2}\}\,dk$$

$$=\sqrt{3}+2\int_0^1\{\pi(1-k^2)+4\sqrt{1-k^2}\}\,dk+8\int_{\frac{\sqrt{3}}{2}}^1\{\sqrt{1-k^2}-(1-k^2)\}\,dk$$

$$=\sqrt{3}+2\pi\left(1-\frac{1}{3}\right)+2\cdot4\cdot\frac{\pi}{4}+8\left\{\frac{\pi}{12}-\frac{1}{2}\cdot\frac{\sqrt{3}}{2}\cdot\frac{1}{2}-\left(1-\frac{\sqrt{3}}{2}\right)+\left(\frac{1}{3}-\frac{1}{3}\cdot\frac{3\sqrt{3}}{8}\right)\right\}$$

$$=\boldsymbol{4\pi+3\sqrt{3}-\frac{16}{3}}$$

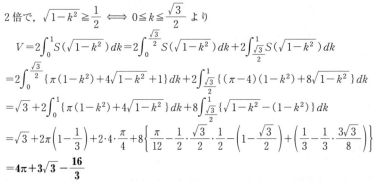

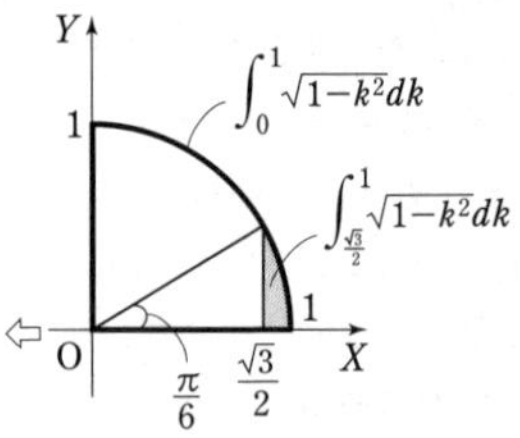

⇦

○11 演習題（解答は p.156）

（解答は p.156）

座標空間において，原点 O を重心とし，A$(-2,\ 0,\ 0)$ を頂点とする正三角形 ABC（ただし，B の y 座標は負）が xy 平面上にある．また，P$(0,\ 0,\ 2\sqrt{2})$ を重心とし，D$(2,\ 0,\ 2\sqrt{2})$ を頂点とする正三角形 DEF（ただし，E の y 座標は正）が平面 $z=2\sqrt{2}$ 上にある．正四面体 PABC と正四面体 ODEF の共通部分としてできる立体を K とする．
（1） K を平面 $z=t$ $(0\leqq t\leqq\sqrt{2})$ で切った切り口の面積 $S(t)$ を求めよ．
（2） K の体積を求めよ．

（福井大・医／一部省略）

（1） $z=t$ は両方の正四面体の底面に平行なので，断面は底面と相似で，さらにその重心は z 軸上にある．

⬢ 12 弧長／媒介変数型

t を媒介変数として

$$x=e^{-t}\cos t,\ y=e^{-t}\sin t \quad (0 \leqq t \leqq 2\pi)$$

で表される曲線 C について，$t=\pi$ に対応する点における接線の傾きは［(1)］であり，C の長さは［(2)］である．　（愛媛大・理，工－後）

弧長の公式（媒介変数型）　曲線 C 上の点 $(x,\ y)$ が $x=f(t)$，$y=g(t)$ と媒介変数表示されているとき，C の $t=a$ から $t=b$ までの部分の長さ（弧長）は $\displaystyle\int_a^b \sqrt{\{f'(t)\}^2+\{g'(t)\}^2}\,dt$ で与えられる．この公式を用いて計算すればよい．なお，「弧長」ではなく，「動点 $\mathrm{P}(x,\ y)=(f(t),\ g(t))$ が動く道のり」という表現をすることもあるが，この場合も同じ公式を使う．

解答

$$\frac{dx}{dt}=-e^{-t}\cos t-e^{-t}\sin t=-e^{-t}(\cos t+\sin t)$$

$$\frac{dy}{dt}=-e^{-t}\sin t+e^{-t}\cos t=e^{-t}(\cos t-\sin t)$$

（1）$\displaystyle\frac{dy}{dx}=\frac{dy/dt}{dx/dt}=-\frac{\cos t-\sin t}{\cos t+\sin t}$

求める値は上式で $t=\pi$ としたものだから，$\displaystyle-\frac{-1-0}{-1+0}=\mathbf{-1}$

（2）$\displaystyle\left(\frac{dx}{dt}\right)^2+\left(\frac{dy}{dt}\right)^2=(e^{-t})^2\{(\cos t+\sin t)^2+(\cos t-\sin t)^2\}$

$$=2(e^{-t})^2=(\sqrt{2}\,e^{-t})^2 \cdots\cdots ①$$

より，求める長さは

$$\int_0^{2\pi}\sqrt{①}\,dt=\int_0^{2\pi}\sqrt{2}\,e^{-t}dt=-\sqrt{2}\Big[e^{-t}\Big]_0^{2\pi}=\boldsymbol{\sqrt{2}\,(1-e^{-2\pi})}$$

⇦ $\sqrt{2}\,e^{-t}>0$

【公式の説明】

媒介変数 t が Δt 増えたとき，曲線 C 上の点が A→B と動いたとする．$x=f(t)$ の増分を Δx，$y=g(t)$ の増分を Δy とし，C の弧 AB の長さを線分 AB の長さで近似すると，

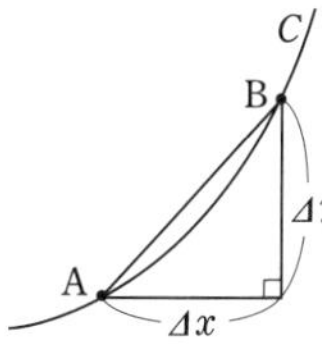

$$\mathrm{AB}=\sqrt{(\Delta x)^2+(\Delta y)^2}=\sqrt{\left(\frac{\Delta x}{\Delta t}\right)^2+\left(\frac{\Delta y}{\Delta t}\right)^2}\,\Delta t$$

となる．これを足し合わせた $\displaystyle\int_a^b\sqrt{\{f'(t)\}^2+\{g'(t)\}^2}\,dt$ が曲線の長さ．

⇦ $\Delta t \to 0$ のとき，$\dfrac{\Delta x}{\Delta t}\to f'(t)$，$\dfrac{\Delta y}{\Delta t}\to g'(t)$

12 演習題 （解答は p.157）

平面上の動点 P の座標が時刻 t の関数として

$x=2\cos t-\cos 2t$，$y=2\sin t+\sin 2t$ と表されている．ただし，$0 \leqq t \leqq 2\pi$ とする．

（1）$\displaystyle\left(\frac{dx}{dt}\right)^2+\left(\frac{dy}{dt}\right)^2$ を t の関数として表せ．

（2）P の動く道のりを求めよ．　（東京工芸大／一部略）

公式を用いて計算する．ルートははずれる．

13 弧長／関数型

つぎの曲線の弧長をそれぞれ求めよ．

（1） $y=\dfrac{1}{6}x^3+\dfrac{1}{2x}$ $(1\leqq x\leqq 3)$ （東京電機大）

（2） $y=\dfrac{2}{3}x^{\frac{3}{2}}$ $(0\leqq x\leqq 3)$ （東京工科大）

弧長の公式 曲線 $y=f(x)$ の $a\leqq x\leqq b$ の部分の長さは $\displaystyle\int_a^b\sqrt{1+\{f'(x)\}^2}\,dx$ で与えられる．例題・演習題ともこの公式を用いて計算する．この公式は，前頁で $f(t)$⇨t，$g(t)$⇨$f(t)$ とすれば得られる．

なお，例題の（1）はルートがはずれる（中身が2乗の形）タイプ，（2）はルートのまま積分計算できるタイプである．

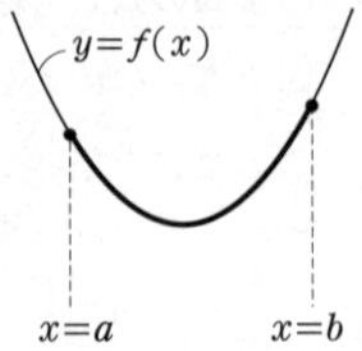

解答

（1） $1+(y')^2=1+\left(\dfrac{1}{2}x^2-\dfrac{1}{2x^2}\right)^2=1+\dfrac{1}{4}x^4+\dfrac{1}{2}-\dfrac{1}{4x^4}$

$$=\frac{1}{4}\left(x^4+2+\frac{1}{x^4}\right)=\left\{\frac{1}{2}\left(x^2+\frac{1}{x^2}\right)\right\}^2$$

より，求める長さは

$$\int_1^3\sqrt{1+(y')^2}\,dx=\int_1^3\frac{1}{2}\left(x^2+\frac{1}{x^2}\right)dx$$

$$=\left[\frac{1}{6}x^3-\frac{1}{2x}\right]_1^3=\frac{27}{6}-\frac{1}{6}-\left(\frac{1}{6}-\frac{1}{2}\right)=\boldsymbol{\frac{14}{3}}$$

▨同じようにルートがはずれる関数として $y=\dfrac{1}{2}(e^x+e^{-x})$（カテナリー）がある．

（2） $1+(y')^2=1+\left(x^{\frac{1}{2}}\right)^2=1+x$ だから，求める長さは

$$\int_0^3\sqrt{1+(y')^2}\,dx=\int_0^3\sqrt{1+x}\,dx=\left[\frac{2}{3}(1+x)^{\frac{3}{2}}\right]_0^3$$

$$=\frac{2}{3}\left(4^{\frac{3}{2}}-1\right)=\frac{2}{3}(8-1)=\boldsymbol{\frac{14}{3}}$$

⇦$4^{\frac{3}{2}}=(2^2)^{\frac{3}{2}}=2^3=8$

13 演習題（解答は p.158）

（1） $\tan\dfrac{x}{2}=t$ とおくことにより，$\sin x$ を t を用いて表せ．

（2） 曲線 $y=\log(\sin x)$ $\left(\dfrac{\pi}{3}\leqq x\leqq\dfrac{\pi}{2}\right)$ の長さ L を求めよ． （信州大・繊維）

（1） $\tan x$ を t で表してもよいが少しうまい方法がある．
（2）（1）の置換をする．

ミニ講座・13
バウムクーヘン分割

ここでは，回転体の体積を求める公式を一つ紹介します．y 軸回転の体積を，$f(x)$ を用いた積分の式で表す公式です．

> $f(x)=\pi x^2\sin\pi x^2$ とする．$y=f(x)$ のグラフの $0\leqq x\leqq 1$ の部分と x 軸とで囲まれた図形を y 軸のまわりに回転させてできる立体の体積 V は
> $V=2\pi\int_0^1 xf(x)\,dx$ で与えられることを示し，この値を求めよ．　　(1989　東大・理系)

回転軸に平行に分割し，それをたし合わせる（積分する）のがこの求め方の特徴です．

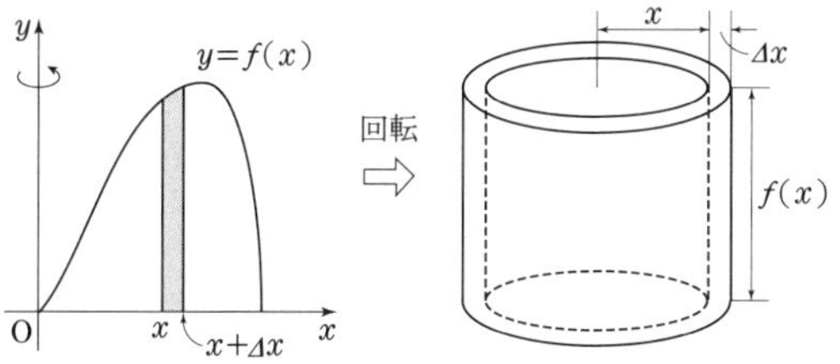

上左図の網目部を回転させてできる立体の体積を考えましょう．外側の円柱から内側の円柱を引くと

$$\pi(x+\Delta x)^2 f(x)-\pi x^2 f(x)$$

［高さは外側も $f(x)$ とみなした］

$$=2\pi x f(x)\Delta x+\pi f(x)(\Delta x)^2$$

となるので，$(\Delta x)^2$ がかかる項（小さい）を無視して，

$$2\pi x f(x)\Delta x$$

という近似が得られます．これを積分したものが求める体積なので，

$$V=2\pi\int_0^1 xf(x)\,dx$$

です．

上の東大の問題は「示せ」ですが，この程度の説明か，あるいはもっと大ざっぱに

上右図の体積は
(底面の周長)×(厚さ)×(高さ)
$=2\pi x\cdot\Delta x\cdot f(x)$
で近似できる．

でもよいでしょう．

> $0\leqq a<b$ とし，$a\leqq x\leqq b$ で $f(x)\geqq 0$ とする．このとき，$y=f(x)$ のグラフと直線 $x=a$，$x=b$，x 軸で囲まれた図形を y 軸のまわりに回転させてできる立体の体積は $\boldsymbol{\int_a^b 2\pi x f(x)\,dx}$ で与えられる．

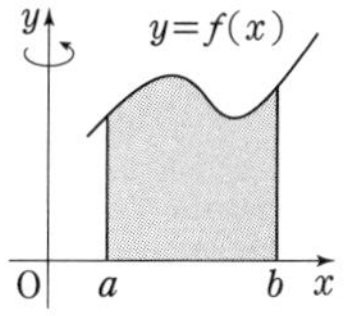

区間と $f(x)$ を一般にして公式を書くと上のようになります．“大学への数学”では「バウムクーヘン分割（の公式）」と呼んでいる求め方ですが，この名称は輪切りにしたものがバウムクーヘンのように見えることからつけられました．

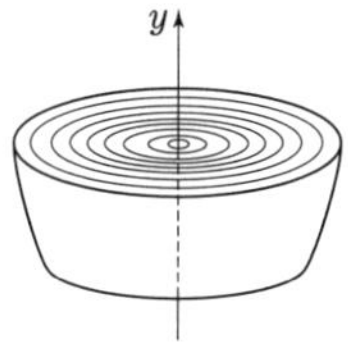

それでは，東大の問題で実際に計算してみましょう．

$$V=2\pi\int_0^1 x\cdot\pi x^2\sin\pi x^2\,dx$$

$[\pi x^2=t$ とおくと，$2\pi x\,dx=dt]$

$$=\int_0^\pi t\sin t\,dt=\Big[-t\cos t+\sin t\Big]_0^\pi=\pi$$

＊　　　　＊

今度は，この問題の体積を○4 と同じ方針で求めてみます．$f(x)$ の増減を調べると右のようなグラフが描けるので，網目部＋打点部 の回転体から打点部の回転体を引くと考えて

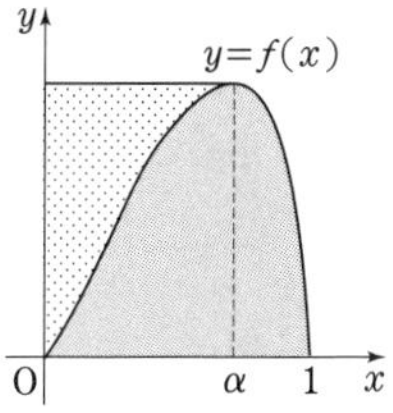

$$\int_1^\alpha \pi x^2\frac{dy}{dx}\,dx-\int_0^\alpha \pi x^2\frac{dy}{dx}\,dx$$

$$=-\int_0^1 \pi x^2 f'(x)\,dx\cdots\cdots\cdots\cdots\cdots\text{☆}$$

となります．

これを計算するとさきほどと同じ答えになることが確かめられますが，バウムクーヘン分割との関連を考えるため，部分積分してみます．すると，

$$\text{☆}=-\Big[\pi x^2 f(x)\Big]_0^1+\int_0^1 2\pi x f(x)\,dx$$

$(f(0)=f(1)=0$ なので第1項は0)

$$=\int_0^1 2\pi x f(x)\,dx$$

となり，まったく同じ式が出てきます．

積分法（体積・弧長）演習題の解答

1…B*○	2…B***	3…B**B*
4…B***	5…C***	6…B***
7…C***	8…B**	9…B***
10…B***	11…B***	12…B**
13…B**		

1 （2） L が関わる部分は円錐になる．また，$(\log x)^2$ の積分は $(x)'(\log x)^2$ とみて部分積分する．

解 （1） $C: y=\log x$ について $y'=\dfrac{1}{x}$ だから，$(e,\ 1)$ における接線 L の方程式は

$$y=\frac{1}{e}(x-e)+1 \qquad \therefore \quad \boldsymbol{y=\frac{1}{e}x}$$

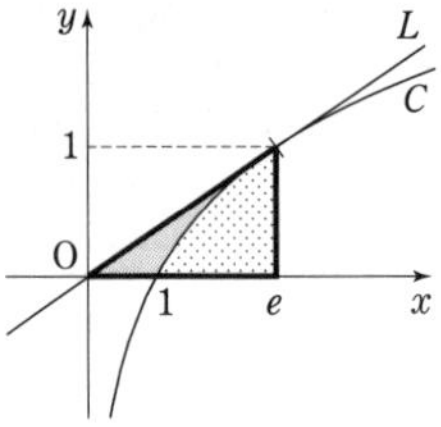

（2） L は原点を通るので，題意の領域は右図網目部．

太線部の回転体（底面の半径が1，高さ e の円錐）から打点部の回転体を引くと考えると，求める体積は

$$\frac{1}{3}\cdot\pi\cdot1^2\cdot e-\int_1^e\pi(\log x)^2dx$$

ここで，

$$\int_1^e(\log x)^2dx=\int_1^e(x)'(\log x)^2dx$$

$$=\Big[x(\log x)^2\Big]_1^e-\int_1^e x\cdot2(\log x)\cdot\frac{1}{x}dx$$

$$=\Big[x(\log x)^2\Big]_1^e-\int_1^e 2\log x\,dx$$

$$=\Big[x(\log x)^2-2(x\log x-x)\Big]_1^e$$

$$=\{e-2(e-e)\}-\{0-2(0-1)\}=e-2$$

となることから，答えは

$$\frac{1}{3}\pi e-\pi(e-2)=\boldsymbol{2\pi-\frac{2}{3}\pi e}$$

2 （3） $y=\sin2x$ の $y\leqq0$ の部分を折り返し，回転させる図形を $y\geqq0$ の部分に集める．$x=\pi/2$ に関する対称性を利用して体積の計算をしよう（折り返したグラフと $y=\sin x$ の交点の x 座標を求める必要はない）．

解 （1） $\sin x=\sin2x$ $(0\leqq x\leqq\pi)$ の解である．

図 1

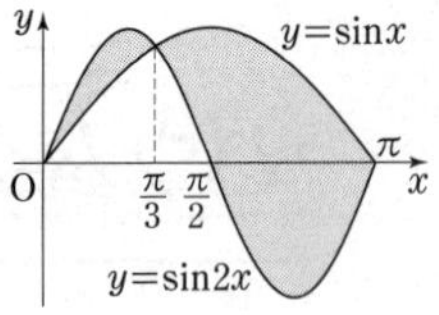

$$\sin x=2\sin x\cos x$$

$$\therefore \quad \sin x(2\cos x-1)=0$$

よって $\sin x=0$ または $\cos x=\dfrac{1}{2}$ で，$0\leqq x\leqq\pi$ の範囲での解は $\boldsymbol{x=0},\ \pi,\ \boldsymbol{\dfrac{\pi}{3}}$

（2） $\displaystyle\int_0^{\frac{\pi}{3}}(\sin2x-\sin x)dx+\int_{\frac{\pi}{3}}^{\pi}(\sin x-\sin2x)dx$

$$=\int_0^{\frac{\pi}{3}}(\sin2x-\sin x)dx+\int_\pi^{\frac{\pi}{3}}(\sin2x-\sin x)dx$$

$$=\left[-\frac{1}{2}\cos2x+\cos x\right]_0^{\frac{\pi}{3}}+\left[-\frac{1}{2}\cos2x+\cos x\right]_\pi^{\frac{\pi}{3}}$$

$$=2\left\{-\frac{1}{2}\cdot\left(-\frac{1}{2}\right)+\frac{1}{2}\right\}-\left(-\frac{1}{2}+1\right)-\left(-\frac{1}{2}-1\right)$$

$$=2\cdot\frac{3}{4}-\frac{1}{2}+\frac{3}{2}=\boldsymbol{\frac{5}{2}}$$

（3） $y=\sin2x$ の $y\leqq0$ の部分を x 軸に関して折り返すと右の図2のようになる．求めるものは図2の網目部を x 軸のまわりに1回転してできる立体の体積である．

図 2

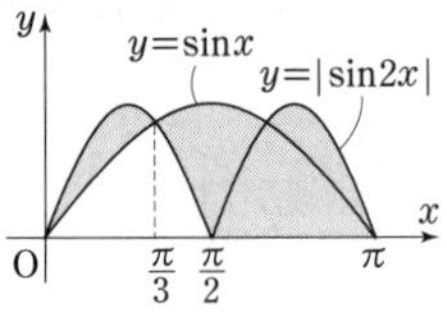

$y=\sin x$，$y=|\sin2x|$ とも $x=\pi/2$ に関して対称だから，求める体積は

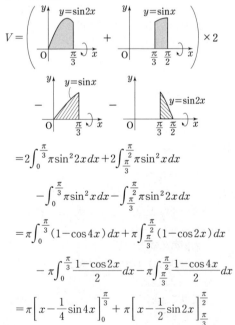

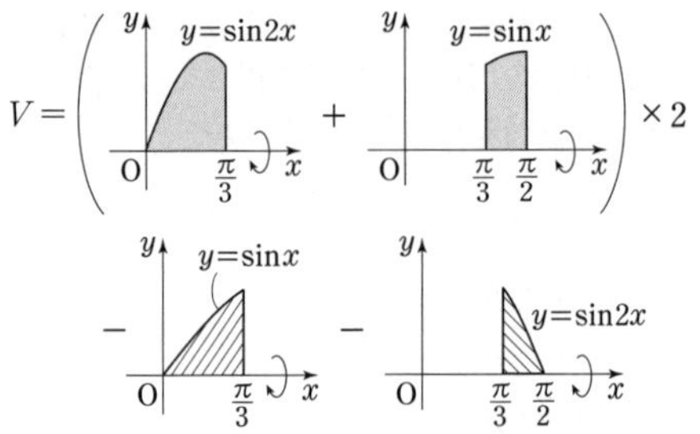

$$=2\int_0^{\frac{\pi}{3}}\pi\sin^2 2x\,dx+2\int_{\frac{\pi}{3}}^{\frac{\pi}{2}}\pi\sin^2x\,dx$$

$$-\int_0^{\frac{\pi}{3}}\pi\sin^2x\,dx-\int_{\frac{\pi}{3}}^{\frac{\pi}{2}}\pi\sin^2 2x\,dx$$

$$=\pi\int_0^{\frac{\pi}{3}}(1-\cos4x)dx+\pi\int_{\frac{\pi}{3}}^{\frac{\pi}{2}}(1-\cos2x)dx$$

$$-\pi\int_0^{\frac{\pi}{3}}\frac{1-\cos2x}{2}dx-\pi\int_{\frac{\pi}{3}}^{\frac{\pi}{2}}\frac{1-\cos4x}{2}dx$$

$$=\pi\left[x-\frac{1}{4}\sin4x\right]_0^{\frac{\pi}{3}}+\pi\left[x-\frac{1}{2}\sin2x\right]_{\frac{\pi}{3}}^{\frac{\pi}{2}}$$

$$-\frac{\pi}{2}\left[x-\frac{1}{2}\sin 2x\right]_0^{\frac{\pi}{3}}-\frac{\pi}{2}\left[x-\frac{1}{4}\sin 4x\right]_{\frac{\pi}{3}}^{\frac{\pi}{2}}$$

$$=\pi\left(\frac{\pi}{3}-\frac{1}{4}\sin\frac{4}{3}\pi\right)$$

$$+\pi\left\{\frac{\pi}{2}-\left(\frac{\pi}{3}-\frac{1}{2}\sin\frac{2}{3}\pi\right)\right\}$$

$$-\frac{\pi}{2}\left(\frac{\pi}{3}-\frac{1}{2}\sin\frac{2}{3}\pi\right)$$

$$-\frac{\pi}{2}\left\{\frac{\pi}{2}-\left(\frac{\pi}{3}-\frac{1}{4}\sin\frac{4}{3}\pi\right)\right\}$$

［$\sin\frac{4}{3}\pi=-\frac{\sqrt{3}}{2}$，$\sin\frac{2}{3}\pi=\frac{\sqrt{3}}{2}$ を代入し，π^2，π のかかる項をそれぞれまとめると，］

$$=\pi^2\left(\frac{1}{3}+\frac{1}{2}-\frac{1}{3}-\frac{1}{6}-\frac{1}{4}+\frac{1}{6}\right)$$

$$+\pi\cdot\frac{\sqrt{3}}{2}\left(\frac{1}{4}+\frac{1}{2}+\frac{1}{4}+\frac{1}{8}\right)$$

$$=\boldsymbol{\frac{\pi^2}{4}+\frac{9}{16}\sqrt{3}\,\pi}$$

3 （ア）(2)　$y=-x^2+ax$ を x の2次方程式とみれば x を y で表すことができる．$x=$●$\pm\sqrt{▲}$ のようになるが，複号の $+$ の方が放物線の"右半分"を表す．

（イ）　x^2 を y で表し，$\int_a^b \pi x^2 dy$ で計算する．

解　（ア）　D は右図網目部のようになる．

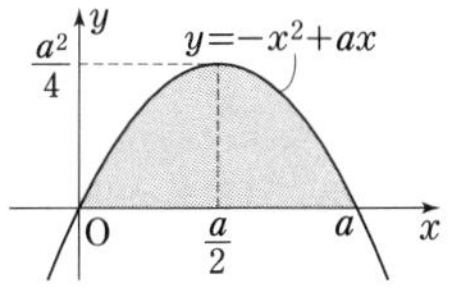

（1）　V_1

$$=\int_0^a \pi(-x^2+ax)^2dx$$

$$=\pi\int_0^a (x^4-2ax^3+a^2x^2)\,dx$$

$$=\pi\left[\frac{1}{5}x^5-\frac{1}{2}ax^4+\frac{1}{3}a^2x^3\right]_0^a$$

$$=\pi\left(\frac{1}{5}-\frac{1}{2}+\frac{1}{3}\right)a^5=\frac{6-15+10}{30}\pi a^5=\boldsymbol{\frac{\pi}{30}a^5}$$

（2）　$y=-x^2+ax$ を x について解くと，

$x^2-ax+y=0$ より

$$x=\frac{a\pm\sqrt{a^2-4y}}{2}$$

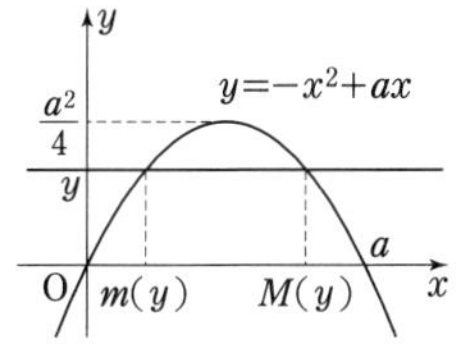

右図のように $m(y)$，$M(y)$ を定めると，

$$m(y)=\frac{a-\sqrt{a^2-4y}}{2},\quad M(y)=\frac{a+\sqrt{a^2-4y}}{2}$$

よって，求める体積は

$$V_2=\int_0^{\frac{a^2}{4}}\pi\{M(y)\}^2dy-\int_0^{\frac{a^2}{4}}\pi\{m(y)\}^2dy$$

$$=\pi\int_0^{\frac{a^2}{4}}\left\{\left(\frac{a+\sqrt{a^2-4y}}{2}\right)^2-\left(\frac{a-\sqrt{a^2-4y}}{2}\right)^2\right\}dy$$

［{　} 内を和と差の積で計算］

$$=\pi\int_0^{\frac{a^2}{4}}a\sqrt{a^2-4y}\,dy$$

$$=\pi a\left[(a^2-4y)^{\frac{3}{2}}\cdot\frac{2}{3}\cdot\left(-\frac{1}{4}\right)\right]_0^{\frac{a^2}{4}}$$

$$=\pi a\cdot a^3\cdot\frac{1}{6}=\boldsymbol{\frac{\pi}{6}a^4}$$

（3）　$f(a)=V_2-V_1=\frac{\pi}{6}a^4-\frac{\pi}{30}a^5=\frac{\pi}{6}\left(a^4-\frac{a^5}{5}\right)$

であるから，

$$f'(a)=\frac{\pi}{6}(4a^3-a^4)=\frac{\pi}{6}a^3(4-a)$$

よって $f(a)$ の増減は右のようになり，求める最大値は

a	(0)	…	4	…
$f'(a)$		+	0	−
$f(a)$		↗		↘

$$f(4)=\frac{\pi}{6}\cdot 4^4\left(1-\frac{4}{5}\right)$$

$$=\boldsymbol{\frac{128}{15}}\pi$$

（イ）　$y=\frac{1-x^2}{1+x^2}$ は偶関数だから，そのグラフは y 軸に関して対称である．また，

$$y=\frac{1-x^2}{1+x^2}=-1+\frac{2}{1+x^2}\quad\cdots\cdots\cdots\cdots①$$

だから $x\geqq 0$ で x が増加すると y は減少する．座標軸との交点は $(0,\ 1)$ と $(\pm 1,\ 0)$ なのでグラフは右のようになり，S は網目部である．

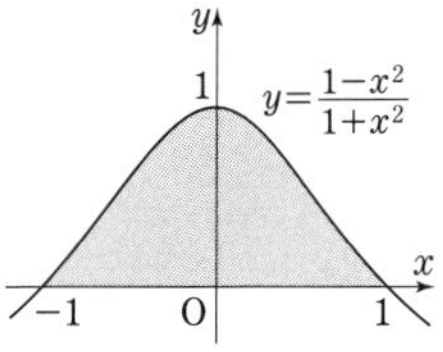

①より

$$y+1=\frac{2}{1+x^2}\qquad\therefore\quad 1+x^2=\frac{2}{y+1}$$

であるから，$x^2=\frac{2}{y+1}-1$

よって，求める体積は

$$\int_0^1\pi x^2dy=\pi\int_0^1\left(\frac{2}{y+1}-1\right)dy$$

$$=\pi\Big[2\log|y+1|-y\Big]_0^1$$

$$=\boldsymbol{\pi(2\log 2-1)}$$

⇨注　バウムクーヘン分割（☞p.149）を用いると，

（ア）(2)　$V_2=\int_0^a 2\pi x(-x^2+ax)\,dx$

$$=2\pi\int_0^a(-x^3+ax^2)\,dx=2\pi\left[-\frac{1}{4}x^4+\frac{1}{3}ax^3\right]_0^a$$

$$=2\pi\left(-\frac{1}{4}+\frac{1}{3}\right)a^4=\frac{\pi}{6}a^4$$

（イ） $\displaystyle\int_0^1 2\pi x\cdot\frac{1-x^2}{1+x^2}dx$

（①を用いる）

$$=2\pi\int_0^1\left(-x+\frac{2x}{1+x^2}\right)dx$$

$$=2\pi\left[-\frac{1}{2}x^2+\log(1+x^2)\right]_0^1$$

$$=2\pi\left(-\frac{1}{2}+\log 2\right)=\pi(2\log 2-1)$$

4 （２） Vの計算は円錐を利用．Wの計算は例題と同じで，Cが関わる部分は$\displaystyle\int_0^1\pi x^2dy$と立式して変数を$x$に変換して計算する．大小比較は，$V-W$の符号を調べるのがよいだろう（注も参照）．

解 （１） $\displaystyle\int_0^{\frac{\pi}{2}}x\sin x\,dx=\int_0^{\frac{\pi}{2}}x(-\cos x)'dx$

$$=\Big[-x\cos x\Big]_0^{\frac{\pi}{2}}+\int_0^{\frac{\pi}{2}}\cos x\,dx$$

$$=\Big[-x\cos x+\sin x\Big]_0^{\frac{\pi}{2}}=\mathbf{1}$$

（２） $\displaystyle V=\int_0^{\frac{\pi}{2}}\pi(\sin x)^2dx-\frac{1}{3}\cdot\pi\cdot1^2\cdot\frac{\pi}{2}$

$$=\pi\int_0^{\frac{\pi}{2}}\frac{1-\cos 2x}{2}dx-\frac{\pi^2}{6}$$

$$=\frac{\pi}{2}\left[x-\frac{1}{2}\sin 2x\right]_0^{\frac{\pi}{2}}-\frac{\pi^2}{6}$$

$$=\frac{\pi}{2}\cdot\frac{\pi}{2}-\frac{\pi^2}{6}=\boldsymbol{\frac{\pi^2}{12}}$$

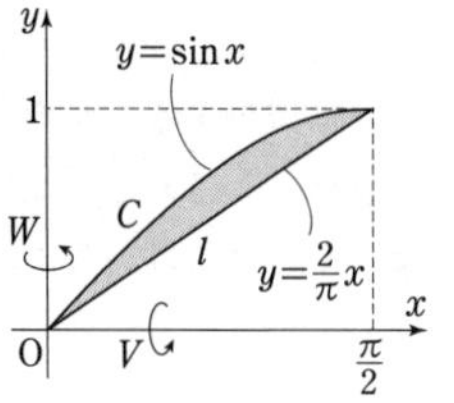

W： $y=\sin x$について，

$$W=\frac{1}{3}\cdot\pi\cdot\left(\frac{\pi}{2}\right)^2\cdot1-\int_0^1\pi x^2dy$$

$$=\frac{\pi^3}{12}-\int_0^{\frac{\pi}{2}}\pi x^2\frac{dy}{dx}dx$$

$$=\frac{\pi^3}{12}-\pi\int_0^{\frac{\pi}{2}}x^2(\sin x)'dx$$

$$=\frac{\pi^3}{12}-\pi\left\{\Big[x^2\sin x\Big]_0^{\frac{\pi}{2}}-\int_0^{\frac{\pi}{2}}2x\sin x\,dx\right\}$$

$$=\frac{\pi^3}{12}-\pi\left\{\left(\frac{\pi}{2}\right)^2-2\cdot1\right\}\qquad(\because\ (1))$$

$$=\frac{\pi^3}{12}-\frac{\pi^3}{4}+2\pi=\boldsymbol{2\pi-\frac{\pi^3}{6}}$$

よって，

$$V-W=\frac{\pi^2}{12}-2\pi+\frac{\pi^3}{6}=\frac{\pi}{12}(2\pi^2+\pi-24)$$

$\pi<3.2$であるから，

$$2\pi^2+\pi-24<2\cdot(3.2)^2+3.2-24$$
$$=2\cdot10.24+3.2-24=-0.32<0$$

従って，$\boldsymbol{V<W}$

➡注 大小比較ではπの値（についての情報）が必要になる．この問題では「$3.1<\pi<3.2$である」というような指示がないが，$\pi=3.14\cdots$ は常識と考えてよいだろう．ただし，

$\pi=3.14$とすると$2\pi^2+\pi-24=-1.1408<0$
だから$V<W$

のように，概数で計算するのは厳密に正しいとは言えない（真の値で計算すると>0になってしまうかもしれないから）．

なお，解答では試行錯誤の過程は省略する．普通は「$\pi<3.2$」を見つけるまでに

まず大ざっぱに$3<\pi<4$でやってみると，
$2\cdot3^2+3-24=-3<0$，$2\cdot4^2+4-24=12>0$
で失敗．1桁精密にして$3.1<\pi<3.2$にすると
$2\cdot(3.1)^2+3.1-24=-1.68<0$，
$2\cdot(3.2)^2+3.2-24=-0.32<0$
でOK．結果が$V-W<0$なので$\pi<3.2$の方だけ書けばよい．

のようなことを考えている．

5 （１） $\cos t=u$とおくとxはuの２次関数．
（３） 一度，xが単調な区間に分けて立式するのは面積計算のときと同じ．積分変数をtにすると積分が一つの式にまとまる．積分計算は，素直にやろうとすると手に負えない可能性が高い．被積分関数が

$$(\cos t\text{の式})\times\sin t$$

となっていることを見抜き，さらに偶関数・奇関数の性質も利用しよう．

解 $x=2(1+\cos t)\cos t$，$y=2(1+\cos t)\sin t$

（１） $\cos t=u$とおくと，$-1\leqq u\leqq1$で

$$x=2(1+u)u=2u^2+2u=2\left(u+\frac{1}{2}\right)^2-\frac{1}{2}$$

xの最大値は4（$u=1$），**最小値は$-\frac{1}{2}$** $\left(u=-\frac{1}{2}\right)$

（２） $\displaystyle\frac{dx}{dt}=-2\sin t\cos t+2(1+\cos t)(-\sin t)$

$$=\boldsymbol{-4\sin t\cos t-2\sin t}$$

（３） $0<t<\pi$のとき$y>0$，$\pi<t<2\pi$のとき$y<0$であり，図よりグラフはx軸に関して対称である（☞注）．また，tの値をグラフに書き入

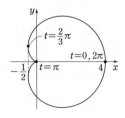

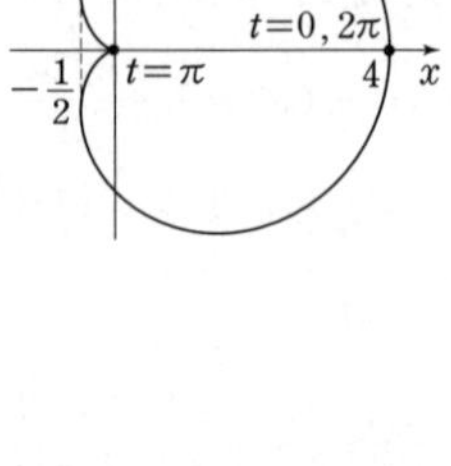

れると前図のようになる．

よって，求める体積は

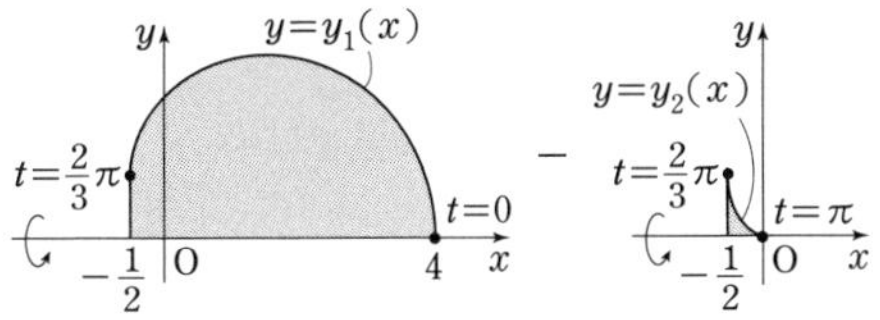

$$=\int_{-\frac{1}{2}}^{4}\pi\{y_1(x)\}^2dx-\int_{-\frac{1}{2}}^{0}\pi\{y_2(x)\}^2dx$$

$$=\int_{\frac{2}{3}\pi}^{0}\pi\{2(1+\cos t)\sin t\}^2\frac{dx}{dt}dt$$

$$\quad-\int_{\frac{2}{3}\pi}^{\pi}\pi\{2(1+\cos t)\sin t\}^2\frac{dx}{dt}dt$$

$$=-\int_{0}^{\pi}\pi\{2(1+\cos t)\sin t\}^2\frac{dx}{dt}dt$$

$$=\pi\int_{0}^{\pi}4(1+\cos t)^2\sin^2 t(4\sin t\cos t+2\sin t)dt$$

……①

①で $\cos t=u$ とおくと，$-\sin t dt=du$ より

$$4(1+\cos t)^2\sin^2 t\cdot 2(2\cos t+1)\sin t dt$$
$$=-8(1+u)^2(1-u^2)(1+2u)du$$
$$=-8(1+2u+u^2)(1-u^2)(1+2u)du$$
$$=-8(1+2u-2u^3-u^4)(1+2u)du$$
$$=-8(1+4u+4u^2-2u^3-5u^4-2u^5)du$$

となるから，

$$①=\pi\int_{1}^{-1}\{-8(1+4u+4u^2-2u^3-5u^4-2u^5)\}du$$

$$=8\pi\int_{-1}^{1}(1+4u+4u^2-2u^3-5u^4-2u^5)du$$

［偶関数・奇関数の性質を用いて］

$$=16\pi\int_{0}^{1}(1+4u^2-5u^4)du$$

$$=16\pi\left[u+\frac{4}{3}u^3-u^5\right]_0^1$$

$$=16\pi\cdot\frac{4}{3}=\boldsymbol{\frac{64}{3}}\pi$$

➾注　グラフが x 軸対称になることを証明すると次のようになるが，問題文に図があるので，答案では省略してもかまわないだろう．

$P(t)=(2(1+\cos t)\cos t,\ 2(1+\cos t)\sin t)$ とおく．$P(2\pi-t)$ について

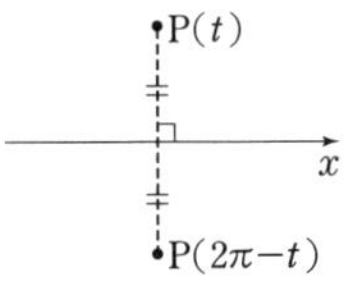

$$x=2(1+\cos(2\pi-t))$$
$$\qquad\times\cos(2\pi-t)$$
$$=2(1+\cos t)\cos t,$$
$$y=2(1+\cos(2\pi-t))$$
$$\qquad\times\sin(2\pi-t)$$
$$=-2(1+\cos t)\sin t$$

となるから，$P(t)$ と $P(2\pi-t)$ は x 軸に関して対称．よって，題意の曲線は x 軸に関して対称．

6　（1）　円 T の中心Dが OB 上にあることと，T の半径がDの x 座標と等しいことから求める．

（2）　まず，$\overset{\frown}{\mathrm{AB}}$，$\overset{\frown}{\mathrm{CB}}$ をそれぞれ $y=$（x の式）の形に表す．体積の計算はこれまでと同様．円の一部の面積があらわれるので，そこは（積分計算ではなく）図を利用して求めよう．

解　（1）　円 T は点 $\mathrm{B}\left(\frac{1}{2},\ \frac{\sqrt{3}}{2}\right)$ で円 S に内接するから，T の中心Dは線分 OB 上にある．よって

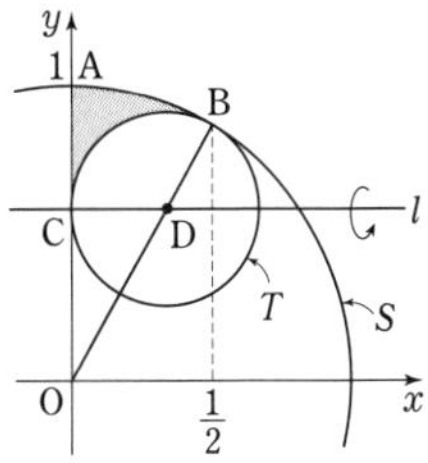

$$\overrightarrow{\mathrm{OD}}=t\overrightarrow{\mathrm{OB}}=\left(\frac{1}{2}t,\ \frac{\sqrt{3}}{2}t\right)$$

$(0<t<1)$ と表せ（このとき $\mathrm{OD}=t$），T の半径は

$$\mathrm{OB}-\mathrm{OD}=1-t$$

となる．T は $x\geqq 0$ の部分にあって y 軸に接するから，Dの x 座標が T の半径に等しい．よって，

$$\frac{1}{2}t=1-t \qquad \therefore\ t=\frac{2}{3}$$

Dの座標は $\boldsymbol{\left(\frac{1}{3},\ \frac{\sqrt{3}}{3}\right)}$，$T$ の半径は $\boldsymbol{\frac{1}{3}}$

（2）　$l:y=\frac{1}{\sqrt{3}}$，$\overset{\frown}{\mathrm{AB}}:y=\sqrt{1-x^2}\ \left(0\leqq x\leqq\frac{1}{2}\right)$

である．また，（1）より T の方程式は

$$\left(x-\frac{1}{3}\right)^2+\left(y-\frac{1}{\sqrt{3}}\right)^2=\frac{1}{3^2}$$

なので，

$$\overset{\frown}{\mathrm{CB}}:y=\frac{1}{\sqrt{3}}+\sqrt{\frac{1}{3^2}-\left(x-\frac{1}{3}\right)^2}$$

$$=\frac{1}{\sqrt{3}}+\sqrt{\frac{2}{3}x-x^2}\qquad\left(0\leqq x\leqq\frac{1}{2}\right)$$

従って，求める体積（前の図の網目部を l のまわりに1回転してできる立体の体積）は，（☞注）

$$\int_0^{\frac{1}{2}}\pi\left(\sqrt{1-x^2}-\frac{1}{\sqrt{3}}\right)^2dx-\int_0^{\frac{1}{2}}\pi\left(\sqrt{\frac{2}{3}x-x^2}\right)^2dx$$

$$=\pi\int_0^{\frac{1}{2}}\left\{1-x^2+\frac{1}{3}-\frac{2}{\sqrt{3}}\sqrt{1-x^2}-\left(\frac{2}{3}x-x^2\right)\right\}dx$$

$$=\pi\int_0^{\frac{1}{2}}\left(\frac{4}{3}-\frac{2}{3}x-\frac{2}{\sqrt{3}}\sqrt{1-x^2}\right)dx\cdots\cdots\cdots\cdots\cdots\cdots①$$

ここで，$\int_0^{\frac{1}{2}}\sqrt{1-x^2}\,dx$ は右図の網目部の面積を表す．その値は

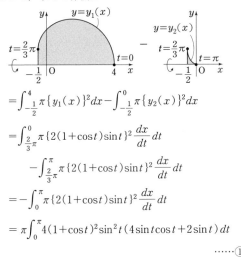

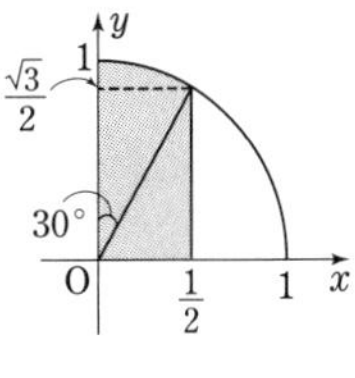

$$\pi\cdot 1^2\cdot\frac{1}{12}+\frac{1}{2}\cdot\frac{1}{2}\cdot\frac{\sqrt{3}}{2}$$

であるから，

$$①=\pi\left[\frac{4}{3}x-\frac{1}{3}x^2\right]_0^{\frac{1}{2}}-\frac{2}{\sqrt{3}}\pi\left(\frac{\pi}{12}+\frac{\sqrt{3}}{8}\right)$$

$$=\pi\left(\frac{2}{3}-\frac{1}{12}\right)-\frac{\pi^2}{6\sqrt{3}}-\frac{\pi}{4}$$

$$=\mathbf{\frac{1}{3}\pi-\frac{1}{6\sqrt{3}}\pi^2}$$

⇨**注**　右図の太線の長さが $\sqrt{1-x^2}-\frac{1}{\sqrt{3}}$ であるから，この部分の回転体の体積は，厚さを Δx として

$$\pi\left(\sqrt{1-x^2}-\frac{1}{\sqrt{3}}\right)^2\Delta x$$

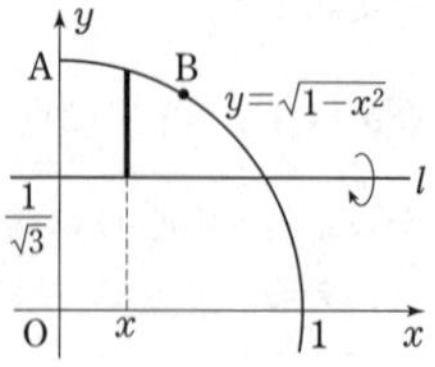

となる．これを足し合わせた（積分した）ものが $\overset{\frown}{AB}$ の回転体の体積．

7　(2)　例題とは変数のとり方が違うので注意．$\int\pi\{f(x)\}^2dx$ は，例題のＰにあたる点の変化が dx ではないので誤り．例題の t にあたる変数を設定し，t と x の関係を考えよう．

解　$C: y=-\frac{1}{2}x^2-\frac{1}{2}x+1=-\frac{1}{2}\left(x+\frac{1}{2}\right)^2+\frac{9}{8}$

であることと，$l: y=1-x$ と C がともにA(0, 1)，B(1, 0) を通ることから，右図のようになる．

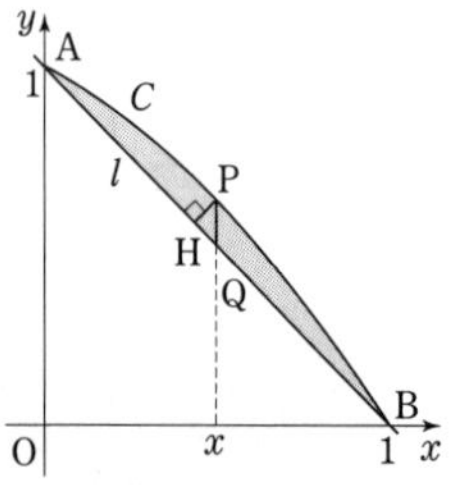

(1)　C 上の (x, y) をＰとし，l 上にＰと x 座標が同じ点Ｑをとると，

Q$(x, 1-x)$ なので，

$$PQ=y-(1-x)$$

$$=-\frac{1}{2}x^2-\frac{1}{2}x+1-(1-x)=\frac{1}{2}(x-x^2)$$

ＰからIに下ろした垂線の足をＨとすると，△PHQ は PH＝QH の直角二等辺三角形であるから，

$$f(x)=PH=\frac{1}{\sqrt{2}}PQ=\frac{1}{2\sqrt{2}}(x-x^2)$$

$x-x^2=-\left(x-\frac{1}{2}\right)^2+\frac{1}{4}$ より，$0\leqq x\leqq 1$ での $f(x)$ の最大値は，$\frac{1}{2\sqrt{2}}\cdot\frac{1}{4}=\mathbf{\frac{1}{8\sqrt{2}}}$

(2)　AH＝t とおき，PH(＝$f(x)$)を t の関数とみると，題意の立体の体積は $0\leqq t\leqq AB=\sqrt{2}$ より

$$\int_0^{\sqrt{2}}\pi PH^2dt \cdots\cdots ①$$

であり，

$$t=AH=AQ-HQ=AQ-PH=\sqrt{2}x-f(x)$$

これを用いて①の積分変数を x に置換すると，

$t: 0\to\sqrt{2}$ のとき $x: 0\to 1$，$dt=\{\sqrt{2}-f'(x)\}dx$ より

$$①=\int_0^1\pi\{f(x)\}^2\{\sqrt{2}-f'(x)\}dx$$

$$=\sqrt{2}\pi\int_0^1\{f(x)\}^2dx-\pi\int_0^1\{f(x)\}^2f'(x)dx$$

ここで，

$$\int_0^1\{f(x)\}^2dx=\int_0^1\frac{1}{8}(x^4-2x^3+x^2)dx$$

$$=\frac{1}{8}\left(\frac{1}{5}-\frac{2}{4}+\frac{1}{3}\right)=\frac{1}{8}\cdot\frac{6-15+10}{30}=\frac{1}{240},$$

$$\int_0^1\{f(x)\}^2f'(x)dx=\left[\frac{1}{3}\{f(x)\}^3\right]_0^1$$

$$=\frac{1}{3}\{(f(1))^3-(f(0))^3\}=\frac{1}{3}(0-0)=0$$

となるので，求める体積は

$$\sqrt{2}\pi\cdot\frac{1}{240}=\mathbf{\frac{\sqrt{2}}{240}\pi}$$

8　$z=t$ での断面を考える．線分 P_0P_1 上の点をパラメータ表示して $z=t$ となる点を求めるが，この段階では α，β のまま進め，条件 $\beta-\alpha=2\pi/3$ は断面積を求めるところで使う方がよい．

解　P_0P_1 を $t:(1-t)$ に内分する点をＰとすると，

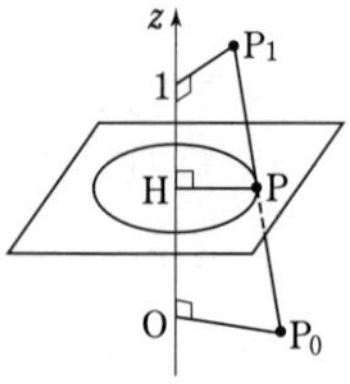

$$\overrightarrow{OP}=(1-t)\overrightarrow{OP_0}+t\overrightarrow{OP_1}$$

$$=(1-t)\begin{pmatrix}\cos\alpha\\\sin\alpha\\0\end{pmatrix}+t\begin{pmatrix}\cos\beta\\\sin\beta\\1\end{pmatrix}$$

$$=\begin{pmatrix}(1-t)\cos\alpha+t\cos\beta\\(1-t)\sin\alpha+t\sin\beta\\t\end{pmatrix}$$

このＰの z 座標は t だから，平面 $z=t$ と線分 P_0P_1 の交点はＰである．また，z 軸と $z=t$ の交点を H$(0, 0, t)$ とする．このとき，

$$PH^2=\{(1-t)\cos\alpha+t\cos\beta\}^2+\{(1-t)\sin\alpha+t\sin\beta\}^2$$

$$=(1-t)^2(\cos^2\alpha+\sin^2\alpha)+t^2(\cos^2\beta+\sin^2\beta)+2(1-t)t(\cos\alpha\cos\beta+\sin\alpha\sin\beta)$$

$$=(1-t)^2+t^2+2(1-t)t\cos(\alpha-\beta)$$

$$=(1-t)^2+t^2+2(1-t)t\cdot\cos\frac{2}{3}\pi$$

$$=(1-2t+t^2)+t^2-(t-t^2)$$

$$=3t^2-3t+1$$

従って，求める体積は

$$\int_0^1 \pi\cdot \mathrm{PH}^2 dt=\pi\int_0^1 (3t^2-3t+1)\,dt$$

$$=\pi\left[t^3-\frac{3}{2}t^2+t\right]_0^1=\frac{\mathbf{1}}{\mathbf{2}}\pi$$

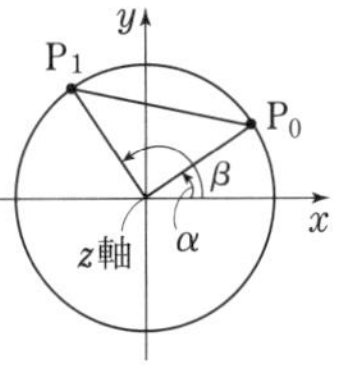

▨ z 軸の正の方から見ると右のようになっていて，$\beta-\alpha$ が一定のとき，線分 $\mathrm{P_0P_1}$ が z 軸のまわりに回転することがわかる．

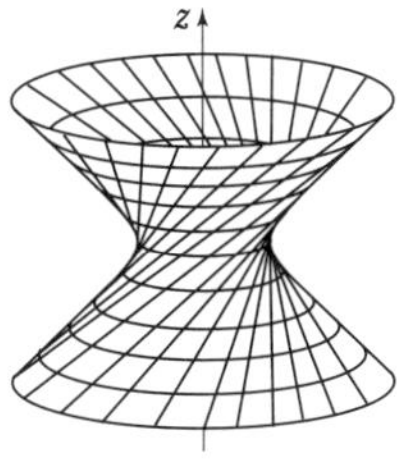

本問の直線 $\mathrm{P_0P_1}$ を回転させてできる曲面（S とする）は右図のようなものである（円錐台や，円錐台を合わせたものではない）．

S の式は，解答の

$\mathrm{PH}^2=3t^2-3t+1$

から

$x^2+y^2=3z^2-3z+1$

となる．S と yz 平面の交わりの曲線の式は，上式で $x=0$ とすると得られ，$y^2=3z^2-3z+1$ となる．これは，

$$y^2-3\left(z-\frac{1}{2}\right)^2=\frac{1}{4}$$

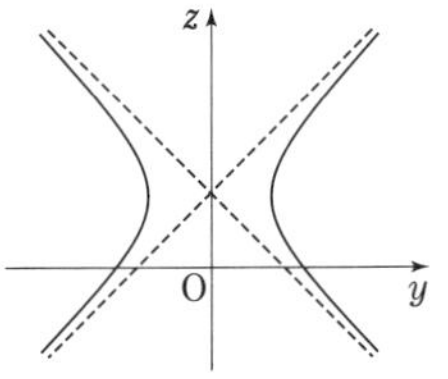

と変形でき，双曲線であるから，曲面 S は双曲線を z 軸のまわりに回転させたものとなる．このような曲面は回転一葉双曲面と呼ばれている．

なお，一般に，回転させる直線（または線分）と回転軸が同じ平面内にあるとき，またそのときに限って回転してできた曲面は円錐面（の一部，つまり線分を回転させたときは円錐台の側面）になる．

9 例題の T と演習題の Q(1, 1, t) が対応している．平面 $z=t$ 上の図（放物線の断面と Q）を描き，ドーナツ型の切り口の面積 $S(t)$ を求めよう．

解 （1） D は図 1 の網目部であるから，D_t（D と平面 $z=t$ の交わり）は図 1 の線分 AB となる．ここで $\mathrm{A}(-\sqrt{t},\ 0,\ t)$，$\mathrm{B}(\sqrt{t},\ 0,\ t)$ であるから，$z=t$ 上では図 2 のようになる．

図 1（xz 平面上）

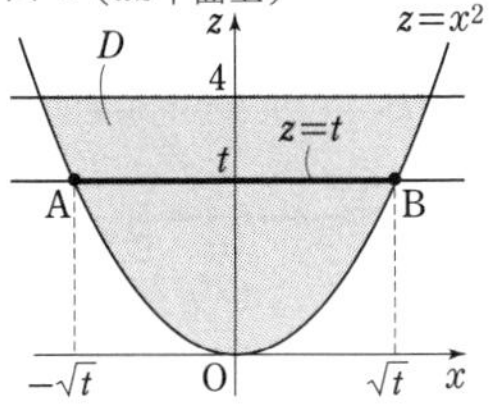

図 2 （$z=t$ 上）

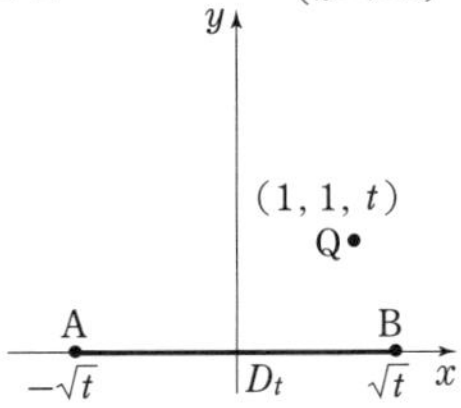

Q(1, 1, t) とし，D_t 上の点 P との距離の最大値を M，最小値を m とする．

P＝A のとき QP は最大になるから，

$$M=\mathrm{QA}=\sqrt{(1+\sqrt{t})^2+1^2}=\sqrt{\boldsymbol{t+2\sqrt{t}+2}}$$

Q から直線 AB に下ろした垂線の足を H とする．

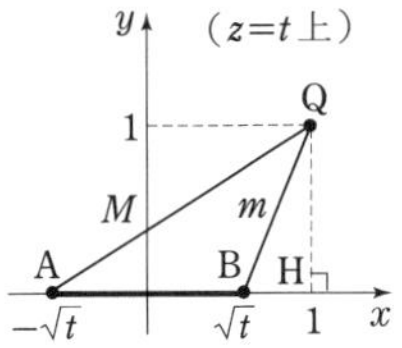

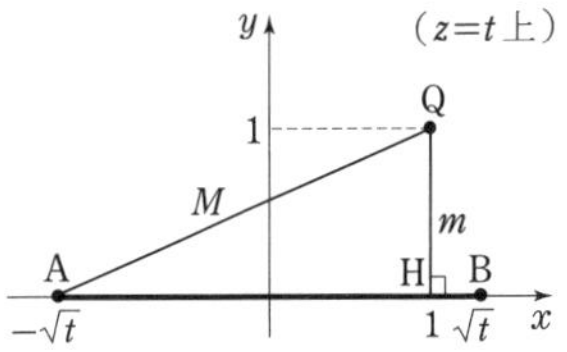

（i） H が線分 AB 上にないとき．$\sqrt{t}<1$ すなわち **(0≦) $\boldsymbol{t<1}$ のとき，**

$$m=\mathrm{QB}=\sqrt{(1-\sqrt{t})^2+1^2}=\sqrt{\boldsymbol{t-2\sqrt{t}+2}}$$

（ii） H が線分 AB 上にあるとき，$1\leqq\sqrt{t}$ すなわち **$\boldsymbol{1\leqq t}$ (≦4) のとき，**

$m=\mathrm{QH}=\mathbf{1}$

（2） 平面 $z=t$ による E の切り口は，$z=t$ 内で Q を中心に D_t を 1 回転させたものだから，中心が Q で半径が M と m の 2 つの円にはさまれた領域になる．

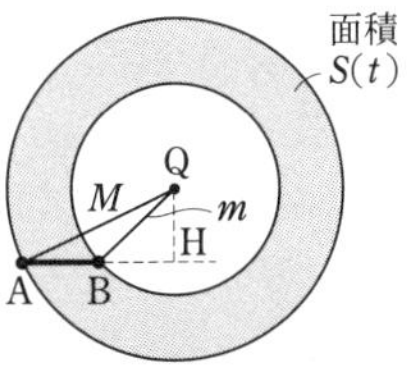

$0\leqq t<1$

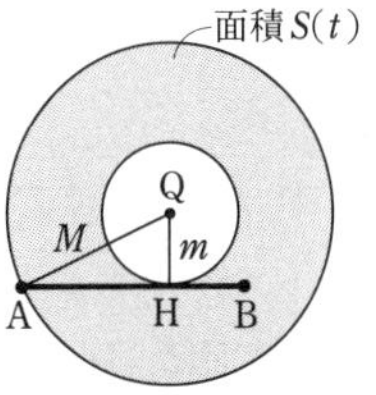

$1\leqq t\leqq 4$

よって，切り口の面積は $S(t)=\pi(M^2-m^2)$ で，

$\boldsymbol{0\leqq t<1}$ のとき，

$$S(t)=\pi\{(t+2\sqrt{t}+2)-(t-2\sqrt{t}+2)\}=\boldsymbol{4\pi\sqrt{t}}$$

$\boldsymbol{1\leqq t\leqq 4}$ のとき，

$$S(t)=\pi\{(t+2\sqrt{t}+2)-1\}=\pi(\boldsymbol{t+2\sqrt{t}+1})$$

（3） $V=\int_0^4 S(t)\,dt$

$$=\int_0^1 4\pi\sqrt{t}\,dt+\int_1^4 \pi(t+2\sqrt{t}+1)\,dt$$

$$=4\pi\left[t^{\frac{3}{2}}\cdot\frac{2}{3}\right]_0^1+\pi\left[\frac{1}{2}t^2+2t^{\frac{3}{2}}\cdot\frac{2}{3}+t\right]_1^4$$

$$=4\pi\cdot\frac{2}{3}+\pi\left(8+2\cdot 8\cdot\frac{2}{3}+4-\frac{1}{2}-\frac{4}{3}-1\right)$$

$$=\frac{\mathbf{45}}{\mathbf{2}}\pi$$

10 円柱の軸が z 軸であるから，切り方はこれに平行で座標軸に垂直な $x=t$ か $y=t$ とするところである．解答では，$x=t$ での断面を考えて解く．柱体（円柱，三角柱）の断面をとらえるときは，底面の図をもとにする方法も有力であり，こちらで求めてみる．別解などは解答のあとのコメント参照．

解 円柱 V_1 の底面は図 1，三角柱 V_2 の底面は図 2 のようになる．

図 1

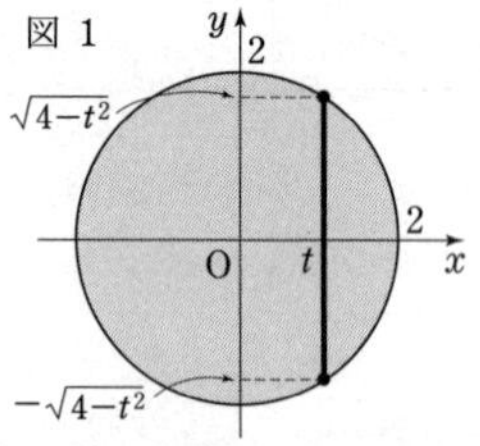

図 2

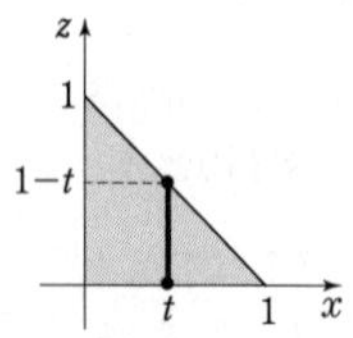

V_1 は $0\leqq z\leqq 1$，V_2 は $-2\leqq y\leqq 2$ の範囲にあるから，$x=t$ での断面はそれぞれ下の図 3（$-2\leqq t\leqq 2$），図 4（$0\leqq t\leqq 1$）になる．

図 3

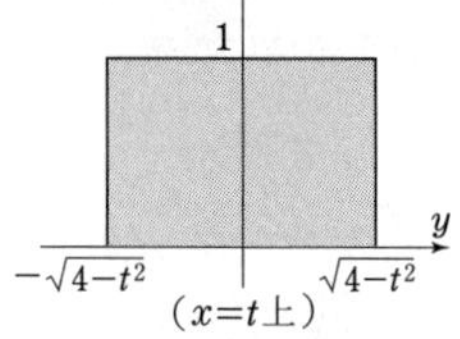

図 4

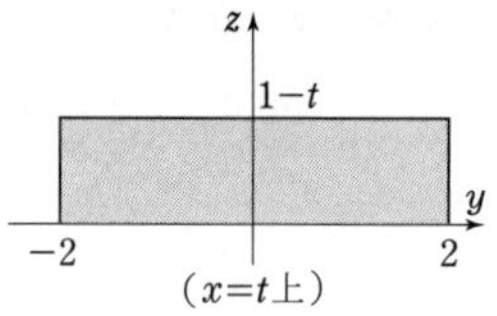

V_1 と V_2 の共通部分 W の，$x=t$ での断面は，図 3 と図 4 の共通部分で右の図 5 になる（$0\leqq t\leqq 1$ のときに存在）から，その面積は $2\sqrt{4-t^2}\,(1-t)$

図 5

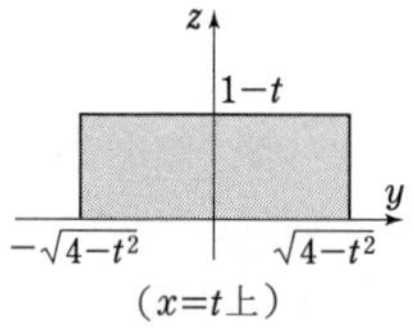

よって，求める体積は，

$$\int_0^1 2\sqrt{4-t^2}\,(1-t)\,dt$$

$$=2\int_0^1\sqrt{4-t^2}\,dt+\int_0^1\sqrt{4-t^2}\,(-2t)\,dt$$

$=\Bigg($ 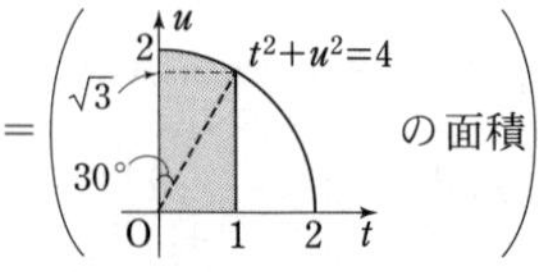 の面積 $\Bigg)\times 2$

$$+\int_0^1\sqrt{4-t^2}\,(4-t^2)'\,dt$$

$$=2\left(\pi\cdot 2^2\cdot\frac{1}{12}+\frac{1}{2}\cdot 1\cdot\sqrt{3}\right)+\left[(4-t^2)^{\frac{3}{2}}\cdot\frac{2}{3}\right]_0^1$$

$$=2\left(\frac{1}{3}\pi+\frac{\sqrt{3}}{2}\right)+\frac{2}{3}(3\sqrt{3}-8)=\boldsymbol{\frac{2}{3}\pi+3\sqrt{3}-\frac{16}{3}}$$

▨ V_1，V_2 を式で表すと

円柱 V_1：$x^2+y^2\leqq 4$，$0\leqq z\leqq 1$

三角柱 V_2：$x\geqq 0$，$z\geqq 0$，$x+z\leqq 1$，$-2\leqq y\leqq 2$

［V_2 の式は図 2 を見て書くと早い］

となるから，$x=t$ での断面は

V_1：$t^2+y^2\leqq 4$，$0\leqq z\leqq 1$

すなわち $-\sqrt{4-t^2}\leqq y\leqq\sqrt{4-t^2}$，$0\leqq z\leqq 1$

V_2：$z\geqq 0$，$z\leqq 1-t$，$-2\leqq y\leqq 2$

となる．これを図示したものが図 3，図 4，図 5．

t の範囲は，V_1 から $-2\leqq t\leqq 2$，V_2 から $0\leqq t\leqq 1$（$x\geqq 0$ より $t\geqq 0$，$0\leqq z\leqq 1-t$ を満たす z が存在するとき $t\leqq 1$）であり，合わせて $0\leqq t\leqq 1$．

平面 $y=u$ での断面を考えると，

V_1：$-\sqrt{4-u^2}\leqq x\leqq\sqrt{4-u^2}$，$0\leqq z\leqq 1$

V_2：$x\geqq 0$，$z\geqq 0$，$x+z\leqq 1$

である（u の範囲は $-2\leqq u\leqq 2$）から，図示すると，

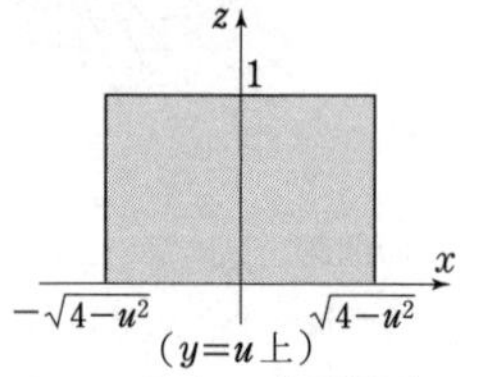

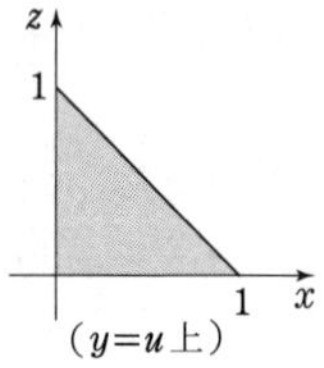

となる．これらの共通部分は，

$$\sqrt{4-u^2}\geqq 1 \iff 0\leqq|u|\leqq\sqrt{3}$$

に注意すると，

$0\leqq|u|\leqq\sqrt{3}$ のとき

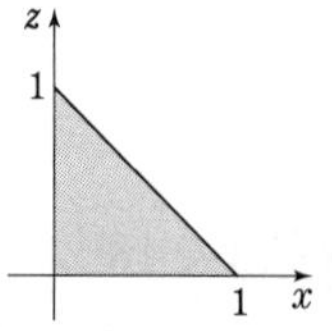

$\sqrt{3}\leqq|u|\leqq 2$ のとき

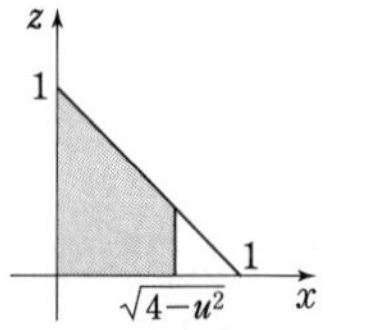

となり，面積はそれぞれ

$$\frac{1}{2},\ \frac{1}{2}(1+1-\sqrt{4-u^2})\sqrt{4-u^2}$$

これを積分して体積を求めてもよい（計算省略）．

11 （1） それぞれの四面体の断面は底面と相似で，重心は z 軸上にある．まず，相似比を求めてそれらを図示しよう．一方が他方に含まれる場合（共通部分は正三角形）と互いにはみ出す場合（六角形）がある．

解 （1）

図 1

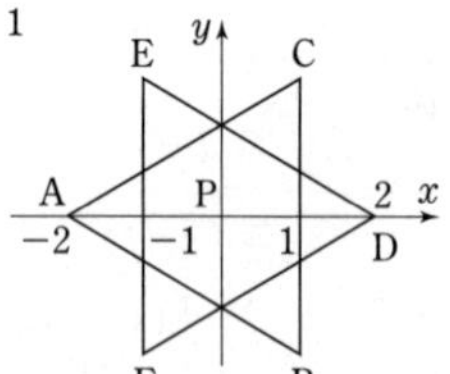

図 2

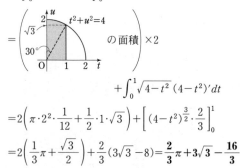

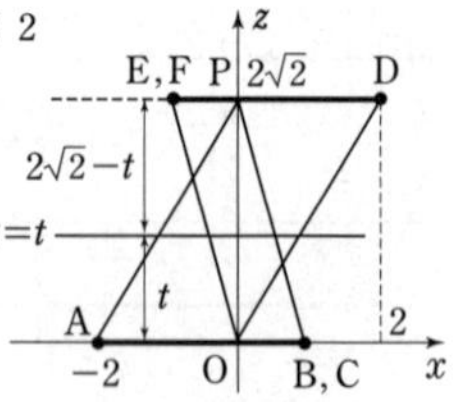

図1は z 軸方向から，図2は y 軸方向から見たものである．四面体PABCの $z=t$ による断面は，図1の $\triangle$ABCをPを中心に $\dfrac{2\sqrt{2}-t}{2\sqrt{2}}$ 倍に（相似拡大）したものだから図3のようになる．同様に，ODEFの断面は $\triangle$DEFを $\dfrac{t}{2\sqrt{2}}$ 倍にしたもので図4である．

図 3

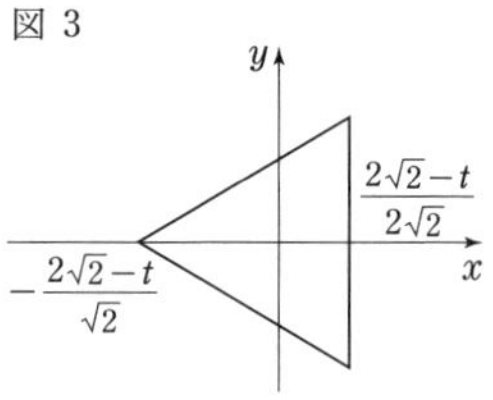

図 4

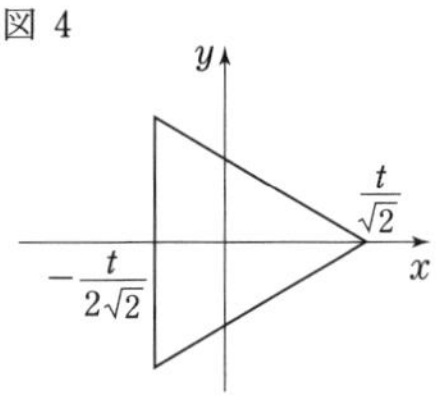

$-\dfrac{2\sqrt{2}-t}{\sqrt{2}}<-\dfrac{t}{2\sqrt{2}} \iff t<\dfrac{4}{3}\sqrt{2}$ だから，

$0\leqq t\leqq\sqrt{2}$ のとき，図3の正三角形が図4の正三角形に含まれることはない．よって，

（ i ） $\dfrac{2\sqrt{2}-t}{2\sqrt{2}}\geqq\dfrac{t}{\sqrt{2}} \iff (0\leqq)$ $\boldsymbol{t\leqq\dfrac{2}{3}\sqrt{2}}$ **のとき，**

図4は図3に含まれるので（☞注），$S(t)$ は図4の正三角形の面積で，（x 軸方向を底辺とみて）

$$S(t)=\frac{1}{2}\times\frac{3t}{2\sqrt{2}}\times\frac{3t}{2\sqrt{2}}\cdot\frac{2}{\sqrt{3}}=\boldsymbol{\frac{3}{8}\sqrt{3}\,t^2}$$

➡注 正三角形の3辺の中点を結ぶと，中心が元と同じ正三角形ができる（右図）．(i)の場合，図4の正三角形が右図の内側の正三角形に含まれる．

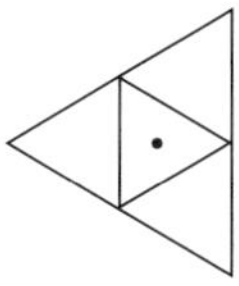

（ ii ） **(i)以外のとき，**図3と図4の共通部分は右図網目部で，図5の h は

図 5

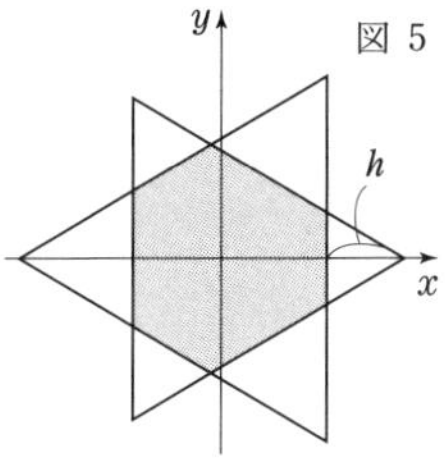

$$h=\frac{t}{\sqrt{2}}-\frac{2\sqrt{2}-t}{2\sqrt{2}}=\frac{3t-2\sqrt{2}}{2\sqrt{2}}$$

よって，網目部の面積 $S(t)$ は（図4から引いて）

$$S(t)=\frac{3}{8}\sqrt{3}\,t^2-\frac{1}{2}\cdot h\cdot\frac{2}{\sqrt{3}}h\times 3$$
$$=\frac{3}{8}\sqrt{3}\,t^2-\frac{\sqrt{3}}{8}(3t-2\sqrt{2})^2 \cdots\cdots\cdots ①$$
$$=\boldsymbol{-\frac{3}{4}\sqrt{3}\,t^2+\frac{3}{2}\sqrt{6}\,t-\sqrt{3}}$$

（2） 2つの四面体は点 $(0,\ 0,\ \sqrt{2})$ に関して対称だから，K の体積は $0\leqq z\leqq\sqrt{2}$ の部分の体積の2倍である．(ii)の場合は①を用いると，

$$2\int_0^{\sqrt{2}}S(t)\,dt$$
$$=\int_0^{\frac{2}{3}\sqrt{2}}\frac{3}{4}\sqrt{3}\,t^2dt+\int_{\frac{2}{3}\sqrt{2}}^{\sqrt{2}}\left\{\frac{3}{4}\sqrt{3}\,t^2-\frac{\sqrt{3}}{4}(3t-2\sqrt{2})^2\right\}dt$$
$$=\int_0^{\sqrt{2}}\frac{3}{4}\sqrt{3}\,t^2dt-\frac{9}{4}\sqrt{3}\int_{\frac{2}{3}\sqrt{2}}^{\sqrt{2}}\left(t-\frac{2}{3}\sqrt{2}\right)^2dt$$
$$=\left[\frac{\sqrt{3}}{4}t^3\right]_0^{\sqrt{2}}-\frac{3}{4}\sqrt{3}\left[\left(t-\frac{2}{3}\sqrt{2}\right)^3\right]_{\frac{2}{3}\sqrt{2}}^{\sqrt{2}}$$
$$=\frac{\sqrt{6}}{2}-\frac{3}{4}\sqrt{3}\left(\frac{\sqrt{2}}{3}\right)^3=\frac{\sqrt{6}}{2}-\frac{\sqrt{6}}{18}=\boldsymbol{\frac{4}{9}\sqrt{6}}$$

12 公式を用いて計算する．cosの加法定理と2倍角を用いると，ルートをはずすことができる．

解 $x=2\cos t-\cos 2t,\ y=2\sin t+\sin 2t$

（1） $\dfrac{dx}{dt}=-2\sin t+2\sin 2t,$

$\dfrac{dy}{dt}=2\cos t+2\cos 2t$

より，

$$\left(\frac{dx}{dt}\right)^2+\left(\frac{dy}{dt}\right)^2$$
$$=(-2\sin t+2\sin 2t)^2+(2\cos t+2\cos 2t)^2$$
$$=4\{(\sin^2t-2\sin t\sin 2t+\sin^2 2t)+(\cos^2t+2\cos t\cos 2t+\cos^2 2t)\}$$
$$=4\{2+2(\cos t\cos 2t-\sin t\sin 2t)\}$$
$$=8\{1+\cos(t+2t)\}$$
$$=\boldsymbol{8(1+\cos 3t)}$$

（2） $\sqrt{\left(\dfrac{dx}{dt}\right)^2+\left(\dfrac{dy}{dt}\right)^2}=\sqrt{8(1+\cos 3t)}$

$$=\sqrt{8\cdot 2\cos^2\frac{3}{2}t}=4\left|\cos\frac{3}{2}t\right|$$

求める道のりは

$$\int_0^{2\pi}4\left|\cos\frac{3}{2}t\right|dt$$

であり，この積分の値は右図網目部の面積の4倍に等しい．cosの周期性，対称性から

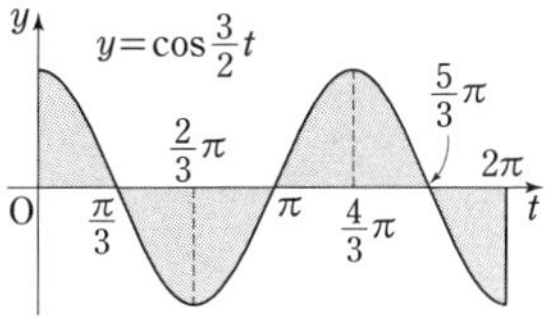

$$\int_0^{2\pi}4\left|\cos\frac{3}{2}t\right|dt=4\cdot 6\int_0^{\frac{\pi}{3}}\cos\frac{3}{2}t\,dt$$
$$=4\cdot 6\cdot\left[\frac{2}{3}\sin\frac{3}{2}t\right]_0^{\frac{\pi}{3}}=4\cdot 6\cdot\frac{2}{3}=\boldsymbol{16}$$

13 （1） 2倍角の公式を使って $x \Rightarrow x/2$ とする．さらに tan を作り出すうまい式変形がある．

（2） 弧長の立式は公式を用いる．積分計算は，（1）を使う方法 $\left(\tan\dfrac{x}{2}=t \text{ と置換}\right)$ でやってみるが，他の求め方もある．

解 （1）

$$\sin x=\frac{2\sin\frac{x}{2}\cos\frac{x}{2}}{1}=\frac{2\sin\frac{x}{2}\cos\frac{x}{2}}{\cos^2\frac{x}{2}+\sin^2\frac{x}{2}}$$

$$\left[\text{分母・分子を }\cos^2\frac{x}{2}\text{ で割る}\right]$$

$$=\frac{2\tan\frac{x}{2}}{1+\tan^2\frac{x}{2}}=\boldsymbol{\frac{2t}{1+t^2}}$$

（2） $y=\log(\sin x)$ のとき，

$$\frac{dy}{dx}=\frac{\cos x}{\sin x}$$

$$\therefore\quad 1+\left(\frac{dy}{dx}\right)^2=1+\frac{\cos^2 x}{\sin^2 x}=\frac{1}{\sin^2 x}$$

$\dfrac{\pi}{3}\leqq x\leqq\dfrac{\pi}{2}$ において $\sin x>0$ であるから，求める弧長は

$$L=\int_{\frac{\pi}{3}}^{\frac{\pi}{2}}\sqrt{1+\left(\frac{dy}{dx}\right)^2}\,dx=\int_{\frac{\pi}{3}}^{\frac{\pi}{2}}\frac{1}{\sin x}\,dx$$

となる．ここで $\tan\dfrac{x}{2}=t$ とおくと，

$$\frac{1}{\cos^2\frac{x}{2}}\cdot\frac{1}{2}\,dx=dt$$

$$\therefore\quad dx=2\cos^2\frac{x}{2}\,dt=\frac{2}{1+\tan^2\frac{x}{2}}\,dt$$

$$=\frac{2}{1+t^2}\,dt$$

であるから，（1）の結果も用いると

$$L=\int_{\tan\frac{\pi}{6}}^{\tan\frac{\pi}{4}}\frac{1+t^2}{2t}\cdot\frac{2}{1+t^2}\,dt$$

$$=\int_{\frac{1}{\sqrt{3}}}^{1}\frac{1}{t}\,dt=\Big[\log t\Big]_{\frac{1}{\sqrt{3}}}^{1}=\boldsymbol{\frac{1}{2}\log 3}$$

⇨注1 （1）は，$\tan x$ を経由してもよい．

2倍角の公式より $\tan x=\dfrac{2t}{1-t^2}$

$$\sin x=\frac{\frac{2t}{1-t^2}}{\sqrt{1+\left(\frac{2t}{1-t^2}\right)^2}}$$

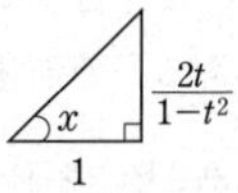

$$=\frac{2t}{\sqrt{(1-t^2)^2+(2t)^2}}=\frac{2t}{1+t^2}$$

⇨注2 （2）の積分計算は次のようにもできる．

$$\int\frac{1}{\sin x}\,dx=\int\frac{\sin x}{\sin^2 x}\,dx=\int\frac{-(\cos x)'}{1-\cos^2 x}\,dx$$

$\cos x=u$ とおくと，上式は

$$-\int\frac{1}{1-u^2}\,du=-\int\frac{1}{2}\left(\frac{1}{1+u}+\frac{1}{1-u}\right)du$$

$$=-\frac{1}{2}\log\left|\frac{1+u}{1-u}\right|$$

で，$x:\dfrac{\pi}{3}\to\dfrac{\pi}{2}$ のとき $u:\dfrac{1}{2}\to 0$ となることから

$$L=\left[-\frac{1}{2}\log\left|\frac{1+u}{1-u}\right|\right]_{\frac{1}{2}}^{0}=\frac{1}{2}\log 3$$

コラム　パップス・ギュルダンの定理

回転体の体積に関するおもしろい定理を一つ紹介しましょう．

パップス・ギュルダンの定理

平面内に直線 l と図形 F があり，F は l の片方の側にあるとする．F の面積を S，F の重心を G，G と l の距離を g とし，F を l のまわりに 1 回転させてできる回転体の体積を V とすると，

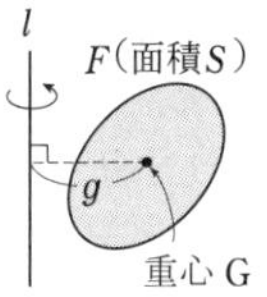

$$\boldsymbol{V=2\pi gS}$$

が成り立つ．

これが成り立つ理由を簡単に説明します．

l を y 軸にとり，l からの距離が x の直線と F の交わりの部分の長さを $f(x)$ とします．そして，座標を右のようにおくと，G が重心であることから次の式（つり合いの式）が成り立ちます：

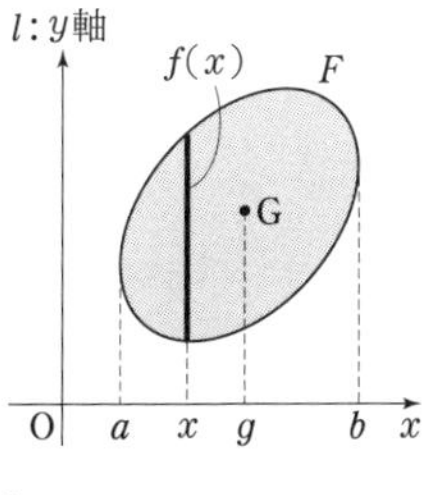

$$\int_a^g (g-x)f(x)\,dx=\int_g^b (x-g)f(x)\,dx$$

［G のまわりのモーメント，つまり，重心からの x 方向の距離と重さの積の合計が左右で等しい．］

$$\therefore\quad \int_a^g gf(x)\,dx-\int_a^g xf(x)\,dx$$
$$=\int_g^b xf(x)\,dx-\int_g^b gf(x)\,dx$$

よって，$g\int_a^b f(x)\,dx=\int_a^b xf(x)\,dx$ ………………☆

ここで，$S=\int_a^b f(x)\,dx$ ですから，上式に代入してさらに各辺に 2π をかけると，

$$2\pi gS=\int_a^b 2\pi xf(x)\,dx$$

この右辺は，バウムクーヘン分割の公式（☞p.149）より，V です．

パップス・ギュルダンの定理の $2\pi g$ は G の移動距離ですから，

（回転体の体積）＝（面積）×（重心の移動距離）

と表現することもあります．

＊　　　　＊

回転する図形 F の面積と，F の重心 G の位置がわかる場合，その情報から回転体の体積が求められます．例えば F が半径 1 の円（内部を含む）で $g=3$ なら，F を回転させてできるドーナツ型の立体の体積は

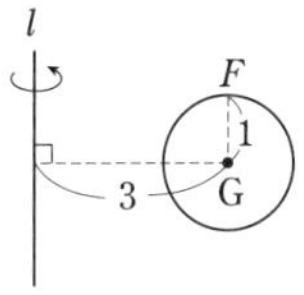

$$2\pi\cdot 3\times\pi\cdot 1^2=6\pi^2$$

です．また，○3 の演習題（ア）も，対称性から G が $x=\frac{a}{2}$ 上にあるので（線対称な図形では，重心は対称軸の上にあります），（２）の体積 V_2 は

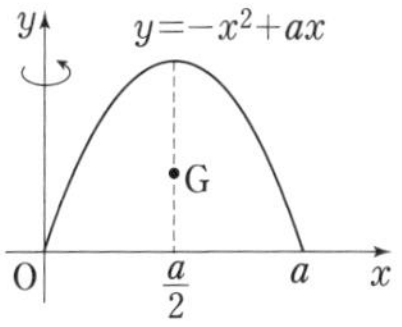

$$2\pi\cdot\frac{a}{2}\times\frac{1}{6}a^3=\frac{1}{6}\pi a^4$$

となります．なお，入試の答案では，パップス・ギュルダンの定理は使うべきではありません．検算用に覚えておくと便利です．

この定理に関連する問題をもう一つ見てみましょう．

○4 の演習題（２）の大小比較の部分です．回す図形が同じなので，重心 G と回転軸の距離が大きい方の体積が大きくなりますが，$\sin x\leqq x$ なので，G は $y=x$ の下側にあります．よって，G と x 軸の距離よりも G と y 軸の距離の方が大きく，$W>V$ が得られます．

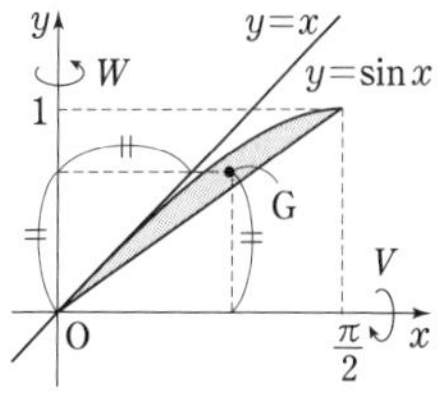

＊　　　　＊

ここまで，重心の位置（と面積）がわかると回転体の体積が求められる，という見方をしてきましたが，逆の使い方もできます．代表的なものが半円の重心です．半径 1 の半円を，その直径を軸に 1 回転させると球になりますから，図の g について，

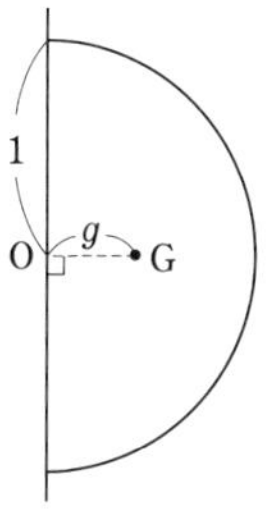

$$2\pi g\cdot\frac{1}{2}\pi\cdot 1^2=\frac{4}{3}\pi\cdot 1^3$$

$$\therefore\quad g=\frac{4}{3\pi}\ (=0.42\cdots)$$

です．

あとがき

本書をはじめとする『1対1対応の演習』シリーズでは，スローガン風にいえば，

志望校へと続く
バイパスの整備された幹線道路

を目指しました．この目標に対して一応の正解のようなものが出せたとは思っていますが，100点満点だと言い切る自信はありません．まだまだ改善の余地があるかもしれません．お気づきの点があれば，どしどしご質問・ご指摘をしてください．

本書の質問や「こんな別解を見つけたがどうだろう」というものがあれば，“東京出版・大学への数学・1対1係宛（住所は下記）”にお寄せください．

質問は原則として封書（宛名を書いた，切手付の返信用封筒を同封のこと）を使用し，**1通につき1件**でお送りください（電話番号，学年を明記して，できたら在学（出身）校・志望校も書いてください）．

なお，ただ漠然と‘この解説が分かりません’という質問では適切な回答ができませんので，‘この部分が分かりません’とか‘私はこう考えたがこれでよいのか’というように具体的にポイントをしぼって質問するようにしてください（以上の約束を守られないものにはお答えできないことがありますので注意してください）．

毎月の「大学への数学」や増刊号と同様に，読者のみなさんのご意見を反映させることによって，100点満点の内容になるよう充実させていきたいと思っています．

（坪田）

大学への数学
1対1対応の演習／数学Ⅲ［三訂版］

令和6年3月21日　第1刷発行
令和6年6月15日　第2刷発行

編　者　東京出版編集部
発行者　黒木憲太郎
発行所　株式会社　東京出版
〒150-0012　東京都渋谷区広尾3-12-7
電話03-3407-3387　振替00160-7-5286
https://www.tokyo-s.jp/

製版所　日本フィニッシュ
印刷所　光陽メディア
製本所　技秀堂
落丁・乱丁の場合は，送料弊社負担にてお取り替えいたします．

ISBN978-4-88742-279-7（定価はカバーに表示してあります）